は し が き

電験三種の内容は難しく，学習範囲が膨大です。かといって中途半端に薄い教材で学習して負担を軽減しようとすると，説明不足でかえって多数の書籍を購入しなければならなくなり，理解に時間がかかってしまうという問題がありました。

そこで，本書では教科書と問題集を分冊にし，十分な紙面を設けて，他書では記述が省略される基礎的な内容も説明しました。

1．教科書

紙面を大胆に使ってたくさんのイラストを載せています。電験三種の膨大な範囲をイラストによって直感的にわかるように説明しているため，学習スピードを大幅に加速することができます。

2．問題集

過去に出題された良問を厳選して十分な量を収録しました。電験三種では似た内容の問題が繰り返し出題されます。しかし，過去問題の丸暗記で対応できるものではないので，教科書と問題集を何度も交互に読み理解を深めるようにして下さい。

なお，本シリーズでは科目間（理論，電力，機械，法規）の関連を明示しています。これにより，ある科目の知識を別の科目でそのまま使える分野については，学習負担を大幅に軽減できます。

皆様が本書を利用され，見事合格されることを心よりお祈り申し上げます。

2020年10月
TAC出版開発グループ

●第２版刊行にあ

本書は『みんなが欲しかった！　電験三種法規の教科書＆問題集』につき，法改正および試験傾向に基づき，改訂を行ったものです。

本書の特長と効果的な学習法

1 「このCHAPTERで学習すること」「このSECTIONで学習すること」をチェック！

学ぶにあたって，該当単元の全体を把握しましょう。全体像をつかみ，知識を整理することで効率的な学習が可能です。

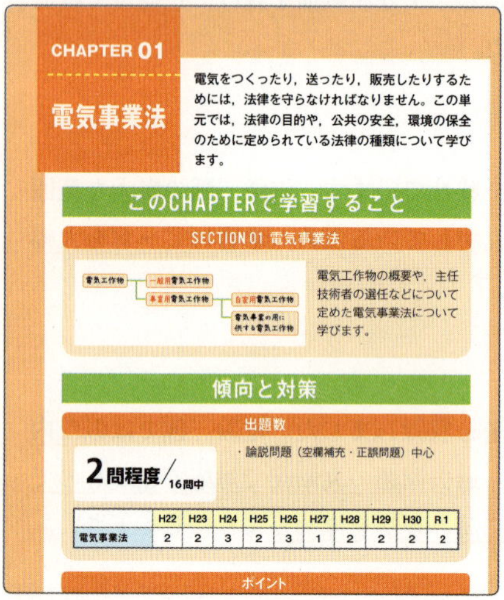
CHAPTER 01

電気事業法

電気をつくったり，送ったり，販売したりするためには，法律を守らなければなりません。この単元では，法律の目的や，公共の安全，環境の保全のために定められている法律の種類について学びます。

このCHAPTERで学習すること

SECTION 01 電気事業法

電気工作物の概要や，主任技術者の選任などについて定めた電気事業法について学びます。

傾向と対策

出題数

2問程度/16問中

・論説問題（空欄補充・正誤問題）中心

	H22	H23	H24	H25	H26	H27	H28	H29	H30	R1
電気事業法	2	2	3	2	3	1	2	2	2	2

ポイント

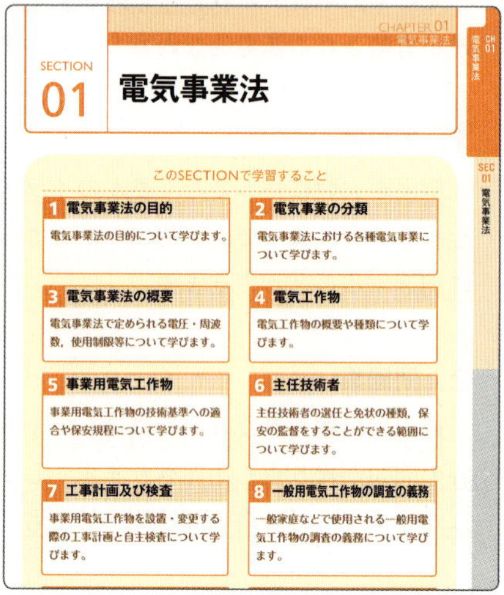
CHAPTER 01 電気事業法

CH 01 電気事業法

SECTION 01

電気事業法

SEC 01 電気事業法

このSECTIONで学習すること

1 電気事業法の目的

電気事業法の目的について学びます。

2 電気事業の分類

電気事業法における各種電気事業について学びます。

3 電気事業法の概要

電気事業法で定められる電圧・周波数，使用制限等について学びます。

4 電気工作物

電気工作物の概要や種類について学びます。

5 事業用電気工作物

事業用電気工作物の技術基準への適合や保安規程について学びます。

6 主任技術者

主任技術者の選任と免状の種類，保安の監督をすることができる範囲について学びます。

7 工事計画及び検査

事業用電気工作物を設置・変更する際の工事計画と自主検査について学びます。

8 一般用電気工作物の調査の義務

一般家庭などで使用される一般用電気工作物の調査の義務について学びます。

2 シンプルで読みやすい「本文」

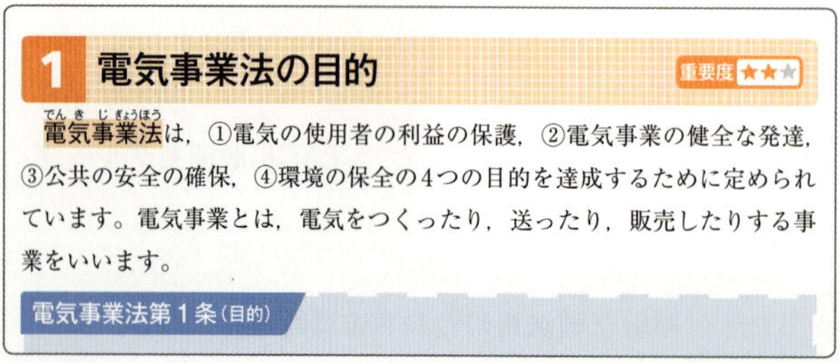
1 電気事業法の目的　重要度★★★

電気事業法（でんきじぎょうほう）は，①電気の使用者の利益の保護，②電気事業の健全な発達，③公共の安全の確保，④環境の保全の4つの目的を達成するために定められています。電気事業とは，電気をつくったり，送ったり，販売したりする事業をいいます。

電気事業法第１条（目的）

論点をやさしい言葉でわかりやすくまとめ，少ない文章でも理解できるようにしました。カラーの図表をふんだんに掲載しているので，初めて学習する人でも安心して勉強できます。

3　「板書」で理解を確実にする

フルカラーの図解やイラストなどを用いてわかりにくいポイントを徹底的に整理しています。

本文，板書，公式をセットで反復学習しましょう。復習する際は板書と公式を重点的に確認しましょう。

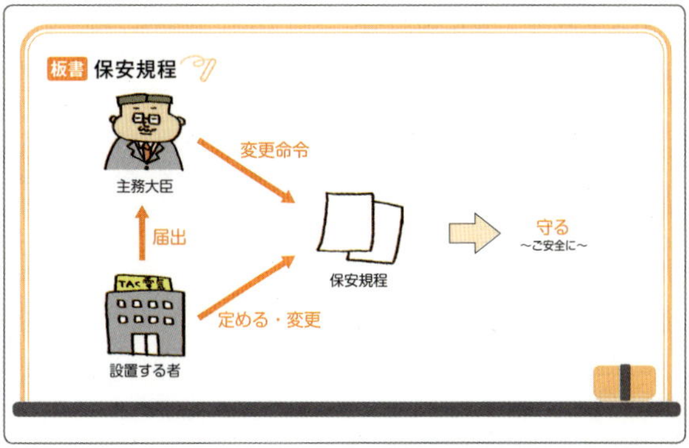

4　重要な「公式」と「条文」をしっかりおさえる

公式　電線のたるみ（弛度）

$$D=\frac{WS^2}{8T}\,[\mathrm{m}]$$

電線のたるみ（弛度）：D[m]
電線1mあたりの合成荷重：W[N/m]
径間：S[m]
電線の水平張力（引張荷重）：T[N]

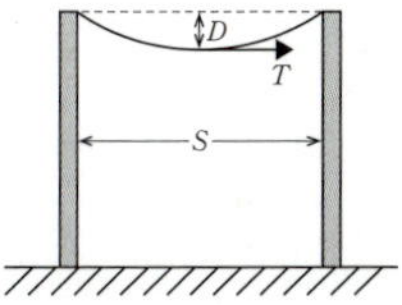

電気事業法第1条（目的）

この法律は，電気事業の運営を適正かつ合理的ならしめることによって，電気の使用者の利益を保護し，及び電気事業の健全な発達を図るとともに，電気工作物の工事，維持及び運用を規制することによって，公共の安全を確保し，及び環境の保全を図ることを目的とする。

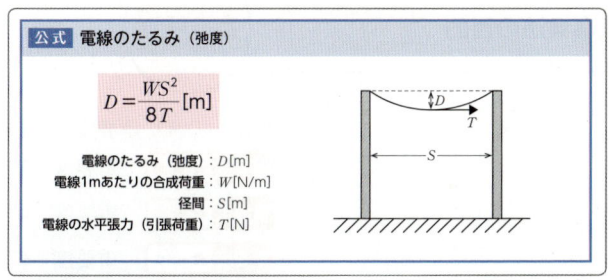

電験は計算問題が多く出題されます。重要な公式をまとめていますので，必ず覚えるようにしましょう。問題を解く際に思い出せなかった場合は，必ず公式に立ち返るようにしましょう。

「法規」では，法令の条文に関する問題も多く出題されます。赤字の用語はしっかりとおさえておきましょう。

5　かゆいところに手が届く「ひとこと」

本文を理解するためのヒントや用語の意味，応用的な内容など，補足情報を掲載しています。プラスαの知識で理解がいっそう深まります。

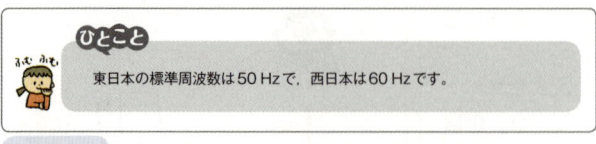

ひとこと

東日本の標準周波数は50 Hzで，西日本は60 Hzです。

←ほかの科目の内容を振り返るときはこのアイコンが出てきます。

6　学習を助けるさまざまな工夫

●重要度

1　電気事業法の目的　重要度★★☆

見出しの横に重要度を示しています。

重要度★★★	重要度　高
重要度★★☆	重要度　中
重要度★☆☆	重要度　低

●問題集へのリンク

問題集　問題01

本書には，教科書にリンクした問題集がセットになっています。教科書中に，そこまで学習した内容に対応した問題集の番号を記載しています。

●科目間リンク

理論　電力　機械　法規

電験の試験科目４科目はそれぞれ関連しているところがあります。関連する項目には，関連箇所のリンクを施しています。

7　理解したことを確認する「基本例題」

基本例題　電圧及び周波数の値（H21A10改）

次の文章は，「電気事業法」及び「電気事業法施行規則」の電圧及び周波数の値についての説明である。

1．一般送配電事業者は，その供給する電気の電圧の値を標準電圧が100 Vでは，[(ア)]を超えない値に維持するように努めなければならない。

2．一般送配電事業者は，その供給する電気の電圧の値を標準電圧が200 Vでは，[(イ)]を超えない値に維持するように努めなければならない。

3．一般送配電事業者は，その者が供給する電気の標準周波数[(ウ)]値に維持するよう努めなければならない。

上記の記述中の空白箇所(ア)，(イ)及び(ウ)に当てはまる語句として，正しいものを組み合わせたのは次のうちどれか。

	(ア)	(イ)	(ウ)
(1)	100 Vの上下4 V	200 Vの上下8 V	に等しい
(2)	100 Vの上下4 V	200 Vの上下12 V	の上下0.2 Hzを超えない
(3)	100 Vの上下6 V	200 Vの上下12 V	に等しい
(4)	101 Vの上下6 V	202 Vの上下12 V	の上下0.2 Hzを超えない
(5)	101 Vの上下6 V	202 Vの上下20 V	に等しい

解答　(5)

知識を確認するための基本例題を掲載しています。簡単な計算問題や，条文の内容を確認するもの，過去問のなかでやさしいものから出題していますので，教科書を読みながら確実に答えられるようにしましょう。

8　重要問題を厳選した過去問題で実践力を身につけよう！

本書の問題集編は，厳選された過去問題で構成されています。教科書にリンクしているので，効率的に学習をすることが可能です。

レベル表示
問題の難易度を示しています。AとBは必ず解けるようにしましょう。
・A　平易なもの
・B　少し難しいもの
・C　相当な計算・思考が求められるもの

難易度 A　**保安規程(3)**　教科書 SECTION 01

問題10「電気事業法施行規則」では，自家用電気工作物を設置する者が保安規程に定めるべき事項を規定しているが，次の事項のうち，規定されていないものはどれか。

(1)　電気工作物の運転又は操作に関すること。
(2)　電気エネルギーの使用の合理化に関すること。
(3)　災害その他非常の場合に採るべき措置に関すること。
(4)　電気工作物の工事，維持及び運用に関する保安のための巡視，点検及び検査に関すること。
(5)　電気工作物の工事，維持及び運用に関する保安についての記録に関すること。

H12-A7

出題
実際にどの過去問かが分かるようにしています。

問題集の構成
徹底した本試験の分析をもとに，重要な問題を厳選しました。1問ずつの見開き構成なので，解説を探す手間が省け効率的です。

	①	②	③	④	⑤
学習日					
理解度 (○/△/×)					

22

チェック欄
学習した日と理解度を記入することができます。問題演習は全体を通して何回も繰り返しましょう。

教科書編とのリンク
教科書編の対応するSECTIONを示しています。教科書を読み，対応する問題番号を見つけたらその都度問題を解くことで，インプットとアウトプットを並行して行うことができます。

CH01 電気事業法

解説

電気事業法施行規則第50条3項からの出題である。

選択肢(2)の「電気エネルギーの使用の合理化に関すること」は省エネ法（エネルギーの使用の合理化等に関する法律）で規定されているものである。

よって，電気事業法施行規則に規定されていないものは(2)。

解答… (2)

ポイント
エネルギーの使用の合理化等に関する法律のことを省エネ法ともいいます。

23

こたえかくすシート
問題と解答解説が左右に収録されています。問題を解く際には，こたえかくすシートで解答解説を隠しながら学習すると便利です。

ポイント
問題を解く際のポイントや補足事項をまとめました。

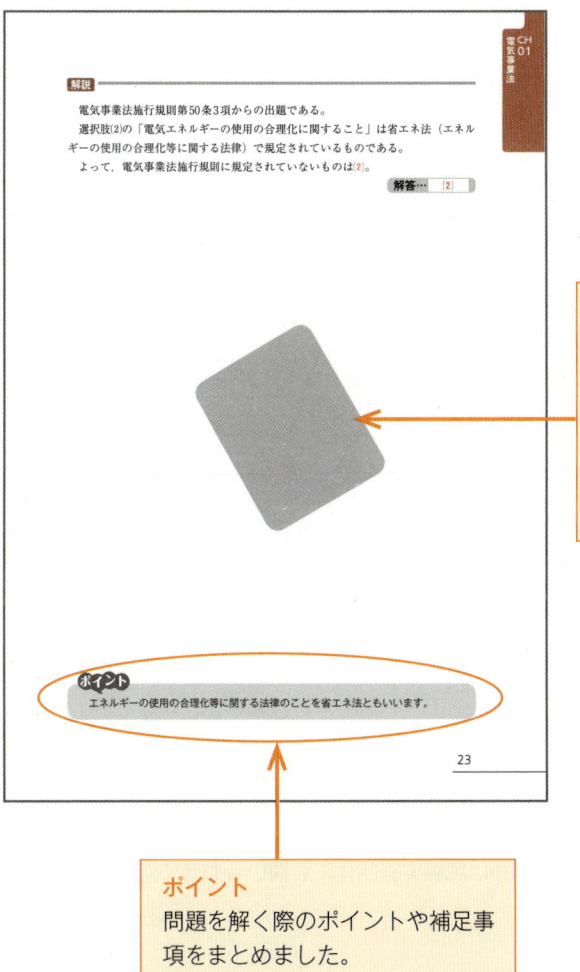

電験三種試験の概要

試験日時，出題形式

試験日時	9月上旬の日曜日　9時15分～17時30分
出題形式	マークシートによる五肢択一式

受験資格

受験資格	なし

申込方法，申込期間，受験手数料，合格発表

申込方法	郵送またはインターネット
申込期間	5月下旬～6月上旬
受験手数料	5200円（インターネットによる申し込みは4850円）
合格発表	10月下旬

試験当日持ち込むことができるもの

・筆記用具
・電卓（関数電卓は不可）
・時計

試験実施団体

一般財団法人電気技術者試験センター
https：//www.shiken.or.jp/

※上記は出版時のデータです。詳細は試験実施団体にお問い合わせください。

試験科目，合格基準

試験科目	内容	出題形式	試験時間
理論	電気理論，電子理論，電気計測及び電子計測に関するもの	A問題14問 B問題３問（選択問題を含む）	90分
電力	発電所及び変電所の設計及び運転，送電線路及び配電線路（屋内配線を含む。）の設計及び運用並びに電気材料に関するもの	A問題14問 B問題３問	90分
機械	電気機器，パワーエレクトロニクス，電動機応用，照明，電熱，電気化学，電気加工，自動制御，メカトロニクス並びに電力システムに関する情報伝送及び処理に関するもの	A問題14問 B問題３問（選択問題を含む）	90分
法規	電気法規（保安に関するものに限る。）及び電気施設管理に関するもの	A問題10問 B問題３問	65分

・合格基準…すべての科目で合格基準点（目安として60点）以上

科目合格制度

・一部の科目のみ合格の場合，申請により２年間試験が免除される

過去５年間の受験者数，合格者数の推移

	H27年	H28年	H29年	H30年	R1年
申込者（人）	63,694	66,896	64,974	61,941	59,234
受験者（人）	45,311	46,552	45,720	42,976	41,543
合格者（人）	3,502	3,980	3,698	3,918	3,879
合格率	7.7%	8.5%	8.1%	9.1%	9.3%
科目合格者(人)	13,389	13,457	12,176	12,335	13,318
科目合格率	29.5%	28.9%	26.6%	28.7%	32.1%

目 contents 次

CHAPTER 05

発電用風力設備の技術基準

CHAPTER 06

電気施設管理

※本書は，令和2年7月1日現在，効力のある法令に基いて作成しています。その後の追加情報につきましてはTAC出版書籍販売サイト・サイバーブックストアにてお知らせ致します。
https://bookstore.tac-school.co.jp/

第2分冊 問題集編

教科書と問題集が分解できる！ セパレートBOOK

『みんなが欲しかった！　電験三種 法規の教科書&問題集』は，かなりページ数が多いため，「1冊のままだと，バッグに入れて持ち運びづらい」「問題集を解きながら教科書を見るのにページを行ったりきたりしないといけない」という方もいらっしゃると思います。

そこで，本書は教科書と問題集に分解して使うことができるつくりにしました。

第1分冊：教科書編
第2分冊：問題集編

2分冊の使い方

★セパレートBOOKの作りかた★

白い厚紙から，色紙のついた冊子を取り外します。

※色紙と白い厚紙が，のりで接着されています。乱暴に扱いますと，破損する危険性がありますので，丁寧に抜きとるようにしてください。

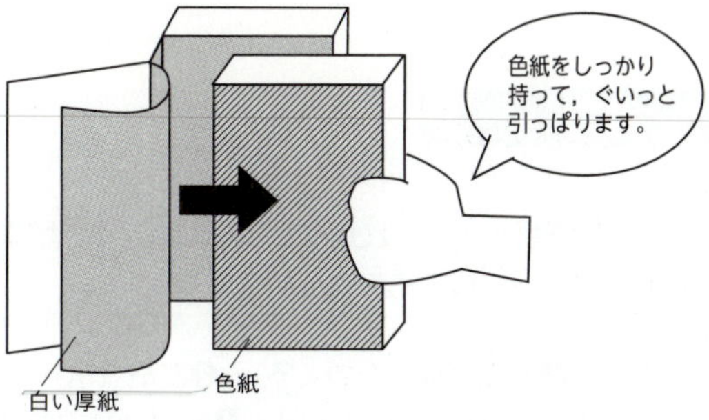
色紙をしっかり持って，ぐいっと引っぱります。
白い厚紙
色紙

※抜きとるさいの損傷についてのお取替えはご遠慮願います。

電験三種の試験科目の概要

電験三種の試験では電気についての理論，電力，
機械，法規の４つの試験科目があります。
どんな内容なのか，ざっと確認しておきましょう。

理論

内容

電気理論，電子理論，電気計測及び電子計測に関するもの

ポイント

理論は電験三種の土台となる科目です。すべての範囲が重要です。合格には，❶直流回路，❷静電気，❸電磁力，❹単相交流回路，❺三相交流回路を中心にマスターしましょう。この範囲を理解していないと，ほかの科目の参考書を読んでも理解ができなくなります。一発合格をめざす場合は，この５つの分野に８割程度の力を入れて学習します。

電力

内容

発電所及び変電所の設計及び運転，送電線路及び配電線路（屋内配線を含む。）の設計及び運用並びに電気材料に関するもの

ポイント

重要なのは，❶発電（電気をつくる），❷変電（電気を変成する），❸送電（電力会社のなかで電気を輸送していく），❹配電（電力会社がお客さんに電気を配分していく）の４つです。

電力は，知識問題の割合が理論・機械に比べて多いので４科目のなかでは学習負担が少ない科目です。専門用語を理解しながら，理論との関連を意識しましょう。

4科目の相関関係はこんな感じ

機械

内容

電気機器，パワーエレクトロニクス，電動機応用，照明，電熱，電気化学，電気加工，自動制御，メカトロニクス並びに電力システムに関する情報伝送及び処理に関するもの

ポイント

「電気機器」と「それ以外」に分けられ，「電気機器」が重要です。「電気機器」は❶直流機，❷変圧器，❸誘導機，❹同期機の４つに分けられ，「四機（よんき）」と呼ばれるほど重要です。他の３科目と同時に，一発合格をめざす場合は，この四機に全体の７割程度の力を入れて，学習します。

法規

内容

電気法規（保安に関するものに限る。）及び電気施設管理に関するもの

ポイント

法規は４科目の集大成ともいえる科目です。法規を理解するために，理論，電力，機械という科目を学習するともいえます。ほかの３科目をしっかり学習していれば，学習の内容が少なくてすみます。

過去問の演習にあたりながら，実際の条文にも目を通しましょう。特に「電気設備技術基準」はすべて原文を読んだことがある状態にしておくことが大事です。

法規の学習マップ

「法規」のイメージ図

法規の出題範囲

CH01 電気事業法

- 電気工作物の定義
- 電圧の維持
- 保安規程

など

CH03 電気設備の技術基準・解釈

- 用語の定義
- 電圧の種別
- 電路の絶縁
- 接地工事
- 架空電線等の高さ
- 地中電線路の保護

など

CH02 その他の電気関係法規

- 電気用品安全法
- 電気工事士法
- 電気工事業法

など

CH04 電気設備技術基準(計算)

- 電線のたるみ
- 支線の張力
- 接地工事
- 絶縁耐力試験

など

CH05 発電用風力設備の技術基準

- 風技の概要

など

関連あり

法規で学習する内容とほかの試験科目の関係を
ざっと確認しましょう。
また，次のページからは学習のコツもまとめました。

CH06 電気施設管理

- 需要率・不等率・負荷率
- 変圧器の損失と効率
- 力率の改善（コンデンサ）
- 変流器
- 継電器
- 高圧受電設備の管理

など

関連あり

「電力」科目

- 発電
- 変電
- 送電
- 配電
- 地中電線路
- 電気材料

など

関連あり

「理論」科目

- オームの法則
- キルヒホッフの法則
- テブナンの定理
- 交流回路
- 三相交流回路
- コンデンサ

など

関連あり

「機械」科目

- 直流機
- 変圧器
- 誘導機
- 同期機

など

学習のコツ

教材の選び方

勉強に必要なもの

あとノートも

各科目の学習にあたっては，まずは勉強に必要なものを用意しましょう。必要なものは，教科書，問題集，そして電卓です。

問題を解く過程を残しておくためにもノートも用意しましょう。

電卓について

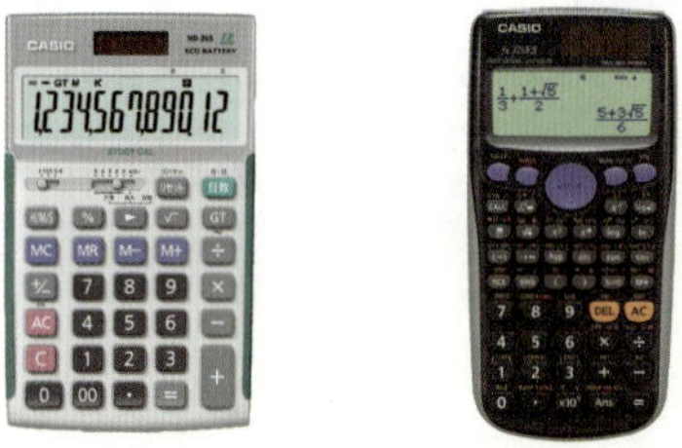

○　　×

電卓については，試験会場に持ち込むことができるのは，計算機能（四則計算機能）のみのものに限られ，プログラム機能のある電卓や関数電卓は持ち込めません。

電卓の選び方

- 「00」と「√」は必須
- メモリーキーも必須
- 10ないし12桁程度あるとよい

必須なのは「00」と「√」です。電験の問題は桁数が多く，ルートを使った計算も多いからです。

メモリー機能と戻る機能があると便利です。桁数は10桁以上，12桁程度あるとよいでしょう。

教科書

教科書の選び方

- 読み比べて選ぶ
- 初学者は丁寧な解説のあるものを選ぶ

教科書については，一冊に全科目がまとまっているものもあれば，科目ごとに分冊化されているものもあります。試験日までずっと使うものですので，読み比べて，自分に合ったものを選ぶとよいでしょう。

TAC出版の書籍なら…

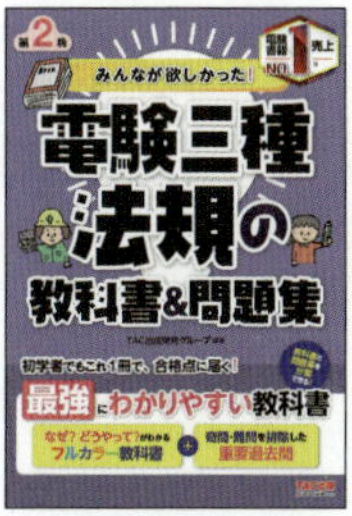

法規の教科書&問題集(本書)

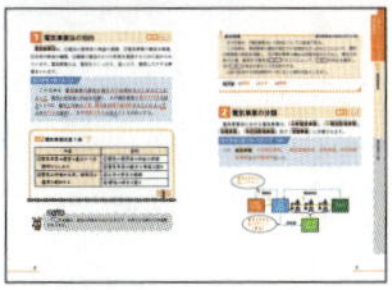

☆全科目そろえる!
☆長期間使えるものを選ぶ!

物理や電気の勉強をこれまであまりしてこなかった人は，丁寧な解説のある教科書を選びましょう。

問題集

TAC出版の書籍なら，教科書と問題集がセット!

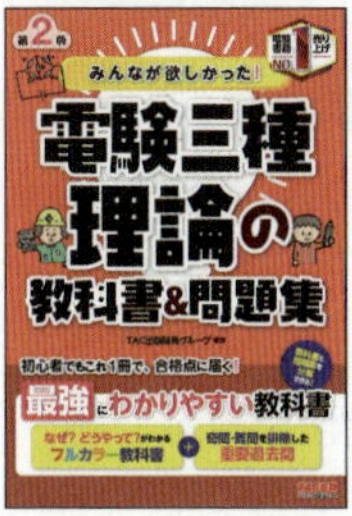

理論の教科書&問題集

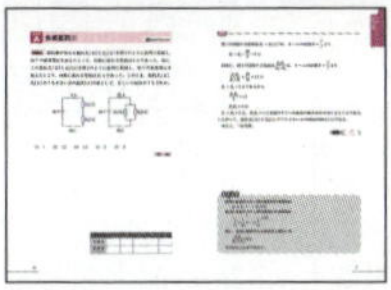

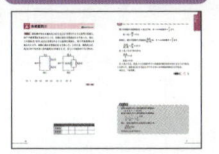

☆教科書に対応したものを選ぶ
☆教科書を読んだら，必ず問題を解く!

教科書に対応している問題集が1冊あると便利です。教科書を読み，該当する箇所の問題を解くというサイクルができるようにしましょう。

問題集の勉強のポイント

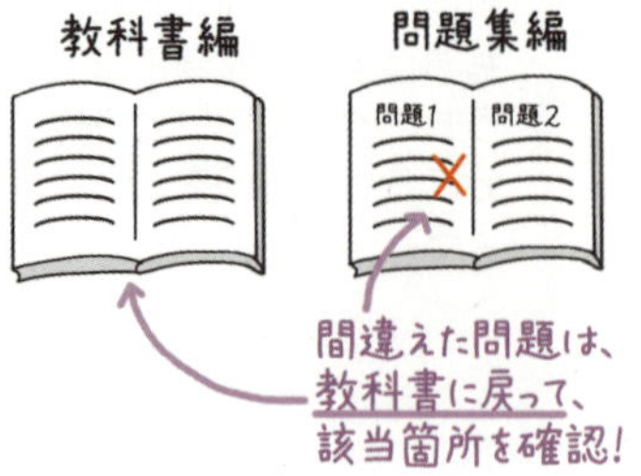

間違えた箇所は必ず教科書に戻って確認しましょう。

その他購入するもの

TAC出版の書籍なら…

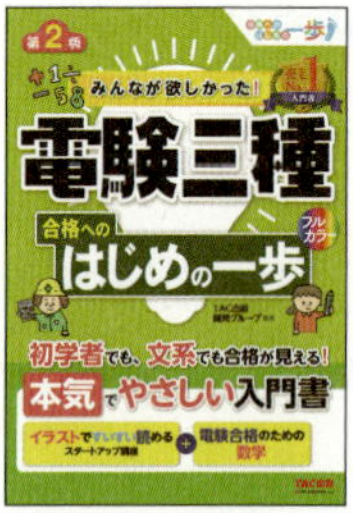

電験三種合格へのはじめの一歩

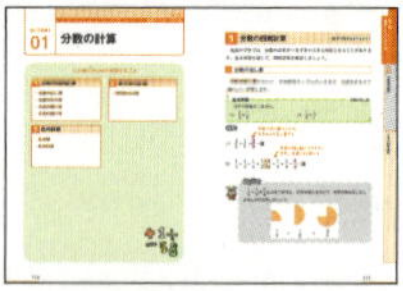

☆数学の知識が身につくものを!

電験はとても難しい試験です。問題を解くためには，高校の数学や物理の知識が必要です。もし，いろいろな教科書を読んでみて，なんだかよくわからないという場合は，基本的な知識を学習しましょう。

実力をつけるために

TAC出版の書籍なら…

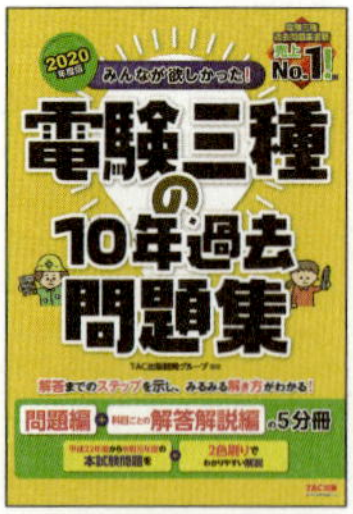

電験三種の10年過去問題集

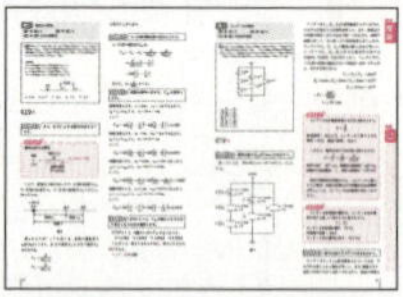

☆解説がわかりやすいものを!

教科書と問題集で学習したら，1回分の過去問を通して解きましょう。
過去問は最低5年分，できれば10年分解いておくとよいでしょう。

勉強方法のポイント

ポイント (1)

× テキストを全部読んでから、問題を解く

○ テキストをちょっと読んだら、それに対応する問題を解く

そのつど解く!

電験の難しいところは，過去問を丸暗記しても合格できないということです。過去問と似た問題が出題されることはありますが，単に数字を変えただけの問題が出題されるわけではないからです。一つひとつの分野を丁寧に勉強して，しっかりと理解することが合格への近道です。

ポイント (2)

- 過去問丸暗記ではなく理解する
- 教科書は何度も読む
- じっくり読むというよりは，何度も読み返す
- 問題を解くときは，ノートに計算過程を残す

学習の際は，公式や重要用語を暗記するのではなく，しっかりと理解するようにしましょう。疑問点や理解したところを教科書やノートにメモするとよいでしょう。
また，教科書は何回も読みましょう。一度目はざっくりと，すべてをじっくり理解しようとせず，全体像を把握するようなイメージで。

TAC出版の「みんなが欲しかった!」シリーズなら…

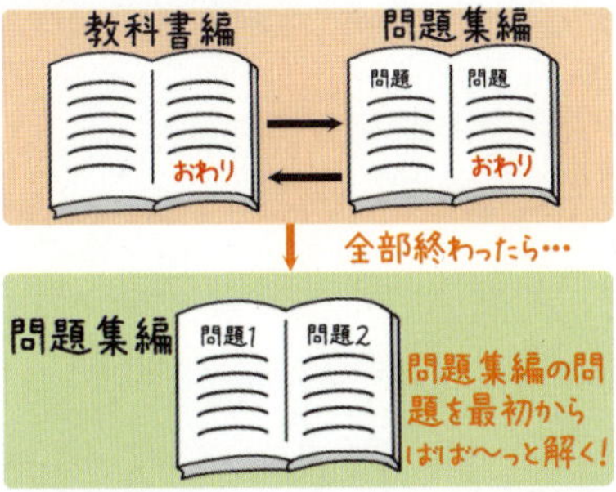

こまめに過去問を解くようにしましょう。一度教科書を読んだだけでは解けない問題も多いので，同じ問題でも繰り返し解きましょう。

memo

memo

執筆者

澤田隆治（代表執筆者）
江尻翔一郎
田中真実
中山義久
石田聖人

装丁

黒瀬章夫（Nakaguro Graph）

イラスト

matsu（マツモト　ナオコ）
エイブルデザイン

写真提供

エナジーサポート株式会社／音羽電機工業株式会社／
株式会社オーランド／株式会社戸上電機製作所／
株式会社中村電機製作所／三菱電機株式会社

みんなが欲しかった！電験三種シリーズ

みんなが欲しかった！ 電験三種 法規の教科書&問題集 第2版

2018年3月20日 初 版 第1刷発行
2020年12月1日 第2版 第1刷発行

編 著 者 TAC出版開発グループ
発 行 者 多 田 敏 男
発 行 所 TAC株式会社 出版事業部
(TAC出版)

〒101-8383
東京都千代田区神田三崎町3-2-18
電 話 03(5276)9492(営業)
FAX 03(5276)9674
https://shuppan.tac-school.co.jp

組 版 株式会社 グ ラ フ ト
印 刷 株式会社 光 邦
製 本 株式会社 常 川 製 本

ISBN 978-4-8132-8864-0
N.D.C. 540.79

乱丁・落丁による交換，および正誤のお問合せ対応は，該当書籍の改訂版刊行月末日までといたします。なお，交換につきましては，書籍の在庫状況等により，お受けできない場合もございます。
また，各種本試験の実施の延期，中止を理由とした本書の返品はお受けいたしません。返金もいたしかねますので，あらかじめご了承くださいますようお願い申し上げます。

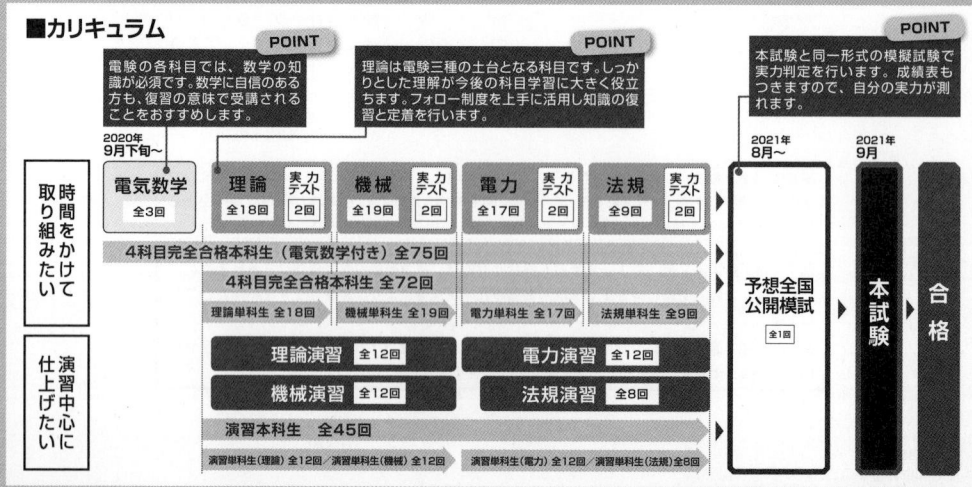

TAC出版 書籍のご案内

TAC出版では、資格の学校TAC各講座の定評ある執筆陣による資格試験の参考書をはじめ、資格取得者の開業法や仕事術、実務書、ビジネス書、一般書などを発行しています！

TAC出版の書籍

＊一部書籍は、早稲田経営出版のブランドにて刊行しております。

資格・検定試験の受験対策書籍

- 日商簿記検定
- 建設業経理士
- 全経簿記上級
- 税　理　士
- 公認会計士
- 社会保険労務士
- 中小企業診断士
- 証券アナリスト
- ファイナンシャルプランナー(FP)
- 証券外務員
- 貸金業務取扱主任者
- 不動産鑑定士
- 宅地建物取引士
- マンション管理士
- 管理業務主任者
- 司法書士
- 行政書士
- 司法試験
- 弁理士
- 公務員試験(大卒程度・高卒者)
- 情報処理試験
- 介護福祉士
- ケアマネジャー
- 社会福祉士　ほか

実務書・ビジネス書

- 会計実務、税法、税務、経理
- 総務、労務、人事
- ビジネススキル、マナー、就職、自己啓発
- 資格取得者の開業法、仕事術、営業術
- 翻訳書（T's BUSINESS DESIGN）

一般書・エンタメ書

- エッセイ、コラム
- スポーツ
- 旅行ガイド（おとな旅プレミアム）
- 翻訳小説（BLOOM COLLECTION）

書籍の正誤についてのお問合わせ

万一誤りと疑われる箇所がございましたら、以下の方法にてご確認いただきますよう、お願いいたします。

なお、正誤のお問合わせ以外の書籍内容に関する解説・受験指導等は、**一切行っておりません**。
そのようなお問合わせにつきましては、お答えいたしかねますので、あらかじめご了承ください。

1 正誤表の確認方法

TAC出版書籍販売サイト「Cyber Book Store」の
トップページ内「正誤表」コーナーにて、正誤表をご確認ください。

CYBER BOOK STORE TAC出版書籍販売サイト

URL:https://bookstore.tac-school.co.jp/

2 正誤のお問合わせ方法

正誤表がない場合、あるいは該当箇所が掲載されていない場合は、書名、発行年月日、お客様のお名前、ご連絡先を明記の上、下記の方法でお問合わせください。
なお、回答までに1週間前後を要する場合もございます。あらかじめご了承ください。

文書にて問合わせる

郵送先　〒101-8383 東京都千代田区神田三崎町3-2-18
TAC株式会社 出版事業部 正誤問合わせ係

FAXにて問合わせる

FAX番号　**03-5276-9674**

e-mailにて問合わせる

お問合わせ先アドレス　**syuppan-h@tac-school.co.jp**

※お電話でのお問合わせは、お受けできません。また、土日祝日はお問合わせ対応をおこなっておりません。
※正誤のお問合わせ対応は、該当書籍の改訂版刊行月末日までといたします。

乱丁・落丁による交換は、該当書籍の改訂版刊行月末日までといたします。なお、書籍の在庫状況等により、お受けできない場合もございます。
また、各種本試験の実施の延期、中止を理由とした本書の返品はお受けいたしません。返金もいたしかねますので、あらかじめご了承くださいますようお願い申し上げます。

(2020年10月現在)

2分冊の使い方

★セパレートBOOKの作りかた★

白い厚紙から，色紙のついた冊子を取り外します。

※色紙と白い厚紙が，のりで接着されています。乱暴に扱いますと，破損する危険性がありますので，丁寧に抜きとるようにしてください。

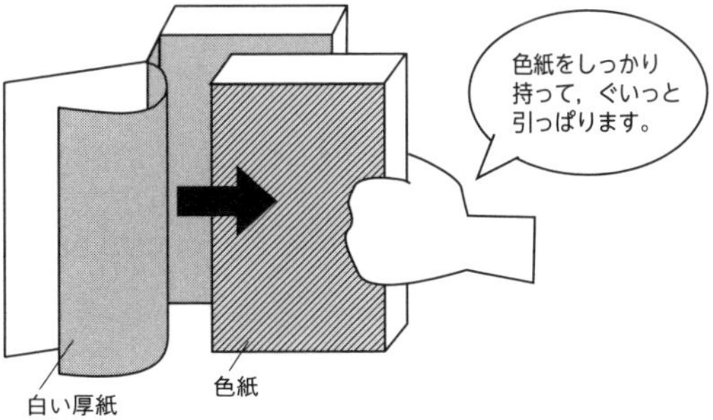
色紙をしっかり持って，ぐいっと引っぱります。
白い厚紙
色紙

※抜きとるさいの損傷についてのお取替えはご遠慮願います。

第１分冊

教科書編

第 1 分冊

教科書編

目 contents 次

第1分冊 教科書編

CHAPTER 01 電気事業法

CHAPTER 02 その他の電気関係法規

CHAPTER 03 電気設備の技術基準・解釈

CHAPTER 04 電気設備技術基準(計算)

CHAPTER 05 発電用風力設備の技術基準

CHAPTER 06

電気施設管理

※本書は，令和２年７月１日現在，効力のある法令に基いて作成しています。その後の追加情報につきましてはTAC出版書籍販売サイト・サイバーブックストアにてお知らせ致します。
https://bookstore.tac-school.co.jp/

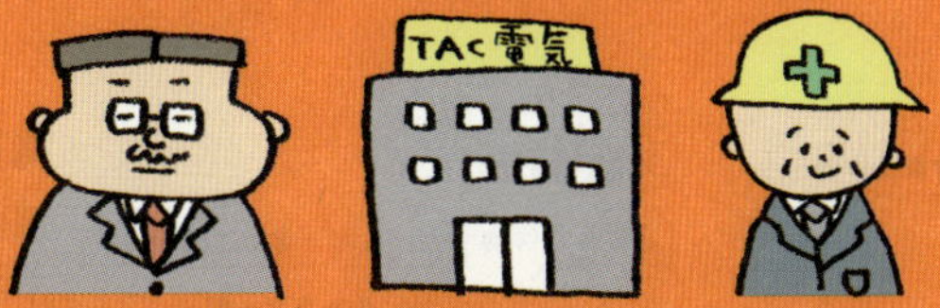

CHAPTER 01

電気事業法

CHAPTER 01

電気事業法

電気をつくったり，送ったり，販売したりするためには，法律を守らなければなりません。この単元では，法律の目的や，公共の安全，環境の保全のために定められている法律の種類について学びます。

このCHAPTERで学習すること

SECTION 01 電気事業法

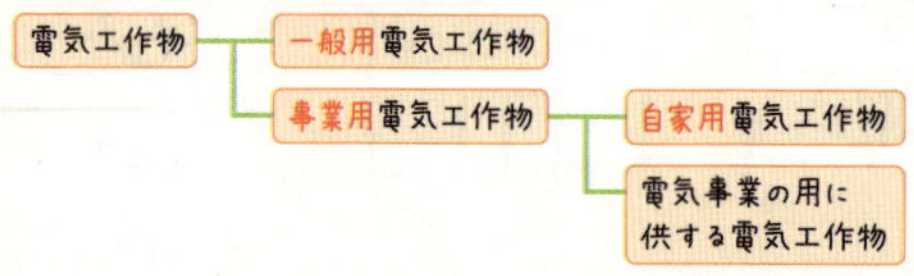

電気工作物の概要や，主任技術者の選任などについて定めた電気事業法について学びます。

傾向と対策

出題数

2問程度／16問中

・論説問題（空欄補充・正誤問題）中心

	H22	H23	H24	H25	H26	H27	H28	H29	H30	R1
電気事業法	2	2	3	2	3	1	2	2	2	2

ポイント

試験では，電気工作物の区分や，維持，保安に関する規定を中心に，幅広い範囲の知識が問われます。似たような数値，用語が多いため，しっかりと覚えましょう。また，出題のテーマと使用される用語を関連付けて覚えることにより，似たような記述が出題されたときに混乱することを防ぐことができます。よく出題される単元なので，時間をかけて学習しましょう。

SECTION 01

電気事業法

このSECTIONで学習すること

1 電気事業法の目的

電気事業法の目的について学びます。

2 電気事業の分類

電気事業法における各種電気事業について学びます。

3 電気事業法の概要

電気事業法で定められる電圧・周波数，使用制限等について学びます。

4 電気工作物

電気工作物の概要や種類について学びます。

5 事業用電気工作物

事業用電気工作物の技術基準への適合や保安規程について学びます。

6 主任技術者

主任技術者の選任と免状の種類，保安の監督をすることができる範囲について学びます。

7 工事計画及び検査

事業用電気工作物を設置・変更する際の工事計画と自主検査について学びます。

8 一般用電気工作物の調査の義務

一般家庭などで使用される一般用電気工作物の調査の義務について学びます。

9 立入検査

経済産業省職員による事業所や事業場への立入検査について学びます。

10 電気関係報告規則

電気工作物に事故が発生した際の事故報告について学びます。

1 電気事業法の目的

重要度★★★

電気事業法（でんきじぎょうほう）は，①電気の使用者の利益の保護，②電気事業の健全な発達，③公共の安全の確保，④環境の保全の4つの目的を達成するために定められています。電気事業とは，電気をつくったり，送ったり，販売したりする事業をいいます。

電気事業法第１条（目的）

この法律は，電気事業の運営を適正かつ合理的ならしめることによって（手段①），電気の使用者の利益を保護し（目的①），及び電気事業の健全な発達を図るとともに（目的②），電気工作物の工事，維持及び運用を規制することによって（手段②），公共の安全を確保し（目的③），及び環境の保全を図ること（目的④）を目的とする。

板書 電気事業法第１条

手段	目的
①電気事業の運営を適正かつ合理的ならしめる	①電気の使用者の利益を保護
	②電気事業の健全な発達を図る
②電気工作物の工事，維持及び運用を規制する	③公共の安全を確保
	④環境の保全を図る

ひとこと

法規の出題は，保安の内容が中心になるので，手段②と目的③④が重要になります。

基本例題 電気事業法の目的(H21A1改)

次の文章は，「電気事業法」の目的についての記述である。

この法律は，電気事業の運営を適正かつ合理的ならしめることによって，電気の使用者の利益を保護し，及び電気事業の健全な発達を図るとともに，電気工作物の工事，維持及び運用を［(ア)］することによって，［(イ)］の安全を確保し，及び［(ウ)］の保全を図ることを目的とする。

上記の記述中の空白箇所(ア)～(ウ)に正しい語句を記入しなさい。

解答 (ア)規制　(イ)公共　(ウ)環境

2 電気事業の分類

重要度★★☆

電気事業法における電気事業は，「小売電気事業（こうりでんきじぎょう）」，「一般送配電事業（いっぱんそうはいでんじぎょう）」，「送電事業（そうでんじぎょう）」，「特定送配電事業（とくていそうはいでんじぎょう）」及び「発電事業（はつでんじぎょう）」に分類されます。

電気事業法第2条1項16号（定義）

十六 **電気事業** 小売電気事業，一般送配電事業，送電事業，特定送配電事業及び発電事業をいう。

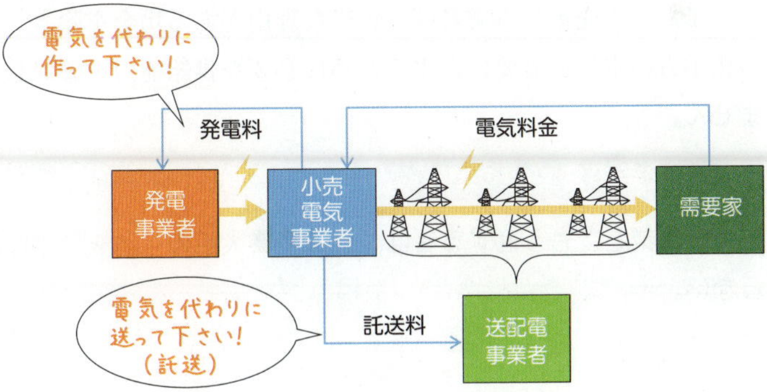

ひとこと

まずは，特定送配電事業者以外の大まかな関係を理解しましょう。小売業者は，電気を使うお客さんに電気料金のプランなどを提示して電気を売ります。小売業者は，①電気を発電事業者に作ってもらい，②電気を送るには大規模な電力システムが必要なので送配電業者にお願いして，お客さんに電気を届けてもらいます。

I 小売電気事業

一般の需要に応じ電気を供給することを**小売供給**といい，小売供給を行う事業（一般送配電事業，特定送配電事業及び発電事業に該当する部分を除く。）を**小売電気事業**といいます。

電気事業法第２条１項１号２号（定義）

一　**小売供給**　一般の需要に応じ電気を供給することをいう。

二　小売電気事業　小売供給を行う事業（一般送配電事業，特定送配電事業及び発電事業に該当する部分を除く。）をいう。

小売電気事業を営もうとする者は，経済産業大臣の登録を受けなければなりません。また，小売電気事業者は，正当な理由がある場合を除き，その小売供給の相手方の電気の需要に応ずるために必要な供給能力を確保しなければなりません。

電気事業法第２条の２（事業の登録）

小売電気事業を営もうとする者は，経済産業大臣の登録を受けなければならない。

こたえ
かくす
シート

KOTAEKAKUSUSHEET

TAC出版
TAC PUBLISHING Group

電気事業法第2条の12（供給能力の確保）

小売電気事業者は，正当な理由がある場合を除き，その小売供給の相手方の電気の需要に応ずるために必要な供給能力を確保しなければならない。

II 一般送配電事業

一般送配電事業とは，自らの送配電設備により，その供給区域において，託送供給及び電力量調整供給を行う事業をいい，その供給区域における最終保障供給及び離島の需要家への離島供給を含むものです。

電気事業法第2条1項8号（定義）

八 **一般送配電事業** 自らが維持し，及び運用する送電用及び配電用の電気工作物によりその供給区域において託送供給及び電力量調整供給を行う事業（発電事業に該当する部分を除く。）をいい，当該送電用及び配電用の電気工作物により次に掲げる小売供給を行う事業（発電事業に該当する部分を除く。）を含むものとする。

イ その供給区域（離島（その区域内において自らが維持し，及び運用する電線路が自らが維持し，及び運用する主要な電線路と電気的に接続されていない離島として経済産業省令で定めるものに限る。ロ及び第二十一条第三項第一号において単に「離島」という。）を除く。）における一般の需要（小売電気事業者又は登録特定送配電事業者（第二十七条の十九第一項に規定する登録特定送配電事業者をいう。）から小売供給を受けているものを除く。ロにおいて同じ。）に応ずる電気の供給を保障するための電気の供給（以下「**最終保障供給**」という。）

ロ その供給区域内に離島がある場合において，当該離島における一般の需要に応ずる電気の供給を保障するための電気の供給（以下「**離島供給**」という。）

一般送配電事業を営もうとする者は，経済産業大臣の許可を受けなければなりません。

電気事業法第３条（事業の許可）

一般送配電事業を営もうとする者は，経済産業大臣の許可を受けなければならない。

ひとこと

「託送供給」や「電力量調整供給」などの語句の意味も確認しておきましょう。

電気事業法第２条１項（定義）**より抜粋**

四　**振替供給**　他の者から受電した者が，同時に，その受電した場所以外の場所において，当該他の者に，その受電した電気の量に相当する量の電気を供給することをいう。

五　**接続供給**　次に掲げるものをいう。

イ　小売供給を行う事業を営む他の者から受電した者が，同時に，その受電した場所以外の場所において，当該他の者に対して，当該他の者のその小売供給を行う事業の用に供するための電気の量に相当する量の電気を供給すること。

ロ　電気事業の用に供する発電用の電気工作物以外の発電用の電気工作物（以下このロにおいて「非電気事業用電気工作物」という。）を維持し，及び運用する他の者から当該非電気事業用電気工作物（当該他の者と経済産業省令で定める密接な関係を有する者が維持し，及び運用する非電気事業用電気工作物を含む。）の発電に係る電気を受電した者が，同時に，その受電した場所以外の場所において，当該他の者に対して，当該他の者があらかじめ申し出た量の電気を供給すること（当該他の者又は当該他の者と経済産業省令で定める密接な関係を有する者の需要に応ずるものに限る。）。

六　**託送供給**　振替供給及び接続供給をいう。

七　**電力量調整供給**　次のイ又はロに掲げる者に該当する他の者から，当該イ又はロに定める電気を受電した者が，同時に，その受電した場所において，当該他の者に対して，当該他の者があらかじめ申し出た量の電気を供給することをいう。

イ　発電用の電気工作物を維持し，及び運用する者　当該発電用の電

気工作物の発電に係る電気

ロ　特定卸供給（小売供給を行う事業を営む者に対する当該小売供給を行う事業の用に供するための電気の供給であって，電気事業の効率的な運営を確保するため特に必要なものとして経済産業省令で定める要件に該当するものをいう。以下このロにおいて同じ。）を行う事業を営む者　特定卸供給に係る電気（イに掲げる者にあっては，イに定める電気を除く。）

Ⅲ 送電事業

送電事業とは，自らが維持し，及び運用する送電用の電気工作物により一般送配電事業者に振替供給を行う事業（一般送配電事業に該当する部分を除く。）をいいます。

電気事業法第２条１項10号（定義）

十　送電事業　自らが維持し，及び運用する送電用の電気工作物により一般送配電事業者に振替供給を行う事業（一般送配電事業に該当する部分を除く。）であって，その事業の用に供する送電用の電気工作物が経済産業省令で定める要件に該当するものをいう。

送電事業を営もうとする者は，経済産業大臣の許可を受けなければなりません。

電気事業法第27条の４（事業の許可）

送電事業を営もうとする者は，経済産業大臣の許可を受けなければならない。

Ⅳ 特定送配電事業

特定送配電事業とは，自らが維持し，及び運用する送電用及び配電用の電気工作物により特定の供給地点において小売供給又は小売電気事業若しくは一般送配電事業を営む他の者にその小売電気事業若しくは一般送配電事業の用に供するための電気に係る託送供給を行う事業（発電事業に該当する部分を除く。）をいいます。

電気事業法第2条1項12号（定義）

十二　特定送配電事業　自らが維持し，及び運用する送電用及び配電用の電気工作物により特定の供給地点において小売供給又は小売電気事業若しくは一般送配電事業を営む他の者にその小売電気事業若しくは一般送配電事業の用に供するための電気に係る託送供給を行う事業（発電事業に該当する部分を除く。）をいう。

特定送配電事業を営もうとする者は，経済産業大臣に届け出なければなりません。

電気事業法第27条の13（事業の届出）より抜粋

特定送配電事業を営もうとする者は，経済産業省令で定めるところにより，次に掲げる事項を経済産業大臣に届け出なければならない。

一　氏名又は名称及び住所並びに法人にあっては，その代表者の氏名
二　主たる営業所その他の営業所の名称及び所在地
三　供給地点
四　（省略）
五　事業開始の予定年月日
六　その他経済産業省令で定める事項

V 発電事業

発電事業とは，自らが維持し，及び運用する発電用の電気工作物を用いて小売電気事業，一般送配電事業又は特定送配電事業の用に供するための電気を発電する事業をいいます。

電気事業法第２条１項14号（定義）

十四　**発電事業**　自らが維持し，及び運用する発電用の電気工作物を用いて小売電気事業，一般送配電事業又は特定送配電事業の用に供するための電気を発電する事業であって，その事業の用に供する発電用の電気工作物が経済産業省令で定める要件に該当するものをいう。

発電事業を営もうとする者は，経済産業省令で定めるところにより，経済産業大臣に届け出なければなりません。

電気事業法第27条の27（事業の届出）より抜粋

発電事業を営もうとする者は，経済産業省令で定めるところにより，次に掲げる事項を経済産業大臣に届け出なければならない。

一　氏名又は名称及び住所並びに法人にあっては，その代表者の氏名
二　主たる営業所その他の営業所の名称及び所在地
三　発電事業の用に供する発電用の電気工作物の設置の場所，原動力の種類，周波数及び出力
四　事業開始の予定年月日
五　その他経済産業省令で定める事項

板書 電気事業の分類のまとめ

発電事業【届出制】 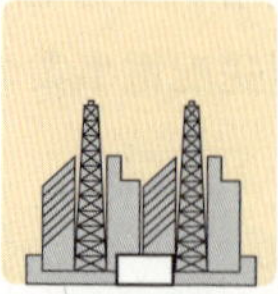		発電した電気を小売電気事業者等に供給する者 →発電所の建設や燃料の調達などを行います。
送配電事業 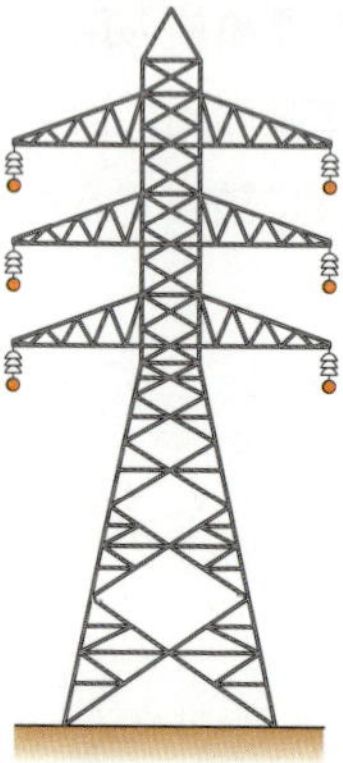	一般送配電事業【許可制】	発電事業者から受けた電気を小売電気事業者等に供給する者（離島供給や最終保障供給の義務を負う） （関西電力，北海道電力など10者） →送配電線の整備や保守などを行います。
	送電事業【許可制】	一般送配電事業者に電気の振替供給を行う者
	特定送配電事業【届出制】	特定の供給地点における需要に応じ電気を供給する者 →鉄道会社や鉄鋼会社などの送配電部門
小売電気事業【登録制】 		一般の需要に応じ電気を小売する者（需要家への説明義務や供給力確保義務を負う） →料金プランの説明や料金の徴収などを行います。

3 電気事業法の概要

重要度★★★

I 電圧及び周波数

電気事業法では，維持すべき電圧や周波数の値について定められています。これは，電気事業の運営を適正かつ合理的にする手段の一つであり，また，電気を使う人を平等に扱い，保護するためでもあります。

電気事業法第26条１項（電圧及び周波数）より抜粋

一般送配電事業者は，その供給する電気の電圧及び周波数の値を経済産業省令で定める値に維持するように努めなければならない。

電気事業法施行規則第38条（電圧及び周波数の値）

1　法第26条第１項の経済産業省令で定める電圧の値は，その電気を供給する場所において次の表の上欄に掲げる標準電圧に応じて，それぞれ同表の下欄に掲げるとおりとする。

標準電圧	維持すべき値
100 V	101 Vの上下6 Vを超えない値
200 V	202 Vの上下20 Vを超えない値

2　法第26条第１項の経済産業省令で定める周波数の値は，その者が供給する電気の標準周波数に等しい値とする。

ひとこと

東日本の標準周波数は50 Hzで，西日本は60 Hzです。

基本例題 電圧及び周波数の値(H21A10改)

次の文章は,「電気事業法」及び「電気事業法施行規則」の電圧及び周波数の値についての説明である。

1. 一般送配電事業者は,その供給する電気の電圧の値を標準電圧が100 Vでは, (ア) を超えない値に維持するように努めなければならない。
2. 一般送配電事業者は,その供給する電気の電圧の値を標準電圧が200 Vでは, (イ) を超えない値に維持するように努めなければならない。
3. 一般送配電事業者は,その者が供給する電気の標準周波数 (ウ) 値に維持するよう努めなければならない。

上記の記述中の空白箇所(ア),(イ)及び(ウ)に当てはまる語句として,正しいものを組み合わせたのは次のうちどれか。

	(ア)	(イ)	(ウ)
(1)	100 Vの上下4 V	200 Vの上下8 V	に等しい
(2)	100 Vの上下4 V	200 Vの上下12 V	の上下0.2 Hzを超えない
(3)	100 Vの上下6 V	200 Vの上下12 V	に等しい
(4)	101 Vの上下6 V	202 Vの上下12 V	の上下0.2 Hzを超えない
(5)	101 Vの上下6 V	202 Vの上下20 V	に等しい

解答 (5)

問題集 問題01

II 電気の使用制限等

電力不足が起こると,電気が供給できなくなったり(停電),電気料金が上がったりすることによって,企業や国民に大きな影響を与えることになります。そのため,電力不足はなるべく早く解消する必要があり,経済産業大臣は電力不足を解消するために電気の使用を制限することができます。

これは,電気事業の運営を適正かつ合理的にする手段の一つです。

電気事業法第34条の2　1項（電気の使用制限等）

経済産業大臣は，電気の需給の調整を行わなければ電気の供給の不足が国民経済及び国民生活に悪影響を及ぼし，公共の利益を阻害するおそれがあると認められるときは，その事態を克服するため必要な限度において，政令で定めるところにより，使用電力量の限度，使用最大電力の限度，用途若しくは使用を停止すべき日時を定めて，小売電気事業者，一般送配電事業者若しくは登録特定送配電事業者（以下この条において「小売電気事業者等」という。）から電気の供給を受ける者に対し，小売電気事業者等の供給する電気の使用を制限すべきこと又は受電電力の容量の限度を定めて，小売電気事業者等から電気の供給を受ける者に対し，小売電気事業者等からの受電を制限すべきことを命じ，又は勧告することができる。

ひとこと

東日本大震災では電気の供給不足が生じたため，この法律に基づき，計画停電の実施や使用最大電力の制限などが行われました。

基本例題　　電気の使用制限等（H24A1改）

次の文章は，「電気事業法」における，電気の使用制限等に関する記述である。

［(ア)］は，電気の需給の調整を行わなければ電気の供給の不足が国民経済及び国民生活に悪影響を及ぼし，公共の利益を阻害するおそれがあると認められるときは，その事態を克服するため必要な限度において，政令で定めるところにより，［(イ)］の限度，［(ウ)］の限度，用途若しくは使用を停止すべき［(エ)］を定めて，小売電気事業者，一般送配電事業者若しくは登録特定送配電事業者（以下「小売電気事業者等」という。）の供給する電気の使用を制限し，又は［(オ)］電力の容量の限度を定めて，小売電気事業者等からの［(オ)］を制限することができる。

上記の記述中の空白箇所(ア)，(イ)，(ウ)，(エ)及び(オ)に当てはまる組合せとして，正しいものを次の(1)～(5)のうちから一つ選べ。

	(ア)	(イ)	(ウ)	(エ)	(オ)
(1)	経済産業大臣	使用電力量	使用最大電力	区　域	受　電
(2)	内閣総理大臣	供給電力量	供給最大電力	区　域	送　電
(3)	経済産業大臣	供給電力量	供給最大電力	区　域	送　電
(4)	内閣総理大臣	使用電力量	使用最大電力	日　時	受　電
(5)	経済産業大臣	使用電力量	使用最大電力	日　時	受　電

解答　(5)

4 電気工作物

重要度★★★

I 電気工作物とは

電気事業法第2条1項18号(定義)

電気工作物(でんきこうさくぶつ)　発電，変電，送電若しくは配電又は電気の使用のために設置する機械，器具，ダム，水路，貯水池，電線路その他の工作物（船舶，車両又は航空機に設置されるものその他の政令で定めるものを除く。）をいう。

1 概要

人により加工されたすべての物体を**工作物**(こうさくぶつ)といいます（電気設備技術基準の解釈第1条22号）。

天然の川や湖をそのまま発電所で利用している場合などは，工作物ではないため，電気工作物ではありません。

板書 **電気工作物**

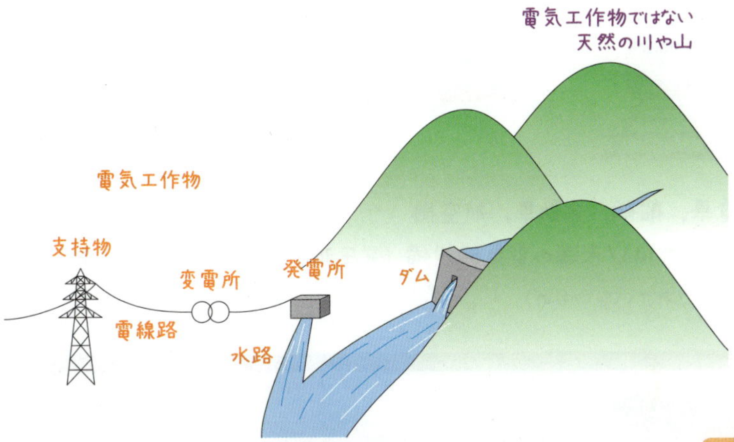

2 電気工作物から除かれる工作物

電気事業法施行令第１条（電気工作物から除かれる工作物）

電気事業法（以下「法」という。）第2条第1項第18号の政令で定める工作物は，次のとおりとする。

一　鉄道営業法，軌道法若しくは鉄道事業法が適用され若しくは準用される車両若しくは搬器，船舶安全法が適用される船舶若しくは海上自衛隊の使用する船舶又は道路運送車両法第２条第２項に規定する自動車に設置される工作物であって，これらの車両，搬器，船舶及び自動車以外の場所に設置される電気的設備に電気を供給するためのもの以外のもの

二　航空法第２条第１項に規定する航空機に設置される工作物

三　前二号に掲げるもののほか，電圧30 V未満の電気的設備であって，電圧30 V以上の電気的設備と電気的に接続されていないもの

板書 電気工作物から除かれる工作物

- 電車，船舶，自動車，航空機
- 電圧が30V未満の電気的設備（電圧30V以上の電気的設備と電気的に接続されていないもの）

ひとこと

電気事業法以外の法規で規制されているもの（車両や航空機など）については，二重に規制することになるため，電気工作物として電気事業法で規制する必要がありません。

ひとこと

単独で存在する電圧が30V未満の電気的設備はあまり危険ではないので電気工作物から除かれます。しかし，電圧30V以上の回路と電気的に接続されているものは危険なので，電気工作物になります。

3 電気工作物の種類

電気工作物は，受電電圧や用途により，「**一般用電気工作物**」と「**事業用電気工作物**」の2つに区分されています。さらに事業用電気工作物は，「電気事業の用に供する電気工作物」と「**自家用電気工作物**」に分けられています。

電気工作物を区分することによって，それぞれに対応した規制を行うことができ，公共の安全を確保します。

板書 電気工作物の区分

Ⅱ 一般用電気工作物

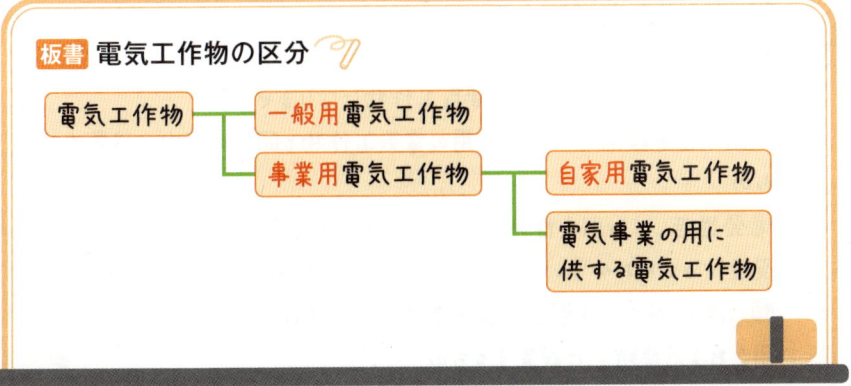

一般用電気工作物とは，一般家庭などにある比較的規模の小さい電気工作物をいいます。

一般用電気工作物に該当する条件を簡単にまとめると，次のようになります。（電気事業法第38条，電気事業法施行規則第48条）

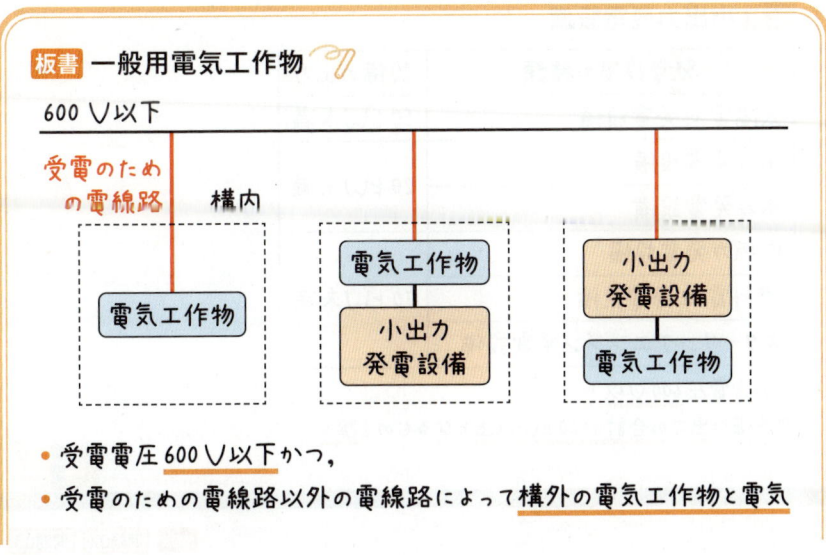

板書 一般用電気工作物

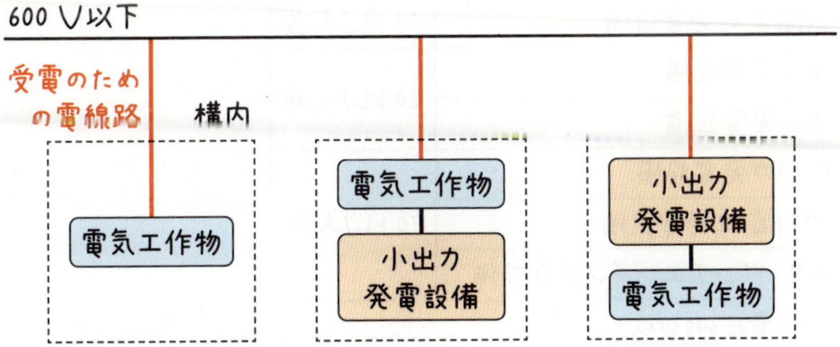

- 受電電圧600V以下かつ，
- 受電のための電線路以外の電線路によって構外の電気工作物と電気

的に接続されていないもの

ただし，以下のものは一般用電気工作物になりません。

- 小出力発電設備でない発電用の電気工作物と同一の構内に設置するもの
- 爆発性若しくは引火性の物が存在するため電気工作物による事故が発生するおそれが多い場所であって，「火薬類取締法に規定する火薬類（煙火を除く。）を製造する事業場」と「鉱山保安法施行規則が適用される石炭坑」に設置するもの

上図の電気工作物は，すべて一般用電気工作物に該当します。

小出力発電設備（しょうしゅつりょくはつでんせつび）とは，600 V以下の電気を発電する電気工作物であって，電気事業法施行規則第48条4項のものをいいます。簡単にまとめると，次の表のようになります。

板書 小出力発電設備

発電設備の種類	設備の出力
太陽電池発電設備	50 kW未満
風力発電設備	20 kW未満
水力発電設備	
内燃力発電設備	10 kW未満
燃料電池発電設備	
スターリングエンジン発電設備	

※発電電圧600 V以下

※設備の出力の合計が50 kW以上となるものを除く

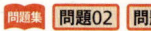

問題集 問題02 問題03

Ⅲ 自家用電気工作物

一般用電気工作物以外の電気工作物を**事業用電気工作物**（じぎょうようでんきこうさくぶつ）といいます。

ひとこと

危険性が大きいものは，一般用電気工作物ではなく事業用電気工作物になると覚えておきましょう。

事業用電気工作物のなかでも，電気事業（一般送配電，送電，特定送配電，発電）の用に供する電気工作物以外の電気工作物を，**自家用電気工作物**（じかようでんきこうさくぶつ）といいます。

自家用電気工作物は，大きい商店や工場などにある比較的規模の大きい電気工作物で，該当するものの例としては次のようなものがあります。

板書 自家用電気工作物の例

- 受電電圧が600 Vを超えるもの
- 受電のための電線路以外の電線路によって，構外の電気工作物と電気的に接続されているもの
- 小出力発電設備でない発電用の電気工作物と同一の構内に設置するもの

小出力発電設備でない発電用電気工作物の例

発電用の電気工作物	設備の出力
太陽電池発電設備	50 kW以上
風力発電設備	20 kW以上
水力発電設備	
内燃力発電設備	10 kW以上
燃料電池発電設備	
スターリングエンジン発電設備	

- 爆発性若しくは引火性の物が存在するため電気工作物による事故が発生するおそれが多い場所であって，「火薬類取締法に規定する火薬類（煙火を除く。）を製造する事業場」と「鉱山保安法施行規則が適用される石炭坑」に設置するもの

ひとこと

一般用電気工作物の範囲を覚えておけば，自家用電気工作物に該当するかどうかを判断できるようになります。

基本例題　　電気工作物（H17A1改）

次の文章は，「電気事業法」及び「電気事業法施行規則」に基づく電気工作物の種類についての説明である。

1．次に掲げる電気工作物は，一般用電気工作物に区分されている。

一　他の者から［(ア)］V以下の電圧で受電し，その受電の場所と同一の構内においてその受電に係る電気を使用するための電気工作物

二　構内に設置し，構内の負荷にのみ電気を供給する［(イ)］設備

2．事業用電気工作物とは，［(ウ)］電気工作物以外の電気工作物をいう。

3．［(エ)］電気工作物とは，一般送配電事業，送電事業，特定送配電事業及び発電事業の用に供する電気工作物及び一般用電気工作物以外の電気工作物をいう。

上記の記述中の空白箇所(ア)～(エ)に正しい語句または数値を記入しなさい。

解答　(ア)600　(イ)小出力発電　(ウ)一般用　(エ)自家用

問題集　問題04

5 事業用電気工作物　重要度★★★

I 事業用電気工作物の技術基準への適合

事業用電気工作物は，比較的大きい規模の電気工作物なので，人体や物件

に危険を及ぼしたり，電気の供給に著しい支障を生じさせたりしないように特に気をつけて維持する必要があります。

もし，適切に維持できていない場合は，安全のために，事業用電気工作物の修理や移転，使用の制限を命じられることがあります。

電気事業法第39条（事業用電気工作物の維持）

1　事業用電気工作物を設置する者は，事業用電気工作物を主務省令で定める技術基準に適合するように維持しなければならない。
2　前項の主務省令は，次に掲げるところによらなければならない。
一　事業用電気工作物は，人体に危害を及ぼし，又は物件に損傷を与えないようにすること。
二　事業用電気工作物は，他の電気的設備その他の物件の機能に電気的又は磁気的な障害を与えないようにすること。
三　事業用電気工作物の損壊により一般送配電事業者の電気の供給に著しい支障を及ぼさないようにすること。
四　事業用電気工作物が一般送配電事業の用に供される場合にあっては，その事業用電気工作物の損壊によりその一般送配電事業に係る電気の供給に著しい支障を生じないようにすること。

電気事業法第40条（技術基準適合命令）

主務大臣は，事業用電気工作物が前条第１項の主務省令で定める技術基準に適合していないと認めるときは，事業用電気工作物を設置する者に対し，その技術基準に適合するように事業用電気工作物を修理し，改造し，若しくは移転し，若しくはその使用を一時停止すべきことを命じ，又はその使用を制限することができる。

基本例題　事業用電気工作物の技術基準への適合（H29A1）

次の文章は，「電気事業法」における事業用電気工作物の技術基準への適合に関する記述の一部である。

a　事業用電気工作物を設置する者は，事業用電気工作物を主務省令で定める技術基準に適合するように［（ア）］しなければならない。

b　上記aの主務省令で定める技術基準では，次に掲げるところによらなければならない。

①　事業用電気工作物は，人体に危害を及ぼし，又は物件に損傷を与えないようにすること。

②　事業用電気工作物は，他の電気的設備その他の物件の機能に電気的又は［（イ）］的な障害を与えないようにすること。

③　事業用電気工作物の損壊により一般送配電事業者の電気の供給に著しい支障を及ぼさないようにすること。

④　事業用電気工作物が一般送配電事業の用に供される場合にあっては，その事業用電気工作物の損壊によりその一般送配電事業に係る電気の供給に著しい支障を生じないようにすること。

c　主務大臣は，事業用電気工作物が上記aの主務省令で定める技術基準に適合していないと認めるときは，事業用電気工作物を設置する者に対し，その技術基準に適合するように事業用電気工作物を修理し，改造し，若しくは移転し，若しくはその使用を［（ウ）］すべきことを命じ，又はその使用を制限することができる。

上記の記述中の空白箇所(ア)，(イ)及び(ウ)に当てはまる組合せとして，正しいものを次の(1)～(5)のうちから一つ選べ。

	(ア)	(イ)	(ウ)
(1)	設置	磁気	一時停止
(2)	維持	熱	禁止
(3)	設置	熱	禁止
(4)	維持	磁気	一時停止
(5)	設置	熱	一時停止

解答　(4)

問題集　問題05　問題06　問題07

Ⅱ 保安規程

保安規程（ほあんきてい）とは，安全を保つためのルールのことです。

事業用電気工作物の設置者は，保安規程を定め，それを使用の開始前に主務大臣に届け出る必要があります。この保安規程を変更したときは，遅滞なく，主務大臣に届け出なければなりません。

もし保安規程に問題があるとき（保安の確保のために必要があるとき）は，保安規程の変更を命じられることがあります。

事業用電気工作物の設置者及びその従業者は，保安規程を守らなければなりません。

ひとこと

電験三種において，主務大臣は「経済産業大臣」を指すと考えて問題ありません。

電気事業法第113条の2（主務大臣等）より抜粋

この法律（第六十五条第三項及び第五項を除く。）における主務大臣は，次の各号に掲げる事項の区分に応じ，当該各号に定める大臣又は委員会とする。

一　原子力発電工作物に関する事項　原子力規制委員会及び経済産業大臣

二　前号に掲げる事項以外の事項　経済産業大臣

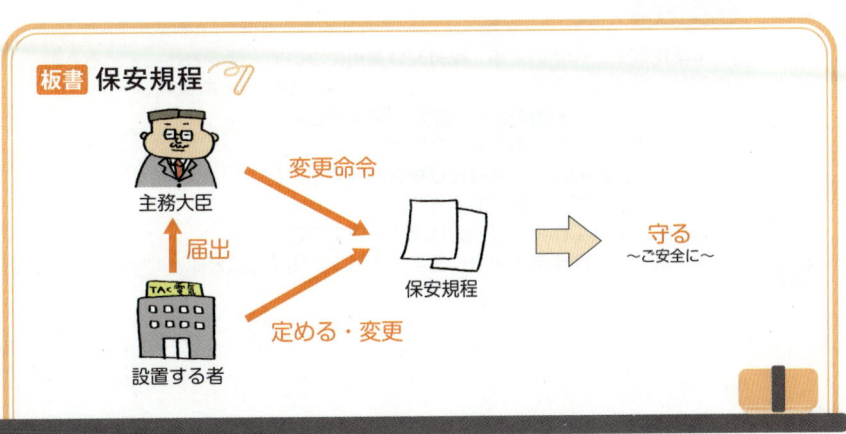

板書 保安規程

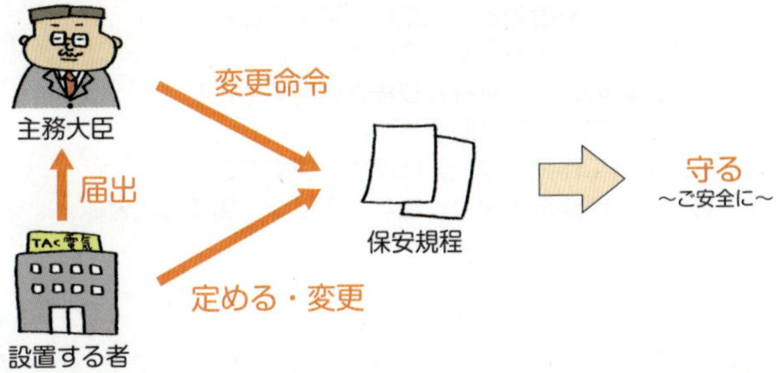

電気事業法第42条（保安規程）

1　事業用電気工作物を設置する者は，事業用電気工作物の工事，維持及び運用に関する保安を確保するため，主務省令で定めるところにより，保安を一体的に確保することが必要な事業用電気工作物の組織ごとに保安規程を定め，当該組織における事業用電気工作物の使用（第51条第1項の自主検査又は第52条第1項の事業者検査を伴うものにあっては，その工事）の開始前に，主務大臣に届け出なければならない。

2　事業用電気工作物を設置する者は，保安規程を変更したときは，遅滞なく，変更した事項を主務大臣に届け出なければならない。

3　主務大臣は，事業用電気工作物の工事，維持及び運用に関する保安を確保するため必要があると認めるときは，事業用電気工作物を設置する者に対し，保安規程を変更すべきことを命ずることができる。

4　事業用電気工作物を設置する者及びその従業者は，保安規程を守らなければならない。

ひとこと

事業用電気工作物については，一般用電気工作物に比べて危険が多いため，安全を確保するために法律で厳しく規制されています。第42条など，ほとんどの規定は事業用電気工作物に限っており，一般用電気工作物は含みません。

ひとこと

事業用電気工作物の工事，維持又は運用について，保安規程に定めるものの例として次のようなものがあります（電気事業法施行規則第50条）。

①業務を管理する者の職務・組織に関すること
②従事する者に対する保安教育に関すること
③保安のための巡視，点検及び検査に関すること
④保安についての記録に関すること
⑤事業用電気工作物の運転又は操作に関すること
⑥災害やその他非常の場合に採るべき措置に関すること

基本例題

保安規程（H16A1）

次の文章は，「電気事業法」に基づく保安規程に関する記述である。

1．（ア）電気工作物を設置する者は，（ア）電気工作物の工事，維持及び運用に関する保安を確保するため，主務省令で定めるところにより，保安を一体的に確保することが必要な（ア）電気工作物の（イ）ごとに保安規程を定め，当該組織における（ア）電気工作物の使用の開始前に，主務大臣に届け出なければならない。

2．（ア）電気工作物を設置する者は，保安規程を変更したときは，（ウ），変更した事項を主務大臣に届け出なければならない。

3．（ア）電気工作物を設置する者及びその（エ）は，保安規程を守らなければならない。

上記の記述中の空白箇所(ア)，(イ)，(ウ)及び(エ)に記入する語句として，正しいものを組み合わせたのは次のうちどれか。

	(ア)	(イ)	(ウ)	(エ)
(1)	一般用	事業場	変更の日から30日以内に	使用者
(2)	一般用	組　織	遅滞なく	管理者
(3)	自家用	事業場	遅滞なく	使用者
(4)	事業用	事業場	変更の日から30日以内に	管理者
(5)	事業用	組　織	遅滞なく	従業者

解答　(5)

問題集　問題08　問題09　問題10

6 主任技術者

重要度★★☆

I 主任技術者

事業用電気工作物を設置する者は，保安の監督をさせるために，主任技術者免状の交付を受けている者のなかから**主任技術者**（しゅにんぎじゅつしゃ）を選任する必要があります。

ただし，自家用電気工作物を設置する場合に限り，主務大臣の許可を受ければ免状の交付を受けていない者を主任技術者として選任することができます。

主任技術者を選任・解任したときは，遅滞なく主務大臣に届け出る必要があります。

主任技術者は誠実に職務を行わなければなりません。また，従事する者は主任技術者の指示に従う必要があります。

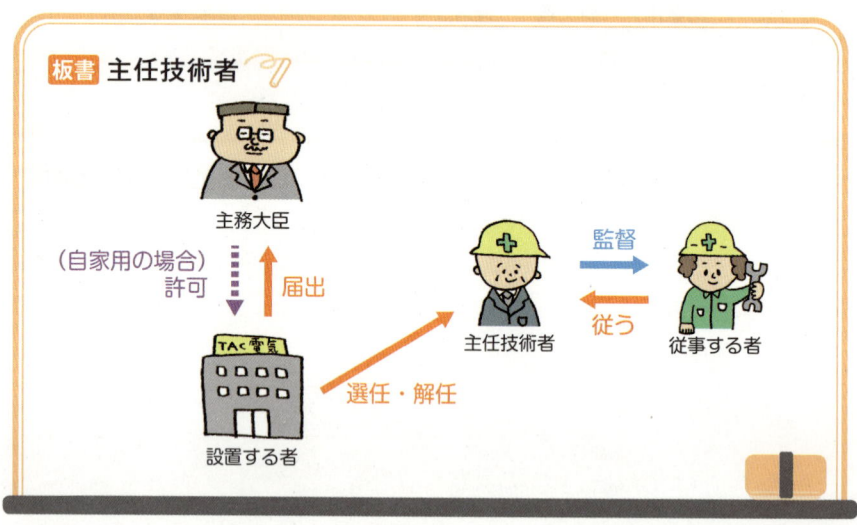

板書 主任技術者

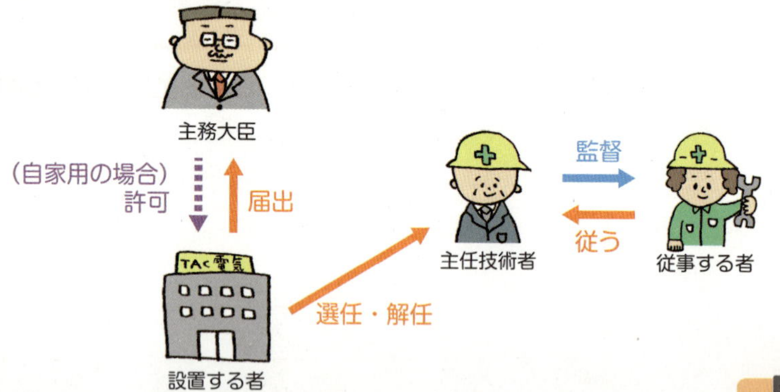

電気事業法第43条（主任技術者）

1　事業用電気工作物を設置する者は，事業用電気工作物の工事，維持及び運用に関する保安の監督をさせるため，主務省令で定めるところにより，主任技術者免状の交付を受けている者のうちから，主任技術者を選任しなければならない。

2　自家用電気工作物を設置する者は，前項の規定にかかわらず，主務大臣の許可を受けて，主任技術者免状の交付を受けていない者を主任技術者として選任することができる。

3　事業用電気工作物を設置する者は，主任技術者を選任したとき（前項の許可を受けて選任した場合を除く。）は，遅滞なく，その旨を主務大臣に届け出なければならない。これを解任したときも，同様とする。

4　主任技術者は，事業用電気工作物の工事，維持及び運用に関する保安の監督の職務を誠実に行わなければならない。

5　事業用電気工作物の工事，維持又は運用に従事する者は，主任技術者がその保安のためにする指示に従わなければならない。

板書 主任技術者免状を持たない者を選任する場合の条件

主任技術者免状を持たない者を選任する場合，次のような条件に該当する必要があります。

①電気主任技術者を選任しようとする事業場又は設備の条件

以下に掲げる設備又は事業場のみを直接統括する事業場

（1）出力500 kW未満の発電所

（2）電圧10 000 V未満の変電所

（3）最大電力500 kW未満の需要設備

②電気主任技術者として選任しようとする者の条件

（1）第1種電気工事士

（2）一定条件を満たした電気関係の高校や教育施設を卒業した者

ひとこと

許可を受けて選任された者（主任技術者免状を持たない者）を，**許可主任技術者**と呼ぶことがあります。

Ⅱ 保安管理業務外部委託承認制度

自家用電気工作物は事業用電気工作物に含まれるため，原則として，自家用電気工作物を設置する者は，保安の観点から電気主任技術者を選任しなければなりません（電気事業法第43条１項）。

板書 電気主任技術者の選任（原則）

正社員として電気主任技術者を雇っているイメージ
→ 会社のコストは，月○○万円（お給料）

しかし，電気主任技術者を雇い入れるということは，コストがかかり，そのコスト負担が困難な事業者もでてきます。

そこで，保安の観点と，電気主任技術者を雇用することが困難な事業者への配慮のバランスをとって，例外的に一定の条件を満たす場合には，電気管理技術者や電気保安法人（電気保安協会など）の外部業者に保安管理業務を委託すれば，主任技術者を選任しないことができます（電気事業法施行規則第52条２項）。このような制度を**保安管理業務外部委託承認制度**といいます。

板書 保安管理業務外部委託承認制度（特例）

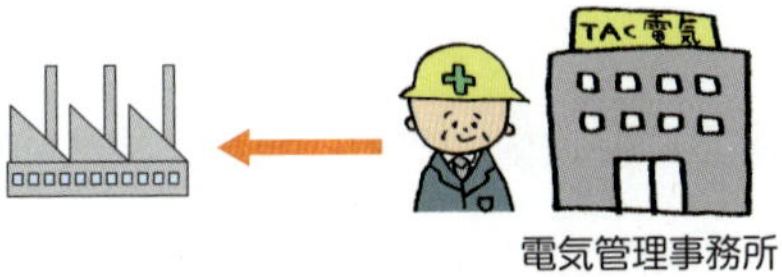

独立した電気管理技術者（外部業者）に点検に来てもらうイメージ
→ 会社のコストは，月○万円

ひとこと

皆さんが合格後に実務経験を積んで独立したら，電気管理技術者として独立できます。点検などの業務を受託することになり，たくさんの契約を取ることができれば，売上もアップしていきます。

電気事業法施行規則第52条２項（主任技術者の選任等）

2 次の各号のいずれかに掲げる自家用電気工作物に係る当該各号に定める事業場のうち，当該自家用電気工作物の工事，維持及び運用に関する保安の監督に係る業務（以下「保安管理業務」という。）を委託する契約（以下「委託契約」という。）が次条に規定する要件に該当する者と締結されているものであって，保安上支障がないものとして経済産業大臣（事業場が一の産業保安監督部の管轄区域内のみにある場合は，その所在地を管轄する産業保安監督部長。次項並びに第五十三条第一項，第二項及び第五項において同じ。）の承認を受けたもの並びに発電所，変電所及び送電線路以外の自家用電気工作物であって鉱山保安法が適用されるもののみに係る前項の表第三号又は第六号の事業場については，同項の規定にかかわらず，電気主任技術者を選任しないことができる。

一 出力2000 kW未満の発電所（水力発電所，火力発電所，太陽電池発電所及び風力発電所に限る。）であって電圧7000 V以下で連系等をするもの　前項の表第一号，第二号又は第六号の事業場

二　出力1000 kW未満の発電所（前号に掲げるものを除く。）であって電圧7000 V以下で連系等をするもの　前項の表第三号又は第六号の事業場
三　電圧7000 V以下で受電する需要設備　前項の表第三号又は第六号の事業場
四　電圧600 V以下の配電線路　当該配電線路を管理する事業場

Ⅲ 主任技術者の兼任

事業用電気工作物を設置する者は，原則として，主任技術者に２つ以上の事業場又は設備の主任技術者を兼任させてはいけません。

板書 電気主任技術者の兼任

正社員として電気主任技術者を雇っているイメージのパターン
→ ２つ以上の事業場の兼任はできない
→ ただし，保安上支障なく経済産業大臣の承認がある場合はOK

ただし，事業用電気工作物の工事，維持及び運用の保安上支障がないと認められる場合であって，経済産業大臣（監督に係る事業用電気工作物が１つの産業保安監督部の管轄区域内のみにある場合は，その設置の場所を管轄する産業保安監督部長。）の承認を受けた場合は，兼任させることができます（電気事業法施行規則第52条４項）。

ひとこと

承認を受けて兼任する者を，**兼任電気主任技術者**と呼ぶことがあります。

板書 電気主任技術者の選任等に関するまとめ

原則

事業用電気工作物を設置する者は主任技術者免状をもつ者のうちから，主任技術者の選任・届出をする必要がある。2つ以上の事業場や設備を兼任させてはならない。

特例

(1) 一定条件の自家用電気工作物を設置する場合

①主任技術者免状を持たない者を選任できる。

資格例：第1種電気工事士

対象例：最大電力500 kW未満の需要設備

②保安管理業務外部委託承認制度を利用する場合，主任技術者を選任しないことができる。

(2) 工事，維持及び運用の保安上支障がないと認められる場合

③経済産業大臣（又は産業保安監督部長）の承認を受ければ兼任させることができる。

Ⅳ 免状の種類と範囲

主任技術者免状の種類と，保安の監督をすることができる範囲を簡単にまとめると，次のようになります（電気事業法施行規則第56条）。

主任技術者免状の種類	保安の監督をすることができる範囲
第一種電気主任技術者	全ての事業用電気工作物（水力設備，火力設備，原子力設備及び燃料電池設備を除く）
第二種電気主任技術者	電圧17万 V未満の事業用電気工作物（水力設備，火力設備，原子力設備及び燃料電池設備を除く）
第三種電気主任技術者	電圧5万 V未満の事業用電気工作物（出力5000 kW以上の発電所を除く）（水力設備，火力設備，原子力設備及び燃料電池設備を除く）
第一種ダム水路主任技術者	水力設備（電気的設備に係るものを除く）
第二種ダム水路主任技術者	水力設備，高さ70 m未満のダム並びに圧力588 kPa未満の導水路，サージタンク及び放水路（電気的設備に係るものを除く）
第一種ボイラー・タービン主任技術者	火力設備，原子力設備及び燃料電池設備（電気的設備に係るものを除く）
第二種ボイラー・タービン主任技術者	火力設備，圧力5880 kPa未満の原子力設備及び燃料電池設備（電気的設備に係るものを除く）

試験で重要なのは電気主任技術者が保安の監督をすることができる範囲です。ダム水路主任技術者やボイラー・タービン主任技術者の範囲については参考程度にとどめておきましょう。

基本例題　　主任技術者(H17A2)

次の文章は，「電気事業法」に基づく主任技術者の選任等に関する記述の一部である。

1．事業用電気工作物を設置する者は，事業用電気工作物の (ア) 及び運用に関する保安の監督をさせるため，主務省令で定めるところにより，主任技術者免状の交付を受けている者のうちから，主任技術者を選任しなければならない。

2．(イ) 電気工作物を設置する者は，上記1にかかわらず，主務大臣の (ウ) を受けて，主任技術者免状の交付を受けていない者を主任技術者として選任することができる。

3．主任技術者は，事業用電気工作物の (ア) 及び運用に関する保安の監督の職務を誠実に行わなければならない。

4．事業用電気工作物の (ア) 又は運用に従事する者は，主任技術者がその保安のためにする (エ) に従わなければならない。

上記の記述中の空白箇所(ア)，(イ)，(ウ)及び(エ)に記入する語句として，正しいものを組み合わせたのは次のうちどれか。

	(ア)	(イ)	(ウ)	(エ)
(1)	巡視，点検	自家用	許　可	要　請
(2)	巡視，点検	事業用	許　可	指　示
(3)	工事，維持	自家用	承　認	要　請
(4)	工事，維持	自家用	許　可	指　示
(5)	工事，維持	事業用	承　認	要　請

解答 (4)

問題集 問題11

7 工事計画及び検査

重要度★★☆

事業用電気工作物の設置や変更の工事を行う場合，その工事の計画について認可や届け出が必要になることがあります。また，工事の完了後（電気工作物の使用開始前）には，その電気工作物に対して自主検査や自己確認が必要となる事があります。

I 工事計画の認可

事業用電気工作物の設置や変更の工事であって，公共の安全の確保上特に重要なものとして主務省令で定めるものをする場合は，主務大臣の認可を受けなければなりません。

電気事業法第47条1項（工事計画）

事業用電気工作物の設置又は変更の工事であって，公共の安全の確保上特に重要なものとして主務省令で定めるものをしようとする者は，その工事の計画について主務大臣の認可を受けなければならない。ただし，事業用電気工作物が滅失し，若しくは損壊した場合又は災害その他非常の場合において，やむを得ない一時的な工事としてするときは，この限りでない。

認可を必要とする工事の代表的なものは，次のようになります（電気事業法施行規則62条，別表第２）。

板書　認可が必要な工事の種類と規模

出力20kW以上の発電所の設置の工事であって，次に掲げるもの以外のもの

①水力発電所の設置，②火力発電所の設置，
③燃料電池発電所の設置，
④太陽電池発電所の設置，⑤風力発電所の設置

ひとこと

太陽電池発電所を設置する工事は，認可が不要である事は覚えておきましょう。

II　工事計画の事前届出

事業用電気工作物の設置又は変更の工事であって，主務省令で定めるものをしようとする場合は，工事の開始の30日前までに，その工事の計画を主務大臣に届け出る必要があります。

電気事業法第48条１項（工事計画）

事業用電気工作物の設置又は変更の工事（前条第一項の主務省令で定めるものを除く。）であって，主務省令で定めるものをしようとする者は，その工事の計画を主務大臣に届け出なければならない。その工事の計画の変更（主務省令で定める軽微なものを除く。）をしようとするときも，同様とする。

2　前項の規定による届出をした者は，その届出が受理された日から30日を経過した後でなければ，その届出に係る工事を開始してはならない。

事前届出を必要とする需要設備に関する工事で重要なものを簡単にまとめると次のようになります（電気事業法施行規則65条，別表第２）。

板書 事前届出が必要な需要設備に関する工事

事前届出を要する規模	工事の内容
受電電圧10 000 V以上の需要設備	設置
遮断器（電圧10 000 V以上） （受電電圧10 000 V以上の需要設備に使用）	設置，取替え，20 %以上の遮断電流の変更
電力貯蔵装置（容量80 000 kW・h以上） （受電電圧10 000 V以上の需要設備に使用）	設置，20 %以上の容量の変更
遮断器・電力貯蔵装置・計器用変成器以外の機器（電圧10 000 V以上かつ，容量10 000 kV・A以上または出力10 000 kW以上）	設置，取替え，20 %以上の電圧又は容量もしくは出力の変更

ひとこと

上記の他に，工事計画の事前届出が必要な工事として，一定規模以上の発電所の設置などが規定されています。中でも，出力2000 kW以上の太陽電池発電所を設置する場合は事前届出が必要であることは重要ですので覚えておきましょう。

ひとこと

出力500 kW以上2000 kW未満の太陽電池発電所を設置する場合，工事計画の事前届出は必要ではありませんが，その発電所が技術基準に適合するか自ら確認（自己確認）し，使用の開始前に，その結果を主務大臣に届け出なければなりません（電気事業法第51条の2，電気事業法施行規則第74条，別表6）。

基本例題　　工事計画の事前届出（H25A2）

「電気事業法」及び「電気事業法施行規則」に基づき，事業用電気工作物の設置又は変更の工事の計画には経済産業大臣に事前届出を要するものがある。次の工事を計画するとき，事前届出の対象となるものを(1)～(5)のうちから一つ選べ。

(1)　受電電圧6 600 Vで最大電力2 000 kWの需要設備を設置する工事
(2)　受電電圧6 600 Vの既設需要設備に使用している受電用遮断器を新しい遮断器に取り替える工事
(3)　受電電圧6 600 Vの既設需要設備に使用している受電用遮断器の遮断電流を25 %変更する工事
(4)　受電電圧22 000 Vの既設需要設備に使用している受電用遮断器を新しい遮断器に取り替える工事
(5)　受電電圧22 000 Vの既設需要設備に使用している容量5 000 kV·Aの変圧器を同容量の新しい変圧器に取り替える工事

解答　(4)

(1)～(3)　受電電圧が10000 V未満なので事前届出は必要ない。
(4)　受電電圧が10000 V以上の遮断器の取替えなので，事前届出が必要。
(5)　受電電圧は10000 V以上だが，容量が10000 kV·A未満の機器（変圧器）の取替えなので，事前届出は必要ない。

Ⅲ 使用前自主検査

工事計画の届出が必要な工事が完了した場合，①その工事が届出をした工事計画に従って行われたか，②その電気工作物が技術基準に適合しているかを確認するために，その工作物を設置する者が使用の開始前に，自ら自主検査を行い，その結果を記録，保存しなければなりません。この検査を**使用前自主検査**（しようまえじしゅけんさ）といいます。

電気事業法第51条１項，２項（使用前安全管理検査）

第48条第１項の規定による届出をして設置又は変更の工事をする事業用電気工作物（その工事の計画について同条第４項の規定による命令があった場合において同条第一項の規定による届出をしていないもの及び第49条第１項の主務省令で定めるものを除く。）であって，主務省令で定めるものを設置する者は，主務省令で定めるところにより，その使用の開始前に，当該事業用電気工作物について自主検査を行い，その結果を記録し，これを保存しなければならない。

２　前項の検査（以下「使用前自主検査」という。）においては，その事業用電気工作物が次の各号のいずれにも適合していることを確認しなければならない。

一　その工事が第48条第１項の規定による届出をした工事の計画（同項後段の主務省令で定める軽微な変更をしたものを含む。）に従って行われたものであること。

二　第39条第１項の主務省令で定める技術基準に適合するものであること。

ひとこと

使用前自主検査を行う事業用電気工作物を設置する者は，使用前自主検査の実施に係る体制について主務大臣が行う審査を受けなければなりません。この審査は，事業用電気工作物の安全管理を旨として，使用前自主検査の実施に係る組織，検査の方法，工程管理その他主務省令で定める事項について行います。

板書 太陽光発電所を設置する場合に必要な事項

	出力2000kW以上	出力500kW以上2000kW未満	備考
工事計画の認可	×	×	太陽光発電所を設置する場合は認可不要
工事計画の届出	○	×	工事開始の30日前までに，主務大臣に届け出る
使用前自主検査	○	×	実施に係る体制について主務大臣が行う審査を受ける
自己確認	×	○	使用の開始前に，結果を主務大臣に届け出る
保安規定	○	○	事業用電気工作物を設置する場合必要

× … 不要　　○ … 必要

8 一般用電気工作物の調査の義務 重要度★★☆

一般用電気工作物は一般家庭などで使用されるものであり，専門的な知識を持たない所有者が保安を確保することは能力的に難しいため，代わりに，技術基準に適合しているかどうかを調査する義務を電線路維持運用者に課しています。

ただし，一般用電気工作物を設置している場所（自宅など）に立ち入ることについて所有者が承諾しないときにまで，無理やり調査する義務はありません。

もし調査の結果，技術基準に適合していない場合は，危険であるため，①技術基準に適合するための対処と②もしも対処をしなかった場合の危険性について，遅滞なく所有者または占有者に通知する必要があります。

電気事業法第57条（調査の義務）より抜粋

1　一般用電気工作物と直接に電気的に接続する電線路を維持し，及び運用する者（以下この条，次条及び第89条において「**電線路維持運用者**（でんせんろいじうんようしゃ）」という。）は，経済産業省令で定める場合を除き，経済産業省令で定めるところにより，その一般用電気工作物が前条第１項の経済産業省令で定める技術基準に適合しているかどうかを調査しなければならない。ただし，その一般用電気工作物の設置の場所に立ち入ることにつき，その所有者又は占有者の承諾を得ることができないときは，この限りでない。

2　電線路維持運用者は，前項の規定による調査の結果，一般用電気工作物が前条第1項の経済産業省令で定める技術基準に適合していないと認めるときは，遅滞なく，その技術基準に適合するようにするためとるべき措置及びその措置をとらなかった場合に生ずべき結果をその所有者又は占有者に通知しなければならない。

電線路維持運用者は，経済産業大臣の登録を受けた**登録調査機関**（とうろくちょうさきかん）に，調査業務を委託することができます（電気事業法第57条の2）。

基本例題　一般用電気工作物の技術基準適合調査（H19A1改）

次の文章は，「電気事業法」に基づく一般用電気工作物に関する記述の一部である。

a．電線路維持運用者又はその電線路維持運用者から委託を受けた登録調査機関は，その電線路維持運用者が供給する電気を使用する一般用電気工作物が技術基準に適合しているかどうかを［(ア)］しなければならない。ただし，その一般用電気工作物の設置の場所に立ち入ることにつき，その所有者又は［(イ)］の承諾を得ることができないときは，この限りでない。

b．電線路維持運用者又はその電線路維持運用者から委託を受けた登録調査機関は，上記ａの規定による［(ア)］の結果，一般用電気工作物が技術基準に適合していないと認めるときは，遅滞なく，その技術基準に適合するようにするためとるべき措置及びその措置をとらなかった場合に生ずべき［(ウ)］をその所有者又は［(イ)］に通知しなければならない。

上記の記述中の空白箇所(ア)～(ウ)に正しい語句を記入しなさい。

解答 (ア)調査　(イ)占有者　(ウ)結果

9 立入検査

重要度★★☆

経済産業大臣は，電気事業法の施行に必要な限度において，経済産業省の職員に事業所やその他の事業場に立ち入らせ，電気工作物や帳簿，書類などを検査させることができます（電気事業法第107条2項）。

立入検査（たちいりけんさ）をする職員は，その身分を示す証明書を携帯し，関係者の請求があったときは提示する必要があります（電気事業法第107条8項）。

立入検査は公共の安全を確保するために行われるのであって，犯罪捜査のために行われるのではありません（電気事業法第107条13項）。

ひとこと

立入検査は，必要がある場合は推進機関に行わせることができます（電気事業法第107条9項）。

ひとこと

立入検査とは，電気工作物の設置者に対して，公共の安全の確保を目的として，保安業務等が十分行われているか等の確認のために行われる最終手段です。事業用電気工作物だけではなく，一般用電気工作物も対象です（電気事業法第107条4項）。

ひとこと

立入検査で問題が見つかったときは，改善の指導が行われます。これに従わない場合には，必要に応じて法に基づく命令が下されることがあります。

基本例題 立入検査(H24A2改)

次の文章は,「電気事業法」に基づく,立入検査に関する記述の一部である。

経済産業大臣は,[(ア)]に必要な限度において,経済産業省の職員に,電気事業者の事業所,その他事業場に立ち入り,業務の状況,電気工作物,書類その他の物件を検査させることができる。また,自家用電気工作物を設置する者の工場,事務所その他の事業場に立ち入り,電気工作物,書類その他の物件を検査させることができる。

立入検査をする職員は,その[(イ)]を示す証明書を携帯し,関係人の請求があったときは,これを提示しなければならない。

立入検査の権限は[(ウ)]のために認められたものと解釈してはならない。

上記の記述中の空白箇所(ア)~(ウ)に正しい語句を記入しなさい。

解答 (ア)電気事業法の施行 (イ)身分 (ウ)犯罪捜査

10 電気関係報告規則

重要度★★☆

電気工作物に関して次のような事故が発生したときは,所轄産業保安監督部長に報告をしなければなりません(電気事業法第106条,電気関係報告規則第3条)。

事故内容	原因
人が死亡・入院した	感電・電気工作物の破損・電気工作物の誤操作・電気工作物を操作しないことによるもの
他の物件に損傷を与えた・他の物件の機能の全部又は一部を損なわせた	電気工作物の破損・電気工作物の誤操作・電気工作物を操作しないことによるもの
一般送配電事業者又は特定送配電事業者に供給支障を発生させた	送配電事業の用に供する電気工作物と電気的に接続されている電圧3000V以上の自家用電気工作物の破損・自家用電気工作物の誤操作・自家用電気工作物を操作しないことによるもの
電気火災事故(工作物にあってはその半焼以上の場合に限る)	問わない

事故が発生した場合,事故の発生を知ったときから24時間以内可能な限り速やかに,事故の発生の日時・場所・事故が発生した電気工作物・事故の概要について,電話などの方法により行うとともに,事故の発生を知った日から起算して30日以内に報告書を提出しなければなりません(電気関係報告

規則第3条2項）。

板書 **事故報告**

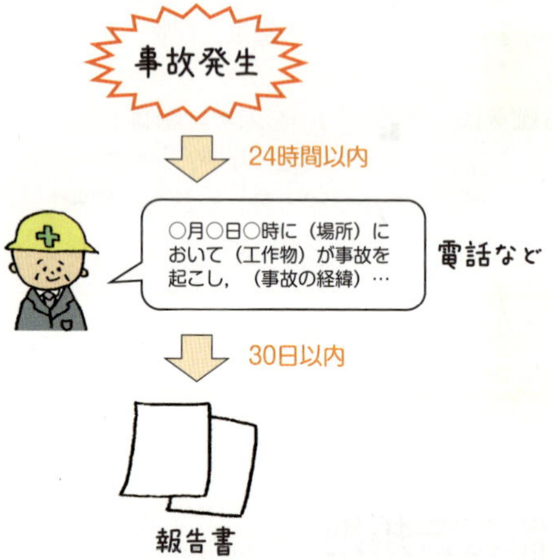

基本例題 事故報告（H20A2改）

次の文章は，「電気関係報告規則」の事故報告についての記述の一部である。

1．電気事業者は，電気事業の用に供する電気工作物（原子力発電工作物を除く。）に関して，次の事故が発生したときは，報告しなければならない。
　［ (ア) ］又は破損事故若しくは電気工作物の誤操作若しくは電気工作物を操作しないことにより人が死傷した事故（死亡又は病院若しくは診療所に治療のため入院した場合に限る。）

2．上記の規定による報告は，事故の発生を知った時から［ (イ) ］時間以内可能な限り速やかに事故の発生の日時及び場所，事故が発生した電気工作物並びに事故の概要について，電話等の方法により行うとともに，事故の発生を知った日から起算して［ (ウ) ］日以内に様式第13の報告書を提出して行わなければならない。

上記の記述中の空白箇所(ア)～(ウ)に正しい語句または数値を記入しなさい。

解答 (ア)感電　(イ)24　(ウ)30

問題集 問題12 問題13

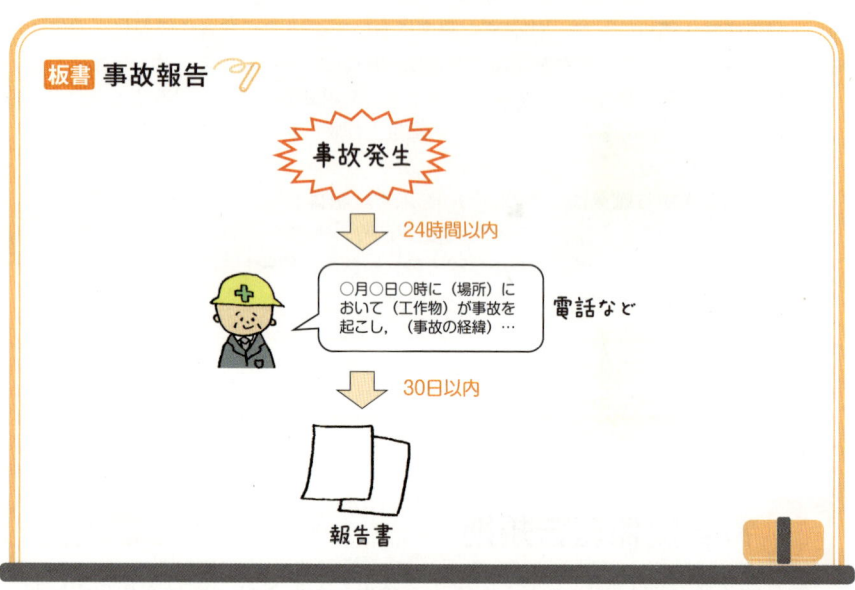

CHAPTER 02

その他の電気関係法規

CHAPTER 02

その他の電気関係法規

電気設備を適切に設置するためには，安全な部品を使用し，資格を持った人が工事を行う必要があります。この単元では，部品の製造，販売に関する法律や，工事を行う人の作業範囲などについて学びます。

このCHAPTERで学習すること

SECTION 01 電気用品安全法

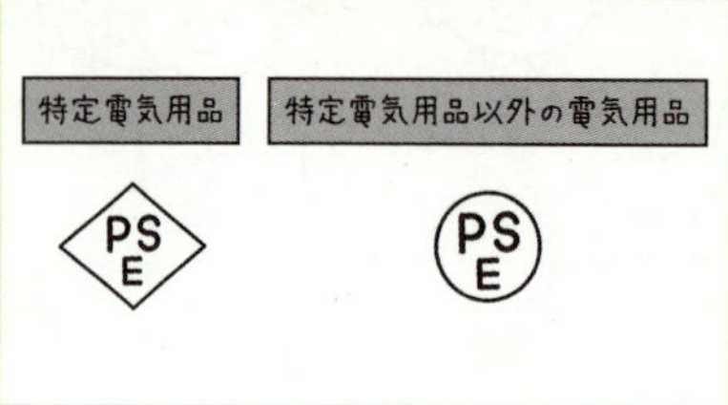

電気用品の規制について定めた電気用品安全法について学びます。

SECTION 02 電気工事士法

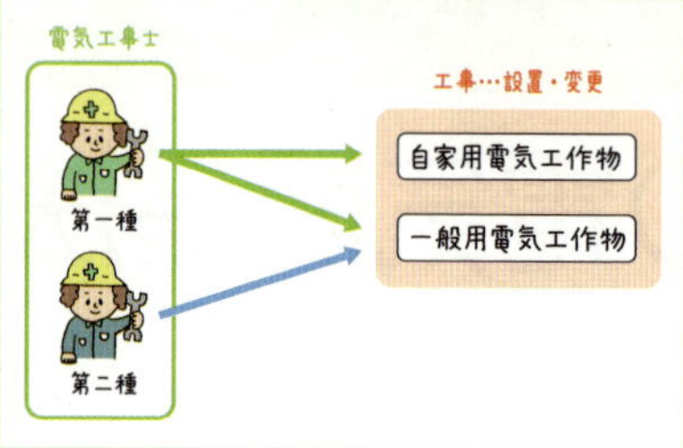

電気工事士の資格や義務について定めた電気工事士法について学びます。

SECTION 03 電気工事業法

電気工事を営む者の登録や業務の規制について定めた電気工事業法について学びます。

傾向と対策

出題数

0～2問／16問中

・論説問題（空欄補充・正誤問題）中心

	H22	H23	H24	H25	H26	H27	H28	H29	H30	R1
その他の電気関係法規	1	0	0	0	2	1	0	1	0	0

ポイント

電気工事士の資格と作業可能な範囲の組み合わせは，似たような区分が多く，試験にもよく出題されます。前の単元と同じく，選択肢に似たような数値，用語が多いため，繰り返し読んで，しっかりと覚えましょう。出題数は他の単元と比較して少なめですが，覚えるべき範囲は広くないため，確実に得点できるようにしましょう。

SECTION 01

電気用品安全法

このSECTIONで学習すること

1 電気用品安全法の概要

電気用品安全法の目的や，電気用品の分類，電気用品による危険を防止するための規定について学びます。

1 電気用品安全法の概要

重要度★★☆

I 電気用品安全法の目的

電気用品安全法（でんきようひんあんぜんほう）では，電気用品について規制することで，粗悪な電気用品によって引き起こされる危険や障害の発生を防ぐことを目的としています。

粗悪な電気用品を①つくらない・輸入しない，②販売しない，③使わないという3つの段階に分けて規制しています。

電気用品安全法第1条（目的）

この法律は，電気用品の製造，販売等を規制するとともに，電気用品の安全性の確保につき民間事業者の自主的な活動を促進することにより，電気用品による危険及び障害の発生を防止することを目的とする。

II 電気用品の分類

電気用品（でんきようひん）とは，次のようなものをいいます。

電気用品安全法第2条1項（定義）より抜粋

この法律において「電気用品」とは，次に掲げる物をいう。

一　一般用電気工作物の部分となり，又はこれに接続して用いられる機械，器具又は材料であって，政令で定めるもの

二　携帯発電機であって，政令で定めるもの

三　蓄電池であって，政令で定めるもの

電気用品は**特定電気用品**（とくていでんきようひん）と**特定電気用品以外の電気用品**（とくていでんきようひんいがいのでんきようひん）の2つに分類されます。

特定電気用品とは，電気用品のなかでも構造や使用方法，その他の使用状況からみて特に危険又は障害の発生するおそれが多いもの（比較的安全性が低いもの）をいいます（電気用品安全法第2条2項）。

また，特定電気用品以外の電気用品は，比較的安全性の高いもので，一般家庭で使われる家電製品などが多く当てはまります。

板書 特定電気用品と特定電気用品以外の電気用品

特定電気用品	特定電気用品以外の電気用品
◇PSE	○PSE
・危険や障害の発生するおそれが高いもの 例 導体の断面積が100 mm^2以下の絶縁電線や，定格電流100 A以下の開閉器，定格容量500 V・A以下の小形単相変圧器	・一般家庭の家電製品など比較的安全性の高いもの 例 冷蔵庫やこたつなどの家電製品

III 届出

電気用品の製造又は輸入の事業を行う場合，事業開始の日から30日以内に，経済産業大臣に，届け出をする必要があります。

これは，そもそも粗悪な電気用品をつくったり，輸入したりすることを防ぐための規制です。

電気用品安全法第３条（事業の届出）

電気用品の製造又は輸入の事業を行う者は，経済産業省令で定める電気用品の区分に従い，事業開始の日から30日以内に，次の事項を経済産業大臣に届け出なければならない。

一　氏名又は名称及び住所並びに法人にあっては，その代表者の氏名

二　経済産業省令で定める電気用品の型式の区分
三　当該電気用品を製造する工場又は事業場の名称及び所在地（電気用品の輸入の事業を行う者にあっては，当該電気用品の製造事業者の氏名又は名称及び住所）

また，届出事項に変更があった場合や，廃業した場合は，遅滞なく経済産業大臣に届け出る必要があります（電気用品安全法第5条，第6条）。

Ⅳ 検査と表示

電気用品の製造又は輸入する事業者は，電気用品を経済産業省令で定める技術基準に適合するようにしなければなりません。そのために電気用品の自主的な検査を行い，その記録を保存する必要があります（電気用品安全法第8条）。

また，電気用品の中でも特定電気用品を製造又は輸入する事業者は，その特定電気用品を販売する時までに，経済産業大臣の登録を受けた検査機関による適合性検査を受け，交付された証明書を保存する必要があります（電気用品安全法第9条）。

技術基準に適合している場合，PSEマークを表示することができます（電気用品安全法第10条）。なお，表示のない電気用品を販売することはできません（電気用品安全法第27条）。

検査や表示は，粗悪な電気用品を販売・流通させないようにする規制です。

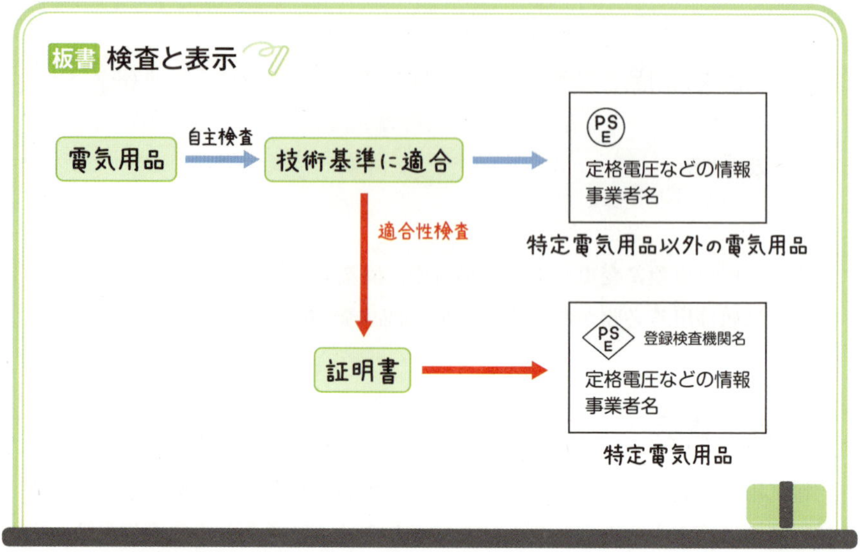

ひとこと

特定電気用品のPSEマークは，表示スペースの確保が困難なときは＜PS＞Eと表示しても構いません。同様に，特定電気用品以外の電気用品のPSEマークは(PS)Eと表示することができます。

V 使用の制限

電気事業者，自家用電気工作物を設置する者，電気工事士等は，PSEマークの表示されていない電気用品を電気工作物の工事に使用してはいけません(電気用品安全法第28条)。

これは，粗悪な電気用品を使わないことで，電気用品による危険を防止するための規制です。

基本例題 電気用品安全法（H20A1）

次の文章は，「電気用品安全法」についての記述であるが，不適切なものはどれか。

(1) この法律は，電気用品による危険及び障害の発生を防止することを目的としている。
(2) 一般用電気工作物の部分となる器具には電気用品となるものがある。
(3) 携帯用発電機には電気用品となるものがある。
(4) 特定電気用品とは，危険又は障害の発生するおそれの少ない電気用品である。
(5) 〈PSE〉は，特定電気用品に表示する記号である。

解答

特定電気用品は，電気用品のなかでも構造や使用方法，その他の使用状況からみて特に危険又は障害の発生するおそれが高いもの（比較的安全性が低いもの）をいいます。

よって，答えは(4)。

問題集 問題14

SECTION 02

電気工事士法

このSECTIONで学習すること

1 電気工事士法の概要

電気工事士法の目的や用語の定義について学びます。

2 電気工事士等

電気工事士等の作業の範囲や義務について学びます。

1 電気工事士法の概要

重要度★★☆

I 電気工事士法の目的

主任技術者が保安の監督をするのに対し，電気工事士は現場で作業をします。

電気工事士法（でんきこうじしほう）では，電気工事の現場で実際に作業に従事する者の資格や義務を定めることによって，電気工事の欠陥による災害の防止に役立つことを目的としています。

電気工事士法第1条（目的）

この法律は，電気工事の作業に従事する者の資格及び義務を定め，もって電気工事の欠陥による災害の発生の防止に寄与することを目的とする。

II 用語の定義

電気工事（でんきこうじ）とは，一般用電気工作物又は自家用電気工作物を設置・変更する工事をいいます。ただし，軽微な工事は除きます（電気工事士法第2条3項）。

電気工事士（でんきこうじし）とは，一般用電気工作物および自家用電気工作物の工事ができる**第一種電気工事士**（だいいっしゅでんきこうじし）と，一般用電気工作物の工事ができる**第二種電気工事士**（だいにしゅでんきこうじし）の2つをいいます（電気工事士法第2条4項）。

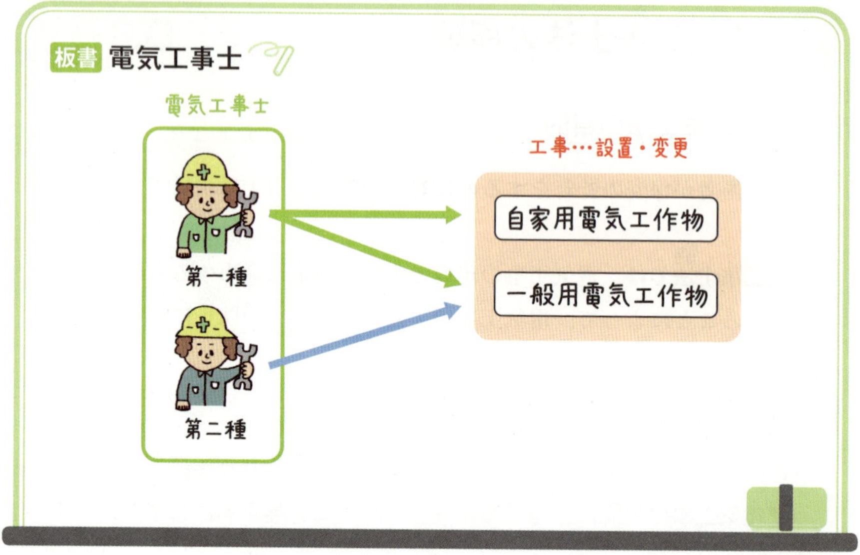

また，電気事業法の自家用電気工作物と電気工事士法の自家用電気工作物は定義が少し違います。**電気工事士法における自家用電気工作物**とは，電気事業法に規定する自家用電気工作物から，発電所，変電所，最大電力500 kW以上の需要設備，送電線路および保安通信設備を除いたものをいいます（電気工事士法第2条2項，電気工事士法施行規則第1条の2）。

ひとこと

簡単にいうと，電気工事士法における自家用電気工作物は，500 kW未満の自家用電気工作物に限ります。

ひとこと

軽微な工事の例として，次のようなものがあります（電気工事士法施行令第1条）。

① 600 V以下で使用する接続器や開閉器にコードやキャブタイヤケーブルを接続する工事
② 電圧600 V以下で使用する電気機器や蓄電池の端子に電線をねじ止めする工事
③ 電圧600 V以下で使用する電力量計や電流制限器，ヒューズの取り付け・取り外し工事
④ 電鈴，インターホーン，火災感知器，豆電球などに使用する小型変圧器（二次電圧36 V以下）の二次側の配線工事
⑤ 電線を支持する柱や腕木などの工作物を設置・変更する工事
⑥ 地中電線用の暗きょや管を設置・変更する工事

問題集 問題15

2 電気工事士等　重要度★★★

I 資格と作業の範囲

電気工事を行う資格には，第一種電気工事士，第二種電気工事士，**認定電気工事従事者**，**特種電気工事資格者**の4つがあり，資格に応じてできる作業の範囲が変わってきます。

注意点は，先ほど学んだように，電気工事士法では自家用電気工作物は最大電力500 kW未満のものに限ります。

資格		作業の範囲
第一種電気工事士		自家用電気工作物および一般用電気工作物 ただし，自家用電気工作物の工事のうち特殊電気工事（ネオン工事，非常用予備発電装置工事）は不可
第二種電気工事士		一般用電気工作物
認定電気工事従事者		自家用電気工作物のうち，低圧部分（600 V以下）
特種電気工事資格者	ネオン工事資格者	自家用電気工作物のうち，ネオンに関する工事
	非常用予備発電装置工事資格者	自家用電気工作物のうち，非常用予備発電装置に関する工事

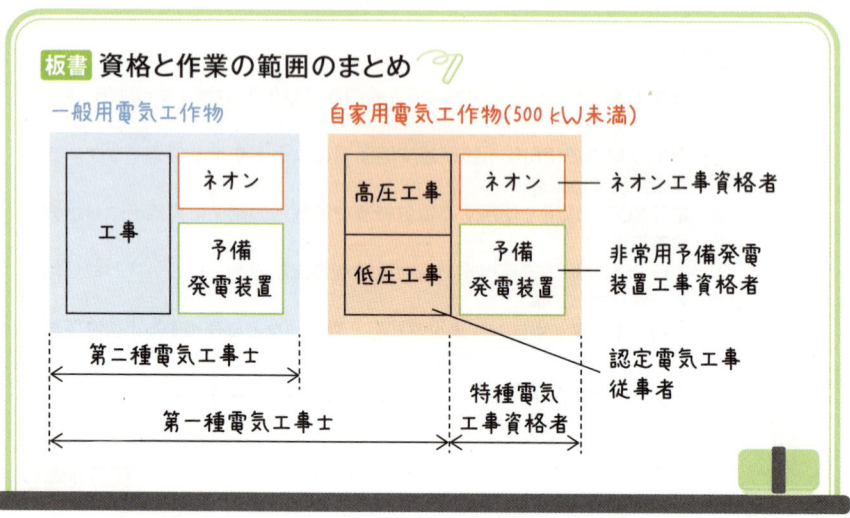

板書 資格と作業の範囲のまとめ

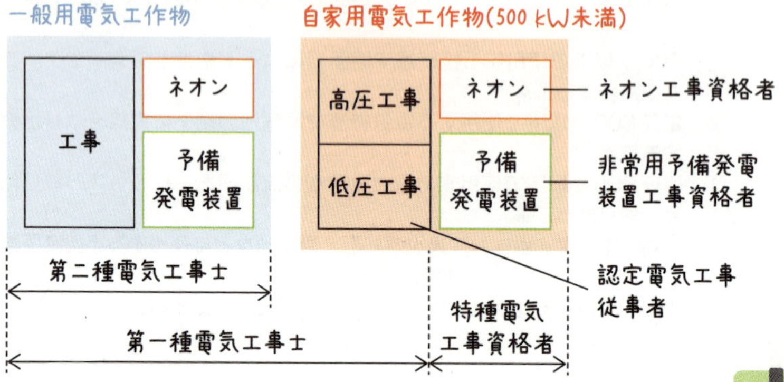

ひとこと

認定電気工事従事者，ネオン工事資格者，非常用予備発電装置工事資格者は電気工事士の免状を持っていないと取得することができません。

II 電気工事士等の義務

電気工事士等（電気工事士，認定電気工事従事者，特種電気工事資格者）には，電気工事の欠陥による災害を防止するために，様々な義務が定められています。

電気工事士等は，電気用品安全法に適合した電気用品を使用し，電気設備技術基準に適合するように作業をしなければなりません。また，電気工事の作業に従事するときは，免状や認定証を携帯する必要があります（電気工事士法第5条）。

電気工事の業務に関して都道府県知事から求められた場合，報告する義務があります（電気工事士法第9条1項）。

板書 電気工事士の義務

- **電気用品安全法**に適合した電気用品を使用する
- **電気設備技術基準**に適合するよう作業する
- **免状や認定証を携帯**する

基本例題

電気工事士法(H15A2)

次の文章は,「電気工事士法」に基づく同法の目的及び電気工事士免状等に関する記述である。

この法律は,電気工事の［(ア)］に従事する者の資格及び［(イ)］を定め,もって電気工事の［(ウ)］による災害の発生の防止に寄与することを目的としている。

この法律に基づき自家用電気工作物の工事（特殊電気工事を除く。）に従事することができる［(エ)］電気工事士免状がある。また,その資格を認定されることにより非常用予備発電装置に係る工事に従事することができる［(オ)］資格者認定証がある。

上記の記述中の空白箇所(ア),(イ),(ウ),(エ)及び(オ)に記入する語句として,正しいものを組み合わせたのは次のうちどれか。

	(ア)	(イ)	(ウ)	(エ)	(オ)
(1)	業　務	権　利	事　故	第二種	簡易電気工事
(2)	作　業	義　務	欠　陥	第一種	特種電気工事
(3)	作　業	条　件	事　故	自家用	特種電気工事
(4)	仕　事	権　利	不　良	特　殊	第三種電気工事
(5)	業　務	条　件	欠　陥	自家用	簡易電気工事

解答　(2)

問題集 問題16 問題17

SECTION 03

電気工事業法

このSECTIONで学習すること

1 電気工事業法の概要

電気工事業法の目的や，電気工事業者の分類・業務について学びます。

1 電気工事業法の概要

重要度★☆☆

Ⅰ 電気工事業法の目的

電気工事業法（電気工事業の業務の適正化に関する法律）では，電気工事業を営む者の登録をしたり，業務の規制を行ったりすることによって，電気工作物の保安を確保することを目的としています。

電気工事業法第１条（目的）

この法律は，電気工事業を営む者の登録等及びその業務の規制を行うことにより，その業務の適正な実施を確保し，もって一般用電気工作物及び自家用電気工作物の保安の確保に資することを目的とする。

Ⅱ 電気工事業者の分類

電気工事業者は，一般用電気工作物を含む電気工事業（一般用電気工作物のみまたは一般用電気工作物と自家用電気工作物の工事）を営む**登録電気工事業者**と，自家用電気工作物のみの電気工事業を営む**通知電気工事業者**に分類されます。

登録電気工事業者は登録を受ける必要があり，通知電気工事業者は通知を行う必要があります（電気工事業法第3条，第17条の2）。

電気工事業者の種類	必要事項	申請先
登録電気工事業者	登録（有効期限５年）	２つ以上の都道府県に営業所を設置→経済産業大臣 １つの都道府県にのみ営業所を設置→都道府県知事
通知電気工事業者	事業を開始する日の10日前までに通知	

ひとこと

登録の方が通知よりも手続きが大変で，提出書類などが多くなります。また，登録には手数料がかかります。

Ⅲ 電気工事業者の業務

電気工事業法第19条～第26条に電気工事業者の業務について規定されています。各条を簡単にまとめると，次のようになります。

第19条	登録電気工事業者は，第一種電気工事士または第二種電気工事士免状を取得後3年以上の電気工事の実務経験を有する者を，主任電気工事士として，営業所ごとに置くこと
第20条	主任電気工事士は職務を誠実に行うこと
第21条	電気工事士等でない者を電気工事の作業に従事させないこと
第22条	電気工事業者でない者に電気工事を請け負わせないこと
第23条	電気工事には電気用品安全法に適合している電気用品を使用すること
第24条	営業所ごとに絶縁抵抗計などの器具を備えること
第25条	営業所および電気工事の施工場所ごとに，氏名又は名称，登録番号，電気工事の種類などを記載した標識を掲げること
第26条	営業所ごとに必要事項を記載した帳簿を備え，5年間保存すること（電気工事業法施行規則第13条）

CHAPTER 03

電気設備の技術基準・解釈

CHAPTER 03

電気設備の技術基準・解釈

電気は私たちの生活に欠かせないものですが，感電，電波障害，停電といった問題が起きないようにする必要があります。この単元では，電気設備を安全に使用するために欠かせない基準と，具体的な手段や方法について学びます。

このCHAPTERで学習すること

SECTION 01 電気設備技術基準の概要

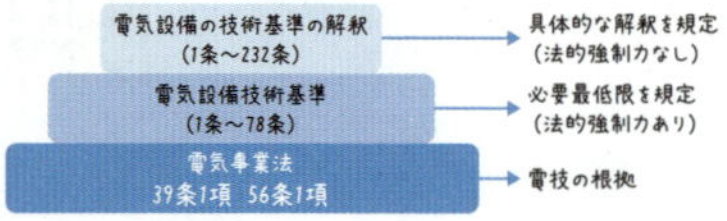

電気設備技術基準（電技）と電気設備の技術基準の解釈（解釈）の関係など，概要について学びます。

SECTION 02 総則（電技第1～19条）

総則＝電技第1条～19条
※各条文のざっくりした内容は「このSECTIONで学習すること」参照

総則とよばれる電技の第1～19条について学びます。

SECTION 03 電気供給のための電気設備の施設（電技第20～55条）

電気供給のための設備の施設について定めた内容＝電技第20条～55条
※各条文のざっくりした内容は「このSECTIONで学習すること」参照

電気を供給するための設備の施設について定めた電技第20～55条について学びます。

SECTION 04 電気使用場所の施設（電技第56～78条）

電気使用場所の施設について定めた
内容＝電技第56条～78条
※各条文のざっくりした内容は「この
SECTIONで学習すること」参照

電気使用場所の施設について定めた電技56～78条について学びます。

SECTION 05 分散型電源の系統連系設備

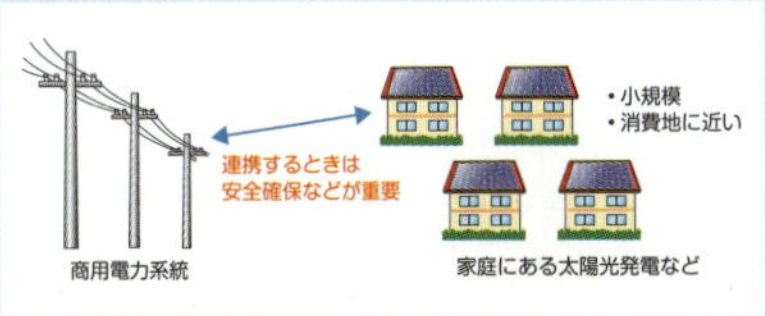

分散型電源とよばれるしくみと，それについて定められている規定について学びます。

傾向と対策

出題数

6～10問／16問中

・論説問題（空欄補充・正誤問題）中心

	H22	H23	H24	H25	H26	H27	H28	H29	H30	R1
電技・解釈	6	7	6	6	4	7	10	7	7	9

ポイント

試験問題のほとんどの割合を占める重要な単元です。用語の定義をしっかりと覚え，数値の細かな違いを理解できるように，何度も繰り返し学習しましょう。特に数値は低圧，高圧，特別高圧の区分によって異なるため，イラストや表を参照し，正確に覚えましょう。覚えるべき用語や数値が多く，他の科目と関連した内容なので，しっかりと学習して理解を深めましょう。

SECTION 01

電気設備技術基準の概要

このSECTIONで学習すること

1 電気設備技術基準の概要

電気設備技術基準の概要と目的について学びます。

1 電気設備技術基準の概要 重要度★★★

I 電気設備技術基準とは

電気設備技術基準（電気設備に関する技術基準を定める省令）とは，電気設備の工事や保守についての技術基準を定めた省令です。以下，「電気設備技術基準」を「**電技**」と略します。

II 電技の根拠

電技の前文に，電気事業法第39条1項及び第56条1項を根拠にすると規定されています。

事業用電気工作物と一般用電気工作物，つまり電気工作物は，「技術基準」に適合するように維持しなければならず（電気事業法第39条），その「技術基準」として電技が定められています。

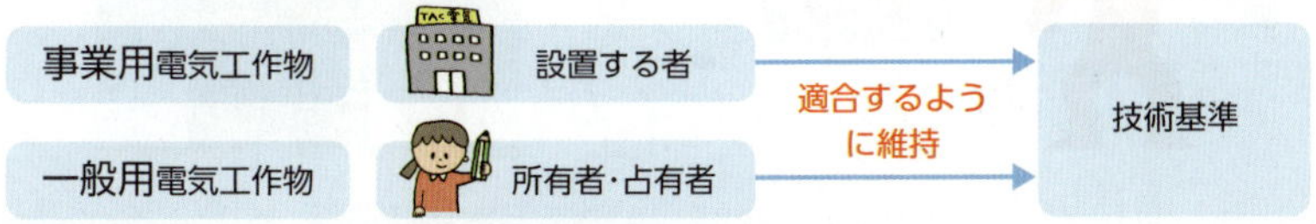

電気事業法第39条１項（事業用電気工作物の維持）

事業用電気工作物を設置する者は，事業用電気工作物を主務省令で定める技術基準に適合するように維持しなければならない。

電気事業法第56条１項（技術基準適合命令）

経済産業大臣は，一般用電気工作物が経済産業省令で定める技術基準に適合していないと認めるときは，その所有者又は占有者に対し，その技術基準に適合するように一般用電気工作物を修理し，改造し，若しくは移転し，若しくはその使用を一時停止すべきことを命じ，又はその使用を制限することができる。

III 電技の目的

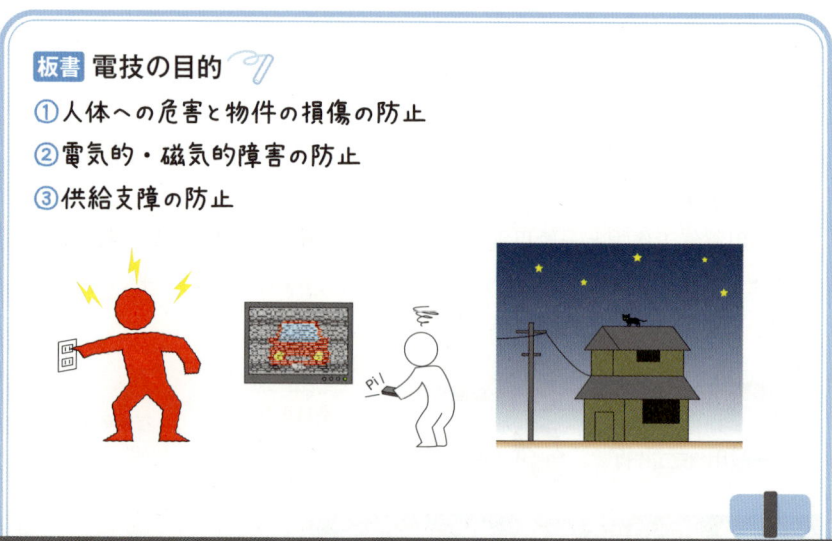

電技では，電気事業法のように目的が明記されていません。しかし，電気事業法第39条2項（及び第56条2項）より，①人体への危害と物件の損傷の防止，②電気的・磁気的障害の防止，③供給支障の防止を目的にしているとわかります。

板書 電技の目的

①人体への危害と物件の損傷の防止

②電気的・磁気的障害の防止

③供給支障の防止

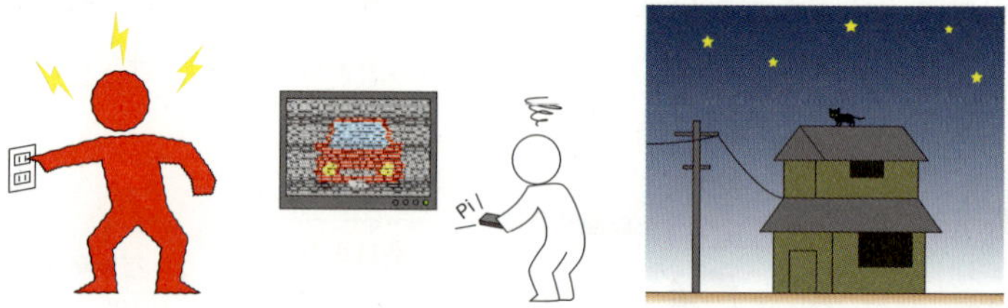

電気事業法第39条2項（事業用電気工作物の維持）

2　前項の主務省令は，次に掲げるところによらなければならない。

一　事業用電気工作物は，人体に危害を及ぼし，又は物件に損傷を与えないようにすること。

二　事業用電気工作物は，他の電気的設備その他の物件の機能に電気的又は磁気的な障害を与えないようにすること。

三　事業用電気工作物の損壊により一般送配電事業者の電気の供給に著しい支障を及ぼさないようにすること。

四　事業用電気工作物が一般送配電事業の用に供される場合にあっては，その事業用電気工作物の損壊によりその一般送配電事業に係る電気の供給に著しい支障を生じないようにすること。

Ⅳ 電技と解釈の関係

電技には，保安上欠かすことのできない内容のみを規定し，具体的な手段や方法は規定していません。具体的な手段や方法については，法的強制力のない**電気設備の技術基準の解釈**（以下「解釈」と略します）に規定されています。

必要最低限の内容は法的強制力のある電技に規定し，具体的な手段や方法については法的強制力のない解釈に規定するという構成にすることで，技術的進歩に柔軟に対応し，事業者が自らの裁量で電気設備の工事・維持・運用ができるようにしています。

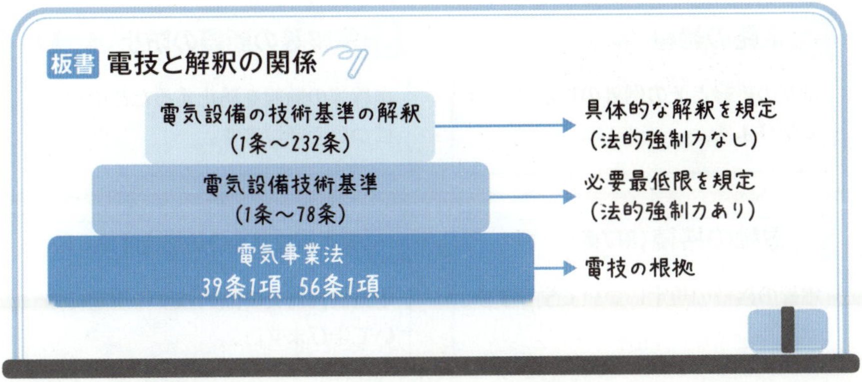

ひとこと

電技は78条まであり，解釈は232条まであります。この本では電技を第78条まで1条ずつ解説し，それに対応する解釈を抜き出して解説していきます。

SECTION 02

総則（電技第1〜19条）

このSECTIONで学習すること

1 用語の定義（第1条）

電気設備技術基準に出てくる用語の定義について学びます。

2 電圧の種別等（第2条）

電気設備技術基準で規定されている電圧の種別について学びます。

3 適用除外（第3条）

電気設備技術基準の適用除外について学びます。

4 電気設備における感電，火災等の防止（第4条）

電気設備での感電，火災などを防止する規定について学びます。

5 電路の絶縁（第5条）

電路の絶縁とその例外の規定について学びます。

6 電線等の断線の防止（第6条）

電線等の断線を防止するための規定について学びます。

7 電線の接続（第7条）

電線の接続の規定について学びます。

8 電気機械器具の熱的強度（第8条）

電気機械器具の熱的強度の規定について学びます。

9 高圧又は特別高圧の電気機械器具の危険の防止（第9条）

高圧・特別高圧の電気機械器具の危険を防止するための規定について学びます。

10 電気設備の接地（第10条）

電気設備の接地の規定について学びます。

11 電気設備の接地の方法（第11条）

電気設備を接地する方法の規定について学びます。

12 特別高圧電路等と結合する変圧器等の火災等の防止（第12条）

高圧・特別高圧電路と低圧電路を結合する変圧器での事故を防止するための規定について学びます。

13 特別高圧を直接低圧に変成する変圧器の施設制限（第13条）

特別高圧を直接低圧に変成する変圧器の施設の規定について学びます。

14 過電流からの電線及び電気機械器具の保護対策（第14条）

事故防止に必要な過電流遮断器の施設・性能の規定について学びます。

15 地絡に対する保護対策（第15条）

地絡発生時の事故防止のため，地絡遮断器を施設する規定について学びます。

16 サイバーセキュリティの確保（第15条の2）

サイバー攻撃による障害を防ぐためのサイバーセキュリティ確保の規定について学びます。

17 電気設備の電気的，磁気的障害の防止（第16条）

電気設備の電気的，磁気的障害を防ぐための規定について学びます。

18 高周波利用設備への障害の防止（第17条）

高周波利用設備がほかの高周波利用設備に障害を与えないようにするための規定について学びます。

19 電気設備による供給支障の防止（第18条）

電気設備によって電気の供給に支障を及ぼさないようにするための規定について学びます。

20 公害等の防止（第19条）

各種公害を防止するための規定について学びます。

1 用語の定義

重要度★★☆

電技第1条では，用語の定義を規定しています。

用語の定義を理解しておくと，条文の意味をより正確に理解できるようになります。

以下では，用語の定義のうち重要なものを説明しています。

また，必要に応じて，解釈第1条で規定している用語の定義も説明しています。

I 電路（電技第1条1号）

電技第１条１号（用語の定義）

一 「電路（でんろ）」とは，通常の使用状態で電気が通じているところをいう。

接地線のように，異常時のみ電流が流れるところは「電路」に該当しません。

II 電気機械器具（電技第1条2号）

電技第１条２号（用語の定義）

二 「電気機械器具（でんききかいきぐ）」とは，電路を構成する機械器具をいう。

電線やケーブルなどは，電路を構成しますが，機械器具ではないので，「電気機械器具」には該当しません。

Ⅲ 発電所（電技第1条3号）

電技第１条３号（用語の定義）

三 「発電所（はつでんしょ）」とは，発電機，原動機，燃料電池，太陽電池その他の機械器具（電気事業法第38条第２項に規定する小出力発電設備，非常用予備電源を得る目的で施設するもの及び電気用品安全法の適用を受ける携帯用発電機を除く。）を施設して電気を発生させる所をいう。

「発電所」は，電気を発生させる所です。

小出力発電設備，非常用予備電源，携帯用発電機を施設している場所は，「発電所」には該当しません。

Ⅳ 変電所（電技第1条4号，解釈第1条6号）

電技第１条４号（用語の定義）

四 「変電所（へんでんしょ）」とは，構外から伝送される電気を構内に施設した変圧器，回転変流機，整流器その他の電気機械器具により変成する所であって，変成した電気をさらに構外に伝送するものをいう。

「変電所」とは，構外から送られる電気を変成し，さらに構外に送る所です。

ビルや工場の受変電室は，構外に電気を送らないので，「変電所」には該当せず，「変電所に準ずる場所（へんでんしょにじゅんずるばしょ）」に該当します。「変電所に準ずる場所」は，解釈第１条６号に定義が規定されています。

解釈第１条６号（用語の定義）

六 変電所に準ずる場所　需要場所において高圧又は特別高圧の電気を受電し，変圧器その他の電気機械器具により電気を変成する場所

V 開閉所（電技第1条5号，解釈第1条7号）

電技第１条５号（用語の定義）

五　「**開閉所**」とは，構内に施設した開閉器その他の装置により電路を開閉する所であって，発電所，変電所及び需要場所以外のものをいう。

「開閉所」とは，発電所，変電所及び需要場所以外で電路を開閉する所です。

ビルや工場の開閉所は，「開閉所」には該当せず，「**開閉所に準ずる場所**」に該当します。「開閉所に準ずる場所」は，解釈第1条7号に定義が規定されています。

解釈第１条７号（用語の定義）

七　開閉所に準ずる場所　需要場所において高圧又は特別高圧の電気を受電し，開閉器その他の装置により電路の開閉をする場所であって，変電所に準ずる場所以外のもの

VI 電気使用場所，需要場所（解釈第1条4号，5号）

解釈第１条４号（用語の定義）

四　**電気使用場所**　電気を使用するための電気設備を施設した，１の建物又は１の単位をなす場所

解釈第１条５号（用語の定義）

五　**需要場所**　電気使用場所を含む１の構内又はこれに準ずる区域であって，発電所，変電所及び開閉所以外のもの

「電気使用場所」は，文字どおり，電気を使用する場所のことです。

「需要場所」は，「電気使用場所」に加えて，「変電所に準ずる場所」や「開閉所に準ずる場所」も含めた需要家の構内全体を指します。

しかし，需要家の構内にある発電所は「需要場所」から除かれます。

「需要場所」「電気使用場所」などの関係を図で表すと，次のようになります。

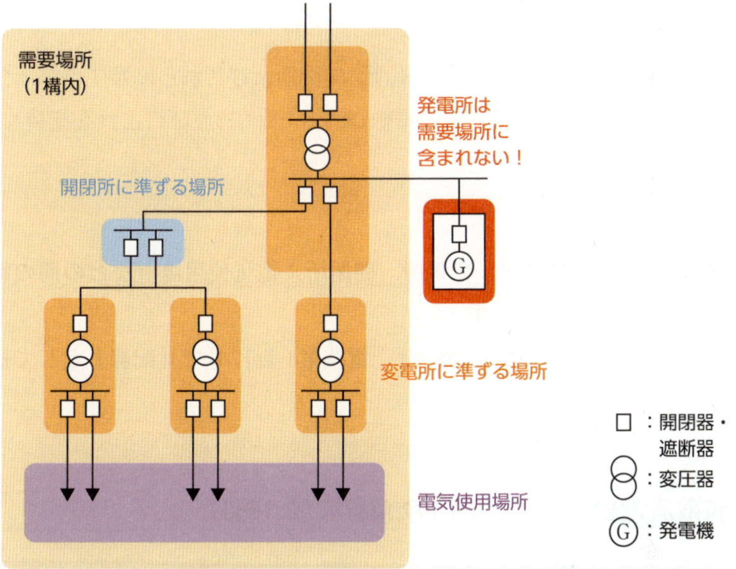

Ⅶ 電線（電技第1条6号）

電技第１条６号（用語の定義）

六 「電線」とは，強電流電気の伝送に使用する電気導体，絶縁物で被覆した電気導体又は絶縁物で被覆した上を保護被覆で保護した電気導体をいう。

「電線」とは，強電流電気の伝送に使用する電気導体全般のことです。強電流電気とは，エネルギーの伝達手段としての電気のことです。なお，情報の伝達手段としての電気のことを**弱電流電気**（じゃくでんりゅうでんき）といいます。

「電線」には，裸電線，絶縁電線，ケーブルなどが該当します。

Ⅷ 電線路（電技第1条8号）

電技第１条８号（用語の定義）

八 「**電線路**（でんせんろ）」とは，発電所，変電所，開閉所及びこれらに類する場所並びに電気使用場所相互間の電線（電車線を除く。）並びにこれを支持し，又は保蔵する工作物をいう。

「電線路」とは，発電所，変電所，開閉所，電気使用場所などの間の電線とその支持物などのことです。

電気使用場所内に施設する電線は，電技第1条17号で「配線」として規定されています。

Ⅸ 弱電流電線（電技第1条11号，解釈第1条16号）

電技第１条11号（用語の定義）

十一 「**弱電流電線**（じゃくでんりゅうでんせん）」とは，弱電流電気の伝送に使用する電気導体，絶縁物で被覆した電気導体又は絶縁物で被覆した上を保護被覆で保護した電気導体をいう。

「弱電流電線」とは，弱電流電気の伝送に使用する電気導体全般のことです。

「弱電流電線」と「光ファイバケーブル」をまとめて「**弱電流電線等**（じゃくでんりゅうでんせんとう）」といいます。「弱電流電線等」は，解釈第1条16号に定義が規定されています。

解釈第１条16号（用語の定義）

十六　**弱電流電線等**　弱電流電線及び光ファイバケーブル

X 引込線，架空引込線，連接引込線（解釈第1条10号，9号，電技第1条16号）

解釈第１条10号（用語の定義）

十　**引込線**（ひきこみせん）　架空引込線及び需要場所の造営物の側面等に施設する電線であって，当該需要場所の引込口に至るもの

解釈第１条９号（用語の定義）

九　**架空引込線**（がくうひきこみせん）　架空電線路の支持物から他の支持物を経ずに需要場所の取付け点に至る架空電線

電技第１条16号（用語の定義）

十六　「**連接引込線**（れんせつひきこみせん）」とは，一需要場所の引込線（架空電線路の支持物から他の支持物を経ないで需要場所の取付け点に至る架空電線（架空電線路の電線をいう。以下同じ。）及び需要場所の造営物（土地に定着する工作物のうち，屋根及び柱又は壁を有する工作物をいう。以下同じ。）の側面等に施設する電線であって，当該需要場所の引込口に至るものをいう。）から分岐して，支持物を経ないで他の需要場所の引込口に至る部分の電線をいう。

「引込線」は，支持物から需要家の引込口までの電線のことです。

「架空引込線」は，支持物から需要家の取付け点までの電線であり，これと引込線の屋側部分を合わせると，「引込線」になります。

「連接引込線」は，引込線から分岐して，支持物を経ないで他の需要場所の引込口に至る電線のことです。

「引込線」「架空引込線」「連接引込線」の関係を図で表すと，次のようになります。

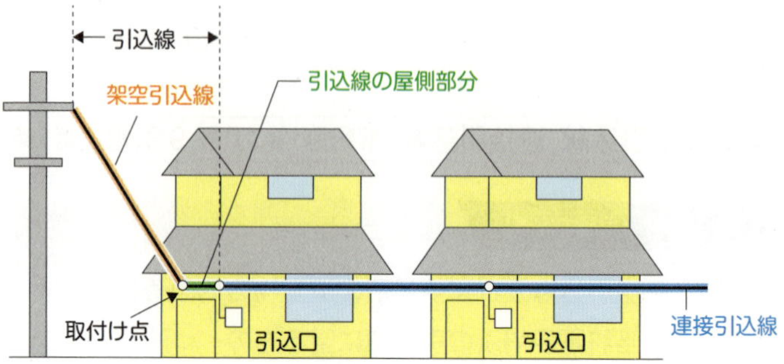

XI 配線（電技第1条17号）

電技第１条17号（用語の定義）

十七 「配線」とは，電気使用場所において施設する電線（電気機械器具内の電線及び電線路の電線を除く。）をいう。

発電所，変電所，電気使用場所相互間をつなぐ電線は電線路の電線となるので，「配線」には該当しません。

XII 接触防護措置（解釈第1条36号）

解釈第１条36号（用語の定義）

三十六 接触防護措置 次のいずれかに適合するように施設することをいう。

イ 設備を，屋内にあっては床上2.3 m以上，屋外にあっては地表上2.5 m以上の高さに，かつ，人が通る場所から手を伸ばしても触れることのない範囲に施設すること。

ロ　設備に人が接近又は接触しないよう，さく，へい等を設け，又は設備を金属管に収める等の防護措置を施すこと。

「接触防護措置」とは，触れると感電のおそれがある設備に人が接触しないようにする措置のことです。

ひとこと

「接触防護措置」という言葉は，解釈第19条などで出てきます。

XIII 簡易接触防護措置（解釈第1条37号）

解釈第1条37号（用語の定義）

三十七　**簡易接触防護措置**　次のいずれかに適合するように施設することをいう。

イ　設備を，屋内にあっては床上1.8 m以上，屋外にあっては地表上2 m以上の高さに，かつ，人が通る場所から容易に触れることのない範囲に施設すること。

ロ　設備に人が接近又は接触しないよう，さく，へい等を設け，又は設備を金属管に収める等の防護措置を施すこと。

「簡易接触防護措置」とは，接触防護措置よりも簡易的なもので，触れると感電のおそれがある設備に人が容易に接触しないようにする措置のことです。

ひとこと

「簡易接触防護措置」という言葉は，解釈第21条，22条などで出てきます。

ひとこと

「接触防護措置」と「簡易接触防護措置」では高さに違いがあります。この違いは試験でも問われるので，覚えてください。

問題集 問題18

2 電圧の種別等

重要度★★★

I 電圧の種別（電技第2条1項）

電技第2条1項では，電圧の種別について規定しています。

電技第2条1項（電圧の種別等）

電圧は，次の区分により低圧，高圧及び特別高圧の三種とする。

一 **低圧** 直流にあっては750 V以下，交流にあっては600 V以下のもの

二 **高圧** 直流にあっては750 Vを，交流にあっては600 Vを超え，7000 V以下のもの

三 **特別高圧** 7000 Vを超えるもの

電圧が高いほど危険性が増します。電圧を危険性の高さによって区分し，それぞれに対応した規制を行うことで，効率よく安全を確保することができます。

問題集 問題19

板書 電圧の種別

	直流	交流
低圧	750 V以下	600 V以下
高圧	7000 V以下	
特別高圧	7000 V超	

ひとこと

以下・以上はその値を含み，未満・超はその値を含みません。

基本例題 電圧の種別等（H26A5改）

次の文章は，「電気設備技術基準」に基づく，電圧の種別等に関する記述である。

電圧は，次の区分により低圧，高圧及び特別高圧の三種とする。

a．低　　圧　直流にあっては［(ア)］V以下，交流にあっては［(イ)］V以下のもの

b．高　　圧　直流にあっては［(ア)］Vを，交流にあっては［(イ)］Vを超え，［(ウ)］V以下のもの

c．特別高圧　［(ウ)］Vを超えるもの

上記の記述中の空白箇所(ア)～(ウ)に正しい数値を記入しなさい。

解答　(ア)750　(イ)600　(ウ)7000

II 使用電圧と最大使用電圧（解釈第1条1号，2号）

1 使用電圧

解釈第1条1号では，使用電圧（しようでんあつ）について規定しています。

解釈第1条1号（用語の定義）

一　使用電圧（公称電圧）　電路を代表する線間電圧

使用電圧は公称電圧（こうしょうでんあつ）ともいいます。

「電路を代表する線間電圧」とは，一般的に電路で使われる線間電圧のことです。たとえば，交流の低圧は600 V以下のすべての電圧を指しますが，一般的に低圧電路で使われる低圧は100 V，200 V，400 Vなどしかありません。この一般的に電路で使われる電圧のことを使用電圧（公称電圧）といいます。

2 最大使用電圧

解釈第1条2号では，最大使用電圧（さいだいしようでんあつ）について規定しています。

解釈第1条2号（用語の定義）一部抜粋

二　最大使用電圧　次のいずれかの方法により求めた，通常の使用状態において電路に加わる最大の線間電圧

イ　使用電圧に，1-1表に規定する係数を乗じた電圧

1-1表

使用電圧の区分	係数
1,000 Vを超え500,000 V未満	$\frac{1.15}{1.1}$

最大使用電圧とは，通常の使用状態において電路に加わる最大の線間電圧のことをいいます。

解釈第1条2号には，最大使用電圧の計算方法が詳しく規定されていますが，ここでは電験三種の法規で使うもののみ取り上げています。

最大使用電圧は，使用電圧に$\frac{1.15}{1.1}$を乗じたものと覚えても問題ありません。

3 標準電圧

電気機器や電路で使用する電圧が統一されていないと，電気機器の製造や電線路間の連系に支障が出ます。そこで，JEC規格（電気学会・電気規格調査会標準規格）によって，電線路で使用する電圧がいくつかの電圧に統一されています。これを**標準電圧**（ひょうじゅんでんあつ）といいます。解釈1条の使用電圧と最大使用電圧は，この標準電圧に基づいています。

III 中性線を有する多線式電路の使用電圧（電技第2条2項）

電技第2条2項では，中性線を有する多線式電路の使用電圧について規定しています。

電技第2条2項（電圧の種別等）

2 高圧又は特別高圧の多線式電路（中性線を有するものに限る。）の中性線と他の一線とに電気的に接続して施設する電気設備については，その使用電圧又は最大使用電圧がその多線式電路の使用電圧又は最大使用電圧に等しいものとして，この省令の規定を適用する。

この条文は，高圧又は特別高圧の三相4線式電路を想定して定められたものですが，現在，高圧又は特別高圧の三相4線式電路はほとんど使われていません。

3 適用除外

重要度★☆☆

電技第3条では，適用除外について規定しています。

電技第3条（適用除外）より抜粋

1　この省令は，原子力発電工作物については，適用しない。

2　鉄道営業法，軌道法又は鉄道事業法が適用され又は準用される電気設備であって，鉄道，索道又は軌道の専用敷地内に施設するもの（直流変成器又は交流き電用変成器を施設する変電所（以下「電気鉄道用変電所」という。）相互を接続する送電用の電線路以外の送電用の電線路を除く。）については……（中略）……，鉄道営業法，軌道法又は鉄道事業法の相当規定の定めるところによる。

原子力発電工作物と鉄道については，電技とは別の法令に規定されているので，電技で二重に規制する必要はないため，除外されています。

4 電気設備における感電，火災等の防止

重要度★★★

電技第4条では，電気設備における感電，火災等の防止について規定しています。

電技第4条（電気設備における感電，火災等の防止）

電気設備は，感電，火災その他人体に危害を及ぼし，又は物件に損傷を与えるおそれがないように施設しなければならない。

ひとこと

「人体に危害」と「物件に損傷」という文言は，他の条文にも出てくるので必ず覚えてください。

基本例題 電気設備における感電，火災等の防止

次の文章は，「電気設備技術基準」に基づく電気設備における感電，火災等の防止に関する記述である。

電気設備は，［（ア）］，火災その他［（イ）］に危害を及ぼし，又は［（ウ）］に損傷を与えるおそれがないように施設しなければならない。

上記の記述中の空白箇所(ア)，(イ)及び(ウ)に正しい語句を記入せよ。

解答 (ア)感電　(イ)人体　(ウ)物件

5 電路の絶縁

重要度★★★

I 電路の絶縁（電技第5条1項）

電技第5条1項では，電路の絶縁とその例外について規定しています。

電技第5条1項（電路の絶縁）

1　電路は，大地から絶縁しなければならない。ただし，構造上やむを得ない場合であって通常予見される使用形態を考慮し危険のおそれがない場合，又は混触による高電圧の侵入等の異常が発生した際の危険を回避するための接地その他の保安上必要な措置を講ずる場合は，この限りでない。

電路は，「通常の使用状態で電気が通じているところ」ですので，電路を絶縁していないと，漏電による感電や火災の危険があります。そのため，原則として「電路は大地から絶縁しなければならない」としています。

しかし，「構造上やむを得ない場合であって通常予見される使用形態を考慮し危険のおそれがない場合」と「混触による高電圧の侵入等の異常が発生した際の危険を回避するための接地その他の保安上必要な措置を講ずる場合」は例外としています。

ひとこと

電圧の異なる（特別高圧，高圧，低圧など）電線どうしが接触することを混触（こんしょく）といいます。たとえば変圧器の一次側と二次側が混触した場合，低圧側に高圧側の電圧が生じてしまい大変危険です。

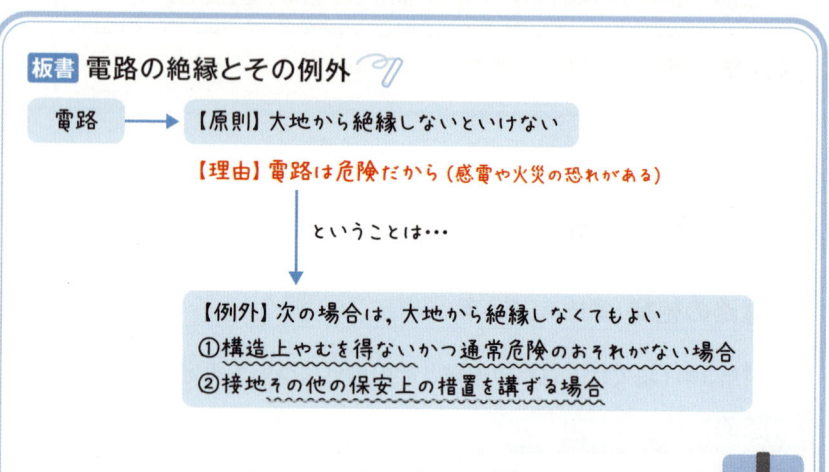

板書 電路の絶縁とその例外

電路 → 【原則】大地から絶縁しないといけない

【理由】電路は危険だから（感電や火災の恐れがある）

↓ ということは…

【例外】次の場合は，大地から絶縁しなくてもよい
①構造上やむを得ないかつ通常危険のおそれがない場合
②接地その他の保安上の措置を講ずる場合

Ⅱ 電路の絶縁の例外（解釈第13条）

電技第5条1項の①「構造上やむを得ない場合であって通常予見される使用形態を考慮し危険のおそれがない場合」と，②「混触による高電圧の侵入等の異常が発生した際の危険を回避するための接地その他の保安上必要な措置を講ずる場合」について，解釈第13条で具体的に規定しています。

解釈第13条（電路の絶縁）

電路は，次の各号に掲げる部分を除き大地から絶縁すること。
一　この解釈の規定により接地工事を施す場合の接地点
二　次に掲げるものの絶縁できないことがやむを得ない部分
　イ　第173条第７項第三号ただし書の規定により施設する接触電

線，第194条に規定するエックス線発生装置，試験用変圧器，電力線搬送用結合リアクトル，電気さく用電源装置，電気防食用の陽極，単線式電気鉄道の帰線（第201条第六号に規定するものをいう。），電極式液面リレーの電極等，電路の一部を大地から**絶縁せずに電気を使用することがやむを得ない**もの

ロ　電気浴器，電気炉，電気ボイラー，電解槽等，大地から絶縁することが**技術上困難**なもの

①は，解釈第13条2号イ，ロに該当します。

②は，解釈第13条1号に該当します。

ひとこと

②の例として，解釈第19条1項，解釈第28条などが挙げられます。接地点は絶縁の例外となっていますが，接地側電線などの接地点以外の部分は絶縁しなければなりません。

ひとこと

電気さく用電源装置のように，大地から絶縁するとその目的を果たせなくなるものについては，解釈第13条2号により，大地から絶縁しなくてもよい場合として認められています。

ひとこと

電路でないものの接地については，電技第10条に規定されています。

基本例題　　電路の絶縁（H24A5改）

次の文章は，「電気設備技術基準」における電路の絶縁に関する記述の一部である。

“電路は，大地から絶縁しなければならない。ただし，構造上やむを得ない場合であって通常予見される使用形態を考慮し危険のおそれがない場合，又は混触による高電圧の侵入等の異常が発生した際の危険を回避するための接地その他の保安上必要な措置を講ずる場合は，この限りでない。”

「電気設備技術基準の解釈」に基づき，下線部の場合に該当するものは次のうちどれか。

a. 架空単線式電気鉄道の帰線
b. 電気炉の炉体及び電源から電気炉用電極に至る導線
c. 電路の中性点に施す接地工事の接地点以外の接地側電路
d. 計器用変成器の二次側電路に施す接地工事の接地点

解答　aとd

a．解釈第13条1項2号イに該当するため，架空単線式電気鉄道の帰線は大地から絶縁しなくてよい。
b．電気炉については，解釈第13条1項2号ロに規定がある。電気炉の炉体は，絶縁できないことがやむを得ない部分に該当するので，大地から絶縁しなくてよい。しかし，電源から電気炉用電極に至る導線は，絶縁できないことがやむを得ない部分には該当しないので，大地から絶縁しなければならない。
c．解釈第13条1項1号では，接地工事の接地点は大地から絶縁しなくてもよいと規定しているが，接地点以外の接地側電路については規定していないので，大地から絶縁しなければならない。
d．解釈第13条1項1号に該当するため，接地工事の接地点は大地から絶縁しなくてよい。

Ⅲ 電路の絶縁性能（電技第5条2項，3項）

電技第5条2項，3項では，電路および電気機械器具の絶縁性能について規定しています。

電技第5条2項，3項（電路の絶縁）

2　前項の場合にあっては，その絶縁性能は，第22条及び第58条の規定を除き，事故時に想定される異常電圧を考慮し，絶縁破壊による危険のおそれがないものでなければならない。

3　変成器内の巻線と当該変成器内の他の巻線との間の絶縁性能は，事故時に想定される異常電圧を考慮し，絶縁破壊による危険のおそれがないものでなければならない。

電技第5条2項，3項は特別高圧または高圧の電線路，配線および電気機械器具の絶縁性能について規定しています。これらの絶縁性能は**絶縁耐力試験**によって測定します。

低圧電線路の絶縁性能については電技第22条，低圧電路（配線）の絶縁性能は電技第58条で規定されているので，この規定からは除かれます。

ひとこと

絶縁耐力試験は解釈第15条，16条に規定されている方法で実施します。

6 電線等の断線の防止

重要度★★★

電線等が切れると，人に危害が及ぶおそれがあるだけでなく，電気の供給に著しい支障を与えるおそれがあります。

電技第6条では，電線等の断線の防止について規定しています。

電技第6条（電線等の断線の防止）

電線，支線，架空地線，弱電流電線等（弱電流電線及び光ファイバケーブルをいう。以下同じ。）その他の電気設備の**保安**のために施設する線は，**通常**の使用状態において**断線**のおそれがないように施設しなければならない。

電技第6条は，通常の使用状態において断線するおそれがないように施設することを規定しており，飛来物やクレーン接触等による断線は考慮していません。

ひとこと

各線の材質や強度といった具体的な内容については，解釈第61条，第66条，第67条，第69条，第108条に規定されています。

基本例題　電線等の断線の防止

次の文章は，「電気設備技術基準」に基づく電線等の断線の防止に関する記述である。

電線，支線，架空地線，弱電流電線等（弱電流電線及び光ファイバケーブルをいう。以下同じ。）その他の電気設備の［(ア)］のために施設する線は，［(イ)］の使用状態において［(ウ)］のおそれがないように施設しなければならない。

上記の記述中の空白箇所(ア)～(ウ)に正しい語句を記入しなさい。

解答　(ア)保安　(イ)通常　(ウ)断線

7 電線の接続

重要度★★☆

電線の接続が不完全だと，断線による送電障害，過熱による火災，接続箇所の絶縁不良による感電，漏電などの危険が発生します。そこで，電技第7条では，電線の接続について以下のように規定しています。

電技第７条（電線の接続）

電線を接続する場合は，接続部分において電線の電気抵抗を増加させないように接続するほか，絶縁性能の低下（裸電線を除く。）及び通常の使用状態において断線のおそれがないようにしなければならない。

電線の接続についての具体的な内容は，解釈第12条に規定されています。

板書 電線の接続の方法（解釈第１２条）

電線の種類	接続する電線	接続時の注意
裸電線	裸電線 絶縁電線 キャブタイヤケーブル ケーブル	・電気抵抗を増加させない ・引張強さを20%以上減少させない ・接続部分には接続管その他の器具を使用またはろう付け
絶縁電線	絶縁電線 コード キャブタイヤケーブル ケーブル	・電気抵抗を増加させない ・引張強さを20%以上減少させない ・接続部分には接続管その他の器具を使用またはろう付け ・接続部分に絶縁電線の絶縁物と同等以上の絶縁効力のある①接続器を使用または②被覆
コード キャブタイヤケーブル ケーブル	コード キャブタイヤケーブル ケーブル	・電気抵抗を増加させない ・コード接続器，接続箱その他の器具を使用

また，電線の接続例を図で表すと，次のようになります。

ろう付けによる
絶縁電線の接続

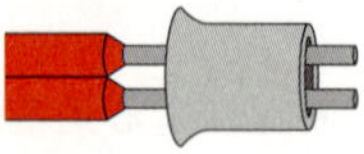

接続管（リングスリーブ）
による絶縁電線の接続

絶縁電線の接続部を
絶縁物により被覆したもの

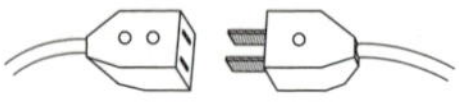

コード接続器

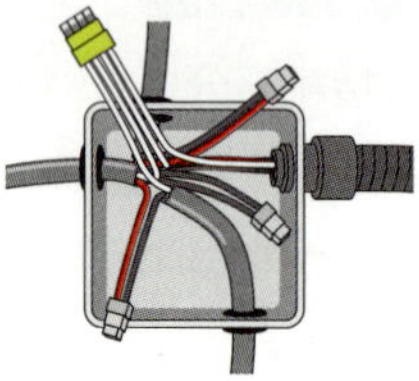

接続箱内でのケーブルの接続

基本例題　　電線の接続

次の文章は，「電気設備技術基準」に基づく電線の接続に関する記述である。

電線を接続する場合は，接続部分において電線の［ (ア) ］を増加させないように接続するほか，［ (イ) ］の低下（裸電線を除く。）及び［ (ウ) ］の使用状態において［ (エ) ］のおそれがないようにしなければならない。

上記の記述中の空白箇所(ア)～(エ)に正しい語句を記入しなさい。

解答　(ア)電気抵抗　(イ)絶縁性能　(ウ)通常　(エ)断線

基本例題　　電線の接続（H17A7改）

次の文章は，裸電線及び絶縁電線の接続法の基本事項について「電気設備技術基準の解釈」に規定されている記述の一部である。

1．電線の電気抵抗を［ (ア) ］させないように接続すること。

2．電線の引張強さを［ (イ) ］%以上減少させないこと。

3．接続部分には，接続管その他の器具を使用し，又は［ (ウ) ］すること。

4．接続部分の絶縁電線の絶縁物と同等以上の［ (エ) ］のある接続器を使用すること。

5．接続部分をその部分の絶縁電線の絶縁物と同等以上の［（エ）］のあるもので十分に被覆すること。

上記の記述中の空白箇所(ア)～(エ)に正しい語句を記入しなさい。

解答 (ア)増加　(イ)20　(ウ)ろう付け　(エ)絶縁効力

8 電気機械器具の熱的強度

重要度★★☆

電気機械器具から発する熱により，火災が発生するようなことがあってはいけません。そのため，電技第8条では，電気機械器具の熱的強度について規定しています。この条文は，電気機械器具の温度上昇試験を行う際の根拠条文となっています。

電技第8条（電気機械器具の熱的強度）

電路に施設する電気機械器具は，**通常**の使用状態においてその電気機械器具に発生する**熱**に耐えるものでなければならない。

ひとこと

温度上昇試験の実施方法については，解釈第20条に規定されています。

基本例題　電気機械器具の熱的強度（H15A4改）

次の文章は，「電気設備技術基準」に基づく保安原則に関する記述である。

電路に施設する電気機械器具は，［（ア）］状態においてその電気機械器具に発生する［（イ）］に耐えるものでなければならない。

上記の記述中の空白箇所(ア)，(イ)に正しい語句を記入しなさい。

解答 (ア)通常の使用　(イ)熱

9 高圧又は特別高圧の電気機械器具の危険の防止 重要度★★★

I 高圧又は特別高圧の電気機械器具の接触防止（電技第9条1項，解釈第21条，第22条1項2号）

取扱者以外の者が高圧又は特別高圧の電気機械器具に触れて，感電事故を起こさないように，電技第9条1項が規定されています。

電技第9条1項（高圧又は特別高圧の電気機械器具の危険の防止）

高圧又は特別高圧の電気機械器具は，**取扱者**以外の者が**容易に触れるおそれがない**ように施設しなければならない。ただし，**接触**による危険のおそれがない場合は，この限りでない。

「容易に触れるおそれがないように施設」とは，例えば，解釈第1条37号に規定されている「簡易接触防護措置」のことです。

高圧電気機械器具の接触防止についての具体的な内容は解釈第21条，特別高圧電気機械器具の接触防止についての具体的な内容は解釈第22条に規定されています。

解釈第21条（高圧の機械器具の施設）

高圧の機械器具（これに附属する高圧電線であってケーブル以外のものを含む。以下この条において同じ。）は，次の各号のいずれかにより施設すること。ただし，**発電所又は変電所，開閉所若しくはこれらに準ずる場所に施設する場合はこの限りでない**。

一　屋内であって，取扱者以外の者が出入りできないように措置した場所に施設すること。

二　次により施設すること。ただし，工場等の構内においては，ロ及びハの規定によらないことができる。

　イ　人が触れるおそれがないように，機械器具の周囲に適当なさく，へい等を設けること。

　ロ　イの規定により施設するさく，へい等の高さと，当該さく，へい等から機械器具の充電部分までの距離との和を5m以上とすること。

ハ　危険である旨の表示をすること。

三　機械器具に附属する高圧電線にケーブル又は引下げ用高圧絶縁電線を使用し，機械器具を人が触れるおそれがないように地表上4.5 m（市街地外においては4m）以上の高さに施設すること。

四　機械器具をコンクリート製の箱又はD種接地工事を施した金属製の箱に収め，かつ，充電部分が露出しないように施設すること。

五　充電部分が露出しない機械器具を，次のいずれかにより施設すること。

イ　簡易接触防護措置を施すこと。

ロ　温度上昇により，又は故障の際に，その近傍の大地との間に生じる電位差により，人若しくは家畜又は他の工作物に危険のおそれがないように施設すること。

「発電所又は変電所，開閉所若しくはこれらに準ずる場所に施設する場合はこの限りでない」とありますが，それらの場合については解釈第38条に規定があります。

解釈第21条は長い条文なので，全文を覚えるのは難しいと思います。よって，2号ロの「5 m以上」，2号ハの「危険である旨の表示」，3号の「4.5 m（市街地外においては4 m）以上」，4号の「D種接地工事」を覚えてください。

高圧機械器具の施設例を図にすると，次のようになります。

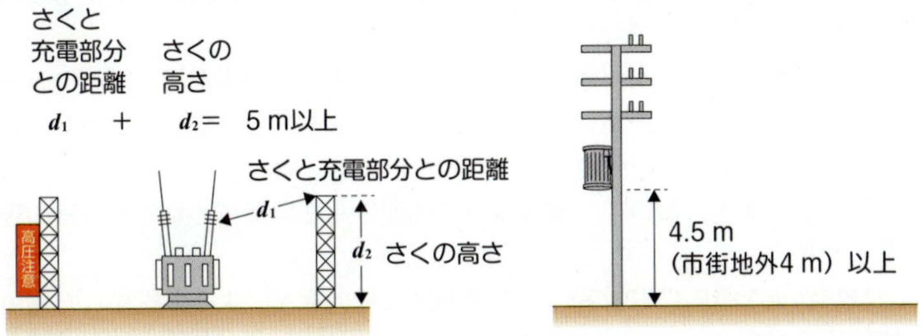

解釈第22条1項2号（特別高圧の機械器具の施設）

二　次により施設すること。

イ　人が触れるおそれがないように，機械器具の周囲に適当なさくを設けること。

ロ　イの規定により施設するさくの高さと，当該さくから機械器具の充電部分までの距離との和を，22-1表に規定する値以上とすること。

ハ　危険である旨の表示をすること。

22-1表

使用電圧の区分	さくの高さとさくから充電部分までの距離との和又は地表上の高さ
35,000 V以下	5 m
35,000 Vを超え160,000 V以下	6 m
160,000 V超過	(6+c) m

（備考）cは，使用電圧と160,000 Vの差を10,000 Vで除した値（小数点以下を切り上げる。）に0.12を乗じたもの

解釈第22条も長い条文なので，使用電圧が35000 V以下の場合に，さくの高さとさくから充電部分までの距離との和を5 m以上にしなければならない，という内容だけ覚えてください。

基本例題　　高圧の機械器具の施設（H21A6改）

「電気設備技術基準の解釈」に基づく，高圧の機械器具（これに附属する高圧電線であってケーブル以外のものを含む。）の施設方法で，誤っているのは次のうちどれか。ただし，発電所又は変電所，開閉所若しくはこれらに準ずる場所に施設する場合はこの限りでない。

(1)　機械器具の周囲に人が触れるおそれがないように適当なさく，へい等を設け，さく，へい等との高さとさく，へい等から充電部分までの距離との和を5 m以上とし，かつ，危険である旨の表示をする場合。

(2)　工場等の構内において，機械器具の周囲に高圧用機械器具である旨の表示をする場合。

(3)　機械器具を屋内の取扱者以外の者が出入りできないように設備した場所に施設する場合。

(4) 機械器具をコンクリート製の箱又はD種接地工事を施した金属製の箱に収め，かつ，充電部分が露出しないように施設する場合。
(5) 充電部分が露出しない機械器具を人が容易に触れるおそれがないように施設する場合。

解答 (2)
解釈第21条に(2)のような規定はないので，(2)が誤り。

II 高圧又は特別高圧のアークを生じる器具の施設（電技第9条2項，解釈第23条）

高圧又は特別高圧用の開閉器，遮断器，避雷器などの動作時にアークを生じる機械器具は，アークにより周囲の可燃物を発火させて，火災を発生させるおそれがあります。アークによる火災を防止するため，電技第9条2項では，アークを生じる機械器具の施設について，次のように規定しています。

電技第９条２項（高圧又は特別高圧の電気機械器具の危険の防止）

2 高圧又は特別高圧の開閉器，遮断器，避雷器その他これらに類する器具であって，動作時にアークを生ずるものは，火災のおそれがないよう，木製の壁又は天井その他の可燃性の物から離して施設しなければならない。ただし，耐火性の物で両者の間を隔離した場合は，この限りでない。

アークを生じる機械器具の施設についての具体的な内容は，解釈第23条に規定されています。

解釈第23条（アークを生じる器具の施設）

高圧用又は特別高圧用の開閉器，遮断器又は避雷器その他これらに類する器具（以下この条において「開閉器等」という。）であって，動作時にアークを生じるものは，次の各号のいずれかにより施設すること。
一 耐火性のものでアークを生じる部分を囲むことにより，木製の壁又は天井その他の可燃性のものから隔離すること。

二　木製の壁又は天井その他の可燃性のものとの離隔距離を，23-1表に規定する値以上とすること。

23-1表

開閉器等の使用電圧の区分		離隔距離
高圧		1 m
特別高圧	35,000 V以下	2 m（動作時に生じるアークの方向及び長さを火災が発生するおそれがないように制限した場合にあっては，1 m）
	35,000 V超過	2 m

使用電圧による離隔距離の違いは試験にも出るので，覚えてください。

ひとこと

燃えにくさを表す用語

燃えにくさを表す用語として「可燃性」，「難燃性」，「自消性のある難燃性」，「不燃性」，「耐火性」などがあります。「可燃性」以外の用語の定義は，解釈第１条32号～35号に規定されています。

解釈第１条（用語の定義）より抜粋

三十二　難燃性　炎を当てても燃え広がらない性質

三十三　自消性のある難燃性　難燃性であって，炎を除くと自然に消える性質

三十四　不燃性　難燃性のうち，炎を当てても燃えない性質

三十五　耐火性　不燃性のうち，炎により加熱された状態においても著しく変形又は破壊しない性質

これらの用語の燃えにくさを図で表すと，次のようになります。

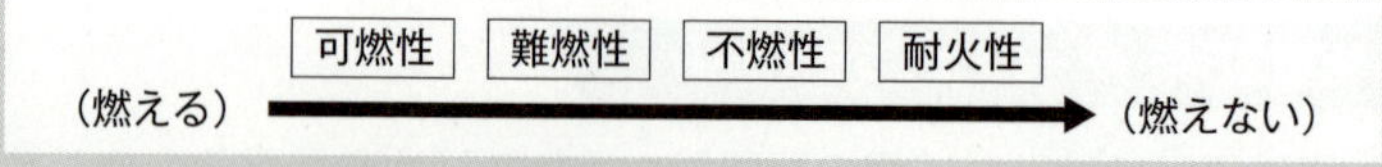

これらの用語の関係は，次のようになります。

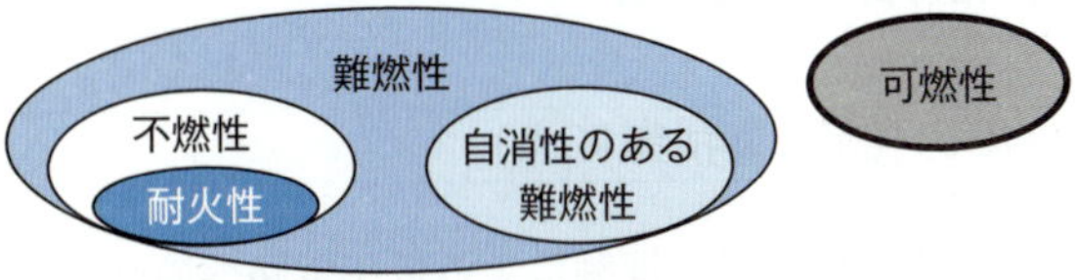

解釈の解説　第1条32～35号　1.8図改

これらの用語の性質を持つ材料の例として次のようなものがあります。

難燃性	合成ゴム等
自消性のある難燃性	硬質塩化ビニル波板，ポリカーボネート等
不燃性	コンクリート，れんが，瓦，鉄鋼，アルミニウム，ガラス，モルタル等
耐火性	コンクリート等

解釈の解説　第1条32～35号　1.3表

基本例題　高圧又は特別高圧のアークを生じる器具の施設（H25A5改）

次の文章は，「電気設備技術基準の解釈」における，アークを生じる器具の施設に関する記述である。

高圧用又は特別高圧用の開閉器，遮断器又は避雷器その他これらに類する器具（以下「開閉器等」という。）であって，動作時にアークを生じるものは，次のいずれかにより施設すること。

a. 耐火性のものでアークを生じる部分を囲むことにより，木製の壁又は天井その他の［(ア)］から隔離すること。

b. 木製の壁又は天井その他の［(ア)］との離隔距離を，下表に規定する値以上とすること。

開閉器等の使用電圧の区分		離隔距離
高　圧		［(イ)］m
特別高圧	35 000 V以下	［(ウ)］m（動作時に生じるアークの方向及び長さを火災が発生するおそれがないように制限した場合にあっては，［(イ)］m）
	35 000 V超過	［(ウ)］m

上記の記述中の空白箇所(ア)～(ウ)に正しい語句または数値を記入しなさい。

解答　(ア)可燃性のもの　(イ)1　(ウ)2

10 電気設備の接地

重要度★★★

Ⅰ 電気設備の接地（電技第10条）

地絡電流による電位上昇，混触による低圧電路への高電圧の侵入，絶縁が破壊された電気機器への接触による感電などを防止するため，電気設備には接地を施さなければなりません。電技第10条では，電気設備の接地について次のように規定しています。

電技第10条（電気設備の接地）

電気設備の必要な箇所には，異常時の電位上昇，高電圧の侵入等による感電，火災その他人体に危害を及ぼし，又は物件への損傷を与えるおそれがないよう，接地その他の適切な措置を講じなければならない。ただし，電路に係る部分にあっては，第５条第１項の規定に定めるところによりこれを行わなければならない。

「電路に係る部分にあっては，第5条第1項の規定に定めるところによりこれを行わなければならない。」とあるので，電路の接地は電技第5条1項，電路でないものの接地は電技第10条で規定されていることがわかります。具体的な内容は，解釈第29条などに規定されています。

基本例題　電気設備の接地（H17A3改）

次の文章は，「電気設備技術基準」に基づく保安原則に関する記述の一部である。

電気設備の必要な箇所には，異常時の［（ア）］，高電圧の侵入等による感電，火災その他［（イ）］を及ぼし，又は物件への損傷を与えるおそれがないよう，［（ウ）］その他の適切な措置を講じなければならない。

上記の記述中の空白箇所(ア)～(ウ)に正しい語句を記入しなさい。

解答　(ア)電位上昇　(イ)人体に危害　(ウ)接地

Ⅱ 機械器具の金属製外箱等の接地（解釈第29条1項）

解釈第29条1項本文では，機械器具の金属製外箱等の接地についての原則が規定されています。

解釈第29条１項（機械器具の金属製外箱等の接地）

電路に施設する機械器具の金属製の台及び外箱（以下この条において「金属製外箱等」という。）（外箱のない変圧器又は計器用変成器にあっては，鉄心）には，使用電圧の区分に応じ，29-1表に規定する接地工事を施すこと。ただし，外箱を充電して使用する機械器具に人が触れるおそれがないようにさくなどを設けて施設する場合又は絶縁台を設けて施設する場合は，この限りでない。

29-1表

機械器具の使用電圧の区分		接地工事
低圧	300 V以下	D種接地工事
	300 V超過	C種接地工事
高圧又は特別高圧		A種接地工事

機械器具の金属製外箱等には，原則として接地工事を施さなければなりません。また，接地工事の種類は機械器具の使用電圧の区分により決まります。

ひとこと

機械器具の使用電圧の区分と接地工事の種類の関係は，重要なので覚えてください。A種接地工事，C種接地工事，D種接地工事については解釈第17条のところで説明します。

Ⅲ 機械器具の金属製外箱等の接地の省略（解釈第29条2項）

感電などの危険性が低い場合には，接地を省略できます。

解釈第29条2項では，機械器具の金属製外箱等の接地を省略できる場合について規定しています。

解釈第29条2項（機械器具の金属製外箱等の接地）

2　機械器具が小出力発電設備である燃料電池発電設備である場合を除き，次の各号のいずれかに該当する場合は，第1項の規定によらないことができる。

一　交流の対地電圧が150 V以下又は直流の使用電圧が300 V以下の機械器具を，乾燥した場所に施設する場合

二　低圧用の機械器具を乾燥した木製の床その他これに類する絶縁性のものの上で取り扱うように施設する場合

三　電気用品安全法の適用を受ける２重絶縁の構造の機械器具を施設する場合

四　低圧用の機械器具に電気を供給する電路の電源側に絶縁変圧器（2次側線間電圧が300 V以下であって，容量が3 kV·A以下のものに限る。）を施設し，かつ，当該絶縁変圧器の負荷側の電路を接地しない場合

五　水気のある場所以外の場所に施設する低圧用の機械器具に電気を供給する電路に，電気用品安全法の適用を受ける漏電遮断器（定格感度電流が15 mA以下，動作時間が0.1秒以下の電流動作型のものに限る。）を施設する場合

六　金属製外箱等の周囲に適当な絶縁台を設ける場合

七　外箱のない計器用変成器がゴム，合成樹脂その他の絶縁物で被覆したものである場合

八　低圧用若しくは高圧用の機械器具，第26条に規定する配電用変圧器若しくはこれに接続する電線に施設する機械器具又は第108条に規定する特別高圧架空電線路の電路に施設する機械器具を，木柱その他これに類する絶縁性のものの上であって，人が触れるおそれがない高さに施設する場合

ひとこと

長い条文ですが，試験に何度か出題されたことがあるので目を通す必要があります。赤文字の箇所は出題される可能性が比較的高いので，覚えてください。

基本例題　機械器具の金属製外箱等の接地（H25A4改）

次の文章は，「電気設備技術基準の解釈」に基づき，機械器具（小出力発電設備である燃料電池発電設備を除く。）の金属製外箱等に接地工事を施さないことができる場合の記述の一部である。

a. 電気用品安全法の適用を受ける［(ア)］の機械器具を施設する場合

b. 低圧用の機械器具に電気を供給する電路の電源側に［(イ)］（2次側線間電圧が300 V以下であって，容量が3 kV·A以下のものに限る。）を施設し，かつ，当該［(イ)］の負荷側の電路を接地しない場合

c. 水気のある場所以外の場所に施設する低圧用の機械器具に電気を供給する電路に，電気用品安全法の適用を受ける漏電遮断器（定格感度電流が［(ウ)］mA以下，動作時間が［(エ)］秒以下の電流動作型のものに限る。）を施設する場合

上記の記述中の空白箇所(ア)～(エ)に正しい語句または数値を記入しなさい。

解答　(ア)2重絶縁の構造　(イ)絶縁変圧器　(ウ)15　(エ)0.1

11 電気設備の接地の方法

重要度★★★

I 電気設備の接地の方法（電技第11条）

適切な方法で接地が施されなければ，事故時に各種障害および事故を防止することはできません。そのため，電気設備の接地の方法について，電技第11条で次のように規定されています。

電技第11条（電気設備の接地の方法）

電気設備に接地を施す場合は，電流が安全かつ確実に大地に通ずることができるようにしなければならない。

電技第11条は，電技第5条1項の電路の接地と，電技第10条の電路でないものの接地の双方に適用されます。また，具体的な接地の方法は，解釈第17条に規定されています。

基本例題　電気設備の接地の方法（H23A3改）

次の文章は，「電気設備技術基準」における，電気設備の保安原則に関する記述の一部である。

電気設備に［(ア)］を施す場合は，電流が安全かつ確実に［(イ)］ことができるようにしなければならない。

上記の記述中の空白箇所(ア)及び(イ)に正しい語句を記入しなさい。

解答　(ア)接地　(イ)大地に通ずる

II 電気設備の接地の具体的な方法（解釈第17条）

接地工事は，接地を行う箇所の電圧や接地の目的によって方法が異なります。解釈第17条では，**A種接地工事**，**B種接地工事**，**C種接地工事**，**D種接地工事**の4種類が規定されています。

板書 接地工事の分類

工事の種類	内容
A種接地工事	使用電圧が高圧以上の電路や電気機器外箱等の接地をする際に行われる接地工事
B種接地工事	混触による低圧電路の電位上昇を防止するために変圧器の低圧側電路を接地する際に行われる接地工事
C種接地工事	300Vを超える低圧の電気機器外箱等の接地（解釈第29条）をする際に行われる接地工事
D種接地工事	300V以下の低圧の電気機器外箱等の接地（解釈第29条），高圧計器用変成器の2次側電路の接地（解釈第28条）をする際に行われる接地工事

1 A種接地工事（解釈第17条1項）

A種接地工事は，解釈第17条1項に規定されています。

解釈第17条1項（接地工事の種類及び施設方法）より抜粋

A種接地工事は，次の各号によること。

一　接地抵抗値は，10 Ω以下であること。

二　接地線は，次に適合するものであること。

　イ　故障の際に流れる電流を安全に通じることができるものであること。

　ロ　ハに規定する場合を除き，引張強さ1.04 kN以上の容易に腐食し難い金属線又は直径2.6 mm以上の軟銅線であること。

A種接地工事は，特別高圧計器用変成器の2次側電路の接地（解釈第28条），高圧又は特別高圧の電気機器の外箱等の接地（解釈第29条），高圧及び特別高圧電路に施設する避雷器の接地（解釈第37条）など，おもに使用電圧が高圧以上の電路や電気機器外箱等の接地をする際に行われる接地工事です。接地抵抗値は10 Ω以下，接地線は直径2.6 mm以上の軟銅線を用います。A種接地工事についてまとめると，次のようになります。

	適用例	接地抵抗値	接地線
A種接地工事	特別高圧計器用変成器の2次側電路の接地（解釈第28条） 高圧又は特別高圧の電気機械器具の外箱の接地（解釈第29条） 高圧及び特別高圧電路に施設する避雷器の接地（解釈第37条）	10 Ω以下	直径2.6 mm以上の軟銅線

2 B種接地工事（解釈第17条2項）

B種接地工事は，解釈第17条2項に規定されています。

解釈第17条2項（接地工事の種類及び施設方法）より抜粋

2 B種接地工事は，次の各号によること。

一 接地抵抗値は，17-1表に規定する値以下であること。

17-1表

接地工事を施す変圧器の種類	当該変圧器の高圧側又は特別高圧側の電路と低圧側の電路との混触により，低圧電路の対地電圧が150 Vを超えた場合に，自動的に高圧又は特別高圧の電路を遮断する装置を設ける場合の遮断時間	接地抵抗値（Ω）
下記以外の場合		$150/I_g$
高圧又は35,000 V以下の特別高圧の電路と低圧電路を結合するもの	1秒を超え2秒以下	$300/I_g$
	1秒以下	$600/I_g$

（備考）I_gは，当該変圧器の高圧側又は特別高圧側の電路の1線地絡電流（単位：A）

二 （省略）

三 接地線は，次に適合するものであること。

イ 故障の際に流れる電流を安全に通じることができるものであること。

ロ 17-3表に規定するものであること。

17-3表

区分	接地線
移動して使用する電気機械器具の金属製外箱等に接地工事を施す場合において，可とう性を必要とする部分	3種クロロプレンキャブタイヤケーブル，3種クロロスルホン化ポリエチレンキャブタイヤケーブル，3種耐燃性エチレンゴムキャブタイヤケーブル，4種クロロプレンキャブタイヤケーブル若しくは4種クロロスルホン化ポリエチレンキャブタイヤケーブルの1心又は多心キャブタイヤケーブルの遮へいその他の金属体であって，断面積が8 mm^{2}以上のもの
上記以外の部分であって，接地工事を施す変圧器が高圧電路又は第108条に規定する特別高圧架空電線路の電路と低圧電路とを結合するものである場合	引張強さ1.04 kN以上の容易に腐食し難い金属線又は直径2.6 mm以上の軟銅線
上記以外の場合	引張強さ2.46 kN以上の容易に腐食し難い金属線又は直径4 mm以上の軟銅線

B種接地工事は，高圧又は特別高圧電路と低圧電路とを結合する変圧器低圧側の中性点の接地（解釈第24条）など，混触による低圧電路の電位上昇を防止するために変圧器の低圧側電路を接地する際に行われる接地工事です。混触（こんしょく）とは，異なる電圧種別（特別高圧，高圧，低圧）の電線どうしが接触することをいいます。

接地抵抗値は，漏電遮断器の動作時間が1秒以内の場合$\frac{600}{I_g}$[Ω]，1秒超2秒以内の場合$\frac{300}{I_g}$[Ω]，それ以外の場合は$\frac{150}{I_g}$[Ω]と覚えておけば問題ありません（I_g[A]は1線地絡電流）。

接地線は，変圧器一次側電圧が15000 V以下の場合，直径2.6 mm以上の軟銅線，変圧器一次側電圧が15000 V超の場合，直径4 mm以上の軟銅線を用いると覚えてください。

B種接地工事についてまとめると，次のようになります。

	適用例	漏電遮断器の動作時間と接地抵抗値	接地線
B種接地工事	高圧又は特別高圧電路と低圧電路とを結合する変圧器低圧側の中性点の接地（解釈第24条）	1秒以内：$\frac{600}{I_g}$[Ω] 1秒超2秒以内：$\frac{300}{I_g}$[Ω] それ以外：$\frac{150}{I_g}$[Ω] （I_g[A]は1線地絡電流）	15000 V超：直径4 mm以上の軟銅線 15000 V以下：直径2.6 mm以上の軟銅線

ひとこと

ふむ ふむ

解釈第17条2項の17-3表に「第108条に規定する特別高圧架空電線路」とありますが，これは「15000 V以下の特別高圧架空電線路」のことです。

3 C種接地工事（解釈第17条3項）

C種接地工事は，解釈第17条3項に規定されています。

解釈第17条3項（接地工事の種類及び施設方法）より抜粋

3　C種接地工事は，次の各号によること。

一　接地抵抗値は，10 Ω（低圧電路において，地絡を生じた場合に0.5秒以内に当該電路を自動的に遮断する装置を施設するときは，500 Ω）以下であること。

二　接地線は，次に適合するものであること。

イ　故障の際に流れる電流を安全に通じることができるものであること。

ロ　ハに規定する場合を除き，引張強さ0.39 kN以上の容易に腐食し難い金属線又は直径1.6 mm以上の軟銅線であること。

C種接地工事は，300 Vを超える低圧の電気機器外箱等の接地（解釈第29条）をする際に行われる接地工事です。

接地抵抗値は，漏電遮断器の動作時間が0.5秒以内の場合500 Ω以下，それ以外の場合10 Ω以下となります。

接地線は直径1.6 mm以上の軟銅線を用います。

C種接地工事についてまとめると，次のようになります。

	適用例	漏電遮断器の動作時間と接地抵抗値	接地線
C種接地工事	300 Vを超える低圧の電気機器外箱等の接地（解釈第29条）	0.5秒以内：500 Ω以下 それ以外：10 Ω以下	直径1.6 mm以上の軟銅線

4 D種接地工事（解釈第17条4項）

D種接地工事は，解釈第17条4項に規定されています。

解釈第17条4項（接地工事の種類及び施設方法）

4　D種接地工事は，次の各号によること。
一　接地抵抗値は，100 Ω（低圧電路において，地絡を生じた場合に0.5秒以内に当該電路を自動的に遮断する装置を施設するときは，500 Ω）以下であること。
二　接地線は，第3項第二号の規定に準じること。

D種接地工事は，300 V以下の低圧の電気機器外箱等の接地（解釈第29条），高圧計器用変成器の2次側電路の接地（解釈第28条）をする際に行われる接地工事です。

接地抵抗値は，漏電遮断器の動作時間が0.5秒以内の場合500 Ω以下，それ以外の場合100 Ω以下となります。

接地線は直径1.6 mm以上の軟銅線を用います。

D種接地工事についてまとめると，次のようになります。

	適用例	漏電遮断器の動作時間と接地抵抗値	接地線
D種接地工事	高圧計器用変成器の2次側電路の接地（解釈第28条） 300 V以下の低圧の電気機器外箱等の接地（解釈第29条）	0.5秒以内：500 Ω以下 それ以外：100 Ω以下	直径1.6 mm以上の軟銅線

問題集 問題20 問題21 問題22 問題23

5 各種接地工事のまとめ

各種接地工事の内容を表にまとめると，次のようになります。

種類	適用例	漏電遮断器の動作時間と接地抵抗値	接地線
A種接地工事	特別高圧計器用変成器の2次側電路の接地（解釈第28条） 高圧又は特別高圧の電気機械器具の外箱の接地（解釈第29条） 高圧及び特別高圧電路に施設する避雷器の接地（解釈第37条）	10 Ω以下	直径2.6 mm以上の軟銅線
B種接地工事	高圧又は特別高圧電路と低圧電路とを結合する変圧器低圧側の中性点の接地（解釈第24条）	1秒以内：$\frac{600}{I_g}$[Ω] 1秒超2秒以内：$\frac{300}{I_g}$[Ω] それ以外：$\frac{150}{I_g}$[Ω] （I_g[A]は1線地絡電流）	15000 V超：直径4 mm以上の軟銅線 15000 V以下：直径2.6 mm以上の軟銅線
C種接地工事	300 Vを超える低圧の電気機器外箱等の接地（解釈第29条）	0.5秒以内：500 Ω以下 それ以外：10 Ω以下	直径1.6 mm以上の軟銅線
D種接地工事	高圧計器用変成器の2次側電路の接地（解釈第28条） 300 V以下の低圧の電気機器外箱等の接地（解釈第29条）	0.5秒以内：500 Ω以下 それ以外：100 Ω以下	直径1.6 mm以上の軟銅線

基本例題　接地工事の種類及び施設方法(H24A6)

「電気設備技術基準の解釈」に基づく，接地工事に関する記述として，誤っているものを次の(1)～(5)のうちから一つ選べ。

(1) 大地との間の電気抵抗値が2 Ω以下の値を保っている建物の鉄骨その他の金属体は，非接地式高圧電路に施設する機械器具等に施すA種接地工事又は非接地式高圧電路と低圧電路を結合する変圧器に施すB種接地工事の接地極に使用することができる。

(2) 22 kV用計器用変成器の2次側電路には，D種接地工事を施さなければならない。

(3) A種接地工事又はB種接地工事に使用する接地線を，人が触れるおそれがある場所で，鉄柱その他の金属体に沿って施設する場合は，接地線には絶縁電線（屋外用ビニル絶縁電線を除く。）又は通信用ケーブル以外のケーブルを使用しなければならない。
(4) C種接地工事の接地抵抗値は，低圧電路において地絡を生じた場合に，0.5秒以内に当該電路を自動的に遮断する装置を施設するときは，500Ω以下であること。
(5) D種接地工事の接地抵抗値は，低圧電路において地絡を生じた場合に，0.5秒以内に当該電路を自動的に遮断する装置を施設するときは，500Ω以下であること。

解答 (2)

解釈第28条では，特別高圧計器用変成器の2次側電路にはA種接地工事を施すよう規定しているので，(2)が誤り。

6 人が触れるおそれがある場所でのA種，B種接地工事（解釈第17条1項3号及び2項4号）

接地線に事故電流が流れているときに人が接地線に触れると，感電するおそれがあります。そのため，解釈第17条1項3号及び2項4号では，人が触れるおそれがある場所でのA種，B種接地工事の方法について，次のように規定しています。

解釈第17条1項3号（接地工事の種類及び施設方法）

三 接地極及び接地線を人が触れるおそれがある場所に施設する場合は，前号ハの場合，及び発電所又は変電所，開閉所若しくはこれらに準ずる場所において，接地極を第19条第2項第一号の規定に準じて施設する場合を除き，次により施設すること。

イ 接地極は，地下75 cm以上の深さに埋設すること。

ロ 接地極を鉄柱その他の金属体に近接して施設する場合は，次のいずれかによること。

(イ) 接地極を鉄柱その他の金属体の底面から30 cm以上の深さに

埋設すること。

(ロ) 接地極を地中でその金属体から１m以上離して埋設すること。

ハ　接地線には，絶縁電線（屋外用ビニル絶縁電線を除く。）又は通信用ケーブル以外のケーブルを使用すること。ただし，接地線を鉄柱その他の金属体に沿って施設する場合以外の場合には，接地線の地表上60 cmを超える部分については，この限りでない。

ニ　接地線の地下75 cmから地表上２mまでの部分は，電気用品安全法の適用を受ける合成樹脂管（厚さ２ mm未満の合成樹脂製電線管及びCD管を除く。）又はこれと同等以上の絶縁効力及び強さのあるもので覆うこと。

解釈第17条２項４号（接地工事の種類及び施設方法）

四　第１項第三号及び第四号に準じて施設すること。

人が触れるおそれがある場所でのＡ種，Ｂ種接地工事の方法を図で表すと，次のようになります。

接地極の埋設深さ（75 cm以上），接地極と金属体（鉄柱など）の離隔距離（金属体から1 m以上または金属体底面から30 cm以上），接地線を合成樹脂管で覆う範囲（地下75 cmから地表上2 mまで）は重要なので覚えてください。

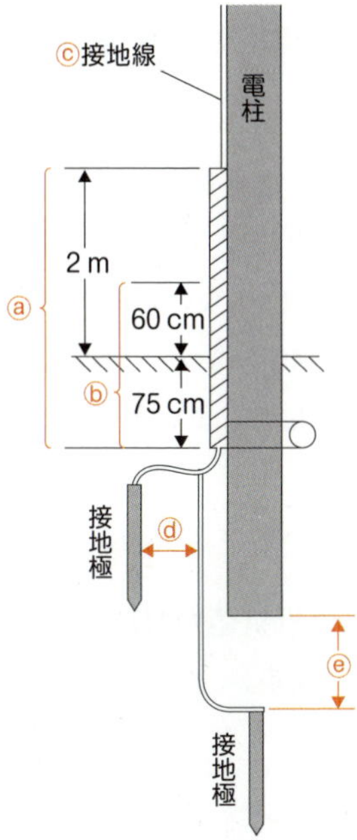

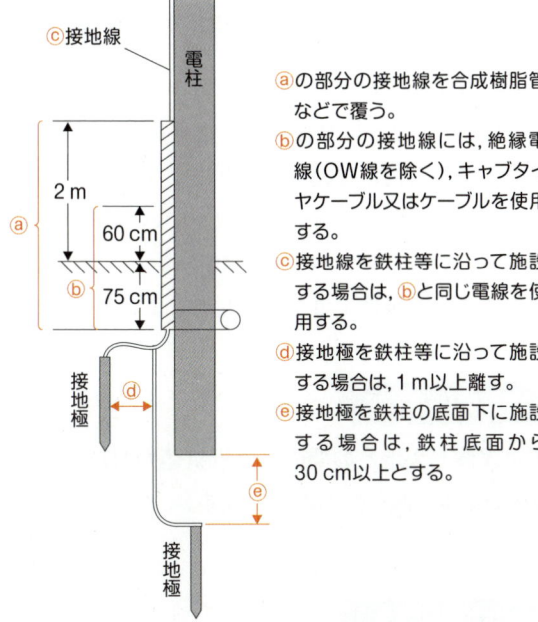

ⓐの部分の接地線を合成樹脂管などで覆う。
ⓑの部分の接地線には，絶縁電線（OW線を除く），キャブタイヤケーブル又はケーブルを使用する。
ⓒ接地線を鉄柱等に沿って施設する場合は，ⓑと同じ電線を使用する。
ⓓ接地極を鉄柱等に沿って施設する場合は，1 m以上離す。
ⓔ接地極を鉄柱の底面下に施設する場合は，鉄柱底面から30 cm以上とする。

出典：『電気設備の技術基準の解釈の解説』 17.2図

基本例題　接地工事の種類及び施設方法（H15A6改）

次の文章は，「電気設備技術基準の解釈」に基づく接地工事に関する記述である。

電気使用場所においてA 種接地工事又はB 種接地工事に使用する接地線を人が触れるおそれがある場所に施設する場合は，次によることとしている。

1．接地極は，地下［(ア)］cm以上の深さに埋設すること。

2．接地線を鉄柱その他の金属体に沿って施設する場合は，接地極を鉄柱の底面から［(イ)］cm以上の深さに埋設する場合を除き，接地極を地中でその金属体から［(ウ)］m以上離して埋設すること。

上記の記述中の空白箇所(ア)～(ウ)に正しい数値を記入しなさい。

解答　(ア)75　(イ)30　(ウ)1

Ⅲ 工作物の金属体を使用した接地工事（解釈第17条5項及び6項，第18条）

1 C種，D種接地工事の省略（解釈第17条5項及び6項）

解釈第17条5項及び6項では，C種またはD種接地工事を施さなければならない金属体と建物の鉄骨などを電気的に接続することにより，金属体と大地間の電気抵抗値が10 Ω以下（C種接地工事を施さなければならない金属体の場合）または100 Ω以下（D種接地工事を施さなければならない金属体の場合）であるならば，接地工事を施したものとみなして接地工事を省略してもよいと規定しています。

解釈第17条5項（接地工事の種類及び施設方法）

5　C種接地工事を施す金属体と大地との間の電気抵抗値が10 Ω以下である場合は，C種接地工事を施したものとみなす。

解釈第17条6項（接地工事の種類及び施設方法）

6　D種接地工事を施す金属体と大地との間の電気抵抗値が100 Ω以下である場合は，D種接地工事を施したものとみなす。

2 等電位ボンディングを施した金属体の利用（解釈第18条1項）

等電位（とうでんい）ボンディングとは，建物の鉄骨や配管など，人が触れるおそれのあるすべての導電性部分を電気的に接続することにより，感電や逆流雷による電気機器の故障を防止することをいいます。

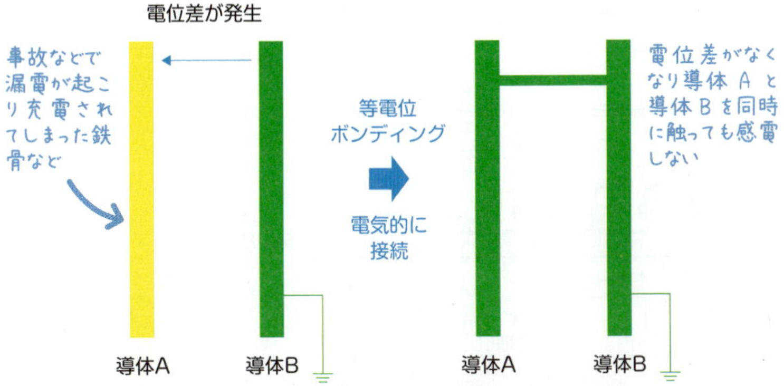

解釈第18条1項では，等電位ボンディングを施した建物の鉄骨・鉄筋などの金属体を，接地極として利用することができると規定しています。

解釈第18条１項（工作物の金属体を利用した接地工事）より抜粋

鉄骨造，鉄骨鉄筋コンクリート造又は鉄筋コンクリート造の建物において，当該建物の鉄骨又は鉄筋その他の金属体を，第17条第１項から第４項までに規定する接地工事その他の接地工事に係る共用の接地極に使用する場合には，建物の鉄骨又は鉄筋コンクリートの一部を地中に埋設するとともに，等電位ボンディング（導電性部分間において，その部分間に発生する電位差を軽減するために施す電気的接続をいう。）を施すこと。

次の図は等電位ボンディングを施した建築物の鉄骨を接地極として利用した例となります。

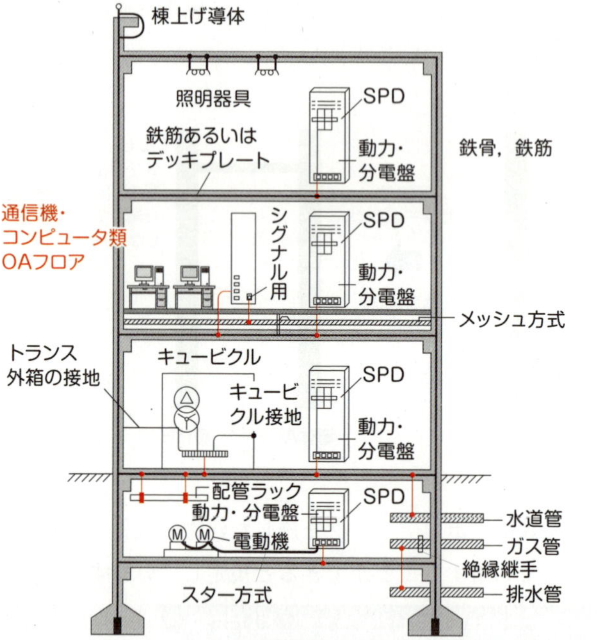

出典：『電気設備の技術基準の解釈の解説』 18.1図

3 建物の鉄骨などを接地極として利用（解釈第18条2項）

解釈第18条2項では，大地との間の電気抵抗値が2Ω以下の値を保っている建物の鉄骨その他の金属体は，非接地式高圧電路に施設する機械器具等に施すA種接地工事または非接地式高圧電路と低圧電路を結合する変圧器に施すB種接地工事の接地極として利用してもよいと規定しています。

解釈第18条2項（工作物の金属体を利用した接地工事）

2 大地との間の電気抵抗値が2Ω以下の値を保っている建物の鉄骨その他の金属体は，これを次の各号に掲げる接地工事の接地極に使用することができる。

一　非接地式高圧電路に施設する機械器具等に施すA種接地工事
二　非接地式高圧電路と低圧電路を結合する変圧器に施すB種接地工事

問題集 問題24

12 特別高圧電路等と結合する変圧器等の火災等の防止 重要度★★☆

I 高圧又は特別高圧電路と低圧電路を結合する変圧器の接地（電技第12条1項）

高圧又は特別高圧電路と低圧電路が混触すると，低圧電路に高圧又は特別高圧が侵入します。低圧用の電気設備の絶縁では，高圧又は特別高圧に耐えきれず，電気設備の損傷，火災，感電などの事故が発生するおそれがあります。

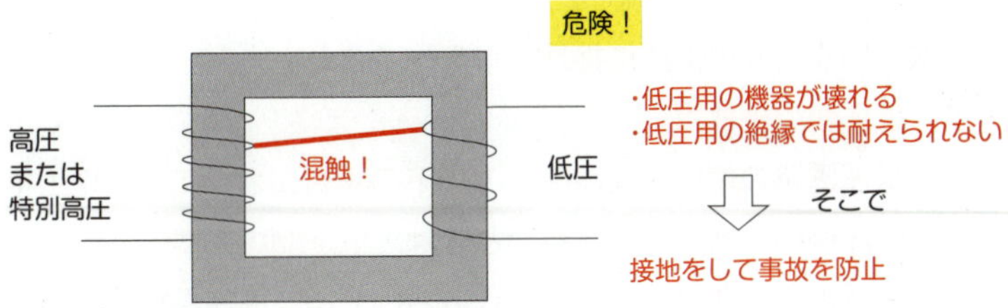

そのため，電技第12条1項では，混触時に低圧電路の電位が異常上昇して事故が発生しないように，変圧器の適切な箇所に接地を施すよう規定しています。

電技第12条1項（特別高圧電路等と結合する変圧器等の火災等の防止）

高圧又は特別高圧の電路と低圧の電路とを結合する変圧器は，高圧又は特別高圧の電圧の侵入による低圧側の電気設備の損傷，感電又は火災のおそれがないよう，当該変圧器における適切な箇所に接地を施さなければならない。ただし，施設の方法又は構造によりやむを得ない場合であって，変圧器から離れた箇所における接地その他の適切な措置を講ずることにより低圧側の電気設備の損傷，感電又は火災のおそれがない場合は，この限りでない。

高圧又は特別高圧電路と低圧電路を結合する変圧器の接地についての具体的な内容は，解釈第24条に規定されています。

Ⅱ 高圧又は特別高圧電路と低圧電路を結合する変圧器の接地についての具体的内容（解釈第24条1項）

解釈第24条1項では，高圧又は特別高圧電路と低圧電路を結合する変圧器の接地について，次のように規定しています。

解釈第24条1項（高圧又は特別高圧と低圧との混触による危険防止施設）より抜粋

高圧電路又は特別高圧電路と低圧電路とを結合する変圧器には，次の各号によりB種接地工事を施すこと。

一　次のいずれかの箇所に接地工事を施すこと。

イ　低圧側の中性点

ロ　低圧電路の使用電圧が300 V以下の場合において，接地工事を低圧側の中性点に施し難いときは，低圧側の1端子

ハ　低圧電路が非接地である場合においては，高圧巻線又は特別高圧巻線と低圧巻線との間に設けた金属製の混触防止板

高圧電路又は特別高圧電路と低圧電路とを結合する変圧器に施す接地工事は，B種接地工事でなければなりません。

また，接地工事を施す箇所は，

①変圧器低圧側の中性点

②低圧側の1端子（低圧側使用電圧が300 V以下の場合）

③混触防止板（低圧電路が非接地の場合）

のいずれかとなります。変圧器低圧側でのB種接地工事の例を図で表すと，次のようになります。

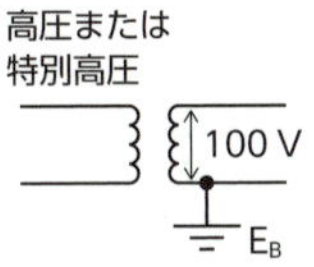

単相2線式

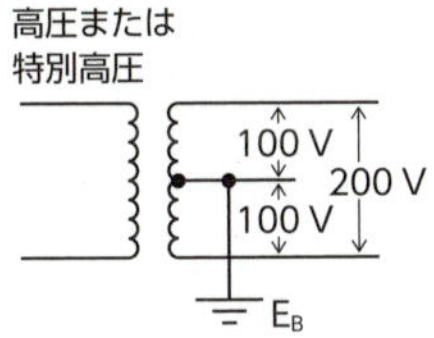

単相3線式

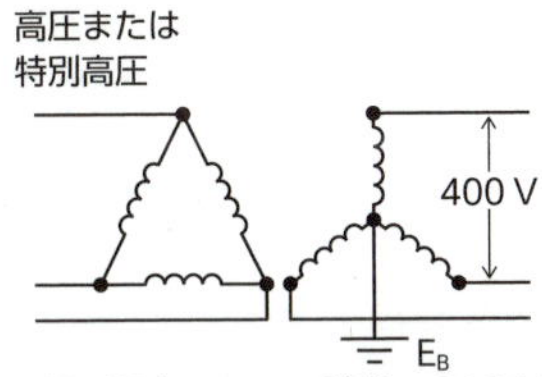

三相3線式　Δ－Y結線　300 V超

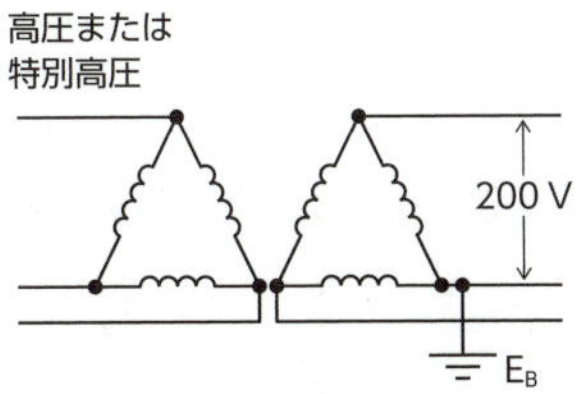

三相3線式　Δ－Δ結線　300 V以下

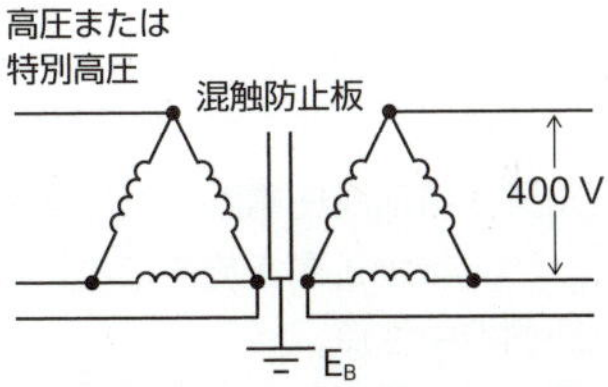

三相3線式　Δ－Δ結線　300 V超

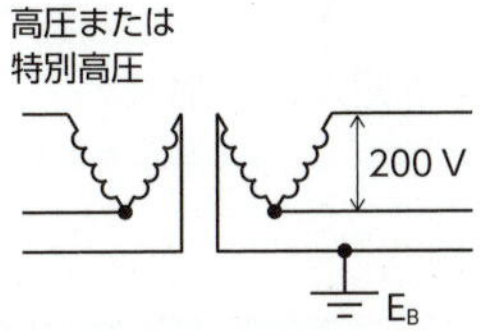

三相3線式　V結線　300 V以下

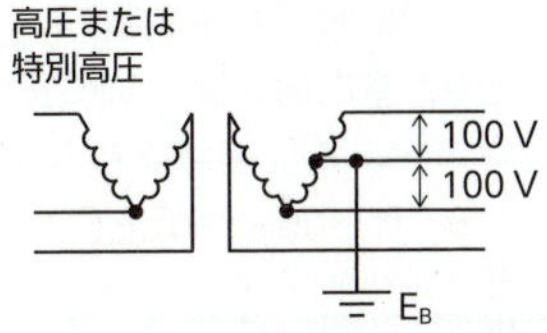

三相3線式　V結線（灯動共用）　300 V以下

基本例題　高圧又は特別高圧と低圧との混触による危険防止施設（H20A9）

「電気設備技術基準の解釈」に基づくB種接地工事を施す主たる目的として，正しいのは次のうちどれか。

(1)　低圧電路の漏電事故時の危険を防止する。
(2)　高圧電路の過電流保護継電器の動作を確実にする。
(3)　高圧電路又は特別高圧電路と低圧電路との混触時の，低圧電路の電位上昇の危険を防止する。
(4)　高圧電路の変圧器の焼損を防止する。
(5)　避雷器の動作を確実にする。

解答　(3)

電技第12条1項及び解釈第24条1項より，B種接地工事を施す主たる目的は，高圧又は特別高圧電路と低圧電路との混触時に低圧電路の電位が上昇することによる電気設備の損傷，火災，感電などの事故発生を防止することである。

基本例題　高圧又は特別高圧と低圧との混触による危険防止施設(H27A5改)

次の文章は，「電気設備技術基準の解釈」に基づく，高圧電路又は特別高圧電路と低圧電路とを結合する変圧器（鉄道若しくは軌道の信号用変圧器又は電気炉若しくは電気ボイラーその他の常に電路の一部を大地から絶縁せずに使用する負荷に電気を供給する専用の変圧器を除く。）に施す接地工事に関する記述の一部である。

高圧電路又は特別高圧電路と低圧電路とを結合する変圧器には，次のいずれかの箇所に[(ア)]接地工事を施すこと。

a．低圧側の中性点

b．低圧電路の使用電圧が[(イ)]V以下の場合において，接地工事を低圧側の中性点に施し難いときは，[(ウ)]の1端子

c．低圧電路が非接地である場合においては，高圧巻線又は特別高圧巻線と低圧巻線との間に設けた金属製の[(エ)]

上記の記述中の空白箇所(ア)～(エ)に正しい語句または数値を記入しなさい。

解答　(ア)B種　(イ)300　(ウ)低圧側　(エ)混触防止板

III 特別高圧電路と高圧電路を結合する変圧器への放電装置施設(電技第12条2項)

特別高圧電路と高圧電路を結合する変圧器でも，混触時に高圧電路の電位が異常上昇して事故が発生するおそれがあります。そのため，電技第12条2項では，高圧電路に接地を施した放電装置を施設するよう規定しています。

電技第12条2項(特別高圧電路等と結合する変圧器等の火災等の防止)

2　変圧器によって特別高圧の電路に結合される高圧の電路には，特別高圧の電圧の侵入による高圧側の電気設備の損傷，感電又は火災のおそれがないよう，接地を施した放電装置の施設その他の適切な措

置を講じなければならない。

13 特別高圧を直接低圧に変成する変圧器の施設制限 重要度★★☆

特別高圧電路と低圧電路が混触した場合，電気設備の損傷，火災，感電などの事故の程度が重篤（じゅうとく）になる可能性が高くなります。そのため，電技第13条は，特別高圧を直接低圧に変成する変圧器の施設を次のように制限しています。

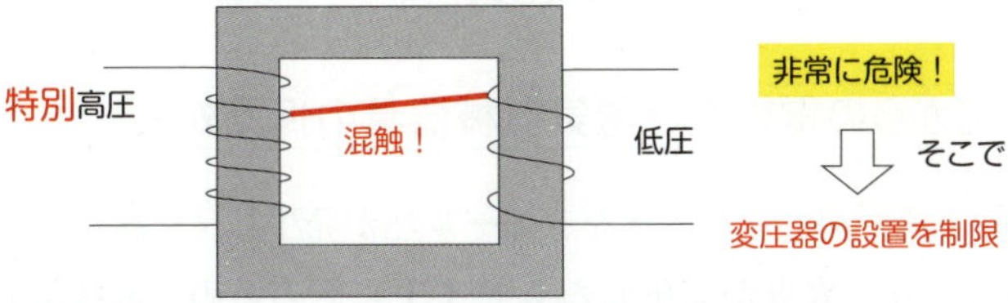

電技第13条（特別高圧を直接低圧に変成する変圧器の施設制限）

特別高圧を直接低圧に変成する変圧器は，次の各号のいずれかに掲げる場合を除き，施設してはならない。

一　発電所等公衆が立ち入らない場所に施設する場合

二　混触防止措置が講じられている等危険のおそれがない場合

三　特別高圧側の巻線と低圧側の巻線とが混触した場合に自動的に電路が遮断される装置の施設その他の保安上の適切な措置が講じられている場合

基本例題　特別高圧を直接低圧に変成する変圧器の施設制限(H13A1改)

次の文章は，「電気設備技術基準」に基づく特別高圧を直接低圧に変成する変圧器の施設制限に関する記述の一部である。

特別高圧を直接低圧に変成する変圧器は，次の各号のいずれかに掲げる場合を除き，施設してはならない。

一　[(ア)]等公衆が立ち入らない場所に施設する場合

二　[(イ)]が講じられている等危険のおそれがない場合
三　特別高圧側の巻線と低圧側の巻線とが混触した場合に[(ウ)]の施設その他の保安上の適切な措置が講じられている場合

上記の記述中の空白箇所(ア)，(イ)及び(ウ)に正しい語句を記入せよ。

解答　(ア)発電所　(イ)混触防止措置　(ウ)自動的に電路が遮断される装置

14 過電流からの電線及び電気機械器具の保護対策 重要度★★☆

Ⅰ 過電流からの電線及び電気機械器具の保護対策（電技第14条）

電路に過電流が流れると大きなジュール熱が発生し，電線及び電気機械器具が焼損したり，火災が発生したりします。そのため，電技第14条では，電路の必要な箇所には過電流遮断器を施設するよう規定しています。

電技第14条（過電流からの電線及び電気機械器具の保護対策）

電路の必要な箇所には，過電流による過熱焼損から電線及び電気機械器具を保護し，かつ，火災の発生を防止できるよう，過電流遮断器を施設しなければならない。

過電流遮断器とは，電路に過電流を生じたときに自動的に電路を遮断する装置のことです。また，過電流とは，短絡電流及び過負荷電流のことです。

過電流遮断器には，配線用遮断器，非包装ヒューズ，包装ヒューズなどがあります。

配線用遮断器

非包装ヒューズ（つめ付き）

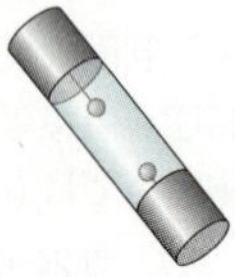
包装ヒューズ

過電流遮断器の施設についての具体的な内容は，解釈第33条，第34条，第35条に規定されています。

ひとこと

電技第63条，第65条，第66条1項にも過電流遮断器の施設についての規定があります。

基本例題 過電流からの電線及び電気機械器具の保護対策（H13A1改）

「電気設備技術基準」では，過電流からの電線及び電気機械器具の保護対策について，次のように規定している。

[(ア)]の必要な箇所には，過電流による[(イ)]から電線及び電気機械器具を保護し，かつ，[(ウ)]の発生を防止できるよう，過電流遮断器を施設しなければならない。

上記の記述中の空白箇所(ア)～(ウ)に正しい語句を記入しなさい。

解答 (ア)電路 (イ)過熱焼損 (ウ)火災

II 低圧電路に施設する過電流遮断器の性能等（解釈第33条）

1 低圧電路に施設する過電流遮断器に必要とされる性能（解釈第33条1項）

解釈第33条1項では，低圧電路に施設する過電流遮断器に必要とされる性能について，次のように規定しています。

解釈第33条1項（低圧電路に施設する過電流遮断器の性能等）より抜粋

低圧電路に施設する過電流遮断器は，これを施設する箇所を通過する短絡電流を遮断する能力を有するものであること。

低圧電路に施設する過電流遮断器は，短絡電流を遮断する能力を持っていなければなりません。

2 低圧電路に施設するヒューズに必要とされる性能(解釈第33条2項)

解釈第33条2項では，低圧電路に施設するヒューズに必要とされる性能について，次のように規定しています。

解釈第33条2項(低圧電路に施設する過電流遮断器の性能等)より抜粋

2 過電流遮断器として低圧電路に施設するヒューズは，水平に取り付けた場合において，次の各号に適合するものであること。

一 定格電流の1.1倍の電流に耐えること。

二 33-1表の左欄に掲げる定格電流の区分に応じ，定格電流の1.6倍及び2倍の電流を通じた場合において，それぞれ同表の右欄に掲げる時間内に溶断すること。

33-1表

定格電流の区分	時間	
	定格電流の1.6倍の電流を通じた場合	定格電流の2倍の電流を通じた場合
30 A以下	60分	2分

低圧電路に施設するヒューズは，定格電流の1.1倍の電流が流れても溶断せず，定格電流の1.6倍と2倍の電流が流れたときに指定された時間以内に溶断しなければなりません。

ひとこと

解釈第33条2項には，定格電流が30 A超の場合の溶断時間も書かれていますが，30 A以下の場合の溶断時間のみ覚えていれば問題ありません。

3 低圧電路に施設する配線用遮断器に必要とされる性能(解釈第33条3項)

解釈第33条3項では，低圧電路に施設する配線用遮断器に必要とされる性能について，次のように規定しています。

解釈第33条3項（低圧電路に施設する過電流遮断器の性能等）**より抜粋**

3　過電流遮断器として低圧電路に施設する配線用遮断器は，次の各号に適合するものであること。

一　定格電流の1倍の電流で自動的に動作しないこと。

二　33-2表の左欄に掲げる定格電流の区分に応じ，定格電流の1.25倍及び2倍の電流を通じた場合において，それぞれ同表の右欄に掲げる時間内に自動的に動作すること。

33-2表

定格電流の区分	時間	
	定格電流の1.25倍の電流を通じた場合	定格電流の2倍の電流を通じた場合
30 A以下	60分	2分

低圧電路に施設する配線用遮断器は，定格電流の1倍の電流が流れても動作せず，定格電流の1.25倍と2倍の電流が流れたときに指定された時間以内に動作しなければなりません。

ひとこと

解釈第33条3項には，定格電流が30 A超の場合の動作時間も書かれていますが，30 A以下の場合の動作時間のみ覚えていれば問題ありません。

基本例題　低圧電路に施設する過電流遮断器の性能等（H21A5改）

次の文章は，「電気設備技術基準の解釈」に基づく，低圧電路に使用する配線用遮断器の規格に関する記述の一部である。

過電流遮断器として低圧電路に使用する定格電流30 A以下の配線用遮断器（電気用品安全法の適用を受けるもの及び電動機の過負荷保護装置と短絡保護専用遮断器又は短絡保護専用ヒューズを組み合わせた装置を除く。）は，次の各号に適合するものであること。

一　定格電流の[(ア)]倍の電流で自動的に動作しないこと。

二　定格電流の[(イ)]倍の電流を通じた場合において60分以内に，また2倍の電流を通じた場合に[(ウ)]分以内に自動的に動作すること。

上記の記述中の空白箇所(ア)～(ウ)に正しい数値を記入しなさい。

解答 (ア)1　(イ)1.25　(ウ)2

Ⅲ 高圧又は特別高圧の電路に施設する過電流遮断器の性能等（解釈第34条）

解釈第34条では，高圧又は特別高圧電路に施設する過電流遮断器に必要とされる性能について，次のように規定しています。

解釈第34条（高圧又は特別高圧の電路に施設する過電流遮断器の性能等）より抜粋

1　高圧又は特別高圧の電路に施設する過電流遮断器は，次の各号に適合するものであること。

　一　電路に短絡を生じたときに作動するものにあっては，これを施設する箇所を通過する短絡電流を遮断する能力を有すること。

　二　その作動に伴いその開閉状態を表示する装置を有すること。ただし，その開閉状態を容易に確認できるものは，この限りでない。

2　過電流遮断器として高圧電路に施設する包装ヒューズは，次の各号のいずれかのものであること。

　一　定格電流の1.3倍の電流に耐え，かつ，2倍の電流で120分以内に溶断するもの

3　過電流遮断器として高圧電路に施設する非包装ヒューズは，定格電流の1.25倍の電流に耐え，かつ，2倍の電流で2分以内に溶断するものであること。

基本例題　高圧又は特別高圧の電路に施設する過電流遮断器の性能等（H25A6改）

次の文章は，「電気設備技術基準の解釈」に基づく，高圧又は特別高圧の電路に施設する過電流遮断器に関する記述の一部である。

a．電路に［ (ア) ］を生じたときに作動するものにあっては，これを施設する箇所を通過する［ (ア) ］電流を遮断する能力を有すること。

b．その作動に伴いその［(イ)］状態を表示する装置を有すること。ただし，その［(イ)］状態を容易に確認できるものは，この限りでない。

c．過電流遮断器として高圧電路に施設する包装ヒューズ（ヒューズ以外の過電流遮断器と組み合わせて1の過電流遮断器として使用するものを除く。）は，定格電流の［(ウ)］倍の電流に耐え，かつ，2倍の電流で［(エ)］分以内に溶断するものであること。

d．過電流遮断器として高圧電路に施設する非包装ヒューズは，定格電流の［(オ)］倍の電流に耐え，かつ，2倍の電流で2分以内に溶断するものであること。

上記の記述中の空白箇所(ア)～(オ)に正しい語句または数値を記入しなさい。

解答 (ア)短絡　(イ)開閉　(ウ)1.3　(エ)120　(オ)1.25

Ⅳ 過電流遮断器の施設の例外（解釈第35条）

解釈第35条では，過電流遮断器を施設してはならない箇所について，次のように規定しています。

解釈第35条（過電流遮断器の施設の例外）より抜粋

1　次の各号に掲げる箇所には，過電流遮断器を施設しないこと。

一　接地線

二　多線式電路の中性線

三　第24条第1項第一号ロの規定により，電路の一部に接地工事を施した低圧電線路の接地側電線

2　次の各号のいずれかに該当する場合は，前項の規定によらないことができる。

一　多線式電路の中性線に施設した過電流遮断器が動作した場合において，各極が同時に遮断されるとき

接地線及び接地側電線が過電流遮断器により遮断されると，接地保護の意味がなくなるため，過電流遮断器の施設が禁止されています。

また，多線式電路の中性線が過電流遮断器により遮断されると，負荷が不平衡の場合に異常電圧が発生するおそれがあるため，過電流遮断器の施設が禁止されています。しかし，各極を同時に遮断する場合は，何ら支障は生じないので，過電流遮断器を施設できます。

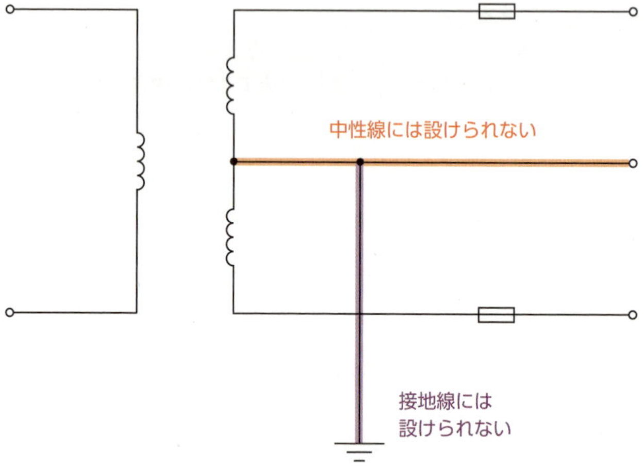
中性線には設けられない
接地線には
設けられない

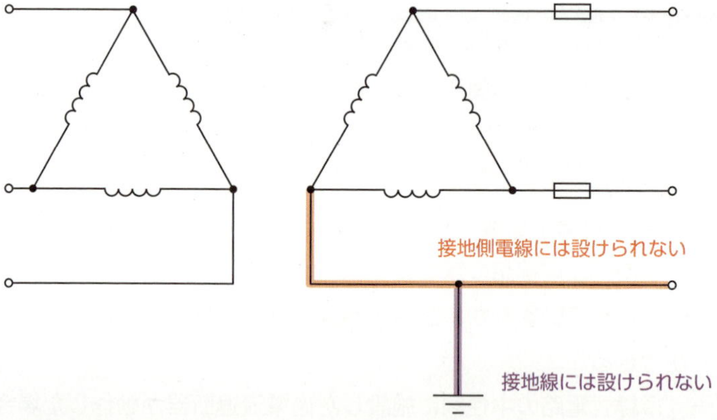
接地側電線には設けられない
接地線には設けられない

ひとこと

そういえば…

多線式電路の中性線が遮断された場合に異常電圧が発生する現象については，電力の単相3線式の章を確認してください。

15 地絡に対する保護対策

重要度 ★★☆

I 地絡遮断器の施設（電技第15条）

地絡（漏電）が発生した場合に，これを放置すると電気設備の損傷，感電，火災などの事故が発生するおそれがあります。そのため，電技第15条では，地絡による危険のおそれがない場合を除き，地絡遮断器を施設するよう規定しています。

電技第15条（地絡に対する保護対策）

電路には，地絡が生じた場合に，電線若しくは電気機械器具の損傷，感電又は火災のおそれがないよう，地絡遮断器の施設その他の適切な措置を講じなければならない。ただし，電気機械器具を乾燥した場所に施設する等地絡による危険のおそれがない場合は，この限りでない。

地絡遮断器の施設についての具体的な内容は，解釈第36条に規定されています。

ひとこと

電技第64条，第66条2項にも地絡遮断器の施設についての規定があります。

II 地絡遮断器の施設についての具体的内容（解釈第36条1項）

解釈第36条1項本文には，原則として「金属製外箱を有する使用電圧が60 Vを超える低圧の機械器具に接続する電路」に地絡遮断器を施設しなければならないとあります。

ただし，解釈第36条1項1号～8号では，地絡遮断器を施設しなくてもよい場合を列記しています。

ひとこと

解釈第36条1項1号～8号は覚えるのがかなり大変ですが，試験にはあまり出題されないので，余裕のある人のみ覚えてください。

解釈第36条1項（地絡遮断装置の施設）より抜粋

金属製外箱を有する使用電圧が60 Vを超える低圧の機械器具に接続する電路には，電路に地絡を生じたときに自動的に電路を遮断する装置を施設すること。ただし，次の各号のいずれかに該当する場合はこの限りでない。

一　機械器具に簡易接触防護措置を施す場合
二　機械器具を次のいずれかの場所に施設する場合
　イ　発電所又は変電所，開閉所若しくはこれらに準ずる場所
　ロ　乾燥した場所
　ハ　機械器具の対地電圧が150 V以下の場合においては，水気のある場所以外の場所
三　機械器具が，次のいずれかに該当するものである場合
　イ　電気用品安全法の適用を受ける２重絶縁構造のもの
　ロ　ゴム，合成樹脂その他の絶縁物で被覆したもの
　ハ　誘導電動機の２次側電路に接続されるもの
　ニ　第13条第２号に掲げるもの
四　機械器具に施されたC種接地工事又はD種接地工事の接地抵抗値が３Ω以下の場合
五　電路の系統電源側に絶縁変圧器（機械器具側の線間電圧が300 V以下のものに限る。）を施設するとともに，当該絶縁変圧器の機械器具側の電路を非接地とする場合
六　機械器具内に電気用品安全法の適用を受ける漏電遮断器を取り付け，かつ，電源引出部が損傷を受けるおそれがないように施設する場合
七　機械器具を太陽電池モジュールに接続する直流電路に施設し，か

つ，当該電路が次に適合する場合
イ　直流電路は，非接地であること。
ロ　直流電路に接続する逆変換装置の交流側に絶縁変圧器を施設すること。
ハ　直流電路の対地電圧は，450 V以下であること。
八　電路が，管灯回路である場合

基本例題　地絡遮断装置の施設（H28B11a）

金属製外箱を有する使用電圧が60 Vを超える低圧の機械器具に接続する電路には，電路に地絡を生じたときに自動的に電路を遮断する装置を原則として施設しなければならないが，この装置を施設しなくてもよい場合として，誤っているものを次の(1)～(5)のうちから一つ選べ。

(1)　機械器具に施されたC種接地工事又はD種接地工事の接地抵抗値が3 Ω以下の場合
(2)　電路の系統電源側に絶縁変圧器（機械器具側の線間電圧が300 V以下のものに限る。）を施設するとともに，当該絶縁変圧器の機械器具側の電路を非接地とする場合
(3)　機械器具内に電気用品安全法の適用を受ける過電流遮断器を取り付け，かつ，電源引出部が損傷を受けるおそれがないように施設する場合
(4)　機械器具に簡易接触防護措置（金属製のものであって，防護措置を施す機械器具と電気的に接続するおそれがあるもので防護する方法を除く。）を施す場合
(5)　機械器具を乾燥した場所に施設する場合

解答　(3)

解釈第36条1項6号では，過電流遮断器ではなく漏電遮断器を取り付けた場合に，電路に地絡を生じたときに自動的に電路を遮断する装置を施設しなくてもよいと書かれている。よって，(3)が誤り。

16 サイバーセキュリティの確保

重要度★★☆

昨今の通信技術の発達により，サイバー攻撃による大規模な電力供給障害の可能性が高まっていることを受け，平成28（2016）年9月23日に電技第15条の2（サイバーセキュリティの確保）が規定されました。

電技第15条の2（サイバーセキュリティの確保）

電気工作物（一般送配電事業，送電事業，特定送配電事業及び発電事業の用に供するものに限る。）の運転を管理する電子計算機は，当該電気工作物が人体に危害を及ぼし，又は物件に損傷を与えるおそれ及び一般送配電事業に係る電気の供給に著しい支障を及ぼすおそれがないよう，サイバーセキュリティ（サイバーセキュリティ基本法第二条に規定するサイバーセキュリティをいう。）を確保しなければならない。

電技第15条の2では，サイバー攻撃により電力供給障害が発生しないよう，電気工作物の運転を管理する電子計算機のサイバーセキュリティを確保しなければならないと規定しています。

ひとこと

ウクライナでは2015年にサイバー攻撃による大規模停電が発生しています。

ひとこと

解釈第37条の2では，サイバーセキュリティの確保のための具体的内容が規定されています。

17 電気設備の電気的，磁気的障害の防止

重要度★★☆

電技第16条では，電気設備の電気的，磁気的障害の防止について，次のように規定しています。

電技第16条（電気設備の電気的，磁気的障害の防止）

電気設備は，他の電気設備その他の物件の機能に**電気的**又は**磁気的**な障害を与えないように施設しなければならない。

ひとこと

電技第16条は，電気事業法第39条2項2号と第56条2項の規定をまとめたものです。

18 高周波利用設備への障害の防止

重要度 ★★☆

電路を高周波電流の伝送路として利用する高周波利用設備から大きな高周波電流が外部に漏えいした場合，他の高周波利用設備に障害が発生してしまいます。そのため，電技第17条では，電路を高周波電流の伝送路として利用する高周波利用設備は，他の高周波利用設備に障害を与えないように施設しなければならないと規定しています。

電技第17条（高周波利用設備への障害の防止）

高周波利用設備（電路を**高周波電流の伝送路**として利用するものに限る。以下この条において同じ。）は，他の高周波利用設備の機能に継続的かつ重大な障害を及ぼすおそれがないように施設しなければならない。

ひとこと

高周波利用設備が商用周波数の電流が流れている電路に高周波電流を流し，別の高周波利用設備が電路を流れる電流から高周波電流のみを分離して取り出すことで，通信を行うことができます。

高周波電流を使って通信を行うと，既存の電路を通信線として使うことができるので，新たに通信線を施設する費用がかかりません。

開閉器類の遠方監視制御，電圧負荷管理の集中自動化，検針業務の自動化，負荷制御の自動化などに，配電線を伝送路とする高周波利用設備が使われています。

ひとこと

解釈第30条では，外部に漏えいする高周波電流の許容値が規定されています。

基本例題　高周波利用設備への障害の防止（H14A2改）

次の文章の空欄に正しい語句を記入しなさい。

高周波利用設備（電路を［　　　］として利用するものに限る。以下同じ。）は，他の高周波利用設備の機能に継続的かつ重大な障害を及ぼすおそれがないように施設しなければならない。

解答　高周波電流の伝送路

19 電気設備による供給支障の防止

重要度★★☆

電技第18条では，電気設備による供給支障の防止について次のように規定しています。

電技第18条（電気設備による供給支障の防止）

1　高圧又は特別高圧の電気設備は，その損壊により一般送配電事業者の電気の供給に著しい支障を及ぼさないように施設しなければならない。

2　高圧又は特別高圧の電気設備は，その電気設備が一般送配電事業の用に供される場合にあっては，その電気設備の損壊によりその一般送配電事業に係る電気の供給に著しい支障を生じないように施設しなければならない。

低圧の電気設備の損壊により，電気の供給に著しい支障を及ぼすおそれはないので，電技第18条は高圧又は特別高圧の電気設備の損壊についてのみ言及しています。

基本例題　電気設備による供給支障の防止（H14A2改）

次の文章の空欄に正しい語句を記入しなさい。

[　　　]の電気設備は，その損壊により一般送配電事業者の電気の供給に著しい支障を及ぼさないように施設しなければならない。

解答　高圧又は特別高圧

20 公害等の防止

重要度★★☆

電技第19条では，公害等の防止について規定しています。

ここでは，電技第19条のうち試験によく出るものについて取り上げます。

I 絶縁油の流出防止（電技第19条10項）

中性点直接接地式電路では，地絡事故時の地絡電流が大きくなるため，アーク放電により変圧器タンクが破損し，絶縁油が流出するおそれがあります。そのため，電技第19条10項では，絶縁油の流出防止について次のように規定しています。

電技第19条10項（公害等の防止）

10　中性点直接接地式電路に接続する変圧器を設置する箇所には，絶縁油の構外への流出及び地下への浸透を防止するための措置が施されていなければならない。

基本例題　公害等の防止（H21A4改）

次の文章は，「電気設備技術基準」の公害等の防止についての記述の一部である。

[　(ア)　]に接続する変圧器を設置する箇所には，[　(イ)　]の構外への流出及び地下への浸透を防止するための措置が施されていなければならない。

上記の記述中の空白箇所(ア)，(イ)に正しい語句を記入しなさい。

解答 (ア)中性点直接接地式電路 (イ)絶縁油

Ⅱ PCBの使用禁止(電技第19条14項)

PCB（ポリ塩化ビフェニル）は人体にとって強い毒性を持っているため，電技第19条14項では，PCBを含有する絶縁油を使用する電気機械器具及び電線（以下，「PCB電気工作物」という。）を電路に施設してはならないと規定しています。

電技第19条14項(公害等の防止)

14 ポリ塩化ビフェニルを含有する絶縁油を使用する電気機械器具及び電線は，電路に施設してはならない。

PCB電気工作物の施設は，新設はもちろんのこと，流用，転用も禁止されています。

また，電気関係報告規則第4条の2では，PCB電気工作物設置者はPCB電気工作物について産業保安監督部長に以下の①～⑤の届出をする義務があることを規定しています。

①PCB電気工作物を設置している又は予備として有していることが新たに判明した場合の届出
②上記①の報告内容に変更があった場合の届出
③PCB電気工作物を廃止した場合の届出
④PCB電気工作物からPCB含有絶縁油が流出した場合の可能な限りすみやかな届出
⑤PCB電気工作物の管理状況の届出

ひとこと

届出対象となるPCB電気工作物には，電力用コンデンサ，変圧器，OFケーブルなどがあります。

基本例題　　公害等の防止（H20A8改）

次の文章は，「電気設備技術基準」及び「電気関係報告規則」に基づくポリ塩化ビフェニル（以下「PCB」という。）を含有する絶縁油を使用する電気機械器具（以下「PCB電気工作物」という。）の取扱いに関する記述である。

1. PCB電気工作物を新しく電路に施設することは［(ア)］されている。
2. PCB電気工作物に関しては，次の届出が義務付けられている。
   ① PCB電気工作物であることが判明した場合の届出
   ② 上記①の届出内容が変更になった場合の届出
   ③ PCB電気工作物を［(イ)］した場合の届出
3. 上記2の届出の対象となるPCB電気工作物には，［(ウ)］がある。

上記の記述中の空白箇所(ア)～(ウ)に正しい語句を記入しなさい。

解答　(ア)禁止　(イ)廃止　(ウ)電力用コンデンサ，変圧器，OFケーブルなど

電技第19条14項より，PCB電気工作物の施設は禁止されているので，(ア)は「禁止」です。

電気関係報告規則第4条の2より，PCB含有電気工作物であることが判明した場合，届出内容が変更になった場合，PCB含有電気工作物を廃止した場合に届出義務があるので，(イ)は「廃止」です。

届出対象となるPCB電気工作物は，(ウ)「電力用コンデンサ，変圧器，OFケーブルなど」です。

問題集 問題25

SECTION 03

電気供給のための電気設備の施設（電技第20~55条）

このSECTIONで学習すること

1 電線路等の感電又は火災の防止（第20条）

電線路等の感電や火災の防止について，一般的な規定を学びます。

2 架空電線及び地中電線の感電の防止（第21条）

架空電線や地中電線による感電を防止するための規定について学びます。

3 低圧電線路の絶縁性能（第22条）

低圧電線路の絶縁性能についての規定を学びます。

4 発電所等への取扱者以外の者の立入の防止（第23条）

発電所やマンホール内への一般人の立入を防止する規定について学びます。

5 架空電線路の支持物の昇塔防止（第24条）

一般の人が支持物に昇塔できないように適切な措置を講じなければならないことを学びます。

6 架空電線等の高さ（第25条）

架空電線等の高さや支線の施設の規定について学びます。

7 架空電線による他人の電線等の作業者への感電の防止（第26条）

複数の架空電線が錯綜することによる事故を防止するための規定について学びます。

8 架空電線路からの静電誘導作用又は電磁誘導作用による感電の防止（第27条）

架空電線路からの静電誘導作用や電磁誘導作用，電力保安設備への誘導作用による感電を防止するための規定について学びます。

9 電気機械器具等からの電磁誘導作用による人の健康影響の防止（第27条の2）

電気機械器具から発生する磁界を，人の健康に悪影響を与えないように抑えるための規定について学びます。

10 電線の混触の防止（第28条）

電線がほかの電線と混触することによる事故を防ぐための規定について学びます。

11 電線による他の工作物等への危険の防止（第29条）

電線がほかの工作物や植物と接触することによる事故を防ぐための規定について学びます。

12 地中電線等による他の電線及び工作物への危険の防止（第30条）

地中電線等がほかの電線や工作物を損傷することを防止するための規定について学びます。

13 異常電圧による架空電線等への障害の防止（第31条）

特別高圧架空電線と低高圧架空電線等を併架した際の，障害を防ぐための規定について学びます。

14 支持物の倒壊の防止（第32条）

架空電線路の支持物が電線の引張荷重や風圧荷重によって倒壊しないよう施設するための規定について学びます。

15 ガス絶縁機器等の危険の防止（第33条）

ガス絶縁機器による火災や中毒を防止するための規定について学びます。

16 加圧装置の施設（第34条）

圧縮ガスを使用した加圧装置による火災や中毒を防止するための規定について学びます。

17 水素冷却式発電機等の施設（第35条）

水素冷却式発電機等の爆発事故を防止するための規定について学びます。

18 油入開閉器等の施設制限（第36条）

油入開閉器等の施設制限の規定について学びます。

19 屋内電線路等の施設の禁止(第37条)

屋内電線路等の施設を禁止する規定について学びます。

20 連接引込線の禁止(第38条)

高圧・特別高圧の連接引込線の施設を禁止する規定について学びます。

21 電線路のがけへの施設の禁止(第39条)

原則として，電線路をがけに施設してはならないことを学びます。

22 特別高圧架空電線路の市街地等における施設の禁止(第40条)

特別高圧架空電線路を市街地など人家の密集する場所に施設することを禁止する規定について学びます。

23 市街地に施設する電力保安通信線の特別高圧電線に添架する電力保安通信線との接続の禁止(第41条)

原則として，市街地の電力保安通信線を，特別高圧の電線と同じ支持物に支持される電力保安通信線に直接接続してはならないことを学びます。

24 通信障害の防止(第42条)

電線路等からの誘導作用による通信障害を防止する規定について学びます。

25 地球磁気観測所等に対する障害の防止(第43条)

直流の電線路等が地球磁気・地球電気の観測所に障害を及ぼすことを防止する規定について学びます。

26 発変電設備等の損傷による供給支障の防止(第44条)

発変電設備が，事故による損傷によって電気の供給に支障を及ぼすことを防止する規定について学びます。

27 発電機等の機械的強度(第45条)

短絡電流による衝撃に耐えるための，発電機等の機械的な強度を定めた規定について学びます。

28 常時監視をしない発電所等の施設(第46条)

常時監視をしない発電所等を施設する際の規定について学びます。

29 地中電線路の保護（第47条）

地中電線路を保護するための，施設の規定について学びます。

30 特別高圧架空電線路の供給支障の防止（第48条）

特別高圧架空電線路が，損壊などによって電気の供給に影響を及ぼすことを防止するための規定について学びます。

31 高圧及び特別高圧の電路の避雷器等の施設（第49条）

雷電圧による電路に施設する電気設備の損壊を防止できるように，避雷器の施設等をしなければならないことを学びます。

32 電力保安通信設備の施設（第50条）

電力系統の保安のために利用される電力保安通信設備の施設の規定について学びます。

33 災害時における通信の確保（第51条）

災害時も電力保安通信を確保するための規定について学びます。

34 電気鉄道に電気を供給するための電気設備の施設（第52～55条）

電気鉄道に電気を供給するための電気設備の施設に関する規定について学びます。

1 電線路等の感電又は火災の防止 重要度★★★

電技第20条は，電線路等の感電又は火災の防止についての一般的な規定です。

電技第20条（電線路等の感電又は火災の防止）

電線路又は電車線路は，施設場所の状況及び電圧に応じ，感電又は火災のおそれがないように施設しなければならない。

2 架空電線及び地中電線の感電の防止 重要度★★★

I 架空電線の感電防止（電技第21条1項）

低圧又は高圧の架空電線は配電線として使用されることが多く，一般家屋などに接近して施設されることが多いので，建設作業者や一般公衆等が接触しても感電しないよう対策をとる必要があります。そのため，電技第21条1項では，低圧又は高圧の架空電線では絶縁電線又はケーブルを感電対策として使用するよう規定しています。

電技第21条1項（架空電線及び地中電線の感電の防止）

低圧又は高圧の架空電線には，感電のおそれがないよう，使用電圧に応じた絶縁性能を有する絶縁電線又はケーブルを使用しなければならない。ただし，通常予見される使用形態を考慮し，感電のおそれがない場合は，この限りでない。

架空電線の感電防止についての具体的内容は，解釈第65条1項1号に規定されています。

基本例題 架空電線及び地中電線の感電の防止（H15A5改）

次の文章は，「電気設備技術基準」に基づく架空電線の感電防止に関する記述である。

低圧又は高圧の架空電線には，感電のおそれがないよう，使用電圧に応じた ㈠ を有する ㈡ を使用しなければならない。ただし，通常予見される使用形態を考慮し，感電のおそれがない場合は，この限りでない。

上記の記述中の空白箇所㈠～㈡に正しい語句を記入せよ。

解答 ㈠絶縁性能　㈡絶縁電線又はケーブル

Ⅱ 架空電線の感電防止についての具体的内容（解釈第65条1項1号）

解釈第65条1項1号では，架空電線の感電防止についての具体的内容として，低高圧架空電線の使用電圧に応じた電線の種類と，電技第21条ただし書きに書かれている絶縁電線又はケーブルを使用しなくてよい場合を規定しています。

解釈第65条１項１号（低高圧架空電線路に使用する電線）

低圧架空電線路又は高圧架空電線路に使用する電線は，次の各号によること。

一　電線の種類は，使用電圧に応じ65-1表に規定するものであること。ただし，次のいずれかに該当する場合は，裸電線を使用することができる。

イ　低圧架空電線を，B種接地工事の施された中性線又は接地側電線として施設する場合

ロ　高圧架空電線を，海峡横断箇所，河川横断箇所，山岳地の傾斜が急な箇所又は谷越え箇所であって，人が容易に立ち入るおそれがない場所に施設する場合

65-1表

使用電圧の区分		電線の種類
低圧	300 V以下	絶縁電線，多心型電線又はケーブル
	300 V超過	絶縁電線（引込用ビニル絶縁電線及び引込用ポリエチレン絶縁電線を除く。）又はケーブル
高圧		高圧絶縁電線，特別高圧絶縁電線又はケーブル

Ⅲ 地中電線の感電防止（電技第21条2項）

地中電線は導体とみなせる大地のなかに埋設されるので，地絡事故が発生する可能性が高くなります。そのため，電技第21条2項では，より絶縁性能の高いケーブルを地中電線に使用するよう規定しています。

電技第21条2項（架空電線及び地中電線の感電の防止）

2　地中電線（地中電線路の電線をいう。以下同じ。）には，感電のおそれがないよう，使用電圧に応じた絶縁性能を有するケーブルを使用しなければならない。

3 低圧電線路の絶縁性能　重要度★★★

電技第22条では，低圧電線路の絶縁性能について，次のように規定しています。

電技第22条（低圧電線路の絶縁性能）

低圧電線路中絶縁部分の電線と大地との間及び電線の線心相互間の絶縁抵抗は，使用電圧に対する漏えい電流が最大供給電流の2000分の1を超えないようにしなければならない。

低圧電線路の使用電圧に対する漏えい電流は，最大供給電流の2000分の1を超えてはいけません。

しかし，この値は電線1本あたりの値です。そのため，下図のように，単相2線式低圧電線路の2本の電線を一括して大地との間に使用電圧を加えた場合，このときに測定される漏えい電流は電線2本分となるので，漏えい電流I_cの測定値が最大供給電流の1000分の1以下であればよいことになります。

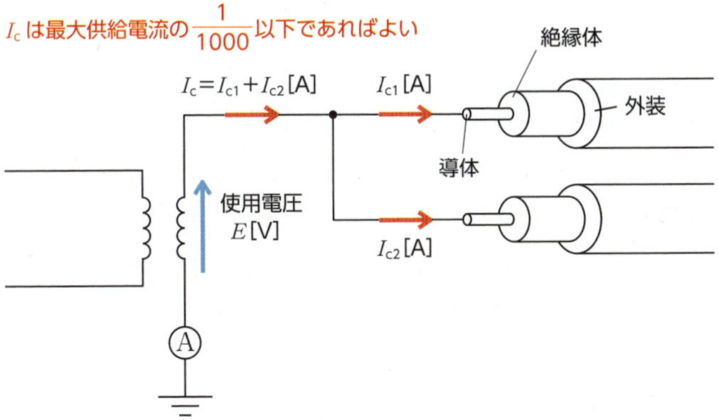

ひとこと

電技第58条には，電気使用場所における低圧の電路（配線と電気機械器具内の電路）の絶縁性能について規定されています。

ひとこと

漏えい電流の計算問題も出題されます。計算部分であわせて学習しましょう。

4 発電所等への取扱者以外の者の立入の防止 重要度★★★

I 発電所等への立入防止（電技第23条1項）

発電所等には，高圧又は特別高圧の機械器具や電力供給の要となる設備が多く施設されているため，一般の人が立ち入ると，重大な感電事故や供給支障事故が発生するおそれがあります。そのため，電技第23条1項では，発電所等への取扱者以外の立入について，次のように規定しています。

電技第23条1項（発電所等への取扱者以外の者の立入の防止）

高圧又は特別高圧の電気機械器具，母線等を施設する発電所又は変電所，開閉所若しくはこれらに準ずる場所には，取扱者以外の者に電気機械器具，母線等が危険である旨を表示するとともに，当該者が容易に構内に立ち入るおそれがないように適切な措置を講じなければならない。

発電所等には，

①危険である旨の表示

②取扱者以外が容易に構内に立ち入るおそれがないように適切な措置

をする必要があります。発電所等への取扱者以外の立入防止についての具体的内容は，解釈第38条に規定されています。

基本例題 発電所等への取扱者以外の者の立入の防止（H19A５改）

次の文章は，「電気設備技術基準」に基づく発電所等への取扱者以外の者の立入の防止に関する記述である。

(ア)の電気機械器具，母線等を施設する発電所又は変電所，開閉所若しくはこれらに準ずる場所には，取扱者以外の者に電気機械器具，母線等が(イ)である旨を表示するとともに，当該者が容易に(ウ)に立ち入るおそれがないように適切な措置を講じなければならない。

上記の記述中の空白箇所(ア)，(イ)及び(ウ)に正しい語句を記入せよ。

解答 (ア)高圧又は特別高圧　(イ)危険　(ウ)構内

Ⅱ 発電所等への立入防止のための措置(解釈第38条)

解釈第38条では，発電所等への立入防止のための措置について次のように規定しています。

解釈第38条（発電所等への取扱者以外の者の立入の防止）**より抜粋**

1 高圧又は特別高圧の機械器具及び母線等（以下，この条において「機械器具等」という。）を屋外に施設する発電所又は変電所，開閉所若しくはこれらに準ずる場所（以下，この条において「発電所等」という。）は，次の各号により構内に取扱者以外の者が立ち入らないような措置を講じること。ただし，土地の状況により人が立ち入るおそれがない箇所については，この限りでない。

一 さく，へい等を設けること。

二 特別高圧の機械器具等を施設する場合は，前号のさく，へい等の高さと，さく，へい等から充電部分までの距離との和は，38-1表に規定する値以上とすること。

38-1表

充電部分の使用電圧の区分	さく，へい等の高さと，さく，へい等から充電部分までの距離との和
35,000 V以下	5 m
35,000 Vを超え160,000 V以下	6 m
160,000 V超過	$(6+c)$ m

（備考）cは，使用電圧と160,000 Vの差を10,000 Vで除した値（小数点以下を切り上げる。）に0.12を乗じたもの

三 出入口に立入りを禁止する旨を表示すること。

四 出入口に施錠装置を施設して施錠する等，取扱者以外の者の出入りを制限する措置を講じること。

2 高圧又は特別高圧の機械器具等を屋内に施設する発電所等は，次の各号により構内に取扱者以外の者が立ち入らないような措置を講じること。ただし，前項の規定により施設したさく，へいの内部については，この限りでない。

一　次のいずれかによること。
　イ　堅ろうな壁を設けること。
　ロ　さく，へい等を設け，当該さく，へい等の高さと，さく，へい等から充電部分までの距離との和を，38-1表に規定する値以上とすること。
二　前項第三号及び第四号の規定に準じること。

まとめると次のようになります。

板書 発電所等への立入防止のための措置（解釈第38条）

1項…屋外の発電所の規定

①さく，へい等を設けること。

②さく，へい等と充電部分との距離について，38-1表に従うこと。

⇒35000 V以下のとき5 mという部分だけ覚えておけば問題なし

③出入口に立入禁止の表示をすること。

④出入口に施錠装置を施設すること。

2項…屋内の発電所の規定

・さく，へい，または堅ろうな壁が必要

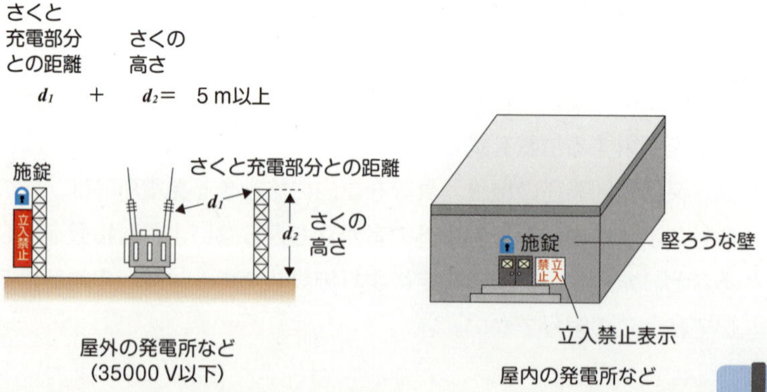

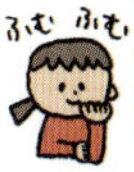

ひとこと

高圧又は特別高圧の機械器具を発変電所等以外に施設する場合は，解釈第21条および第22条，発変電所等に施設する場合は，解釈第38条に従わなければなりません。

Ⅲ 地中箱への立入防止(電技第23条2項,解釈第121条3号)

電技第23条2項では，地中箱への立入防止について規定しています。

電技第23条2項(発電所等への取扱者以外の者の立入の防止)

地中電線路に施設する**地中箱**は，取扱者以外の者が容易に立ち入るおそれがないように施設しなければならない。

地中箱(ち ちゅうばこ)とは，マンホールのことです。

解釈第121条3号では，地中箱への立入防止のための措置として，取扱者以外の者が地中箱のふたを容易に開けることができないように施設するよう規定しています。

解釈第121条3号(地中箱の施設)

三　地中箱のふたは，取扱者以外の者が容易に開けることができないように施設すること。

基本例題　発電所等への取扱者以外の者の立入の防止(H19A5改)

次の文章は,「電気設備技術基準」に基づく発電所等への取扱者以外の者の立入の防止に関する記述である。

地中電線路に施設する[　(ア)　]は，取扱者以外の者が容易に立ち入るおそれがないように施設しなければならない。

上記の記述中の空白箇所(ア)に正しい語句を記入せよ。

解答　地中箱

5 架空電線路の支持物の昇塔防止

重要度★★☆

Ⅰ 架空電線路の支持物の昇塔防止（電技第24条）

一般の人が架空電線路の支持物に昇塔すると，感電・墜落事故が発生するおそれがあります。そのため，電技第24条では，取扱者以外の者が架空電線路の支持物に容易に昇塔できないように適切な措置をとるよう規定しています。

電技第24条（架空電線路の支持物の昇塔防止）

架空電線路の支持物には，感電のおそれがないよう，取扱者以外の者が容易に昇塔できないように適切な措置を講じなければならない。

架空電線路の支持物の昇塔防止についての具体的内容は，解釈第53条に規定されています。

Ⅱ 架空電線路の支持物の昇塔防止についての具体的内容（解釈第53条）

解釈第53条では，架空電線路の支持物の昇塔防止について次のように規定しています。

解釈第53条（架空電線路の支持物の昇塔防止）

架空電線路の支持物に取扱者が昇降に使用する足場金具等を施設する場合は，地表上1.8 m以上に施設すること。ただし，次の各号のいずれかに該当する場合はこの限りでない。

一　足場金具等が内部に格納できる構造である場合

二　支持物に昇塔防止のための装置を施設する場合

三　支持物の周囲に取扱者以外の者が立ち入らないように，さく，へい等を施設する場合

四　支持物を山地等であって人が容易に立ち入るおそれがない場所に施設する場合

ひとこと

昇降に使用する足場金具等を施設する高さ（地表上1.8 m以上）とその例外（1～4号）をしっかり覚えてください。

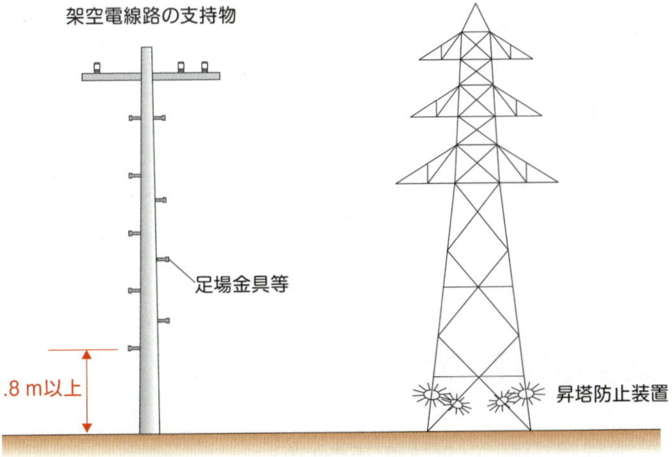

基本例題 架空電線路の支持物の昇塔防止(H24A7)

架空電線路の支持物に，取扱者が昇降に使用する足場金具等を地表上1.8 m未満に施設することができる場合として，「電気設備技術基準の解釈」に基づき，不適切なものを次の(1)～(5)のうちから一つ選べ。

(1) 監視装置を施設する場合
(2) 足場金具等が内部に格納できる構造である場合
(3) 支持物に昇塔防止のための装置を施設する場合
(4) 支持物の周囲に取扱者以外の者が立ち入らないように，さく，へい等を施設する場合
(5) 支持物を山地等であって人が容易に立ち入るおそれがない場所に施設する場合

解答 (1)

解釈第53条には，足場金具等を地表上1.8 m未満に施設することができる場合として，「監視装置を施設する場合」を挙げていない。

6 架空電線等の高さ

重要度 ★★☆

I 架空電線等の高さ(電技第25条1項)

架空電線等が低所に施設されていると，接触や誘導障害によって感電事故が発生したり，交通に支障を及ぼしたりするおそれがあります。

そのため，電技第25条1項では，架空電線等は感電のおそれがなく，交通に支障を及ぼすおそれがない高さに施設しなければならないと規定しています。

電技第25条1項(架空電線等の高さ)

架空電線，架空電力保安通信線及び架空電車線は，接触又は誘導作用による感電のおそれがなく，かつ，交通に支障を及ぼすおそれがない高さに施設しなければならない。

解釈第68条に低高圧架空電線，解釈第116条1項6号に低圧架空引込線，解釈第117条1項4号に高圧架空引込線の高さについての具体的内容が規定されています。

基本例題　架空電線等の高さ（H17A4改）

次の文章は，「電気設備技術基準」に基づく電気供給のための電気設備の施設に関する記述の一部である。

架空電線，架空電力保安通信線及び架空電車線は，［(ア)］又は［(イ)］による［(ウ)］のおそれがなく，かつ，［(エ)］に支障を及ぼすおそれがない高さに施設しなければならない。

上記の記述中の空白箇所(ア)，(イ)，(ウ)及び(エ)に正しい語句を記入せよ。

解答　(ア)接触　(イ)誘導作用　(ウ)感電　(エ)交通

Ⅱ 低高圧架空電線の高さ（解釈第68条）

解釈第68条では，低高圧架空電線の高さについて次のように規定しています。

解釈第68条（低高圧架空電線の高さ）

1　低圧架空電線又は高圧架空電線の高さは，68-1表に規定する値以上であること。

68-1表

区分		高さ
道路（車両の往来がまれであるもの及び歩行の用にのみ供される部分を除く。）を横断する場合		路面上6 m
鉄道又は軌道を横断する場合		レール面上5.5 m
低圧架空電線を横断歩道橋の上に施設する場合		横断歩道橋の路面上3 m
高圧架空電線を横断歩道橋の上に施設する場合		横断歩道橋の路面上3.5 m
上記以外	屋外照明用であって，絶縁電線又はケーブルを使用した対地電圧150 V以下のものを交通に支障のないように施設する場合	地表上4 m
	低圧架空電線を道路以外の場所に施設する場合	地表上4 m
	その他の場合	地表上5 m

2　低圧架空電線又は高圧架空電線を水面上に施設する場合は，電線の水面上の高さを船舶の航行等に危険を及ぼさないように保持すること。

3　高圧架空電線を氷雪の多い地方に施設する場合は，電線の積雪上の高さを人又は車両の通行等に危険を及ぼさないように保持すること。

68-1表の低高圧架空電線の区分と高さは覚える必要があります。

板書 低高圧架空電線の高さ

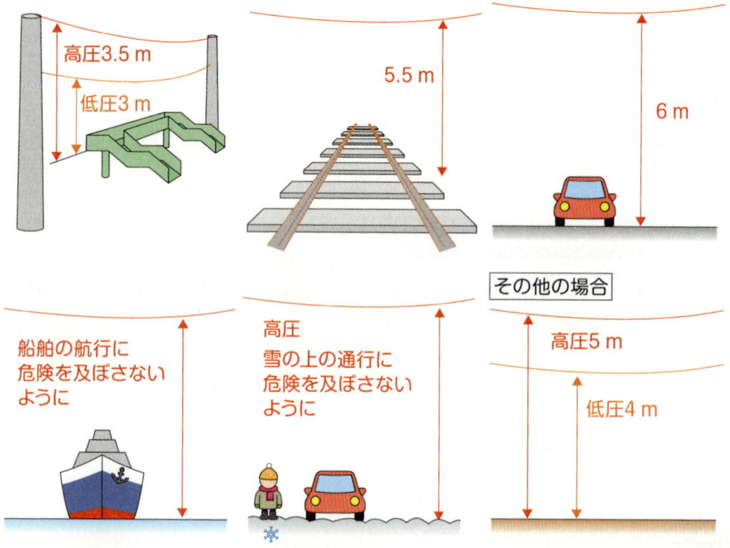

基本例題　低高圧架空電線の高さ（H27A7）

次の文章は，低高圧架空電線の高さ及び建造物等との離隔距離に関する記述である。その記述内容として，「電気設備技術基準の解釈」に基づき，不適切なものを次の(1)～(5)のうちから一つ選べ。

(1)　高圧架空電線を車両の往来が多い道路の路面上7 mの高さに施設した。

(2)　低圧架空電線にケーブルを使用し，車両の往来が多い道路の路面上5 mの高さに施設した。

(3)　建造物の屋根（上部造営材）から1.2 m上方に低圧架空電線を施設するために，電線にケーブルを使用した。

(4)　高圧架空電線の水面上の高さは，船舶の航行等に危険を及ぼさないようにした。

(5)　高圧架空電線を，平時吹いている風等により，植物に接触しないように施設した。

解答　(2)

解釈第68条1項では，「道路（車両の往来がまれであるもの及び歩行の用にのみ供される部分を除く。）を横断する場合」には，架空電線の高さは「路面上6 m以上」でなければならないと規定しています。よって，(2)が不適当。

ちなみに，(3)は解釈第71条1項，(5)は解釈第79条に規定があります。

問題集　問題26

Ⅲ 低圧架空引込線の高さ（解釈第116条1項6号）

解釈第116条1項6号では，低圧架空引込線の高さについて次のように規定しています。

解釈第116条1項6号（低圧架空引込線等の施設）

六　電線の高さは，116-1表に規定する値以上であること。

116-1表

区分		高さ
道路（歩行の用にのみ供される部分を除く。）を横断する場合	技術上やむを得ない場合において交通に支障のないとき	路面上3 m
	その他の場合	路面上5 m
鉄道又は軌道を横断する場合		レール面上5.5 m
横断歩道橋の上に施設する場合		横断歩道橋の路面上3 m
上記以外の場合	技術上やむを得ない場合において交通に支障のないとき	地表上2.5 m
	その他の場合	地表上4 m

116-1表の低圧架空引込線の区分と高さは覚える必要があります。「鉄道又は軌道を横断する場合」と「横断歩道橋の上に施設する場合」の高さは低圧架空電線と同じです。

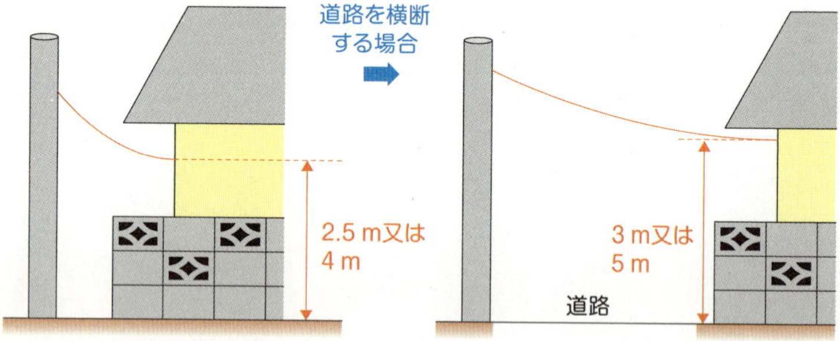

基本例題 低圧架空引込線等の施設（H23A7改）

次の文章は，「電気設備技術基準の解釈」における，低圧架空引込線の施設に関する記述の一部である。

電線の高さは，次によること。

①道路（車道と歩道の区別がある道路にあっては，車道）を横断する場合は，路面上 (ア) m（技術上やむを得ない場合において交通に支障のないときは (イ) m）以上

②鉄道又は軌道を横断する場合は，レール面上 (ウ) m以上

上記の記述中の空白箇所(ア)，(イ)及び(ウ)に正しい語句を記入せよ。

解答 (ア)5 (イ)3 (ウ)5.5

Ⅳ 高圧架空引込線の高さ（解釈第117条1項4号）

解釈第117条1項4号では，高圧架空引込線の高さについて次のように規定しています。

解釈第117条1項4号（高圧架空引込線等の施設）

四 電線の高さは，第68条1項の規定に準じること。ただし，次に適合する場合は，地表上3.5 m以上とすることができる。

イ 次の場合以外であること。

(イ) 道路を横断する場合

(ロ) 鉄道又は軌道を横断する場合

(ハ) 横断歩道橋の上に施設する場合

ロ 電線がケーブル以外のものであるときは，その電線の下方に危険である旨の表示をすること。

第68条1項の規定とは，低高圧架空電線の高さの規定のことです。

解釈第117条1項4号の内容を表にまとめると，次のようになります。

板書 高圧架空引込線の高さ

区分	高さ
道路（車両の往来がまれであるもの及び歩行の用にのみ供される部分を除く。）を横断する場合	路面上6m以上
鉄道又は軌道を横断する場合	レール面上5.5m以上
横断歩道橋の上に施設する場合	横断歩道橋の路面上3.5m以上
上記以外（電線がケーブルでない場合，下方に危険である旨の表示をする）	地表上3.5m以上

基本例題 高圧架空引込線等の施設（H28A 7改）

次の文章は，「電気設備技術基準の解釈」に基づく高圧架空引込線の施設に関する記述の一部である。

電線の高さは，「低高圧架空電線の高さ」の規定に準じること。ただし，次に適合する場合は，地表上［ (ア) ］m以上とすることができる。

①次の場合以外であること。

・道路を横断する場合

・鉄道又は軌道を横断する場合

・横断歩道橋の上に施設する場合

②電線が［ (イ) ］以外のものであるときは，その電線の［ (ウ) ］に危険である旨の表示をすること。

上記の記述中の空白箇所(ア)，(イ)及び(ウ)に正しい語句を記入せよ。

解答 (ア)3.5　(イ)ケーブル　(ウ)下方

V 支線の施設（電技第25条2項）

支線とは，電柱などの支持物を支えるために，支持物上部から地上へと斜めに張る鉄線のことです。支線が支持物を引っ張ることにより，電線の張力によって支持物が倒壊することを防ぎます。

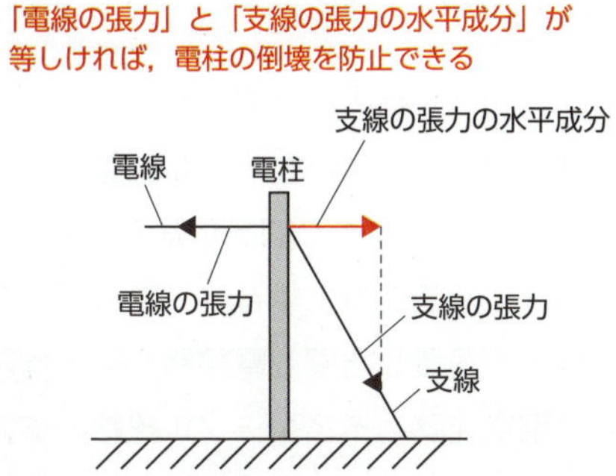

支線は支持物の倒壊を防ぐ重要な役割を担っていますが，支線が低所に施設されることで，交通に支障を及ぼしてはいけません。そのため，電技第25条2項では，支線の施設について次のように規定しています。

電技第25条２項（架空電線等の高さ）

2　支線は，交通に支障を及ぼすおそれがない高さに施設しなければならない。

ひとこと

支線の強度の計算問題も出題されます。計算の範囲であわせて学習しましょう。

7 架空電線による他人の電線等の作業者への感電の防止 重要度★★★

複数の架空電線路が錯綜すると，電線どうしの接触による短絡事故や作業者の電線への接触による感電事故が発生するおそれがあります。そのため，電技第26条では，次のように規定しています。

電技第26条（架空電線による他人の電線等の作業者への感電の防止）

1 架空電線路の支持物は，他人の設置した架空電線路又は架空弱電流電線路若しくは架空光ファイバケーブル線路の電線又は弱電流電線若しくは光ファイバケーブルの間を貫通して施設してはならない。ただし，その他人の承諾を得た場合は，この限りでない。

2 架空電線は，他人の設置した架空電線路，電車線路又は架空弱電流電線路若しくは架空光ファイバケーブル線路の支持物を挟んで施設してはならない。ただし，同一支持物に施設する場合又はその他人の承諾を得た場合は，この限りでない。

電技第26条の規定に反した内容を図で示すと，次の図のようになります。

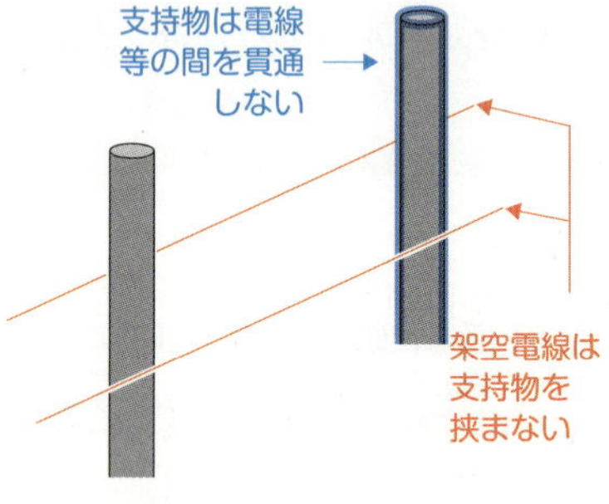
支持物は電線
等の間を貫通
しない
架空電線は
支持物を
挟まない

8 架空電線路からの静電誘導作用又は電磁誘導作用による感電の防止 重要度★★★

誘導作用による感電防止については電技第25条で規定されていますが，特別高圧架空電線路や電力保安通信設備は誘導作用による感電の危険が特に大きいので，電技第27条で別に規定しています。

I 特別高圧架空電線路からの静電誘導作用による感電防止（電技第27条1項）

特別高圧架空電線路の直下などでは，通常の使用状態でも，静電誘導作用により人や家畜に電撃や不快感を与えるおそれがあります。そのため，電技第27条1項では，次のように規定しています。

電技第27条1項（架空電線路からの静電誘導作用又は電磁誘導作用による感電の防止）

特別高圧の架空電線路は，通常の使用状態において，静電誘導作用により人による感知のおそれがないよう，地表上1mにおける電界強度が3kV/m以下になるように施設しなければならない。ただし，田畑，山林その他の人の往来が少ない場所において，人体に危害を及ぼすおそれがないように施設する場合は，この限りでない。

「地表上1mにおける電界強度が3kV/m以下」という部分は重要なので，覚えてください。

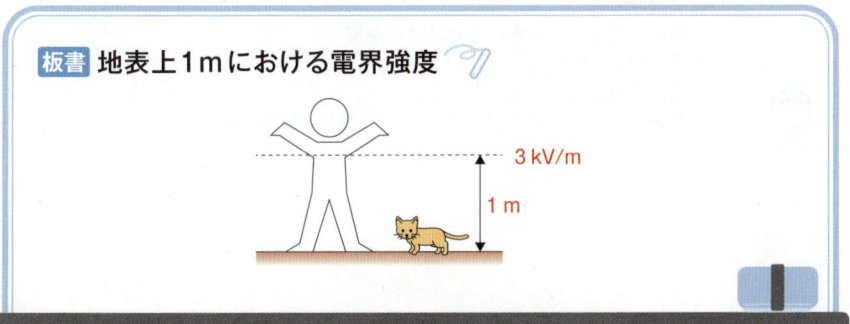

板書 地表上1mにおける電界強度

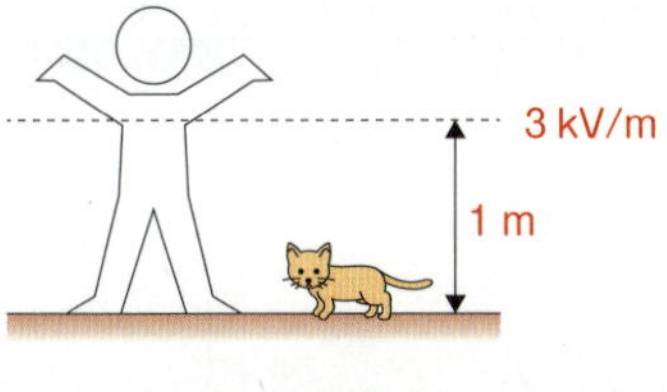

ひとこと

電界強度は，電界の大きさと同じ意味です。

ひとこと

静電誘導障害の対策として，
①電線と電圧が誘導される物体との離隔
②遮へい線の施設
③電線のねん架
などがあります。詳細は 電力 の静電誘導障害の説明を確認してください。

Ⅱ 特別高圧架空電線路からの電磁誘導作用による感電防止（電技第27条2項）

特別高圧架空電線路からの電磁誘導作用により弱電流電線路に電圧が誘導されると，弱電流電線の作業者や通信中の人に感電のショックを与えるおそれがあります。そのため，電技第27条2項では，次のように規定しています。

電技第27条2項（架空電線路からの静電誘導作用又は電磁誘導作用による感電の防止）

2　特別高圧の架空電線路は，電磁誘導作用により弱電流電線路（電力保安通信設備を除く。）を通じて人体に危害を及ぼすおそれがないように施設しなければならない。

ひとこと

電磁誘導障害の対策として，
①電線と電圧が誘導される物体との離隔
②遮へい線の施設
③電線のねん架
などがあります。詳細は 電力 の電磁誘導障害の説明を確認してください。

Ⅲ 電力保安通信設備への誘導作用による感電防止（電技第27条3項）

電力保安通信設備は架空電線路と同一支持物に施設されることが多いので，誘導作用による危険が大きく，電力保安通信設備の作業者や通信中の人に感電のショックを与えるおそれがあります。そのため，電技第27条3項では，次のように規定しています。

電技第27条３項（架空電線路からの静電誘導作用又は電磁誘導作用による感電の防止）

3　電力保安通信設備は，架空電線路からの静電誘導作用又は電磁誘導作用により人体に危害を及ぼすおそれがないように施設しなければならない。

9 電気機械器具等からの電磁誘導作用による人の健康影響の防止　重要度★★☆

電気機械器具から発生する高レベルの磁界は，人の健康に悪影響を与えます。そのため，電技第27条の2では，電気機械器具から発生する磁界を人の健康に悪影響を与えない程度に抑えることを目的として，次のように規定しています。

電技第27条の２（電気機械器具等からの電磁誘導作用による人の健康影響の防止）

1　変圧器，開閉器その他これらに類するもの又は電線路を発電所，変電所，開閉所及び需要場所以外の場所に施設するに当たっては，通常の使用状態において，当該電気機械器具等からの電磁誘導作用により人の健康に影響を及ぼすおそれがないよう，当該電気機械器具等のそれぞれの付近において，人によって占められる空間に相当する空間の磁束密度の平均値が，商用周波数において200 μT以下になるように施設しなければならない。ただし，田畑，山林その他の人の往来が少ない場所において，人体に危害を及ぼすおそれがないように施設する場合は，この限りでない。

2　変電所又は開閉所は，通常の使用状態において，当該施設からの電磁誘導作用により人の健康に影響を及ぼすおそれがないよう，当該施設の付近において，人によって占められる空間に相当する空間の磁束密度の平均値が，商用周波数において200 μT以下になるように施設しなければならない。ただし，田畑，山林その他の人の往来が少ない場所において，人体に危害を及ぼすおそれがないように施設する場合は，この限りでない。

条文の内容をまとめると，電技第27条の2は，電気機械器具から発生する磁界が人の健康に悪影響を与えないように，人によって占められる空間の磁束密度の平均値が200 μT以下となるよう規定しています。

基本例題　電磁誘導作用による人の健康影響の防止（H27A3改）

次の文章は，「電気設備技術基準」における，電気機械器具等からの電磁誘導作用による影響の防止に関する記述である。

変電所又は開閉所は，通常の使用状態において，当該施設からの電磁誘導作用により［(ア)］の［(イ)］に影響を及ぼすおそれがないよう，当該施設の付近において，［(ア)］によって占められる空間に相当する空間の［(ウ)］の平均値が，商用周波数において［(エ)］以下になるように施設しなければならない。

上記の記述中の空白箇所(ア)，(イ)，(ウ)及び(エ)に当てはまる語句を記入せよ。

解答　(ア)人　(イ)健康　(ウ)磁束密度　(エ)200 μT

10 電線の混触の防止

重要度★★★

I 電線の混触の防止（電技第28条）

電線が他の電線と接近，交差，または同一支持物に施設されている場合，混触により感電・火災が発生するおそれがあります。そのため，電技第28条では，電線の混触の防止について次のように規定しています。

電技第28条（電線の混触の防止）

電線路の電線，電力保安通信線又は電車線等は，他の電線又は弱電流電線等と接近し，若しくは交さする場合又は同一支持物に施設する場合には，他の電線又は弱電流電線等を損傷するおそれがなく，かつ，接触，断線等によって生じる混触による感電又は火災のおそれがないように施設しなければならない。

「接近」の定義と区分は解釈第49条，同一支持物に施設される架空電線等の離隔については解釈第80条及び81条，同一支持物に施設されていない架空電線等の離隔については解釈第74～76条，架空電線が接近，交さしているときの混触防止策の1つである保安工事については解釈第70条に規定されています。

基本例題　電線の混触の防止（H14A5改）

次の文章は，「電気設備技術基準」に基づく電線の混触の防止に関する記述である。

電線路の電線，電力保安通信線又は[（ア）]等は，他の電線又は[（イ）]と接近し，若しくは交さする場合又は同一支持物に[（ウ）]する場合には，他の電線又は[（イ）]を損傷するおそれがなく，かつ，[（エ）]，断線等によって生じる混触による感電又は火災のおそれがないように施設しなければならない。

上記の記述中の空白箇所(ア)，(イ)，(ウ)及び(エ)に当てはまる語句を記入せよ。

解答　(ア)電車線　(イ)弱電流電線等　(ウ)施設　(エ)接触

Ⅱ 「接近」の定義と区分（解釈第49条9～11号）

解釈第49条9～11号では，「接近」の定義と区分について次のように規定しています。

解釈第49条9～11号（電線路に係る用語の定義）

九 **第1次接近状態**　架空電線が，他の工作物と接近する場合において，当該架空電線が他の工作物の上方又は側方において，水平距離で3m以上，かつ，架空電線路の支持物の地表上の高さに相当する距離以内に施設されることにより，架空電線路の電線の切断，支持物の倒壊等の際に，当該電線が他の工作物に接触するおそれがある状態

十 **第2次接近状態**　架空電線が他の工作物と接近する場合において，当該架空電線が他の工作物の上方又は側方において水平距離で3m未満に施設される状態

十一 **接近状態**　第1次接近状態及び第2次接近状態

解釈第49条9号の**第1次接近状態**とは，架空電線が工作物の上方または側方にあり，工作物が架空電線から水平距離で3m以上，かつ支持物の高さに相当する距離内にある状態のことをいいます。

解釈第49条10号の**第2次接近状態**とは，架空電線が工作物の上方または側方にあり，工作物が架空電線から水平距離で3m未満にある状態のことをいいます。

解釈第49条11号の**接近状態**とは，第1次接近状態と第2次接近状態のことです。

工作物が第1次接近状態または第2次接近状態となる範囲を図で表すと，次のようになります。

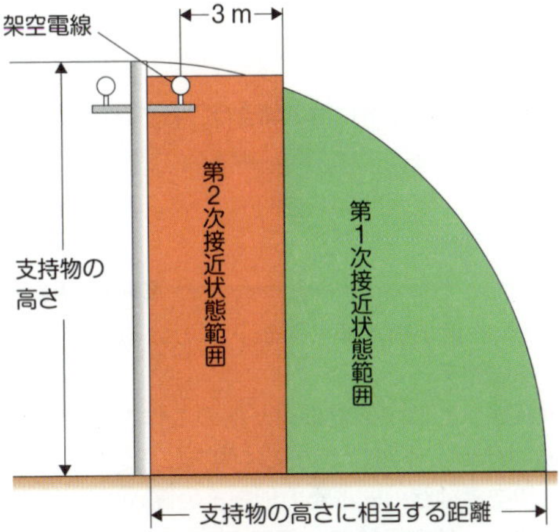

解釈の解説第49条　49.2図改

解釈の規定からわかるように，第1次接近状態と第2次接近状態の範囲は重なりません。

ひとこと

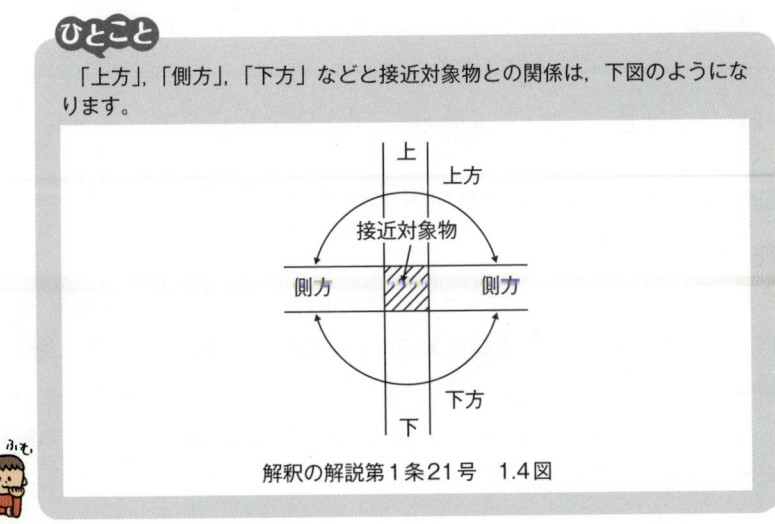

「上方」，「側方」，「下方」などと接近対象物との関係は，下図のようになります。

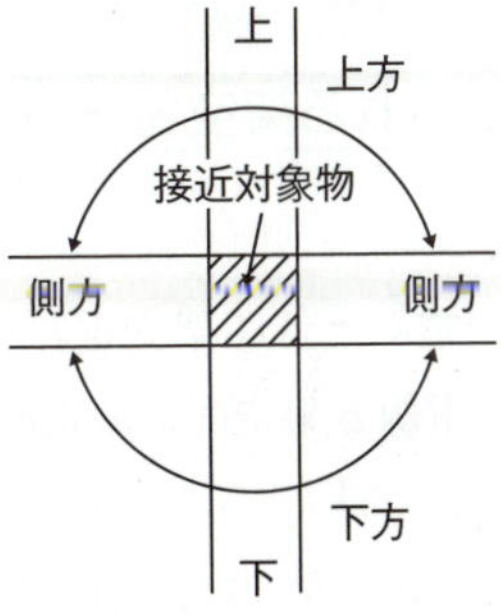

解釈の解説第1条21号　1.4図

ひとこと

架空電線が工作物の下方にある場合は，接近状態にはなりません。

基本例題 電線路に係る用語の定義（H21A7改）

次の文章は，「電気設備技術基準の解釈」における，第1次接近状態及び第2次接近状態に関する記述である。

1.「第1次接近状態」とは，架空電線が他の工作物と接近する場合において，当該架空電線が他の工作物の上方又は側方において，水平距離で［(ア)］m以上，かつ，架空電線路の支持物の地表上の高さに相当する距離以内に施設されることにより，架空電線路の電線の［(イ)］，支持物の［(ウ)］等の際に，当該電線が他の工作物［(エ)］おそれがある状態をいう。

2.「第2次接近状態」とは，架空電線が他の工作物と接近する場合において，当該架空電線が他の工作物の上方又は側方において水平距離で［(ア)］m未満に施設される状態をいう。

上記の記述中の空白箇所(ア)～(エ)に正しい語句または数値を記入しなさい。

解答 (ア)3　(イ)切断　(ウ)倒壊　(エ)に接触する

III 同一支持物に施設される架空電線等の離隔

1 併架と共架

同一支持物に高圧架空電線と低圧架空電線を施設することを**併架**（へいが）といい，同一支持物に低高圧架空電線と架空弱電流電線等を施設することを**共架**（きょうが）といいます。

併架時の離隔については解釈第80条1項，共架時の離隔については解釈第81条に規定があります。

板書 併架と共架

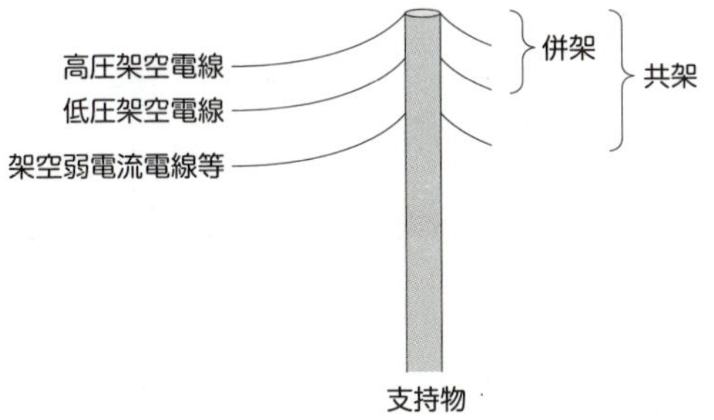

2 併架時の離隔（解釈第80条1項）

解釈第80条1項では，併架時の離隔について次のように規定しています。

解釈第80条1項（低高圧架空電線等の併架）

低圧架空電線と高圧架空電線とを同一支持物に施設する場合は，次の各号のいずれかによること。

一　次により施設すること。

イ　低圧架空電線を高圧架空電線の下に施設すること。

ロ　低圧架空電線と高圧架空電線は，別個の腕金類に施設すること。

ハ　低圧架空電線と高圧架空電線との離隔距離は，0.5 m以上であること。ただし，かど柱，分岐柱等で混触のおそれがないように施設する場合は，この限りでない。

二　高圧架空電線にケーブルを使用するとともに，高圧架空電線と低圧架空電線との離隔距離を0.3 m以上とすること。

併架されている低圧架空電線と高圧架空電線との離隔距離（原則0.5 m以上，高圧架空電線がケーブルの場合は0.3 m以上）は重要なので，覚えてください。

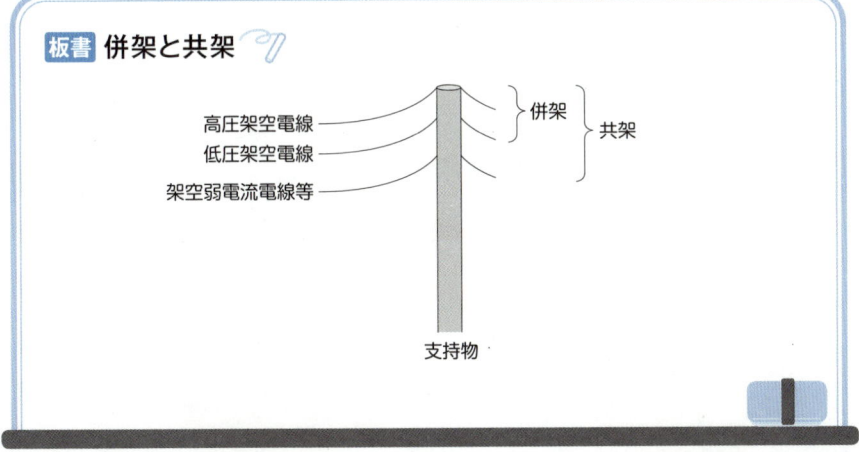

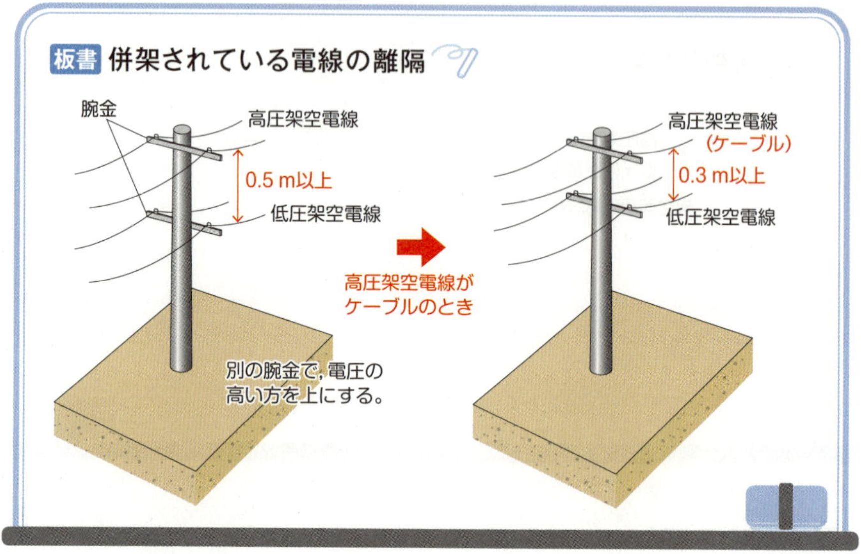

3 共架時の離隔（解釈第81条）

解釈第81条では，共架時の離隔について次のように規定しています。

解釈第81条（低高圧架空電線と架空弱電流電線等との共架）より抜粋

低圧架空電線又は高圧架空電線と架空弱電流電線等とを同一支持物に施設する場合は，次の各号により施設すること。ただし，架空弱電流電線等が電力保安通信線である場合は，この限りでない。

二 架空電線を架空弱電流電線等の上とし，別個の腕金類に施設すること。ただし，架空弱電流電線路等の管理者の承諾を得た場合において，低圧架空電線に高圧絶縁電線，特別高圧絶縁電線又はケーブルを使用するときは，この限りでない。

三 架空電線と架空弱電流電線等との離隔距離は，81-1表に規定する値以上であること。ただし，架空電線路の管理者と架空弱電流電線路等の管理者が同じ者である場合において，当該架空電線に有線テレビジョン用給電兼用同軸ケーブルを使用するときは，この限りでない。

81-1表

<table>
<tr><th colspan="2" rowspan="3">架空電線の種類</th><th colspan="5">架空弱電流電線等の種類</th></tr>
<tr><th colspan="3">架空弱電流電線路等の管理者の承諾を得た場合</th><th colspan="2">その他の場合</th></tr>
<tr><th>添架通信用第1種ケーブル，添架通信用第2種ケーブル又は光ファイバケーブル</th><th>絶縁電線と同等以上の絶縁効力のあるもの又は通信用ケーブル</th><th>その他</th><th>絶縁電線と同等以上の絶縁効力のあるもの又は通信用ケーブル</th><th>その他</th></tr>
<tr><td rowspan="3">低圧架空電線</td><td>高圧絶縁電線，特別高圧絶縁電線又はケーブル</td><td rowspan="2">0.3 m</td><td>0.3 m</td><td rowspan="3">0.6 m</td><td>0.3 m</td><td rowspan="3">0.75 m</td></tr>
<tr><td>低圧絶縁電線</td><td rowspan="2">0.6 m</td><td rowspan="2">0.75 m</td></tr>
<tr><td>その他</td><td>0.6 m</td></tr>
<tr><td rowspan="2">高圧架空電線</td><td>ケーブル</td><td>0.3 m</td><td>0.5 m</td><td rowspan="2">1 m</td><td>0.5 m</td><td rowspan="2">1.5 m</td></tr>
<tr><td>その他</td><td>0.6 m</td><td>1 m</td><td>1.5 m</td></tr>
</table>

共架されている低圧架空電線と架空弱電流電線等との離隔距離は原則0.75 m以上，共架されている高圧架空電線と架空弱電流電線等との離隔距離は原則1.5 m以上となっています。

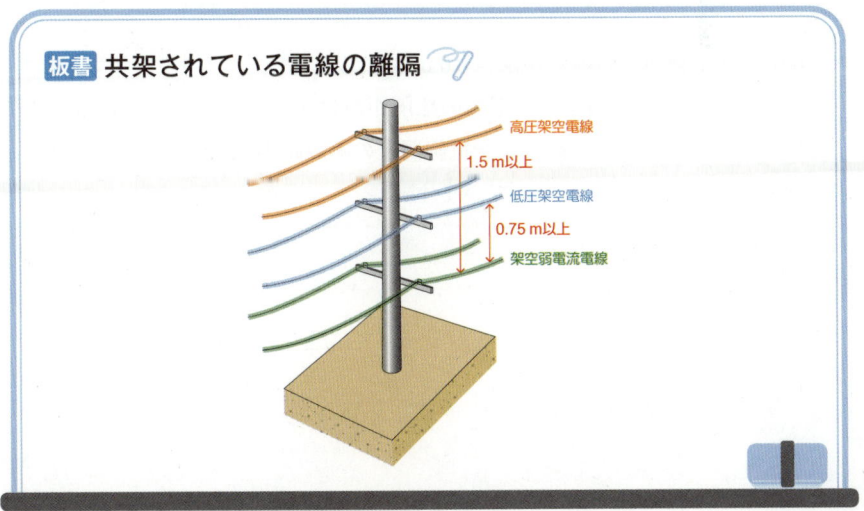

板書 共架されている電線の離隔

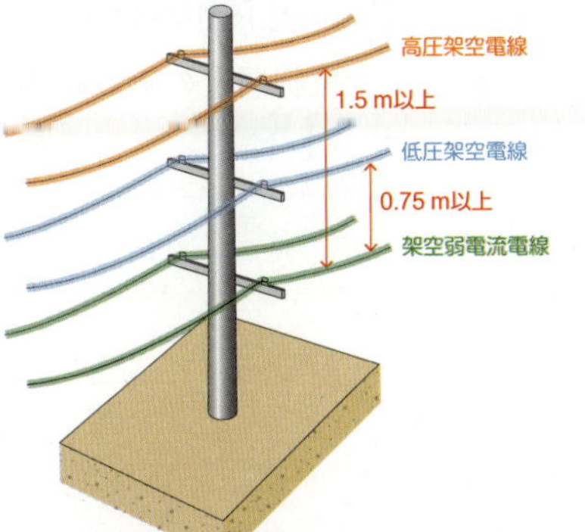

Ⅳ 同一支持物に施設されていない架空電線等の離隔

1 低高圧架空電線同士の離隔（解釈第74条1項）

解釈第74条1項では，同一支持物に施設されていない低高圧架空電線同士の離隔について，次のように規定しています。

解釈第74条1項（低高圧架空電線と他の低高圧架空電線路との接近又は交差）

低圧架空電線又は高圧架空電線が，他の低圧架空電線路又は高圧架空電線路と接近又は交差する場合における，相互の離隔距離は，74-1表に規定する値以上であること。

74-1表

<table>
<tr><th colspan="2" rowspan="2">架空電線の種類</th><th colspan="2">他の低圧架空電線</th><th colspan="2">他の高圧架空電線</th><th rowspan="2">他の低圧架空電線路又は高圧架空電線路の支持物</th></tr>
<tr><th>高圧絶縁電線，特別高圧絶縁電線又はケーブル</th><th>その他</th><th>ケーブル</th><th>その他</th></tr>
<tr><td rowspan="2">低圧架空電線</td><td>高圧絶縁電線，特別高圧絶縁電線又はケーブル</td><td colspan="2">0.3 m</td><td rowspan="2">0.4 m</td><td rowspan="2">0.8 m</td><td rowspan="2">0.3 m</td></tr>
<tr><td>その他</td><td>0.3 m</td><td>0.6 m</td></tr>
<tr><td rowspan="2">高圧架空電線</td><td>ケーブル</td><td colspan="2">0.4 m</td><td colspan="2">0.4 m</td><td>0.3 m</td></tr>
<tr><td>その他</td><td colspan="2">0.8 m</td><td>0.4 m</td><td>0.8 m</td><td>0.6 m</td></tr>
</table>

低圧架空電線同士の離隔距離は0.6 m以上（一方がケーブル等の場合は0.3 m以上），低圧架空電線と高圧架空電線の離隔距離は0.8 m以上（高圧架空電線がケーブルの場合は0.4 m以上），高圧架空電線同士の離隔距離は0.8 m以上（一方がケーブルの場合は0.4 m以上）となっています。

板書 同一支持物に施設されていない電線同士の離隔（その1）

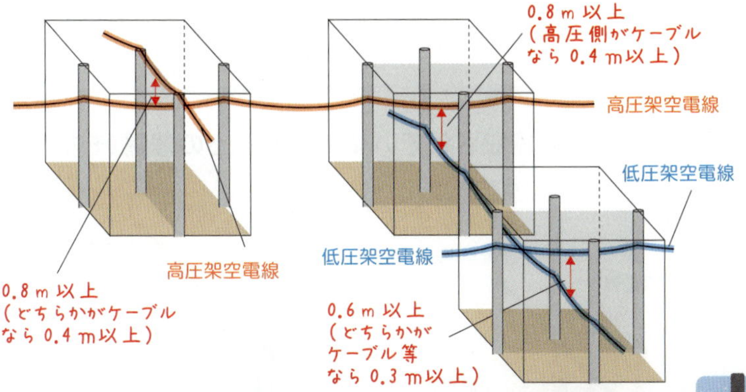

2 低高圧架空電線と架空弱電流電線等の離隔（解釈第76条1項）

解釈第76条1項では，同一支持物に施設されていない低高圧架空電線と架空弱電流電線等の離隔について，次のように規定しています。

解釈第76条1項（低高圧架空電線と架空弱電流電線路等との接近又は交差）

低圧架空電線又は高圧架空電線が，架空弱電流電線路等と接近又は交差する場合における，相互の離隔距離は，76-1表に規定する値以上であること。

76-1表

架空電線の種類		架空弱電流電線等		架空弱電流電線路等の支持物
		架空弱電流電線路等の管理者の承諾を得た場合において，架空弱電流電線等が絶縁電線と同等以上の絶縁効力のあるもの又は通信用ケーブルであるとき	その他の場合	
低圧架空電線	高圧絶縁電線，特別高圧絶縁電線又はケーブル	0.15m	0.3m	0.3m
	その他	0.3m	0.6m	
高圧架空電線	ケーブル	0.4m		0.3m
	その他	0.8m		0.6m

低圧架空電線と架空弱電流電線との離隔距離は0.6 m以上（低圧架空電線がケーブル等の場合は0.3 m以上），高圧架空電線と架空弱電流電線との離隔距離は0.8 m以上（高圧架空電線がケーブルの場合は0.4 m以上）となっています。

板書 同一支持物に施設されていない電線同士の離隔（その2）

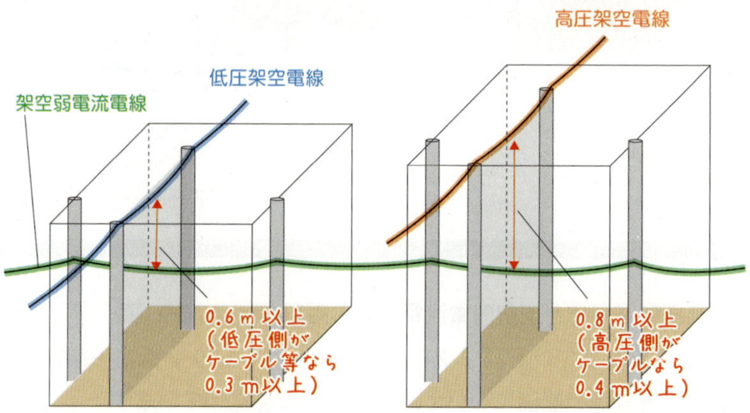

V 保安工事（解釈第70条）

保安工事（ほあんこうじ）とは，安全を保つために行う工事です。特に架空電線が建造物や他の架空電線などと接近または交差する場合は，電線の断線や支持物の倒壊などにより，低高圧の混触や地絡事故が発生する危険があり，これを防止する必要があります。そこで，一般的に示されている施設方法より強化すべき点をまとめて示した**低圧保安工事**（ていあつほあんこうじ）と**高圧保安工事**（こうあつほあんこうじ）が解釈第70条に規定されています。

低圧保安工事は適用例が非常に少ないので，ここでは高圧保安工事についてのみ説明します。

1 高圧保安工事（解釈第70条2項）

解釈第70条2項では，高圧保安工事について次のように規定しています。

解釈第70条2項（低圧保安工事，高圧保安工事及び連鎖倒壊防止）

2 高圧架空電線路の電線の断線，支持物の倒壊等による危険を防止するため必要な場合に行う，高圧保安工事は，次の各号によること。

一 電線はケーブルである場合を除き，引張強さ8.01 kN以上のもの又は直径5 mm以上の硬銅線であること。

二 木柱の風圧荷重に対する安全率は，2.0以上であること。

三 径間は，70-2表によること。ただし，電線に引張強さ14.51 kN以上のもの又は断面積38 mm^2以上の硬銅より線を使用する場合であって，支持物にB種鉄筋コンクリート柱，B種鉄柱又は鉄塔を使用するときは，この限りでない。

70-2表

支持物の種類	径間
木柱，A種鉄筋コンクリート柱又はA種鉄柱	100 m以下
B種鉄筋コンクリート柱又はB種鉄柱	150 m以下
鉄塔	400 m以下

高圧保安工事の内容は，試験によく出題されます。条文の赤字になっている箇所が空白になっていても答えられるように，しっかりと覚えてください。

基本例題 高圧保安工事（H19A8改）

次の文章は，「電気設備技術基準の解釈」に基づく高圧保安工事に関する記述である。

a．電線はケーブルである場合を除き，引張強さ8.01 kN以上のもの又は直径 (ア) mm以上の硬銅線であること。

b．木柱の (イ) に対する安全率は，2.0以上であること。

c．径間は，下表の左欄に掲げる支持物の種類に応じ，それぞれ同表の右欄に掲げる値以下であること。ただし，電線に引張強さ14.51 kN以上のもの又は断面積 (ウ) mm^2以上の硬銅より線を使用する場合であって，支持物にB種鉄柱，B種鉄筋コンクリート柱又は鉄塔を使用するときは，この限りでない。

支持物の種類	径　間
木柱，A種鉄柱又はA種鉄筋コンクリート柱	100 m
B種鉄柱又はB種鉄筋コンクリート柱	150 m
鉄塔	400 m

上記の記述中の空白箇所(ア)～(ウ)に正しい語句または数値を記入しなさい。

解答 (ア)5　(イ)風圧荷重　(ウ)38

11 電線による他の工作物等への危険の防止　重要度★★☆

I 電線による他の工作物等への危険の防止（電技第29条）

電線が他の工作物や植物と接近，交さしている場合，接触，断線等により感電・火災が発生するおそれがあります。そのため，電技第29条では，電線による他の工作物等への危険の防止について次のように規定しています。

電技第29条（電線による他の工作物等への危険の防止）

電線路の電線又は電車線等は，他の工作物又は植物と接近し，又は交さする場合には，他の工作物又は植物を損傷するおそれがなく，かつ，接触，断線等によって生じる感電又は火災のおそれがないように施設しなければならない。

電線による他の工作物等への危険の防止についての具体的内容は，解釈第71条に規定されています。

Ⅱ 低高圧架空電線と建造物の離隔（解釈第71条）

解釈第71条では，電線による他の工作物等への危険の防止についての具体的内容として，低高圧架空電線と建造物の離隔距離について規定しています。

解釈第71条1項で，低高圧架空電線が建造物と接近状態にある場合の離隔について，解釈第71条2項で，低高圧架空電線が建造物の下方にある場合の離隔について規定しています。

ひとこと

解釈第49条の「接近状態」の定義に，「当該架空電線が他の工作物の上方又は側方において」と書かれているので，低高圧架空電線が建造物の下方にある場合は「接近状態」にはなりません。

1 低高圧架空電線が建造物と接近状態にある場合の離隔（解釈第71条1項）

解釈第71条1項では，低高圧架空電線が建造物と接近状態にある場合の離隔について，次のように規定しています。

解釈第71条1項（低高圧架空電線と建造物との接近）

低圧架空電線又は高圧架空電線が，建造物と接近状態に施設される場合は，次の各号によること。

一　高圧架空電線路は，高圧保安工事により施設すること。

二　低圧架空電線又は高圧架空電線と建造物の造営材との離隔距離は，71-1表に規定する値以上であること。

71-1表

架空電線の種類	区分	離隔距離
ケーブル	上部造営材の上方	1 m
	その他	0.4 m
高圧絶縁電線又は特別高圧絶縁電線を使用する，低圧架空電線	上部造営材の上方	1 m
	その他	0.4 m
その他	上部造営材の上方	2 m
	人が建造物の外へ手を伸ばす又は身を乗り出すことなどができない部分	0.8 m
	その他	1.2 m

解釈第71条1項の内容をまとめると，次のようになります。

板書 低高圧架空電線と建造物の離隔（その1）

区分	ケーブル 高圧絶縁電線又は特別高圧絶縁電線を使用する低圧架空電線	その他（絶縁電線を使用する高圧架空電線など）
上部造営材の上方	1 m	2 m
人が建造物の外へ手を伸ばしたり身を乗り出すことなどができない部分		0.8 m
その他	0.4 m	1.2 m

ケーブル
高圧絶縁電線又は特別高圧絶縁電線を使用する低圧架空電線の場合

その他（絶縁電線を使用する高圧架空電線など）の場合

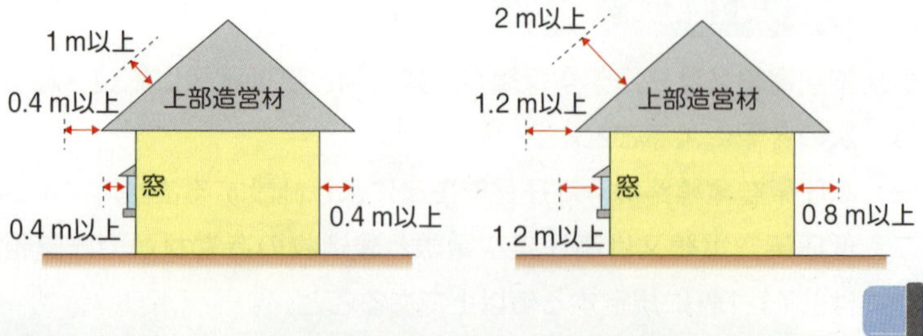

ひとこと

解釈第49条12号では，上部造営材は，「屋根，ひさし，物干し台その他の人が上部に乗るおそれがある造営材（手すり，さくその他の人が上部に乗るおそれのない部分を除く。）」と定義しています。

2 低高圧架空電線が建造物の下方にある場合の離隔（解釈第71条2項）

解釈第71条2項では，低高圧架空電線が建造物の下方にある場合の離隔について，次のように規定しています。

解釈第71条2項（低高圧架空電線と建造物との接近）

2　低圧架空電線又は高圧架空電線が，建造物の下方に接近して施設される場合は，低圧架空電線又は高圧架空電線と建造物との離隔距離は，71-2表に規定する値以上とするとともに，危険のおそれがないように施設すること。

71-2表

使用電圧の区分	電線の種類	離隔距離
低圧	高圧絶縁電線，特別高圧絶縁電線又はケーブル	0.3 m
	その他	0.6 m
高圧	ケーブル	0.4 m
	その他	0.8 m

解釈第71条2項の内容を図で表すと，次のようになります。

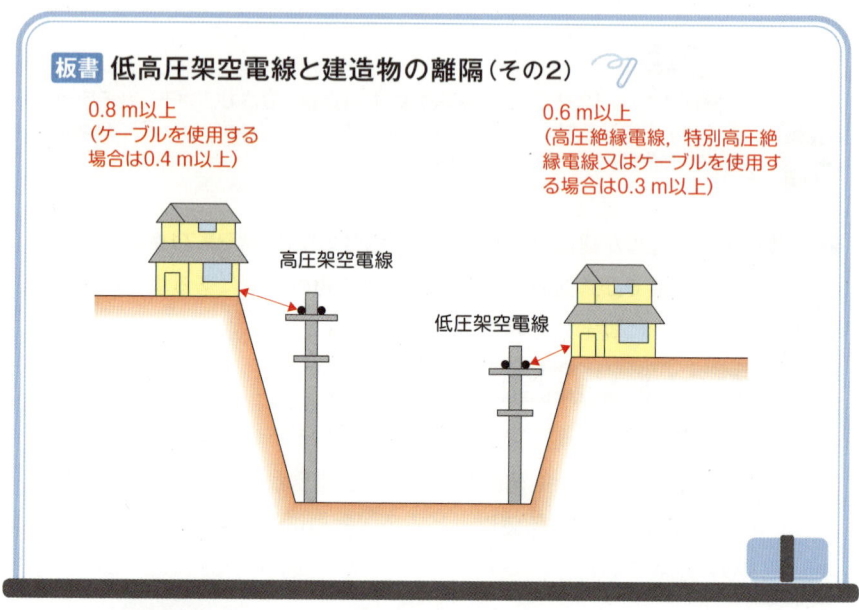

板書 低高圧架空電線と建造物の離隔（その2）

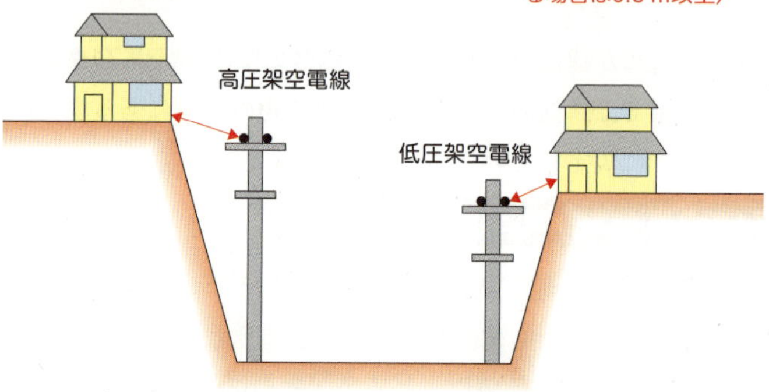

ひとこと

ふむ ふむ

低高圧架空電線と建造物との離隔についての問題は，試験での出題頻度は低いので，余裕のある人のみ覚えてください。

12 地中電線等による他の電線及び工作物への危険の防止 重要度★★★

I 地中電線等による他の電線及び工作物への危険の防止（電技第30条）

地中電線等が他の電線，弱電流電線等，管などと接近又は交さしている場合，断線や地絡等の事故時に発生するアーク放電によって，他の電線等を損傷するおそれがあります。そのため，電技第30条では，地中電線等が他の電線等を損傷することを防止するために，次のように規定しています。

電技第30条（地中電線等による他の電線及び工作物への危険の防止）

地中電線，屋側電線及びトンネル内電線その他の工作物に固定して施設する電線は，他の電線，弱電流電線等又は管（他の電線等という。以下この条において同じ。）と接近し，又は交さする場合には，故障時のアーク放電により他の電線等を損傷するおそれがないように施設しなければならない。ただし，感電又は火災のおそれがない場合であって，他の電線等の管理者の承諾を得た場合は，この限りでない。

地中電線等による他の電線及び工作物への危険の防止についての具体的内容は，解釈第125条に規定されています。

基本例題　地中電線等による他の電線及び工作物への危険の防止（H18A3改）

次の文章は，「電気設備技術基準」に基づく，地中電線等の施設に関する記述の一部である。

地中電線，屋側電線及びトンネル内電線その他の工作物に固定して施設する電線は，[(ア)]，弱電流電線等又は管（他の電線等という。以下同じ。）と接近し，又は交さする場合には，故障時の[(イ)]により他の電線等を損傷するおそれがないように施設しなければならない。ただし，感電又は火災のおそれがない場合であって，他の電線等の管理者の承諾を得た場合は，この限りでない

上記の記述中の空白箇所(ア)及び(イ)に当てはまる語句を記入せよ。

解答　(ア)他の電線　(イ)アーク放電

II 地中電線と他の地中電線等の離隔（解釈第125条1項）

解釈第125条1項では，地中電線等による他の電線及び工作物への危険の防止についての具体的内容として，地中電線と他の地中電線等との離隔距離について，次のように規定しています。

解釈第125条1項（地中電線と他の地中電線等との接近又は交差）より抜粋

1　低圧地中電線と高圧地中電線とが接近又は交差する場合，又は低圧若しくは高圧の地中電線と特別高圧地中電線とが接近又は交差する場合は，次の各号のいずれかによること。ただし，地中箱内につい

てはこの限りでない。

一　低圧地中電線と高圧地中電線との離隔距離が，0.15 m以上であること。

二　低圧又は高圧の地中電線と特別高圧地中電線との離隔距離が，0.3 m以上であること。

三　暗きょ内に施設し，地中電線相互の離隔距離が，0.1 m以上であること（第120条第3項第二号イに規定する耐燃措置を施した使用電圧が170,000 V未満の地中電線の場合に限る。）。

四　地中電線相互の間に堅ろうな耐火性の隔壁を設けること。

五　いずれかの地中電線が，次のいずれかに該当するものである場合は，地中電線相互の離隔距離が，0 m以上であること。

　イ　不燃性の被覆を有すること。

　ロ　堅ろうな不燃性の管に収められていること。

六　それぞれの地中電線が，次のいずれかに該当するものである場合は，地中電線相互の離隔距離が，0 m以上であること。

　イ　自消性のある難燃性の被覆を有すること。

　ロ　堅ろうな自消性のある難燃性の管に収められていること。

地中電線どうしの離隔距離（0.15 m，0.3 m）は重要なので，覚えてください。

また，いずれかの地中電線が不燃性，それぞれの地中電線が自消性のある難燃性，という部分も重要なので，覚えましょう。

基本例題　地中電線と他の地中電線等との接近又は交差（H28A8改）

次の文章は，「電気設備技術基準の解釈」における地中電線と他の地中電線等との接近又は交差に関する記述の一部である。

低圧地中電線と高圧地中電線とが接近又は交差する場合，又は低圧若しくは高圧の地中電線と特別高圧地中電線とが接近又は交差する場合は，次の各号のいずれかによること。ただし，地中箱内についてはこの限りでない。

a　地中電線相互の離隔距離が，次に規定する値以上であること。

①　低圧地中電線と高圧地中電線との離隔距離は，[(ア)]m

②　低圧又は高圧の地中電線と特別高圧地中電線との離隔距離は，[(イ)]m

b　地中電線相互の間に堅ろうな[(ウ)]の隔壁を設けること。

c　[(エ)]の地中電線が，次のいずれかに該当するものであること。

①　不燃性の被覆を有すること。

②　堅ろうな不燃性の管に収められていること。

d　[(オ)]の地中電線が，次のいずれかに該当するものであること。

①　自消性のある難燃性の被覆を有すること。

②　堅ろうな自消性のある難燃性の管に収められていること。

上記の記述中の空白箇所(ア)～(オ)に正しい語句または数値を記入しなさい。

解答　(ア)0.15　(イ)0.3　(ウ)耐火性　(エ)いずれか　(オ)それぞれ

13 異常電圧による架空電線等への障害の防止　重要度★★☆

I 特別高圧架空電線と低高圧架空電線等の併架（電技第31条1項）

特別高圧架空電線と低高圧架空電線等を同一支持物に併架した場合，混触により特別高圧が低高圧側に侵入すると，電気設備に障害を与えるおそれがあります。そのため，電技第31条1項では，特別高圧架空電線と低高圧架空電線等の併架について，次のように規定しています。

電技第31条1項（異常電圧による架空電線等への障害の防止）

特別高圧の架空電線と低圧又は高圧の架空電線又は電車線を同一支持物に施設する場合は，異常時の高電圧の侵入により低圧側又は高圧側の電気設備に障害を与えないよう，接地その他の適切な措置を講じなければならない。

II 特別高圧架空電線と低圧電気機械器具の同一支持物への施設（電技第31条2項）

電技第31条2項では，特別高圧架空電線と低圧電気機械器具の同一支持物への施設について，次のように規定しています。

電技第31条2項（異常電圧による架空電線等への障害の防止）

2　特別高圧架空電線路の電線の上方において，その支持物に低圧の電気機械器具を施設する場合は，異常時の高電圧の侵入により低圧側の電気設備へ障害を与えないよう，接地その他の適切な措置を講じなければならない。

ひとこと

特別高圧架空電線の上方に施設される低圧の電気機械器具には，航空障害灯などがあります。

14 支持物の倒壊の防止

重要度★★☆

電技第32条では，架空電線路の支持物が，電線の引張荷重（ひっぱりかじゅう）や風速40 m/sの風圧荷重（ふうあつかじゅう）などで倒壊しないように施設しなければならないと規定しています。

電技第32条（支持物の倒壊の防止）

1　架空電線路又は架空電車線路の支持物の材料及び構造（支線を施設する場合は，当該支線に係るものを含む。）は，その支持物が支持する電線等による引張荷重，10分間平均で風速40 m/秒の風圧荷重及び当該設置場所において通常想定される地理的条件，気象の変化，振動，衝撃その他の外部環境の影響を考慮し，倒壊のおそれがないよう，安全なものでなければならない。ただし，人家が多く連なっている場所に施設する架空電線路にあっては，その施設場所を考慮して施設する場合は，10分間平均で風速40 m/秒の風圧荷重の２分の１の風圧荷重を考慮して施設することができる。

2　架空電線路の支持物は，構造上安全なものとすること等により連鎖的に倒壊のおそれがないように施設しなければならない。

基本例題　　支持物の倒壊の防止（H16A4改）

次の文章は，「電気設備技術基準」に基づく，支持物の倒壊防止に関する記述である。

1　架空電線路又は架空電車線路の支持物の材料及び構造（支線を施設する場合は，当該支線に係るものを含む。）は，その支持物が支持する電線等による［(ア)］，10分間平均で風速［(イ)］m/秒の風圧荷重及び当該設置場所において通常想定される地理的条件，気象の変化，振動，衝撃その他の外部環境の影響を考慮し，倒壊のおそれがないよう，安全なものでなければならない。ただし，人家が多く連なっている場所に施設する架空電線路にあっては，その施設場所を考慮して施設する場合は，10分間平均で風速［(イ)］m/秒の風圧荷重の1/2の風圧荷重を考慮して施設することができる。

2　架空電線路の支持物は，構造上安全なものとすること等により連鎖的に倒壊のおそれがないように施設しなければならない。

上記の記述中の空白箇所(ア)及び(イ)に当てはまる語句を記入せよ。

解答　(ア)引張荷重　(イ)40

15 ガス絶縁機器等の危険の防止

重要度★★☆

ガス絶縁機器等は圧力容器であるため，異常な圧力が発生した場合に爆発するおそれがあります。また，ガス絶縁機器等が可燃性，有毒性のガスを使用している場合，ガスが外部に漏洩すると，火災が発生したり中毒症状を引き起こすおそれがあります。そのため，電技第33条では，ガス絶縁機器等の危険の防止について，次のように規定しています。

電技第33条（ガス絶縁機器等の危険の防止）

発電所又は変電所，開閉所若しくはこれらに準ずる場所に施設するガス絶縁機器（充電部分が圧縮絶縁ガスにより絶縁された電気機械器具をいう。以下同じ。）及び開閉器又は遮断器に使用する圧縮空気装置は，次の各号により施設しなければならない。

一　圧力を受ける部分の材料及び構造は，最高使用圧力に対して十分に耐え，かつ，安全なものであること。

二　圧縮空気装置の空気タンクは，耐食性を有すること。

三　圧力が上昇する場合において，当該圧力が最高使用圧力に到達する以前に当該圧力を低下させる機能を有すること。

四　圧縮空気装置は，主空気タンクの圧力が低下した場合に圧力を自動的に回復させる機能を有すること。

五　異常な圧力を早期に検知できる機能を有すること。

六　ガス絶縁機器に使用する絶縁ガスは，可燃性，腐食性及び有毒性のないものであること。

ひとこと

解釈第40条に，ガス絶縁機器等の施設についての規定があります。

基本例題　ガス絶縁機器等の危険の防止（H29A4改）

次の文章は，「電気設備技術基準」におけるガス絶縁機器等の危険の防止に関する記述である。

発電所又は変電所，開閉所若しくはこれらに準ずる場所に施設するガス絶縁機器（充電部分が圧縮絶縁ガスにより絶縁された電気機械器具をいう。以下同じ。）及び開閉器又は遮断器に使用する圧縮空気装置は，次により施設しなければならない。

a　圧力を受ける部分の材料及び構造は，最高使用圧力に対して十分に耐え，かつ，［(ア)］であること。

b　圧縮空気装置の空気タンクは，耐食性を有すること。

c　圧力が上昇する場合において，当該圧力が最高使用圧力に到達する以前に当該圧力を［(イ)］させる機能を有すること。

d　圧縮空気装置は，主空気タンクの圧力が低下した場合に圧力を自動的に回復させる機能を有すること。

e　異常な圧力を早期に［(ウ)］できる機能を有すること。

f　ガス絶縁機器に使用する絶縁ガスは，可燃性，腐食性及び［(エ)］性のないものであること。

上記の記述中の空白箇所(ア)～(エ)に正しい語句を記入しなさい。

解答　(ア)安全なもの　(イ)低下　(ウ)検知　(エ)有毒

16 加圧装置の施設

重要度★☆☆

圧縮ガスを使用してケーブルに圧力を加える装置も，ガス絶縁機器等と同様に，爆発，火災，中毒症状を引き起こすおそれがあるので，電技第34条で次のように規定しています。

電技第34条（加圧装置の施設）

圧縮ガスを使用してケーブルに圧力を加える装置は，次の各号により施設しなければならない。

一　圧力を受ける部分は，最高使用圧力に対して十分に耐え，かつ，安全なものであること。

二　自動的に圧縮ガスを供給する加圧装置であって，故障により圧力が著しく上昇するおそれがあるものは，上昇した圧力に耐える材料及び構造であるとともに，圧力が上昇する場合において，当該圧力が最高使用圧力に到達する以前に当該圧力を低下させる機能を有すること。

三　圧縮ガスは，可燃性，腐食性及び有毒性のないものであること。

ひとこと

圧縮ガスを使用してケーブルに圧力を加える装置は，OFケーブルなどに使われる装置です。

ひとこと

解釈第122条に，地中電線路の加圧装置の施設についての規定があります。

17 水素冷却式発電機等の施設

重要度★☆☆

水素は空気よりも比熱が大きく風損（回転部分との摩擦による損失）が小さいので，発電所で使われるような大容量の発電機では，水素を循環させることで冷却します。しかし，水素は酸素と混合すると爆発する危険があります。そのため，電技第35条では，水素冷却式発電機等の施設について，次のように規定しています。

電技第35条（水素冷却式発電機等の施設）

水素冷却式の発電機若しくは調相設備又はこれに附属する水素冷却装置は，次の各号により施設しなければならない。

一　構造は，水素の漏洩又は空気の混入のおそれがないものであること。

二　発電機，調相設備，水素を通ずる管，弁等は，水素が大気圧で爆発する場合に生じる圧力に耐える強度を有するものであること。

三　発電機の軸封部から水素が漏洩したときに，漏洩を停止させ，又は漏洩した水素を安全に外部に放出できるものであること。

四　発電機内又は調相設備内への水素の導入及び発電機内又は調相設備内からの水素の外部への放出が安全にできるものであること。

五　異常を早期に検知し，警報する機能を有すること。

ひとこと

解釈第41条にも，水素冷却式発電機等の施設についての規定があります。

18 油入開閉器等の施設制限

重要度★★★

過去に，柱上に設置した油入開閉器が落雷によって内部短絡し，高温の絶縁油が外部に噴出して，人が死傷する事故が発生しました。そのため，電技第36条では，油入開閉器等を架空電線路の支持物に施設することを禁止しています。

電技第36条（油入開閉器等の施設制限）

絶縁油を使用する開閉器，断路器及び遮断器は，架空電線路の支持物に施設してはならない。

ひとこと

油入変圧器は，現在でも架空電線路の支持物に施設されています。

19 屋内電線路等の施設の禁止

重要度★★☆

電技第37条では，屋内を貫通して施設する電線路，屋側電線路，屋上電線路，地上に施設する電線路は，原則として電気の供給を受ける者の構内で施設する場合のみ認めています。つまり，構外に通じるような上記の電線路の施設を禁止しています。

電技第37条（屋内電線路等の施設の禁止）

屋内を貫通して施設する電線路，屋側に施設する電線路，屋上に施設する電線路又は地上に施設する電線路は，当該電線路より電気の供給を受ける者以外の者の構内に施設してはならない。ただし，特別の事情があり，かつ，当該電線路を施設する造営物（地上に施設する電線路にあっては，その土地。）の所有者又は占有者の承諾を得た場合は，この限りでない。

板書 屋内電線路等の施設

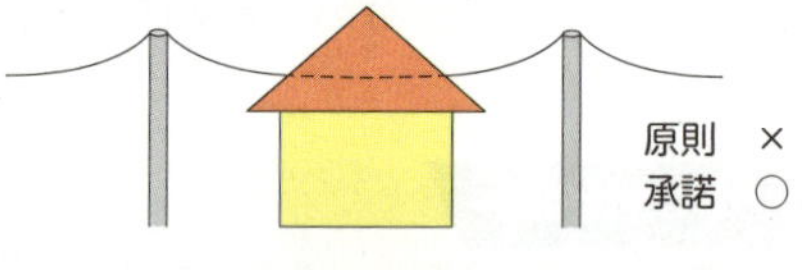

ひとこと

「占有者」とは，その土地や建物に実際に住んでいる人のことをいいます。建物の所有権を持ち，かつ実際に住んでいる人は，「所有者」でもあり「占有者」でもあります。

20 連接引込線の禁止

重要度★★★

電技第38条では，原則として高圧又は特別高圧の連接引込線は施設してはならないと規定しています。

電技第38条（連接引込線の禁止）

高圧又は特別高圧の連接引込線は，施設してはならない。ただし，特別の事情があり，かつ，当該電線路を施設する造営物の所有者又は占有者の承諾を得た場合は，この限りでない。

21 電線路のがけへの施設の禁止

重要度★★★

電技第39条では，電線路のがけへの施設について，次のように規定しています。

電技第39条（電線路のがけへの施設の禁止）

電線路は，がけに施設してはならない。ただし，その電線が**建造物**の上に施設する場合，道路，鉄道，軌道，索道，架空弱電流電線等，架空電線又は**電車線**と交さして施設する場合及び**水平距離**でこれらのもの（道路を除く。）と**接近**して施設する場合以外の場合であって，特別の事情がある場合は，この限りでない。

原則として，電線路をがけに施設することを禁止しています。しかし，次の①②③のいずれの場合にも該当せず，特別の事情がある場合は施設することを認めています。

板書 がけに電線路を施設できない場合

①建造物の上に施設する場合

②道路，鉄道，軌道，索道，架空弱電流電線等，架空電線又は電車線と交さして施設する場合

③水平距離でこれらのもの（道路を除く。）と接近して施設する場合

ひとこと

解釈第131条に，がけに施設する電線路についての規定があります。

基本例題 電線路のがけへの施設の禁止（H17A5改）

次の文章は，「電気設備技術基準」に基づく電線路のがけへの施設の禁止に関する記述である。

電線路は，がけに施設してはならない。ただし，その電線が［ (ア) ］の上に施設する場合，道路，鉄道，軌道，索道，架空弱電流電線等，架空電線又は［ (イ) ］と交さして施設する場合及び［ (ウ) ］でこれらのもの（道路を除く。）と［ (エ) ］して施設する場合以外の場合であって，特別の事情がある場合は，この限りでない。

上記の記述中の空白箇所(ア)，(イ)，(ウ)及び(エ)に当てはまる語句を記入せよ。

解答 (ア)建造物　(イ)電車線　(ウ)水平距離　(エ)接近

22 特別高圧架空電線路の市街地等における施設の禁止 重要度★★☆

特別高圧架空電線路は電圧が高いので，市街地のような人家の密集する土地に施設することは危険です。そのため，電技第40条では，原則として特別高圧架空電線路を人家の密集する地域に施設することを禁止しています。

電技第40条（特別高圧架空電線路の市街地等における施設の禁止）

特別高圧の架空電線路は，その電線がケーブルである場合を除き，市街地その他人家の密集する地域に施設してはならない。ただし，断線又は倒壊による当該地域への危険のおそれがないように施設するとともに，その他の絶縁性，電線の強度等に係る保安上十分な措置を講ずる場合は，この限りでない。

ひとこと

解釈第88条に，特別高圧架空電線路の市街地等における施設についての具体的内容が規定されています。

23 市街地に施設する電力保安通信線の特別高圧電線に添架する電力保安通信線との接続の禁止

重要度★★☆

特別高圧架空電線路と同一支持物に支持される電力保安通信線は，光ファイバケーブルを除き，高い誘導電圧を有する場合が多く，かつ，断線時等において特別高圧架空電線と混触するおそれもあるため，市街地に施設する電力保安通信線と接続すると危険です。

そのため，電技第41条では，特別高圧架空電線路と同一支持物に支持される電力保安通信線を，市街地に施設する電力保安通信線と直接接続することを原則として禁止しています。

電技第41条（市街地に施設する電力保安通信線の特別高圧電線に添架する電力保安通信線との接続の禁止）

市街地に施設する電力保安通信線は，特別高圧の電線路の支持物に添架された電力保安通信線と接続してはならない。ただし，誘導電圧による感電のおそれがないよう，保安装置の施設その他の適切な措置を講ずる場合は，この限りでない。

ひとこと

解釈第139条に，特別高圧架空電線路と同一支持物に支持される電力保安通信線と，市街地に施設する電力保安通信線との接続の制限についての具体的内容が規定されています。

24 通信障害の防止

重要度 ★★☆

電線路等からの誘導作用は，無線設備や弱電流電線を用いた通信に障害を与えるおそれがあります。そのため，電技第42条では，電線路等からの誘導作用による通信障害の防止を目的として，次のように規定しています。

電技第42条（通信障害の防止）

1　電線路又は電車線路は，無線設備の機能に継続的かつ重大な障害を及ぼす電波を発生するおそれがないように施設しなければならない。

2　電線路又は電車線路は，弱電流電線路に対し，誘導作用により通信上の障害を及ぼさないように施設しなければならない。ただし，弱電流電線路の管理者の承諾を得た場合は，この限りでない。

ひとこと

電技第42条は誘導作用による通信障害についての規定，電技第27条は誘導作用による人体への危害についての規定です。

25 地球磁気観測所等に対する障害の防止

重要度 ★★☆

直流の電線路等から出る磁力線又は漏えい電流等は，地球磁気又は地球電気の観測所に対して障害を及ぼすおそれがあります。そのため，電技第43条では，直流の電線路等が観測所による観測に障害を及ぼすことを防止するために，次のように規定しています。

電技第43条（地球磁気観測所等に対する障害の防止）

直流の電線路，電車線路及び帰線は，地球磁気観測所又は地球電気観測所に対して観測上の障害を及ぼさないように施設しなければならない。

ひとこと

地球磁気又は地球電気の観測機関としては，国立天文台，気象庁，海上保安庁，国土地理院などがあります。

26 発変電設備等の損傷による供給支障の防止 重要度★★☆

I 発電設備の損傷による供給支障の防止（電技第44条1項）

発電機，燃料電池又は常用電源として用いる蓄電池などの発電設備は，事故による損壊により，電気の供給に著しい支障を及ぼすおそれがあります。そのため，電技第44条1項では，発電設備の損傷による供給支障の防止について，次のように規定しています。

電技第44条1項（発変電設備等の損傷による供給支障の防止）

発電機，**燃料電池**又は**常用電源**として用いる**蓄電池**には，当該電気機械器具を著しく損壊するおそれがあり，又は一般送配電事業に係る電気の供給に著しい支障を及ぼすおそれがある異常が当該電気機械器具に生じた場合に自動的にこれを電路から**遮断**する装置を施設しなければならない。

発電設備の損傷による供給支障の防止の具体的内容は，発電機は解釈第42条，燃料電池は解釈第45条，蓄電池は解釈第44条に規定されています。

II 発電機の保護装置（解釈第42条）

解釈第42条では，発電機の保護装置について，次のように規定しています。

解釈第42条（発電機の保護装置）

発電機には，次の各号に掲げる場合に，発電機を自動的に電路から遮断する装置を施設すること。

一　発電機に過電流を生じた場合

二　容量が500 kVA以上の発電機を駆動する水車の圧油装置の油圧又は電動式ガイドベーン制御装置，電動式ニードル制御装置若しくは電動式デフレクタ制御装置の電源電圧が著しく低下した場合

三　容量が100 kVA以上の発電機を駆動する風車の圧油装置の油圧，圧縮空気装置の空気圧又は電動式ブレード制御装置の電源電圧が著しく低下した場合

四　容量が2,000 kVA以上の水車発電機のスラスト軸受の温度が著しく上昇した場合

五　容量が10,000 kVA以上の発電機の内部に故障を生じた場合

六　定格出力が10,000 kWを超える蒸気タービンにあっては，そのスラスト軸受が著しく摩耗し，又はその温度が著しく上昇した場合

解釈第42条の内容をまとめると，次の場合に発電機を自動的に電路から遮断する装置を施設する必要があると規定しています。

板書 発電機を自動的に電路から遮断する場合

①発電機に過電流を生じた場合

②制御装置の電源電圧が著しく低下した場合

③スラスト軸受の温度が著しく上昇した場合

④発電機の内部に故障を生じた場合

基本例題　発電機の保護装置（H20A10改）

次の文章は，「電気設備技術基準の解釈」における，発電機の保護装置に関する記述の一部である。

発電機には，次の場合に，発電機を自動的に電路から遮断する装置を施設すること。

a．発電機に（ア）を生じた場合。

b．容量が100 kVA以上の発電機を駆動する風車の圧油装置の油圧，圧縮空気装置の空気圧又は電動式ブレード制御装置の電源電圧が著しく（イ）した場合。

c．容量が2 000 kVA以上の（ウ）発電機のスラスト軸受の温度が著しく上昇した場合。

d．容量が10 000 kVA以上の発電機の（エ）に故障を生じた場合。

上記の記述中の空白箇所(ア)～(エ)に正しい語句を記入しなさい。

解答　(ア)過電流　(イ)低下　(ウ)水車　(エ)内部

III 燃料電池等の施設（解釈第45条）

解釈第45条では，燃料電池等の施設について，次のように規定しています。

解釈第45条（燃料電池等の施設）より抜粋

燃料電池発電所に施設する燃料電池，電線及び開閉器その他器具は，次の各号によること。

一　燃料電池には，次に掲げる場合に燃料電池を自動的に電路から遮断し，また，燃料電池内の燃料ガスの供給を自動的に遮断するとともに，燃料電池内の燃料ガスを自動的に排除する装置を施設すること。ただし，発電用火力設備に関する技術基準を定める省令第35条ただし書きに規定する構造を有する燃料電池設備については，燃料電池内の燃料ガスを自動的に排除する装置を施設することを要しない。

イ　燃料電池に過電流が生じた場合

ロ　発電要素の発電電圧に異常低下が生じた場合，又は燃料ガス出口における酸素濃度若しくは空気出口における燃料ガス濃度が著しく上昇した場合

ハ　燃料電池の温度が著しく上昇した場合

解釈第45条の内容をまとめると，次の場合に燃料電池を自動的に電路から遮断する装置を施設する必要があると規定しています。

板書 燃料電池を自動的に電路から遮断する場合

①燃料電池に過電流が生じた場合

②発電電圧が異常低下した場合

③酸素濃度もしくは燃料ガス濃度が著しく上昇した場合

④燃料電池の温度が著しく上昇した場合

Ⅳ 蓄電池の保護装置（解釈第44条）

解釈第44条では，蓄電池の保護装置について，次のように規定しています。

解釈第44条（蓄電池の保護装置）

発電所又は変電所若しくはこれに準ずる場所に施設する蓄電池（常用電源の停電時又は電圧低下発生時の非常用予備電源として用いるものを除く。）には，次の各号に掲げる場合に，自動的にこれを電路から遮断する装置を施設すること。

一　蓄電池に過電圧が生じた場合
二　蓄電池に過電流が生じた場合
三　制御装置に異常が生じた場合
四　内部温度が高温のものにあっては，断熱容器の内部温度が著しく上昇した場合

解釈第44条の内容をまとめると，次の場合に蓄電池を自動的に電路から遮断する装置を施設する必要があると規定しています。

板書 蓄電池を自動的に電路から遮断する場合

①蓄電池に過電圧が生じた場合
②蓄電池に過電流が生じた場合
③制御装置に異常が生じた場合
④断熱容器の内部温度が著しく上昇した場合

基本例題　　蓄電池の保護装置（H28A5改）

次の文章は，「電気設備技術基準の解釈」における蓄電池の保護装置に関する記述である。

発電所又は変電所若しくはこれに準ずる場所に施設する蓄電池（常用電源の停電時又は電圧低下発生時の非常用予備電源として用いるものを除く。）には，次の各号に掲げる場合に，自動的にこれを電路から遮断する装置を施設すること。

a　蓄電池に［　(ア)　］が生じた場合

b　蓄電池に［　(イ)　］が生じた場合

c　［　(ウ)　］装置に異常が生じた場合

d　内部温度が高温のものにあっては，断熱容器の内部温度が著しく上昇した場合

上記の記述中の空白箇所(ア)～(ウ)に正しい語句を記入しなさい。

解答　(ア)過電圧　(イ)過電流　(ウ)制御

V　特別高圧の変圧器又は調相設備の損傷による供給支障の防止（電技第44条2項）

電技第44条2項では，特別高圧の変圧器又は調相設備の損傷による供給支障の防止について規定しています。

電技第44条2項（発変電設備等の損傷による供給支障の防止）

2　特別高圧の変圧器又は調相設備には，当該電気機械器具を著しく損壊するおそれがあり，又は一般送配電事業に係る電気の供給に著しい支障を及ぼすおそれがある異常が当該電気機械器具に生じた場合に自動的にこれを電路から遮断する装置の施設その他の適切な措置を講じなければならない。

ひとこと

解釈第43条に，特別高圧の変圧器又は調相設備の損傷による供給支障の防止についての具体的内容が規定されています。

27 発電機等の機械的強度

重要度★★☆

Ⅰ 発電機等の機械的強度（電技第45条1項）

発電機等に短絡事故が発生した場合，非常に大きな短絡電流による電磁力が発生するので，発電機等は大きな機械的衝撃を受けます。そのため，電技第45条1項では，発電機等は短絡電流により生ずる機械的衝撃に耐えるものでなければならないと規定しています。

電技第45条1項（発電機等の機械的強度）

発電機，変圧器，調相設備並びに母線及びこれを支持するがいしは，短絡電流により生ずる機械的衝撃に耐えるものでなければならない。

基本例題　発電機等の機械的強度（H19A6改）

次の文章は，「電気設備技術基準」に基づく発電機等の機械的強度に関する記述の一部である。

発電機，変圧器，調相設備並びに母線及びこれを支持するがいしは，［(ア)］により生ずる［(イ)］に耐えるものでなければならない。

上記の記述中の空白箇所(ア)及び(イ)に当てはまる語句を記入しなさい。

解答　(ア)短絡電流　(イ)機械的衝撃

Ⅱ 発電機の回転部分の機械的強度（電技第45条2項）

負荷を遮断した場合，発電機の回転部分にかかる回転方向と逆向きのトルク（負荷トルク）は非常に小さくなるため，回転速度が急上昇します。しかし，発電機の回転部分に非常調速装置が施設されている場合，負荷遮断時の回転速度は非常調速装置の動作速度に抑えられます。

電技第45条2項では，発電機の回転部分は，負荷遮断時に達する速度または非常調速装置の動作速度に耐えるものでなければならないと規定しています。

電技第45条2項（発電機等の機械的強度）

2　水車又は風車に接続する発電機の回転する部分は，負荷を遮断した場合に起こる速度に対し，蒸気タービン，ガスタービン又は内燃機関に接続する発電機の回転する部分は，非常調速装置及びその他の非常停止装置が動作して達する速度に対し，耐えるものでなければならない。

基本例題　　発電機等の機械的強度（H19A6改）

次の文章は，「電気設備技術基準」に基づく発電機等の機械的強度に関する記述の一部である。

a．水車又は風車に接続する発電機の回転する部分は，[　(ア)　]した場合に起こる[　(イ)　]に対し，耐えるものでなければならない。

b．蒸気タービン，ガスタービン又は内燃機関に接続する発電機の回転する部分は，[　(ウ)　]及びその他の非常停止装置が動作して達する[　(イ)　]に対し，耐えるものでなければならない。

上記の記述中の空白箇所(ア)，(イ)及び(ウ)に当てはまる語句を記入しなさい。

解答　(ア)負荷を遮断　(イ)速度　(ウ)非常調速装置

28 常時監視をしない発電所等の施設　重要度★★☆

I 常時監視をしない発電所等の施設（電技第46条）

電技第46条では，常時監視をしない発電所等の施設について，次のように規定しています。

なお，常時監視をしない発電所の施設についての具体的内容は，解釈第47条に規定されています。

電技第46条（常時監視をしない発電所等の施設）

1　異常が生じた場合に人体に危害を及ぼし，若しくは物件に損傷を与えるおそれがないよう，異常の状態に応じた制御が必要となる発電所，又は一般送配電事業に係る電気の供給に著しい支障を及ぼすおそれがないよう，異常を早期に発見する必要のある発電所であって，発電所の運転に必要な知識及び技能を有する者が当該発電所又はこれと同一の構内において常時監視をしないものは，施設してはならない。

2　前項に掲げる発電所以外の発電所又は変電所（これに準ずる場所であって，100,000 Vを超える特別高圧の電気を変成するためのものを含む。以下この条において同じ。）であって，発電所又は変電所の運転に必要な知識及び技能を有する者が当該発電所若しくはこれと同一の構内又は変電所において常時監視をしない発電所又は変電所は，非常用予備電源を除き，異常が生じた場合に安全かつ確実に停止することができるような措置を講じなければならない。

まとめると次のようになります。

板書 常時監視をしない発電所等の施設

① 異常が生じた場合に人体に危害を及ぼし，若しくは物件に損傷を与えるおそれがないよう，異常の状態に応じた制御が必要となる発電所

② 一般送配電事業に係る電気の供給に著しい支障を及ぼすおそれがないよう，異常を早期に発見する必要のある発電所

⇒①②は同一の構内において常時監視

③ ①②以外の発電所と変電所で常時監視しない場合は，異常が生じた場合に安全かつ確実に停止することができるような措置を講じなければならない

基本例題 常時監視をしない発電所等の施設(H23A5改)

次の文章は，「電気設備技術基準」における常時監視をしない発電所等の施設に関する記述の一部である。

a．異常が生じた場合に (ア) を及ぼし，若しくは物件に損傷を与えるおそれがないよう，異常の状態に応じた (イ) が必要となる発電所，又は (ウ) に係る電気の供給に著しい支障を及ぼすおそれがないよう，異常を早期に発見する必要のある発電所であって，発電所の運転に必要な (エ) を有する者が当該発電所又は (オ) において常時監視をしないものは，施設してはならない。

b．上記aに掲げる発電所以外の発電所又は変電所（これに準ずる場所であって，100,000 Vを超える特別高圧の電気を変成するためのものを含む。以下同じ。）であって，発電所又は変電所の運転に必要な (エ) を有する者が当該発電所若しくは (オ) 又は変電所において常時監視をしない発電所又は変電所は，非常用予備電源を除き，異常が生じた場合に安全かつ確実に (カ) することができるような措置を講じなければならない。

上記の記述中の空白箇所(ア)～(カ)に当てはまる語句を記入しなさい。

解答 (ア)人体に危害　(イ)制御　(ウ)一般送配電事業　(エ)知識及び技能　(オ)これと同一の構内　(カ)停止

II 常時監視をしない発電所の監視制御方法(解釈第47条1項)

解釈第47条1項では，常時監視をしない発電所の監視制御方法について規定しています。しかし，解釈第47条は非常に長い条文なので，ここでは常時監視しない発電所の種類についてのみ説明します。

解釈第47条1項（常時監視をしない発電所の施設）より抜粋

技術員が当該発電所又はこれと同一の構内において常時監視をしない発電所は，次の各号によること。

二　第3項から第6項まで，第8項，第9項及び第11項の規定における「随時巡回方式（ずいじじゅんかいほうしき）」は，次に適合するものであること。

イ　技術員が，適当な間隔をおいて発電所を巡回し，運転状態の監視を行うものであること。

三　第3項から第10項までの規定における「**随時監視制御方式**」は，次に適合するものであること。

　イ　**技術員**が，**必要に応じて**発電所に出向き，**運転状態**の監視又は制御その他必要な措置を行うものであること。

四　第3項から第9項までの規定における「**遠隔常時監視制御方式**」は，次に適合するものであること。

　イ　**技術員**が，**制御所**に常時駐在し，発電所の**運転状態**の監視及び制御を遠隔で行うものであること。

常時監視しない発電所は，その監視制御方式によって，①随時巡回方式，②随時監視制御方式，③遠隔常時監視制御方式の3種類に分類されます。

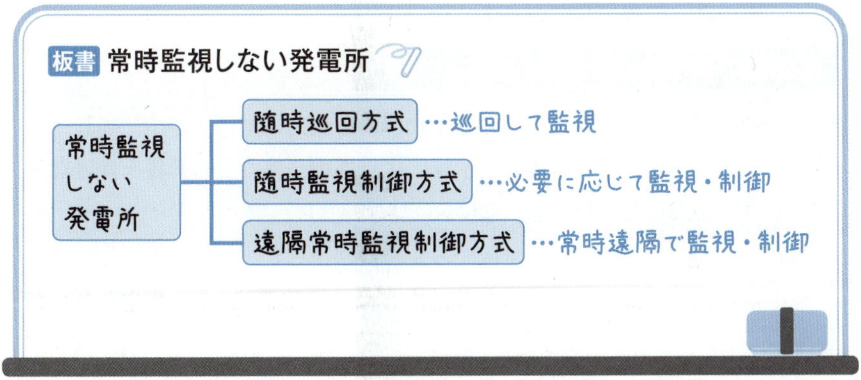
板書 常時監視しない発電所
常時監視しない発電所
随時巡回方式
…巡回して監視
随時監視制御方式
…必要に応じて監視・制御
遠隔常時監視制御方式
…常時遠隔で監視・制御

基本例題　常時監視をしない発電所の施設（H27A6改）

次の文章は，「電気設備技術基準の解釈」に基づく，常時監視をしない発電所に関する記述の一部である。

a．随時巡回方式は，[(ア)]が，[(イ)]発電所を巡回し，[(ウ)]の監視を行うものであること。

b．随時監視制御方式は，[(ア)]が，[(エ)]発電所に出向き，[(ウ)]の監視又は制御その他必要な措置を行うものであること。

c．遠隔常時監視制御方式は，［（ア）］が，［（オ）］に常時駐在し，発電所の［（ウ）］の監視及び制御を遠隔で行うものであること。

上記の記述中の空白箇所(ア)〜(オ)に正しい語句を記入しなさい。

解答　(ア)技術員　(イ)適当な間隔をおいて　(ウ)運転状態　(エ)必要に応じて　(オ)制御所

29 地中電線路の保護

重要度★★★

I 地中電線路の保護（電技第47条1項）

地中電線路は，車両などの重量物による圧力や掘削工事によって事故が発生することが多いため，電技第47条1項では，地中電線路の保護を目的として，次のように規定しています。

電技第47条1項（地中電線路の保護）

地中電線路は，車両その他の重量物による**圧力**に耐え，かつ，当該地中電線路を埋設している旨の**表示**等により**掘削工事**からの影響を受けないように施設しなければならない。

地中電線路の保護についての具体的内容は，解釈第120条に規定されています。

基本例題　地中電線路の保護（H17A8改）

次の文章は，「電気設備技術基準」に基づく地中電線路の施設に関する記述の一部である。

地中電線路は，車両その他の重量物による圧力に耐え，かつ，当該地中電線路を埋設している旨の［（ア）］等により［（イ）］からの影響を受けないように施設しなければならない。

上記の記述中の空白箇所(ア)及び(イ)に当てはまる語句を記入しなさい。

解答　(ア)表示　(イ)掘削工事

Ⅱ 地中電線路の施設（解釈第120条）

1 地中電線路の施設方式（解釈第120条1項）

解釈第120条１項では，地中電線路の施設方式について，次のように規定しています。

解釈第120条１項（地中電線路の施設）より抜粋

地中電線路は，電線にケーブルを使用し，かつ，**管路式**，**暗きょ式**又は**直接埋設式**により施設すること。

地中電線路では，電線にケーブルを使用しなければなりません。

また，管路式，暗きょ式，直接埋設式のいずれかにより施設しなければなりません。

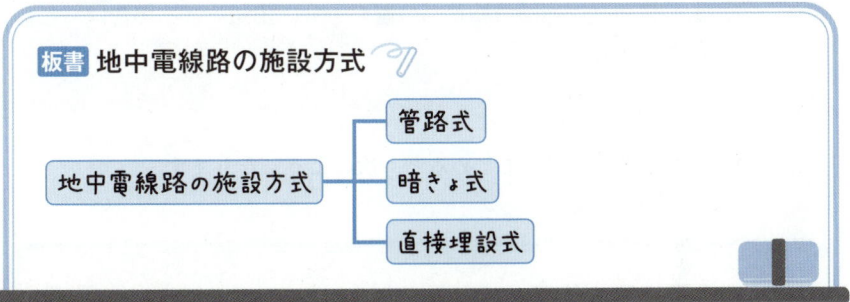

板書 地中電線路の施設方式

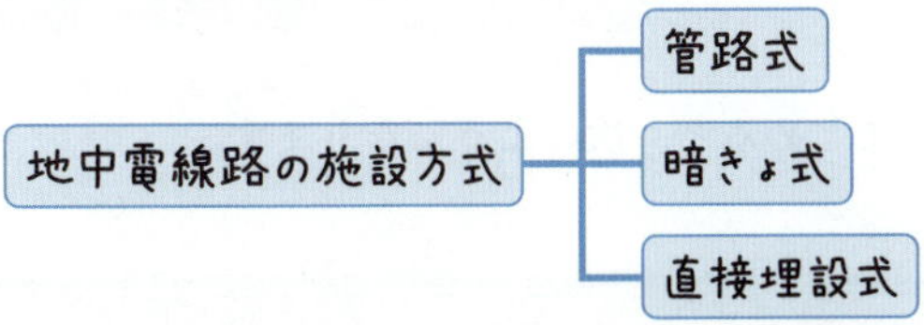

2 管路式（解釈第120条2項）

管路式とは，次図のように，いくつかの穴があいたコンクリートを地中に埋設し，その穴のなかにケーブルを通す方式です。

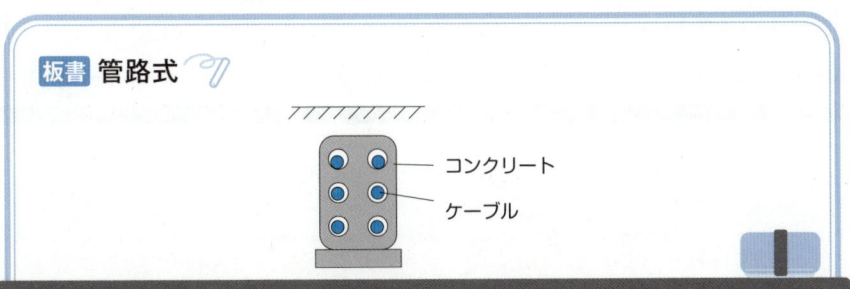

板書 管路式

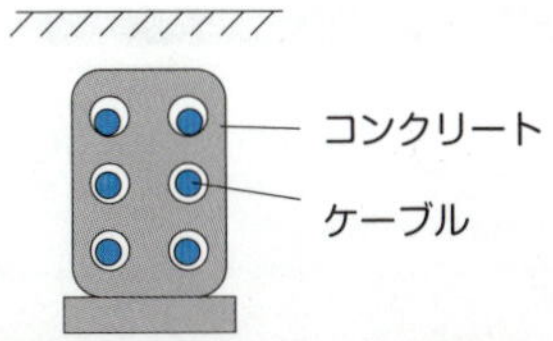

解釈第120条２項では，管路式の施設方法について，次のように規定しています。

解釈第120条２項（地中電線路の施設）

２　地中電線路を管路式により施設する場合は，次の各号によること。

一　電線を収める管は，これに加わる車両その他の重量物の圧力に耐えるものであること。

二　高圧又は特別高圧の地中電線路には，次により表示を施すこと。ただし，需要場所に施設する高圧地中電線路であって，その長さが15 m以下のものにあってはこの限りでない。

イ　物件の名称，管理者名及び電圧（需要場所に施設する場合にあっては，物件の名称及び管理者名を除く。）を表示すること。

ロ　おおむね２mの間隔で表示すること。ただし，他人が立ち入らない場所又は当該電線路の位置が十分に認知できる場合は，この限りでない。

解釈第120条２項の内容をまとめると，次のようになります。

板書　地中電線路の施設（管路式）

- 電線を収める管は，車両その他の重量物の圧力に耐えること。
- 高圧又は特別高圧の地中電線路には，物件の名称，管理者名及び電圧を２m間隔で表示すること。ただし，長さが15m以下の管は表示しなくてよい。

ひとこと

解釈第120条2項2号に規定されている「表示」は，地中に埋設された埋設標識シートに行うことが多いです。

掘削工事時には，ショベルに引っ掛かるので，管路の破損を防止できます。

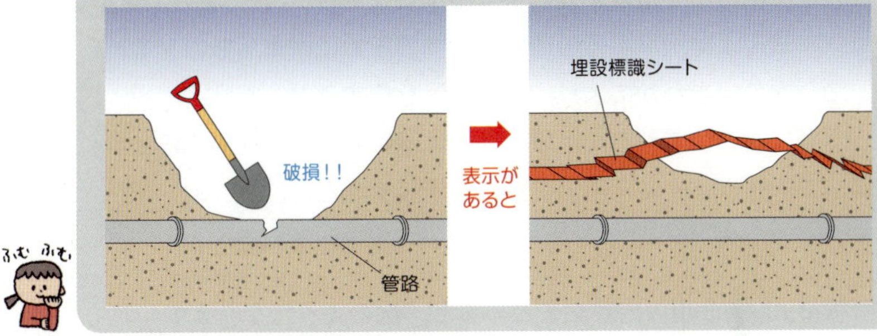

3 暗きょ式(解釈第120条3項)

暗きょ式とは，暗きょと呼ばれるコンクリート製の小さなトンネルを地中に埋設し，暗きょのなかに支持金具を設置して，支持金具の上にケーブルを敷設する方式です。

板書 暗きょ式

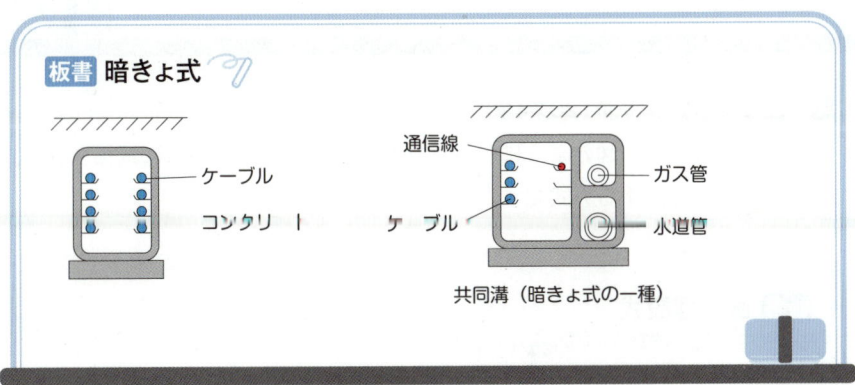

図の右側のようにガス管，上下水道管，通信線，電力ケーブルなどを1つの暗きょに敷設したものを共同溝といいますが，共同溝も暗きょ式に含まれます。

解釈第120条3項では，暗きょ式の施設方法について，次のように規定しています。

解釈第120条3項（地中電線路の施設）より抜粋

3　地中電線路を暗きょ式により施設する場合は，次の各号によること。
一　暗きょは，車両その他の重量物の圧力に耐えるものであること。
二　次のいずれかにより，防火措置を施すこと。
イ　次のいずれかにより，地中電線に耐燃措置を施すこと。
ロ　暗きょ内に自動消火設備を施設すること。

解釈第120条3項の内容をまとめると，次のようになります。

板書 地中電線路の施設（暗きょ式）

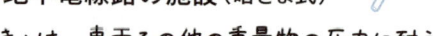

- 暗きょは，車両その他の重量物の圧力に耐えること。
- 防火措置として，地中電線に耐燃措置を施す，または暗きょ内に自動消火設備を施設すること。

4　直接埋設式（解釈第120条4項）

直接埋設式とは，図のように，トラフと呼ばれる防護物の中に電線を収め，それを地中に埋設する方式です。

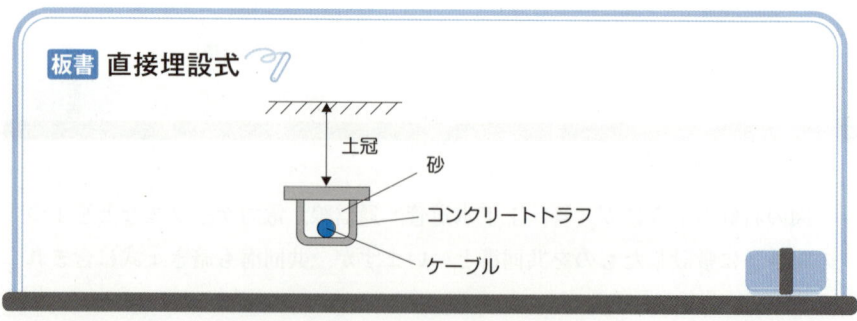

板書 直接埋設式

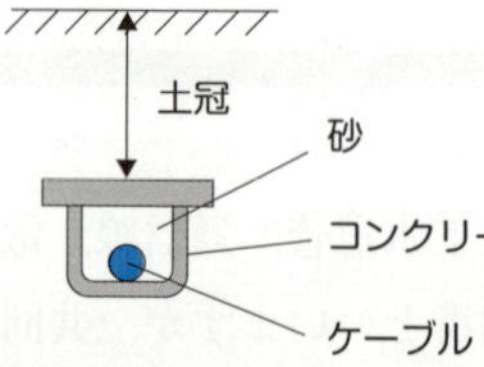

解釈第120条４項では，直接埋設式の施設方法について，次のように規定しています。

解釈第120条４項（地中電線路の施設）より抜粋

4　地中電線路を直接埋設式により施設する場合は，次の各号によること。

一　地中電線の埋設深さは，車両その他の重量物の圧力を受けるおそれがある場所においては1.2 m以上，その他の場所においては0.6 m以上であること。ただし，使用するケーブルの種類，施設条件等を考慮し，これに加わる圧力に耐えるよう施設する場合はこの限りでない。

二　地中電線を衝撃から防護するため，次のいずれかにより施設すること。

イ　地中電線を，堅ろうなトラフその他の防護物に収めること。

三　第２項第二号の規定に準じ，表示を施すこと。

解釈第120条4項の内容をまとめると，次のようになります。

板書 地中電線路の施設（直接埋設式）

- 地中電線の埋設深さは，重量物の圧力を受けるおそれがある場所では1.2 m以上，その他の場所においては0.6 m以上であること。
- 地中電線を，堅ろうなトラフその他の防護物に収めること。
- 解釈第120条2項2号の規定に準じ，高圧又は特別高圧の地中電線路は，物件の名称，管理者名及び電圧を2 m間隔で表示すること。ただし，長さが15 m以下の場合は表示しなくてよい。

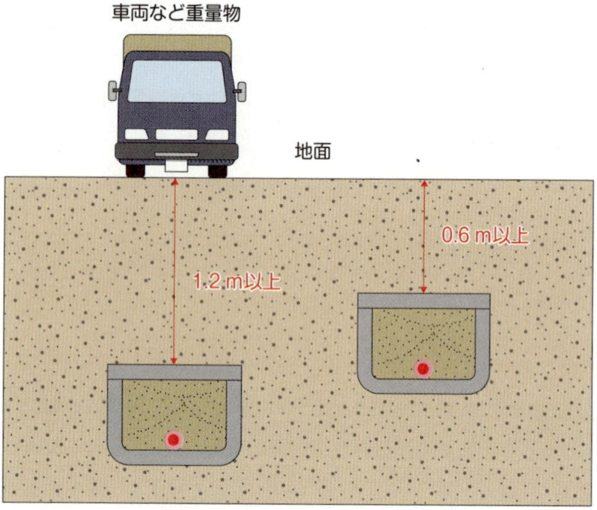

基本例題 地中電線路の施設(H22A7改)

次の文章は,「電気設備技術基準の解釈」における,地中電線路の施設に関する記述の一部である。

a. 地中電線路を暗きょ式により施設する場合は,暗きょにはこれに加わる車両その他の重量物の圧力に耐えるものを使用し,かつ,地中電線に［(ア)］を施し,又は暗きょ内に［(イ)］を施設すること。

b. 地中電線路を直接埋設式により施設する場合は,地中電線の埋設深さは,車両その他の重量物の圧力を受けるおそれがある場所においては［(ウ)］m以上,その他の場所においては［(エ)］m以上であること。ただし,使用するケーブルの種類,施設条件等を考慮し,これに加わる圧力に耐えるよう施設する場合はこの限りでない。

上記の記述中の空白箇所(ア)～(エ)に正しい語句または数値を記入しなさい。

解答 (ア)耐燃措置 (イ)自動消火設備 (ウ)1.2 (エ)0.6

Ⅲ 地中電線路の防火措置(電技第47条2項)

電技第47条2項では,地中電線路の火災により供給障害を発生させないことを目的として,次のように規定しています。

電技第47条2項(地中電線路の保護)

2 地中電線路のうちその内部で作業が可能なものには,防火措置を講じなければならない。

電技第47条2項を具体化した規定が,前述の解釈第120条3項2号です。

30 特別高圧架空電線路の供給支障の防止 重要度★☆☆

特別高圧架空電線路は電力系統上重要なものであり,当該電線の損壊等により電気の供給に著しい支障を及ぼすことを防止しなければなりません。そのため,電技第48条では,170,000 V以上の特別高圧架空電線路の損壊などによる供給支障の防止を目的として,次のように規定しています。

電技第48条（特別高圧架空電線路の供給支障の防止）

1　使用電圧が170,000 V以上の特別高圧架空電線路は，市街地その他人家の密集する地域に施設してはならない。ただし，当該地域からの火災による当該電線路の損壊によって一般送配電事業に係る電気の供給に著しい支障を及ぼすおそれがないように施設する場合は，この限りでない。

2　使用電圧が170,000 V以上の特別高圧架空電線と建造物との水平距離は，当該建造物からの火災による当該電線の損壊等によって一般送配電事業に係る電気の供給に著しい支障を及ぼすおそれがないよう，3 m以上としなければならない。

3　使用電圧が170,000 V以上の特別高圧架空電線が，建造物，道路，歩道橋その他の工作物の下方に施設されるときの相互の水平離隔距離は，当該工作物の倒壊等による当該電線の損壊によって一般送配電事業に係る電気の供給に著しい支障を及ぼすおそれがないよう，3 m以上としなければならない。

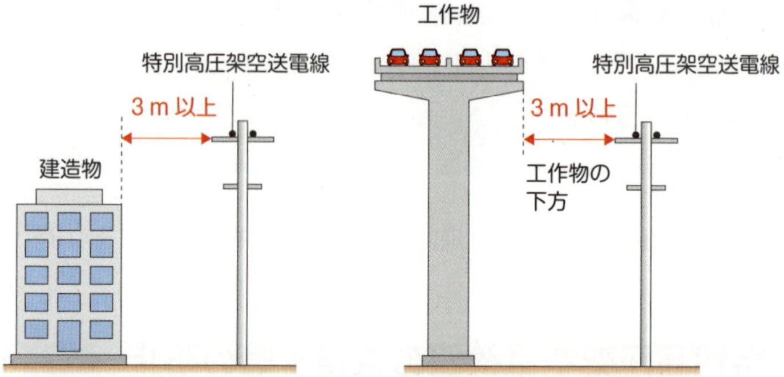

31 高圧及び特別高圧の電路の避雷器等の施設 重要度★★★

I 高圧及び特別高圧の電路の避雷器等の施設(電技第49条)

雷電圧は機器の定格電圧よりもはるかに大きいため，避雷器等の施設により雷電圧を低減し，機器の絶縁破壊を防止する必要があります。そのため，電技第49条では，高圧及び特別高圧の電路の避雷器等の施設について次のように規定しています。

電技第49条(高圧及び特別高圧の電路の避雷器等の施設)

雷電圧による電路に施設する電気設備の損壊を防止できるよう，当該電路中次の各号に掲げる箇所又はこれに近接する箇所には，避雷器の施設その他の適切な措置を講じなければならない。ただし，雷電圧による当該電気設備の損壊のおそれがない場合は，この限りでない。

一 発電所又は変電所若しくはこれに準ずる場所の架空電線引込口及び引出口

二 架空電線路に接続する配電用変圧器であって，過電流遮断器の設置等の保安上の保護対策が施されているものの高圧側及び特別高圧側

三 高圧又は特別高圧の架空電線路から供給を受ける需要場所の引込口

電技第49条1項1～3号の避雷器を施設する箇所は，試験に出題されるので覚える必要があります。

避雷器等の施設の具体的内容は，解釈第37条に規定されています。

基本例題 高圧及び特別高圧の電路の避雷器等の施設(H27A4改)

次の文章は,「電気設備技術基準」における高圧及び特別高圧の電路の避雷器等の施設についての記述である。

雷電圧による電路に施設する電気設備の損壊を防止できるよう,当該電路中次の各号に掲げる箇所又はこれに近接する箇所には,避雷器の施設その他の適切な措置を講じなければならない。ただし,雷電圧による当該電気設備の損壊のおそれがない場合は,この限りでない。

a. 発電所又は[(ア)]若しくはこれに準ずる場所の架空電線引込口及び引出口

b. 架空電線路に接続する[(イ)]であって,[(ウ)]の設置等の保安上の保護対策が施されているものの高圧側及び特別高圧側

c. 高圧又は特別高圧の架空電線路から[(エ)]を受ける[(オ)]の引込口

上記の記述中の空白箇所(ア)~(オ)に正しい語句を記入しなさい。

解答 (ア)変電所 (イ)配電用変圧器 (ウ)過電流遮断器 (エ)供給 (オ)需要場所

II 避雷器等の施設の具体的内容(解釈第37条)

解釈第37条では,避雷器等の施設の具体的内容について,次のように規定しています。

解釈第37条(避雷器等の施設)より抜粋

高圧及び特別高圧の電路中,次の各号に掲げる箇所又はこれに近接する箇所には,避雷器を施設すること。

一 発電所又は変電所若しくはこれに準ずる場所の架空電線の引込口(需要場所の引込口を除く。)及び引出口

二 架空電線路に接続する,第26条に規定する配電用変圧器の高圧側及び特別高圧側

三 高圧架空電線路から電気の供給を受ける受電電力が500 kW以上の需要場所の引込口

四 特別高圧架空電線路から電気の供給を受ける需要場所の引込口

3 高圧及び特別高圧の電路に施設する避雷器には,A種接地工事を施

すこと。

解釈第37条1項は，電技第49条と同様に，避雷器の施設箇所について規定しています。

ひとこと

ふむ ふむ

電技第49条と内容が重なる部分が多いですが，こちらも試験によく出題されるので覚える必要があります。

「第26条に規定する配電用変圧器」とは，15000 V超の特別高圧電線路に接続する配電用変圧器のことです。

解釈第37条3項は，避雷器にはA種接地工事を施さなければならないと規定しています。

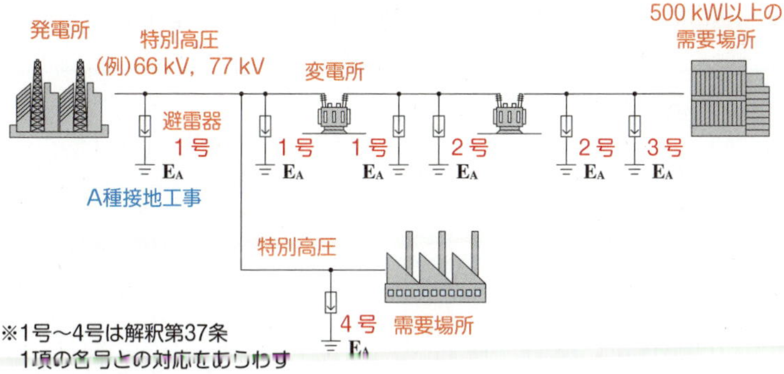

ひとこと

ふむ ふむ

地中電線に落雷することはないので，電技にも解釈にも，地中電線の避雷器の施設についての規定はありません。

基本例題　避雷器等の施設(H22A5)

「電気設備技術基準の解釈」では，高圧及び特別高圧の電路中の所定の箇所又はこれに近接する箇所には避雷器を施設することとなっている。この所定の箇所に該当するのは次のうちどれか。

(1)　発電所又は変電所の特別高圧地中電線引込口及び引出口
(2)　高圧側が6 kV高圧架空電線路に接続される配電用変圧器の高圧側
(3)　特別高圧架空電線路から電気の供給を受ける需要場所の引込口
(4)　特別高圧地中電線路から電気の供給を受ける需要場所の引込口
(5)　高圧架空電線路から電気の供給を受ける受電電力が300 kWの需要場所の引込口

解答　(3)

(1)「地中電線」に，避雷器を施設するとは規定されていないので誤り。
(2)「高圧架空電線路」に接続される配電用変圧器に，避雷器を施設するとは規定されていないので誤り。
(3)　正しい。
(4)「地中電線路」に，避雷器を施設するとは規定されていないので誤り。
(5)　高圧架空電線路から電気の供給を受ける受電電力が「300 kW」の需要場所の引込口に，避雷器を施設するとは規定されていないので誤り。

32 電力保安通信設備の施設

重要度★★★

電力保安通信設備とは，電力系統の保安のために利用される通信設備のことです。電力保安通信設備は，電力需給のバランスを目的とする発電所の出力調整のための情報伝達や，停電発生時に停電範囲の拡大を防ぐための情報伝達に用いられます。電技第50条では，電力保安通信設備の施設について次のように規定しています。

電技第50条（電力保安通信設備の施設）

1 発電所，変電所，開閉所，給電所（電力系統の運用に関する指令を行う所をいう。），技術員駐在所その他の箇所であって，一般送配電事業に係る電気の供給に対する著しい支障を防ぎ，かつ，保安を確保するために必要なものの相互間には，電力保安通信用電話設備を施設しなければならない。

2 電力保安通信線は，機械的衝撃，火災等により通信の機能を損なうおそれがないように施設しなければならない。

33 災害時における通信の確保

重要度★★★

災害時においても電力保安通信を確保するため，電力保安通信設備のうち無線用アンテナ等の支持物の強度について，電技第51条では次のように規定しています。

電技第51条（災害時における通信の確保）

電力保安通信設備に使用する無線通信用アンテナ又は反射板（以下この条において「無線用アンテナ等」という。）を施設する支持物の材料及び構造は，10分間平均で風速40 m/sの風圧荷重を考慮し，倒壊により通信の機能を損なうおそれがないように施設しなければならない。ただし，電線路の周囲の状態を監視する目的で施設する無線用アンテナ等を架空電線路の支持物に施設するときは，この限りでない。

34 電気鉄道に電気を供給するための電気設備の施設 重要度★★★

電技第52〜55条では，電気鉄道に電気を供給するための電気設備の施設について規定しています。

この範囲は電験三種では重要ではないため，一度読んでおくだけにとどめましょう。

電技第52条（電車線路の施設制限）

1 直流の電車線路の使用電圧は，低圧又は高圧としなければならない。

2 交流の電車線路の使用電圧は，25,000 V以下としなければならない。

3 電車線路は，電気鉄道の専用敷地内に施設しなければならない。ただし，感電のおそれがない場合は，この限りでない。

4 前項の専用敷地は，電車線路が，サードレール式である場合等人がその敷地内に立ち入った場合に感電のおそれがあるものである場合には，高架鉄道等人が容易に立ち入らないものでなければならない。

電技第53条（架空絶縁帰線等の施設）

1 第20条，第21条第１項，第25条第１項，第26条第２項，第28条，第29条，第32条，第36条，第38条及び第41条の規定は，架空絶縁帰線に準用する。

2 第６条，第７条，第10条，第11条，第25条，第26条，第28条，第29条，第32条第１項及び第42条第２項の規定は，架空で施設する排流線に準用する。

電技第54条（電食作用による障害の防止）

直流帰線は，漏れ電流によって生じる電食作用による障害のおそれがないように施設しなければならない。

電技第55条（電圧不平衡による障害の防止）

交流式電気鉄道は，その単相負荷による電圧不平衡により，交流式電気鉄道の変電所の変圧器に接続する電気事業の用に供する発電機，調相設備，変圧器その他の電気機械器具に障害を及ぼさないように施設しなければならない。

SECTION 04

電気使用場所の施設（電技第56~78条）

このSECTIONで学習すること

1 配線の感電又は火災の防止（第56条）

配線による感電や火災を防止するための規定について学びます。

2 配線の使用電線（第57条）

事故を防ぐための配線の使用電線に関する規定について学びます。

3 低圧の電路の絶縁性能（第58条）

事故を防ぐための低圧の電路の絶縁性能に関する規定について学びます。

4 電気使用場所に施設する電気機械器具の感電，火災等の防止（第59条）

電気使用場所に施設する電気機械器具による感電や火災等を防止するための規定について学びます。

5 特別高圧の電気集じん応用装置等の施設の禁止（第60条）

特別高圧の電気集じん応用装置等を屋側や屋外に施設することを禁止する規定について学びます。

6 非常用予備電源の施設（第61条）

停電時に使用する非常用予備電源を施設する際の規定について学びます。

7 配線による他の配線等又は工作物への危険の防止（第62条）

配線がほかの配線や水道管，ガス管等と接近する場合の事故を防ぐための施設方法の規定について学びます。

8 過電流からの低圧幹線等の保護措置（第63条）

低圧幹線等に過電流遮断器を施設してそれぞれの電路を保護する規定について学びます。

9 異常時の保護対策（第64～66条）

地絡や過電流が生じた際に事故を防ぐための保護措置の規定について学びます。

10 電気的，磁気的障害の防止（第67条）

電波，高周波電流等による無線設備への障害を防ぐための規定について学びます。

11 特殊場所における施設制限（第68～73条）

粉じんが多い場所や火薬庫内等，特殊な場所に電気設備を施設する際の規定について学びます。

12 特殊機器の施設（第74～78条）

電気さくや電撃殺虫器，エックス線発生装置などの特殊機器を施設する際の規定について学びます。

1 配線の感電又は火災の防止

重要度★★★

I 配線の感電又は火災の防止（電技第56条）

配線は，電気使用場所において施設する電線なので，人が触れる可能性が高く，配線による感電や火災によって人体に危害が加えられるおそれがあります。そのため，電技第56条では，配線による感電や火災の防止を目的として，次のように規定しています。

電技第56条（配線の感電又は火災の防止）

1　配線は，施設場所の状況及び電圧に応じ，感電又は火災のおそれがないように施設しなければならない。

2　移動電線を電気機械器具と接続する場合は，接続不良による感電又は火災のおそれがないように施設しなければならない。

3　特別高圧の移動電線は，第１項及び前項の規定にかかわらず，施設してはならない。ただし，充電部分に人が触れた場合に人体に危害を及ぼすおそれがなく，移動電線と接続することが必要不可欠な電気機械器具に接続するものは，この限りでない。

移動電線の定義は，解釈第142条６号に規定されています。

解釈第142条６号（電気使用場所の施設及び小出力発電設備に係る用語の定義）

六　移動電線　電気使用場所に施設する電線のうち，造営物に固定しないものをいい，電球線及び電気機械器具内の電線を除く。

移動電線の具体例として，ドライヤーなどの持ち運べる電気機器のコードがあります。

電技第56条と関連した条文として，屋内電路の対地電圧の制限について規定した解釈第143条があります。

基本例題 配線の感電又は火災の防止（H18A5改）

次の文章は,「電気設備技術基準」に基づく配線の感電又は火災の防止に関する記述である。

a．配線は，施設場所の状況及び［(ア)］に応じ，感電又は火災のおそれがないように施設しなければならない。

b．移動電線を電気機械器具と接続する場合は，［(イ)］による感電又は火災のおそれがないように施設しなければならない。

c．［(ウ)］の移動電線は，上記a及びbの規定にかかわらず，施設してはならない。ただし，［(エ)］に人が触れた場合に人体に危害を及ぼすおそれがなく，移動電線と接続することが必要不可欠な電気機械器具に接続するものは，この限りでない。

上記の記述中の空白箇所(ア)，(イ)，(ウ)及び(エ)に当てはまる語句を記入しなさい。

解答 (ア)電圧 (イ)接続不良 (ウ)特別高圧 (エ)充電部分

II 屋内電路の対地電圧の制限（解釈第143条）

屋内電路は人が触れるおそれがあり，感電，火災などの危険が大きいです。そのため，解釈第143条では，屋内電路の対地電圧について，次のように規定しています。

解釈第143条1項（電路の対地電圧の制限）より抜粋

住宅の屋内電路（電気機械器具内の電路を除く。以下この項において同じ。）の対地電圧は，150 V以下であること。ただし，次の各号のいずれかに該当する場合は，この限りでない。

一 定格消費電力が2 kW以上の電気機械器具及びこれに電気を供給する屋内配線を次により施設する場合

イ 屋内配線は，当該電気機械器具のみに電気を供給するものであること。

ロ 電気機械器具の使用電圧及びこれに電気を供給する屋内配線の対地電圧は，300 V以下であること。

ハ　屋内配線には，簡易接触防護措置を施すこと。
ニ　電気機械器具には，簡易接触防護措置を施すこと。
ホ　電気機械器具は，屋内配線と直接接続して施設すること。
ヘ　電気機械器具に電気を供給する電路には，専用の開閉器及び過電流遮断器を施設すること。
ト　電気機械器具に電気を供給する電路には，電路に地絡が生じたときに自動的に電路を遮断する装置を施設すること。

住宅で使用される定格消費電力が2 kW以上の電気機械器具の例として，エアコンがあります。

ホの「屋内配線と直接接続して施設する」とは，コンセント等の接続器具を使用してはならないということです。

への「専用の開閉器及び過電流遮断器を施設する」とは，開閉器及び過電流遮断器の負荷側には，当該電気機械器具以外のものを接続してはならないということです。

解釈第143条1項の内容は試験にもよく出題されるので，確実に覚えてください。

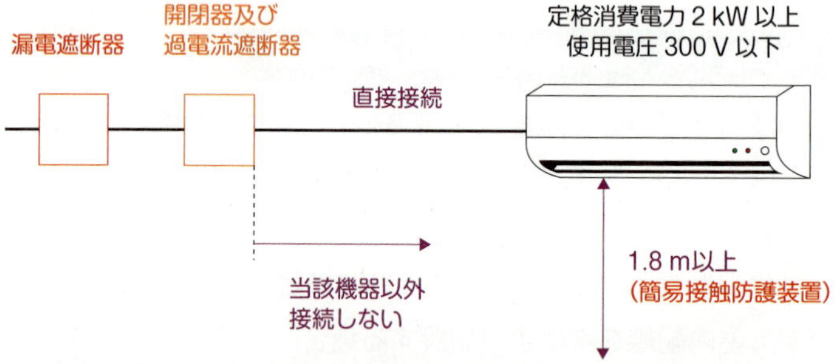

基本例題 配線の感電又は火災の防止（H25A8改）

次の文章は，「電気設備技術基準の解釈」に基づく，住宅の屋内電路の対地電圧の制限に関する記述の一部である。

住宅の屋内電路（電気機械器具内の電路を除く。）の対地電圧は，150 V以下であること。ただし，定格消費電力が［(ア)］kW以上の電気機械器具及びこれに電気を供給する屋内配線を次により施設する場合は，この限りでない。

a．屋内配線は，当該電気機械器具のみに電気を供給するものであること。
b．電気機械器具の使用電圧及びこれに電気を供給する屋内配線の対地電圧は，［(イ)］V以下であること。
c．屋内配線には，簡易接触防護措置を施すこと。
d．電気機械器具には，簡易接触防護措置を施すこと。
e．電気機械器具は，屋内配線と［(ウ)］して施設すること。
f．電気機械器具に電気を供給する電路には，専用の［(エ)］及び過電流遮断器を施設すること。
g．電気機械器具に電気を供給する電路には，電路に地絡が生じたときに自動的に電路を遮断する装置を施設すること。

上記の記述中の空白箇所(ア)～(エ)に正しい語句または数値を記入しなさい。

解答 (ア)2　(イ)300　(ウ)直接接続　(エ)開閉器

2 配線の使用電線

重要度★★☆

配線の使用電線の強度や絶縁性能が十分でなかったり，配線に裸電線などの充電部が露出した電線を使用すると，人の接触による感電や，造営材との接触による漏電火災が発生するおそれがあります。そのため，電技第57条では，配線の使用電線について次のように規定しています。

電技第57条（配線の使用電線）

1　配線の使用電線（裸電線及び特別高圧で使用する接触電線を除く。）には，感電又は火災のおそれがないよう，施設場所の状況及び電圧に応じ，使用上十分な強度及び絶縁性能を有するものでなければならない。
2　配線には，裸電線を使用してはならない。ただし，施設場所の状況及び電圧に応じ，使用上十分な強度を有し，かつ，絶縁性がないことを考慮して，配線が感電又は火災のおそれがないように施設する場合は，この限りでない。

3　特別高圧の配線には，接触電線を使用してはならない。

裸電線とは，導体の周りを絶縁物で被覆していない電線です。

接触電線とは，工場の天井クレーンなどに電気を供給する電線です。裸電線と同様に導体の周りが絶縁物で被覆されていません。

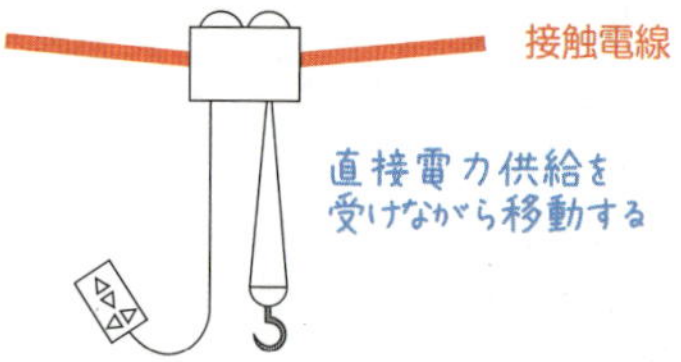

接触電線
直接電力供給を
受けながら移動する

基本例題　配線の使用電線（H25A3改）

次の文章は，「電気設備技術基準」における，電気使用場所での配線の使用電線に関する記述である。

a．配線の使用電線（［(ア)］及び特別高圧で使用する［(イ)］を除く。）には，感電又は火災のおそれがないよう，施設場所の状況及び［(ウ)］に応じ，使用上十分な強度及び絶縁性能を有するものでなければならない。

b．配線には，［(ア)］を使用してはならない。ただし，施設場所の状況及び［(ウ)］に応じ，使用上十分な強度を有し，かつ，絶縁性がないことを考慮して，配線が感電又は火災のおそれがないように施設する場合は，この限りでない。

c．特別高圧の配線には，［(イ)］を使用してはならない。

上記の記述中の空白箇所(ア)，(イ)，及び(ウ)に当てはまる語句を記入しなさい。

解答　(ア)裸電線　(イ)接触電線　(ウ)電圧

3 低圧の電路の絶縁性能

重要度★★☆

低圧の電路の絶縁性能が低下すると，漏電による感電および火災の原因になります。そのため，電技第58条では，低圧の電路の絶縁性能について次のように規定しています。

電技第58条（低圧の電路の絶縁性能）

電気使用場所における使用電圧が低圧の電路の電線相互間及び電路と大地との間の絶縁抵抗は，開閉器又は過電流遮断器で区切ることのできる電路ごとに，次の表の上欄に掲げる電路の使用電圧の区分に応じ，それぞれ同表の下欄に掲げる値以上でなければならない。

電路の使用電圧の区分		絶縁抵抗値
300 V以下	対地電圧（接地式電路においては電線と大地との間の電圧，非接地式電路においては電線間の電圧をいう。以下同じ。）が150 V以下の場合	0.1 MΩ
	その他の場合	0.2 MΩ
300 Vを超えるもの		0.4 MΩ

電技第58条の表をまとめると，下表のようになります。

電路の使用電圧の区分	絶縁抵抗値
150 V以下	0.1 MΩ
150 V超300 V以下	0.2 MΩ
300 V超	0.4 MΩ

電路の使用電圧の区分と絶縁抵抗値は，試験にもよく出題されるので必ず覚えてください。

また，絶縁抵抗の測定箇所は，電線相互間及び電路と大地間となります。

絶縁抵抗測定を行うには電路を停電する必要がありますが，停電することが困難な場合も少なくありません。そのため，解釈第14条1項2号では，絶縁抵抗測定が困難な場合に，漏えい電流を測定することで絶縁性能を判定することを認めています。また，停電せずに漏えい電流によって絶縁性能を判定する場合の基準について，次のように規定しています。

解釈第14条1項2号（低圧電路の絶縁性能）

二　絶縁抵抗測定が困難な場合においては，当該電路の使用電圧が加わった状態における漏えい電流が，1mA以下であること。

漏えい電流によって絶縁性能を判定する場合の基準「1mA以下」も重要なので，覚えてください。

ひとこと

電技第22条には，低圧電線路の絶縁性能について規定されています。

基本例題

低圧の電路の絶縁性能（H26A6改）

次の文章は，「電気設備技術基準」における低圧の電路の絶縁性能に関する記述である。

電気使用場所における使用電圧が低圧の電路の電線相互間及び［(ア)］と大地との間の絶縁抵抗は，開閉器又は［(イ)］で区切ることのできる電路ごとに，次の表の左欄に掲げる電路の使用電圧の区分に応じ，それぞれ同表の右欄に掲げる値以上でなければならない。

<table>
<tr><th colspan="2">電路の使用電圧の区分</th><th>絶縁抵抗値</th></tr>
<tr><td rowspan="2">［(ウ)］V以下</td><td>［(エ)］（接地式電路においては電線と大地との間の電圧，非接地式電路においては電線間の電圧をいう。以下同じ。）が150V以下の場合</td><td>0.1MΩ</td></tr>
<tr><td>その他の場合</td><td>0.2MΩ</td></tr>
<tr><td colspan="2">［(ウ)］Vを超えるもの</td><td>［(オ)］MΩ</td></tr>
</table>

上記の記述中の空白箇所(ア)～(オ)に正しい語句または数値を記入しなさい。

解答　(ア)電路　(イ)過電流遮断器　(ウ)300　(エ)対地電圧　(オ)0.4

4 電気使用場所に施設する電気機械器具の感電，火災等の防止 重要度★★☆

電技第59条では，電気使用場所に施設する電気機械器具による感電，火災等の防止について，次のように規定しています。

電技第59条（電気使用場所に施設する電気機械器具の感電，火災等の防止）

1 電気使用場所に施設する電気機械器具は，充電部の露出がなく，かつ，人体に危害を及ぼし，又は火災が発生するおそれがある発熱がないように施設しなければならない。ただし，電気機械器具を使用するために充電部の露出又は発熱体の施設が必要不可欠である場合であって，感電その他人体に危害を及ぼし，又は火災が発生するおそれがないように施設する場合は，この限りでない。

2 燃料電池発電設備が一般用電気工作物である場合には，運転状態を表示する装置を施設しなければならない。

電気使用場所に施設する電気機械器具のうち，充電部の露出又は発熱体の施設が必要不可欠であるものの例として，フロアヒーティングがあります。

２項の一般用電気工作物である燃料電池発電設備とは，家庭用燃料電池のことです。電気に関する知識が少ない人でも，家庭用燃料電池の発電，停止および異常発生を認識できるように，運転状態を表示する装置を施設するよう規定しています。

基本例題 電気使用場所に施設する電気機械器具(H17A6改)

次の文章は，「電気設備技術基準」に基づく電気使用場所に施設する電気機械器具に関する記述である。

電気使用場所に施設する電気機械器具は，充電部の (ア) がなく，かつ， (イ) に危害を及ぼし，又は (ウ) が発生するおそれがある発熱がないように施設しなければならない。ただし，電気機械器具を使用するために充電部の (ア) 又は発熱体の施設が必要不可欠である場合であって， (エ) その他 (イ) に危害を及ぼし，又は (ウ) が発生するおそれがないように施設する場合は，この限りでない。

上記の記述中の空白箇所(ア)～(エ)に当てはまる語句を記入しなさい。

解答 (ア)露出 (イ)人体 (ウ)火災 (エ)感電

5 特別高圧の電気集じん応用装置等の施設の禁止 重要度★☆☆

電技第60条では，原則として，特別高圧の電気集じん応用装置等の屋側又は屋外への施設を禁止すると規定しています。

電技第60条（特別高圧の電気集じん応用装置等の施設の禁止）

使用電圧が特別高圧の電気集じん装置，静電塗装装置，電気脱水装置，電気選別装置その他の電気集じん応用装置及びこれに特別高圧の電気を供給するための電気設備は，第56条及び前条の規定にかかわらず，屋側又は屋外には，施設してはならない。ただし，当該電気設備の充電部の危険性を考慮して，感電又は火災のおそれがないように施設する場合は，この限りでない。

6 非常用予備電源の施設 重要度★★☆

停電時に，需要家の非常用予備電源が常用電源側の回路と電気的に接続されていると，非常用予備電源から流出する電気により，構外電線路の作業者が感電するおそれがあります。そのため，電技第61条では，非常用予備電源の施設について次のように規定しています。

電技第61条（非常用予備電源の施設）

常用電源の停電時に使用する非常用予備電源（需要場所に施設するものに限る。）は，需要場所以外の場所に施設する電路であって，常用電源側のものと電気的に接続しないように施設しなければならない。

電技第61条には，「停電時に」とあるので，停電時以外に非常用予備電源が常用電源と電気的に接続されていても問題ありません。ただし，停電時に構外電線路に電気が流出しないように，非常用予備電源と常用電源との間にインターロック装置を施設し，非常用予備電源と常用電源の電気的な接続を遮断する機能を備える必要があります。

基本例題 非常用予備電源の施設（H18A4改）

次の文章は，「電気設備技術基準」に基づく非常用予備電源の施設に関する記述である。

常用電源の［(ア)］に使用する非常用予備電源（［(イ)］に施設するものに限る。）は，［(イ)］以外の場所に施設する電路であって，常用電源側のものと［(ウ)］に接続しないように施設しなければならない。

上記の記述中の空白箇所(ア)～(ウ)に正しい語句を記入しなさい。

解答 (ア)停電時 (イ)需要場所 (ウ)電気的

7 配線による他の配線等又は工作物への危険の防止 重要度★★☆

配線が他の配線，弱電流電線等と接近・交さする場合，混触による感電や火災のおそれがあります。また，配線が水道管，ガス管等と接近・交さする場合，放電により管に穴をあけるなどの損傷を与えたり，漏電による感電や火災のおそれがあります。そのため，電技第62条では，配線が他の配線等と接近・交さする場合の施設方法について，次のように規定しています。

電技第62条（配線による他の配線等又は工作物への危険の防止）

1 配線は，他の配線，弱電流電線等と接近し，又は交さする場合は，混触による感電又は火災のおそれがないように施設しなければならない。

2 配線は，水道管，ガス管又はこれらに類するものと接近し，又は交さする場合は，放電によりこれらの工作物を損傷するおそれがなく，かつ，漏電又は放電によりこれらの工作物を介して感電又は火災のおそれがないように施設しなければならない。

8 過電流からの低圧幹線等の保護措置 重要度★★☆

Ⅰ 過電流からの低圧幹線等の保護措置（電技第63条）

電線に過電流が流れると，電線の過熱により絶縁が劣化して感電や火災が発生したり，電気機械器具が過熱焼損するおそれがあります。そのため，電技第63条では，低圧幹線と低圧分岐回路には，原則として過電流遮断器を施設し，それぞれの電路を過電流から保護するよう規定しています。

電技第63条（過電流からの低圧幹線等の保護措置）

1　低圧の幹線，低圧の幹線から分岐して電気機械器具に至る低圧の電路及び引込口から低圧の幹線を経ないで電気機械器具に至る低圧の電路（以下この条において「幹線等」という。）には，適切な箇所に開閉器を施設するとともに，過電流が生じた場合に当該幹線等を保護できるよう，過電流遮断器を施設しなければならない。ただし，当該幹線等における短絡事故により過電流が生じるおそれがない場合は，この限りでない。

2　交通信号灯，出退表示灯その他のその損傷により公共の安全の確保に支障を及ぼすおそれがあるものに電気を供給する電路には，過電流による過熱焼損からそれらの電線及び電気機械器具を保護できるよう，過電流遮断器を施設しなければならない。

低圧幹線（ていあつかんせん）とは，引込開閉器から分岐開閉器までの配線のことです。低圧分岐回路（ていあつぶんきかいろ）とは，低圧の幹線から分岐し，分岐開閉器を介して負荷に至る配線のことです。電技第63条1項の「低圧の幹線から分岐して電気機械器具に至る低圧の電路」は，低圧分岐回路のことを指します。次の図は，住宅用分電盤を例として，低圧幹線と低圧分岐回路の範囲を示したものです。

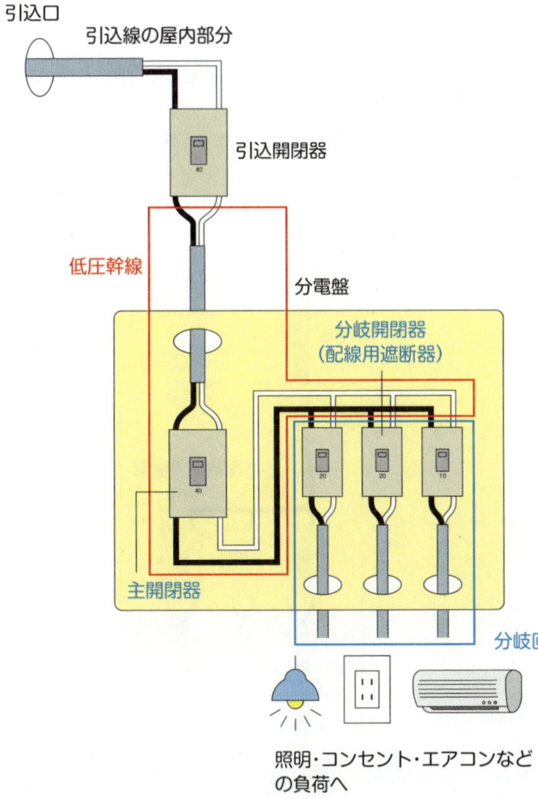

過電流からの低圧幹線等の保護措置の具体的内容は，解釈第148条に規定されています。

ひとこと

電技第63条1項に，「引込口から低圧の幹線を経ないで電気機械器具に至る低圧の電路」とあります。これは下図のように，引込口から引き込んだ電線が開閉器を経ないで分岐し，分岐した回路にそれぞれ開閉器がついているような低圧電路のことを指します。

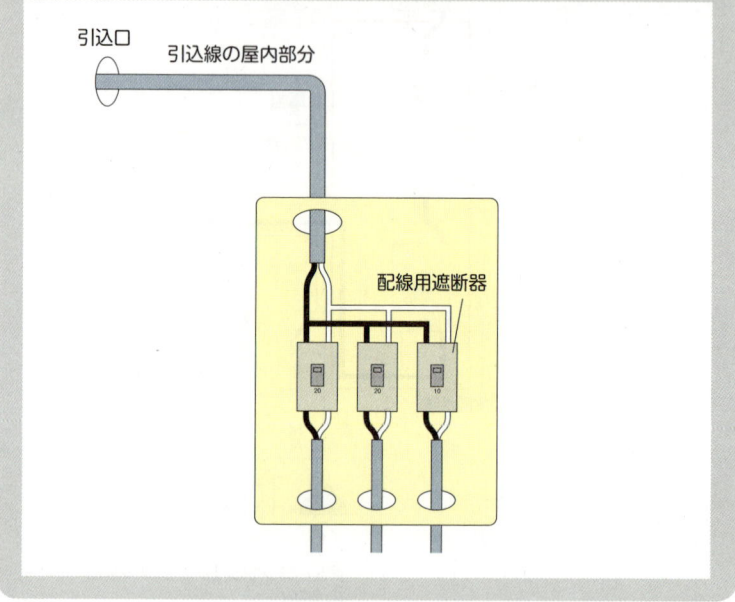

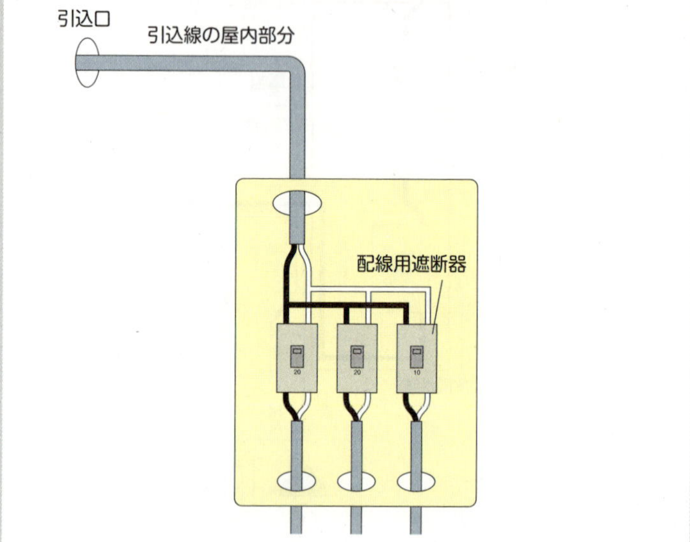

ふむ ふむ

基本例題　過電流からの低圧幹線等の保護措置（H14A6改）

次の文章は，「電気設備技術基準」に基づく電気使用場所の施設の異常時の保護対策に関する記述である。

低圧の幹線，低圧の幹線から分岐して電気機械器具に至る低圧の電路及び［(ア)］から低圧の幹線を経ないで電気機械器具に至る低圧の電路（以下「幹線等」という。）には，適切な箇所に［(イ)］を施設するとともに，過電流が生じた場合に当該幹線等を保護できるよう，［(ウ)］を施設しなければならない。ただし，当該幹線等における［(エ)］事故により過電流が生じるおそれがない場合は，この限りでない。

上記の記述中の空白箇所(ア)，(イ)，(ウ)及び(エ)に当てはまる語句を記入しなさい。

解答　(ア)引込口　(イ)開閉器　(ウ)過電流遮断器　(エ)短絡

Ⅱ 低圧幹線の施設（解釈第148条）

解釈第148条では，過電流からの低圧幹線等の保護措置の具体的内容として，低圧幹線の施設について規定しています。

1 低圧幹線に使用する電線の許容電流（解釈第148条1項2号）

許容電流（きょようでんりゅう）とは，安全を考慮して決定された，電線に流せる電流の上限です。電線に許容電流以上の電流が流れると，電線の電気抵抗による発熱によって電線の被覆が溶融し，感電や火災につながるおそれがあります。そのため，解釈第148条1項2号では，低圧幹線に使用する電線の許容電流について次のように規定しています。

解釈第148条1項2号（低圧幹線の施設）

二　電線の許容電流は，低圧幹線の各部分ごとに，その部分を通じて供給される電気使用機械器具の定格電流の合計値以上であること。ただし，当該低圧幹線に接続する負荷のうち，電動機又はこれに類する起動電流が大きい電気機械器具（以下この条において「電動機等」という。）の定格電流の合計が，他の電気使用機械器具の定格電流の合計より大きい場合は，他の電気使用機械器具の定格電流の合計に次の値を加えた値以上であること。

イ　電動機等の定格電流の合計が50 A以下の場合は，その定格電流の合計の1.25倍

ロ　電動機等の定格電流の合計が50 Aを超える場合は，その定格電流の合計の1.1倍

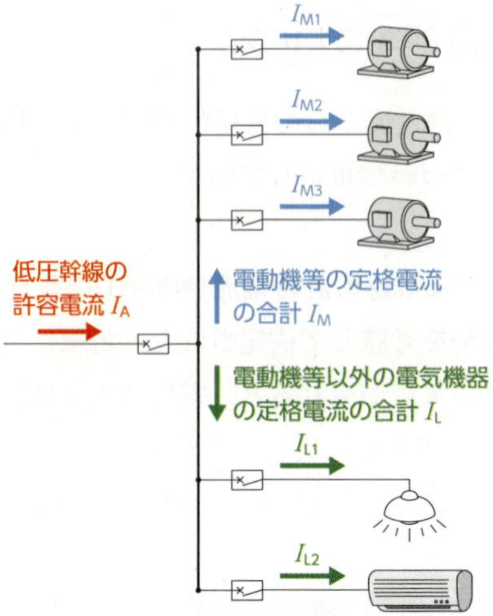

上図のように，電動機等の定格電流の合計を I_M，電動機等以外の電気機器の定格電流の合計を I_L とすると，低圧幹線の許容電流 I_A は下表の計算式により求めることができます。

条件		低圧幹線の許容電流 I_A
$I_M \leqq I_L$		$I_A \geqq I_M + I_L$
$I_M > I_L$	$I_M \leqq 50$ A	$I_A \geqq 1.25 I_M + I_L$
	$I_M > 50$ A	$I_A \geqq 1.1 I_M + I_L$

低圧幹線の許容電流 I_A を求める計算式とその条件は，試験にもよく出題されるので，必ず覚えてください。

基本例題 低圧幹線の施設（H24A9改）

次の文章は「電気設備技術基準の解釈」に基づく，低圧屋内幹線に使用する電線の許容電流とその幹線を保護する遮断器の定格電流との組み合わせに関する工事例である。ここで，当該低圧幹線に接続する負荷のうち，電動機又はこれに類する起動電流が大きい電気機械器具を「電動機等」という。

a．電動機等の定格電流の合計が40 A，他の電気使用機械器具の定格電流の合計が30 Aのとき，許容電流［(ア)］A以上の電線と定格電流が150 A以下の過電流遮断器とを組み合わせて使用した。

b．電動機等の定格電流の合計が20 A，他の電気使用機械器具の定格電流の合計が50 Aのとき，許容電流［(イ)］A以上の電線と定格電流が100 A以下の過電流遮断器とを組み合わせて使用した。

上記の記述中の空白箇所(ア)，(イ)に当てはまる数値を記入しなさい。

解答 (ア)80 (イ)70

(ア) 電動機等の定格電流の合計I_Mが他の電気使用機械器具の定格電流の合計I_Lよりも大きく，I_Mが50 A以下なので，低圧幹線の許容電流I_Aの計算式は下式となる。

$$I_A \geqq 1.25 I_M + I_L$$

よって，I_Aは，

$$I_A \geqq 1.25 \times 40 + 30 = 80\ \mathrm{A}$$

ゆえに，I_Aは80 A以上となる。

(イ) 電動機等の定格電流の合計I_Mが他の電気使用機械器具の定格電流の合計I_Lよりも小さいので，低圧幹線の許容電流I_Aの計算式は下式となる。

$$I_A \geqq I_M + I_L$$

よって，I_Aは，

$$I_A \geqq 20 + 50 = 70\ \mathrm{A}$$

ゆえに，I_Aは70 A以上となる。

2 分岐した低圧幹線への過電流遮断器の施設（解釈第148条1項4号）

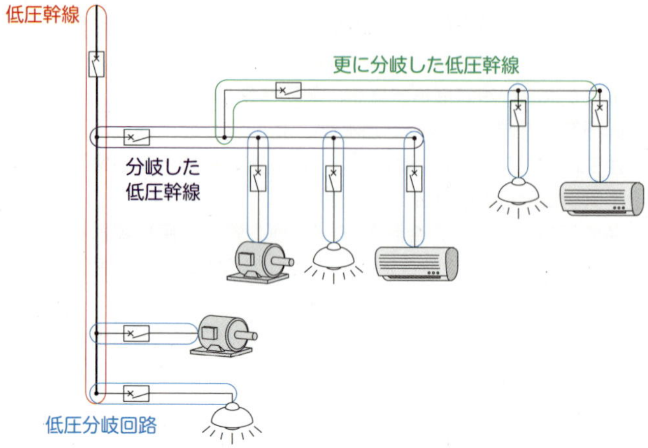

上図のように低圧幹線から別の低圧幹線が分岐している場合，分岐した末端の低圧幹線ほど細い電線を使用することが多いので，分岐した低圧幹線の許容電流が分岐元の低圧幹線の過電流遮断器の定格電流よりも小さくなり，分岐した低圧幹線が過熱焼損するおそれがあります。そのため，解釈第148条1項4号では，原則として分岐した低圧幹線にも過電流遮断器を施設するよう規定するとともに，過電流遮断器を省略できる条件についても規定しています。

解釈第148条1項4号（低圧幹線の施設）より抜粋

四　低圧幹線の電源側電路には，当該低圧幹線を保護する過電流遮断器を施設すること。ただし，次のいずれかに該当する場合は，この限りでない。

イ　低圧幹線の許容電流が，当該低圧幹線の電源側に接続する他の低圧幹線を保護する過電流遮断器の定格電流の55％以上である場合

ロ　過電流遮断器に直接接続する低圧幹線又はイに掲げる低圧幹線に接続する長さ8m以下の低圧幹線であって，当該低圧幹線の

許容電流が，当該低圧幹線の電源側に接続する他の低圧幹線を保護する過電流遮断器の定格電流の35 %以上である場合

ハ　過電流遮断器に直接接続する低圧幹線又はイ若しくはロに掲げる低圧幹線に接続する長さ3 m以下の低圧幹線であって，当該低圧幹線の負荷側に他の低圧幹線を接続しない場合

下記のいずれかの条件を満たした場合，過電流遮断器を省略することができます。

①分岐した低圧幹線の許容電流が分岐元の低圧幹線の過電流遮断器の定格電流の55 %以上（長さの制限なし）。

②分岐した低圧幹線の許容電流が分岐元の低圧幹線の過電流遮断器の定格電流の35 %以上であり，かつ分岐した低圧幹線の長さが8 m以下。

③分岐した低圧幹線の長さが3 m以下であり，かつ負荷側に他の低圧幹線を接続しない（低圧幹線の許容電流の制限なし）。

板書 過電流遮断器を省略できる条件

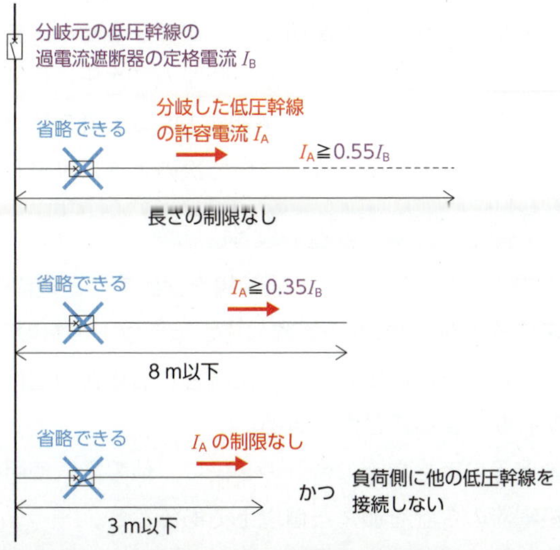

基本例題 低圧幹線の施設(H22A6改)

次の文章は,「電気設備技術基準の解釈」における,低圧幹線の施設に関する記述の一部である。

低圧幹線の電源側電路には,当該低圧幹線を保護する過電流遮断器を施設すること。ただし,次のいずれかに該当する場合は,この限りでない。

a．低圧幹線の許容電流が,当該低圧幹線の電源側に接続する他の低圧幹線を保護する過電流遮断器の定格電流の[(ア)]%以上である場合

b．過電流遮断器に直接接続する低圧幹線又は上記aに掲げる低圧幹線に接続する長さ[(イ)]m以下の低圧幹線であって,当該低圧幹線の許容電流が当該低圧幹線の電源側に接続する他の低圧幹線を保護する過電流遮断器の定格電流の[(ウ)]%以上である場合

c．過電流遮断器に直接接続する低圧幹線又は上記a若しくは上記bに掲げる低圧幹線に接続する長さ[(エ)]m以下の低圧幹線であって,当該低圧幹線の負荷側に他の低圧幹線を接続しない場合

上記の記述中の空白箇所(ア)~(エ)に正しい数値を記入しなさい。

解答 (ア)55 (イ)8 (ウ)35 (エ)3

問題集 問題27

3 低圧幹線に使用する過電流遮断器の定格電流(解釈第148条1項5号)

過電流遮断器の定格電流が低圧幹線の許容電流より大きいと,低圧幹線に許容電流以上の電流が流れることを防ぐことができません。また,過電流遮断器の定格電流が小さすぎると,過電流遮断器の二次側に接続できる負荷が小さくなってしまいます。そのため,解釈第148条1項5号では,低圧幹線に使用する過電流遮断器の定格電流について次のように規定しています。

解釈第148条1項5号(低圧幹線の施設)より抜粋

五 前号の規定における「当該低圧幹線を保護する過電流遮断器」は,その定格電流が,当該低圧幹線の許容電流以下のものであること。ただし,低圧幹線に電動機等が接続される場合の定格電流は,次のいずれかによることができる。

イ 電動機等の定格電流の合計の3倍に,他の電気使用機械器具の定格電流の合計を加えた値以下であること。

ロ　イの規定による値が当該低圧幹線の許容電流を2.5倍した値を超える場合は，その許容電流を2.5倍した値以下であること。
ハ　当該低圧幹線の許容電流が100 Aを超える場合であって，イ又はロの規定による値が過電流遮断器の標準定格に該当しないときは，イ又はロの規定による値の直近上位の標準定格であること。

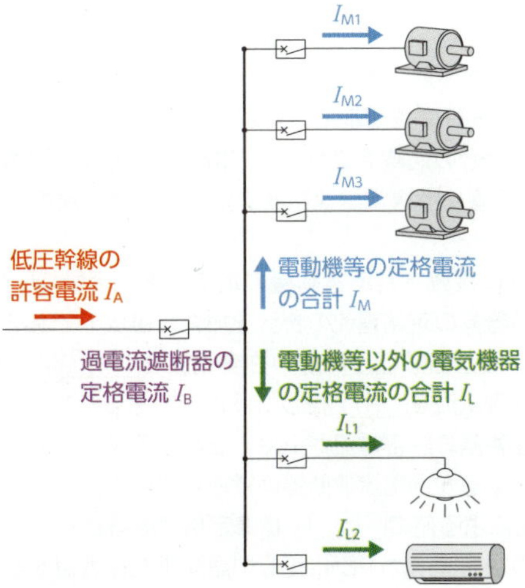

上図のように，電動機等の定格電流の合計をI_M，電動機等以外の電気機器の定格電流の合計をI_L，低圧幹線の許容電流をI_Aとすると，過電流遮断器の定格電流I_Bは下表の計算式により求めることができます。

条件	過電流遮断器の定格電流I_B
電動機等なし（$I_M=0$）	$I_B \leqq I_A$
電動機等あり（$I_M>0$）	$3I_M+I_L$または$2.5I_A$のうち，いずれか小さいほう以下 ※I_Aが100 Aを超える場合は上記の値の直近上位の標準定格以下

過電流遮断器の定格電流I_Bを求める計算式とその条件は，試験にもよく出題されるので，必ず覚えてください。

ひとこと

$I_A=120$ A，$3I_M+I_L=130$ Aの場合，$3I_M+I_L \leqq 2.5I_A$となるので，解釈第148条1項5号ロより，過電流遮断器の定格電流I_Bは130 A以下となりそうです。

しかし，解釈第148条1項5号ハに，「I_Aが100 Aを超える場合は上記の値の直近上位の標準定格以下」と規定されているので，I_Bは130 Aの直近上位の標準定格である150 A以下となります。

標準定格には，50，60，75，100，125，150 Aなどの電流値があります。

? 基本例題

低圧幹線の施設（H26A10改）

次の文章は，「電気設備技術基準の解釈」に基づき，電源供給用低圧幹線に電動機が接続される場合の過電流遮断器の定格電流に関する記述である。

1. 低圧幹線を保護する過電流遮断器の定格電流は，次のいずれかによることができる。
   a．その幹線に接続される電動機の定格電流の合計の［ (ア) ］倍に，他の電気使用機械器具の定格電流の合計を加えた値以下であること。
   b．上記aの値が当該低圧幹線の許容電流を［ (イ) ］倍した値を超える場合は，その許容電流を［ (イ) ］倍した値以下であること。
   c．当該低圧幹線の許容電流が100 Aを超える場合であって，上記a又はbの規定による値が過電流遮断器の標準定格に該当しないときは，上記a又はbの規定による値の［ (ウ) ］の標準定格であること。

上記の記述中の空白箇所(ア)～(ウ)に正しい語句または数値を記入しなさい。

解答 (ア)3　(イ)2.5　(ウ)直近上位

問題集 問題28

9 異常時の保護対策

重要度★★☆

Ⅰ 地絡に対する保護措置

地絡による感電や火災のおそれが大きい場所には，地絡遮断器の施設やその他適切な措置をとる必要があります。

電技第64条（地絡に対する保護措置）

ロードヒーティング等の電熱装置，プール用水中照明灯その他の**一般公衆の立ち入るおそれ**がある場所又は**絶縁体に損傷を与えるおそれ**がある場所に施設するものに電気を供給する電路には，**地絡**が生じた場合に，感電又は火災のおそれがないよう，**地絡遮断器**の施設その他の適切な措置を講じなければならない。

ひとこと

照明灯に電気を供給する電路には，一次側の使用電圧300 V以下，二次側の使用電圧150 V以下の絶縁変圧器を施設する必要があります（解釈第187条1項2号）。

問題集 問題29

Ⅱ 電動機の過負荷保護

電技第65条（電動機の過負荷保護）

屋内に施設する電動機（出力が**0.2 kW以下**のものを除く。この条において同じ。）には，**過電流**による当該電動機の焼損により火災が発生するおそれがないよう，**過電流遮断器**の施設その他の適切な措置を講じなければならない。ただし，電動機の構造上又は負荷の性質上電動機を焼損するおそれがある過電流が生じるおそれがない場合は，この限りでない。

これは，屋内に施設する電動機の過電流保護について定めたもので，電技第14条と関係します。

電動機が焼損するような過電流が生じた場合に自動的に過電流を遮断する装置を設置する必要がありますが，たとえば，電動機の出力が0.2 kW以下の場合や，電動機運転中，常時，取扱者が監視できる位置に電動機を施設している場合などは，過電流遮断器を設置する必要はありません（解釈第153条）。

Ⅲ 高圧の移動電線及び接触電線における電路の遮断

過電流や地絡が生じた場合，高圧の移動電線及び接触電線の焼損や感電・火災を防ぐために，遮断器などを設置して電流を遮断できるようにしなければなりません。

電技第66条（異常時における高圧の移動電線及び接触電線における電路の遮断）

1　高圧の移動電線又は接触電線（電車線を除く。以下同じ。）に電気を供給する電路には，過電流が生じた場合に，当該高圧の移動電線又は接触電線を保護できるよう，過電流遮断器を施設しなければならない。

2　前項の電路には，地絡が生じた場合に，感電又は火災のおそれがないよう，地絡遮断器の施設その他の適切な措置を講じなければならない。

10 電気的，磁気的障害の防止

重要度★★☆

Ⅰ 無線設備への障害の防止

通信障害の防止（電技第42条）と関係する条文です。

電技第67条（電気機械器具又は接触電線による無線設備への障害の防止）

電気使用場所に施設する電気機械器具又は接触電線は，電波，高周波電流等が発生することにより，無線設備の機能に継続的かつ重大な障害を及ぼすおそれがないように施設しなければならない。

たとえば，けい光放電灯などにコンデンサを設けることによって，高周波電流の発生を防止し，無線設備に障害が発生しないようにすることなどを規定しています（解釈第155条）。

11 特殊場所における施設制限

重要度★☆☆

I 粉じんの多い場所

粉じん（ほこりや砂など）が多い場所に施設する電気設備は，粉じんによって危険が発生しないような対策をとる必要があります。

たとえば，金属管工事の方法やケーブルの種類の選択によって対策を行います（解釈第175条）。

電技第68条（粉じんにより絶縁性能等が劣化することによる危険のある場所における施設）

粉じんの多い場所に施設する電気設備は，粉じんによる当該電気設備の絶縁性能又は導電性能が劣化することに伴う感電又は火災のおそれがないように施設しなければならない。

II 爆発する危険のある場所

爆発する危険のある場所についても，粉じんのある場所と同様に，工事の方法やケーブルの種類の選択によって対策を行います。

電技第69条（可燃性のガス等により爆発する危険のある場所における施設の禁止）

次の各号に掲げる場所に施設する電気設備は，通常の使用状態において，当該電気設備が点火源となる爆発又は火災のおそれがないように施設しなければならない。

一　可燃性のガス又は引火性物質の蒸気が存在し，点火源の存在により爆発するおそれがある場所

二　粉じんが存在し，点火源の存在により爆発するおそれがある場所

三　火薬類が存在する場所

四　セルロイド，マッチ，石油類その他の燃えやすい危険な物質を製造し，又は貯蔵する場所

ひとこと

粉じんも爆発の原因になります。たとえば，工場でアルミニウムの粉が舞っている状態でライターをつけると，粉じん爆発が起こる可能性があります。

Ⅲ 腐食性のガス等のある場所

腐食性のガス等がある場所では，腐食性のガス等によって絶縁性能が劣化することに伴う感電や火災などの危険が生じないようにする必要があります。

たとえば，電気設備に防食塗料を使って塗装を施すなどの対策があります。

電技第70条（腐食性のガス等により絶縁性能等が劣化することによる危険のある場所における施設）

腐食性のガス又は溶液の発散する場所（酸類，アルカリ類，塩素酸カリ，さらし粉，染料若しくは人造肥料の製造工場，銅，亜鉛等の製錬所，電気分銅所，電気めっき工場，開放形蓄電池を設置した蓄電池室又はこれらに類する場所をいう。）に施設する電気設備には，腐食性のガス又は溶液による当該電気設備の絶縁性能又は導電性能が劣化することに伴う感電又は火災のおそれがないよう，予防措置を講じなければならない。

Ⅳ 火薬庫内

火薬庫内には，特別な事情がない限り，照明設備以外の電気設備を施設してはいけません。特別な事情がある場合でも，簡単に着火しないような措置が取られていないと設置することはできません。

電技第71条（火薬庫内における電気設備の施設の禁止）

照明のための電気設備（開閉器及び過電流遮断器を除く。）以外の電気設備は，第69条の規定にかかわらず，火薬庫内には，施設してはならない。ただし，容易に着火しないような措置が講じられている火薬類を保管する場所にあって，特別の事情がある場合は，この限りでない。

Ⅴ 特別高圧の電気設備

特別高圧の電気設備は，放電することが多いため，粉じんの多い場所や爆発する危険のある場所には施設してはいけません。

ただし，短絡しても着火するほどの火花を発生するおそれのない静電塗装装置や，着火するおそれがないような措置がされた同期電動機は，例外的に施設することができます。

電技第72条（特別高圧の電気設備の施設の禁止）

特別高圧の電気設備は，第68条及び第69条の規定にかかわらず，第68条及び第69条各号に規定する場所には，施設してはならない。ただし，静電塗装装置，同期電動機，誘導電動機，同期発電機，誘導発電機又は石油の精製の用に供する設備に生ずる燃料油中の不純物を高電圧により帯電させ，燃料油と分離して，除去する装置及びこれらに電気を供給する電気設備（それぞれ可燃性のガス等に着火するおそれがないような措置が講じられたものに限る。）を施設するときは，この限りでない。

VI 接触電線

接触電線は，火花やアークを発生するおそれがあるため，粉じんの多い場所や爆発する危険のある場所には施設してはいけません。

ただし，粉じんが集積することを防止し，粉じんに発火するおそれがないように施設した低圧接触電線については粉じんの多い場所にも施設することができます。

また，高圧接触電線については，腐食性のガス等がある場所に施設することはできません。

電技第73条（接触電線の危険場所への施設の禁止）

1 接触電線は，第69条の規定にかかわらず，同条各号に規定する場所には，施設してはならない。

2 接触電線は，第68条の規定にかかわらず，同条に規定する場所には，施設してはならない。ただし，展開した場所において，低圧の接触電線及びその周囲に粉じんが集積することを防止するための措置を講じ，かつ，綿，麻，絹その他の燃えやすい繊維の粉じんが存在する場所にあっては，低圧の接触電線と当該接触電線に接触する集電装置とが使用状態において離れ難いように施設する場合は，この限りでない。

3 高圧接触電線は，第70条の規定にかかわらず，同条に規定する場所には，施設してはならない。

12 特殊機器の施設

重要度★☆☆

I 電気さく

電気さくは裸電線を使用しており，感電や火災の危険が高いため，施設してはいけません。

ただし，野獣の侵入または家畜の脱出を防止することを目的とし，感電または火災のおそれがない場合は例外として施設することができます。

電技第74条（電気さくの施設の禁止）

電気さく（屋外において裸電線を固定して施設したさくであって，その裸電線に充電して使用するものをいう。）は，施設してはならない。ただし，田畑，牧場，その他これに類する場所において野獣の侵入又は家畜の脱出を防止するために施設する場合であって，絶縁性がないことを考慮し，感電又は火災のおそれがないように施設するときは，この限りでない。

ひとこと

電気さくの裸電線が切れて漏電したことによる感電事故なども起こっています。

Ⅱ 電撃殺虫器・エックス線発生装置

電撃殺虫器やエックス線発生装置は，粉じんの多い場所や爆発する危険のある場所，腐食性のガス等がある場所に施設してはいけません。

電技第75条（電撃殺虫器，エックス線発生装置の施設場所の禁止）

電撃殺虫器又はエックス線発生装置は，第68条から第70条までに規定する場所には，施設してはならない。

Ⅲ パイプライン等の電熱装置

パイプライン等の電熱装置（液体を温める装置）は，発熱による危険があるため，粉じんの多い場所や爆発する危険のある場所，腐食性のガス等がある場所に施設してはいけません。

ただし，危険を防止する対策を行っている場合は例外として施設することができます。

電技第76条（パイプライン等の電熱装置の施設の禁止）

パイプライン等（導管等により液体の輸送を行う施設の総体をいう。）に施設する電熱装置は，第68条から第70条までに規定する場所には，施設してはならない。ただし，感電，爆発又は火災のおそれがないよう，適切な措置を講じた場合は，この限りでない。

Ⅳ 電気浴器，銀イオン殺菌装置

浴槽内に電極を設け，電極の間に電圧を加える装置は，感電による危険性がとても高いため，人体への危害や火災のおそれがない場合に限り施設することができます。

電技第77条（電気浴器，銀イオン殺菌装置の施設）

電気浴器（浴槽の両端に板状の電極を設け，その電極相互間に微弱な交流電圧を加えて入浴者に電気的刺激を与える装置をいう。）又は銀イオン殺菌装置（浴槽内に電極を収納したイオン発生器を設け，その電極相互間に微弱な直流電圧を加えて銀イオンを発生させ，これにより殺菌する装置をいう。）は，第59条の規定にかかわらず，感電による人体への危害又は火災のおそれがない場合に限り，施設することができる。

ひとこと

電気浴器とは，スーパー銭湯などにある，入るとピリピリとする電気風呂のことです。

V 電気防食施設

電気防食施設を使用する際には，被防食体に隣接する他の金属体に電食障害を生じる場合があるため，それを防止するように施設する必要があります。

電技第78条（電気防食施設の施設）

電気防食施設は，他の工作物に電食作用による障害を及ぼすおそれがないように施設しなければならない。

SECTION 05

分散型電源の系統連系設備

このSECTIONで学習すること

1 分散型電源の系統連系設備に関する規定の目的

分散型電源の特徴と分散型電源を商用電力系統に接続する際の規定の趣旨について学びます。

2 分散型電源の系統連系設備に係る用語の定義

分散型電源の系統連系設備に係る規定に用いられる主要な用語について学びます。

3 一般送配電事業者との間の電話設備の施設

解釈225条に規定される，一般送配電事業者との間の電話設備について学びます。

4 電力系統に分散型電源を連系する場合の施設要件

低圧連系時の施設要件と高圧連系時の施設要件について学びます。

5 系統連系用保護装置

分散型電源を電力系統に連系する際に，電力系統との間でとるべき保護協調の基本的な考え方について学びます。

1 分散型電源の系統連系設備に関する規定の目的 重要度★★☆

I 集中型電源と分散型電源の特徴

住宅に設置されているような太陽光発電設備など，比較的小規模で，かつ様々な地域に分散している電源を，電力会社の送電網につなげることがあります。このつなげられた電源を**分散型電源**といいます。

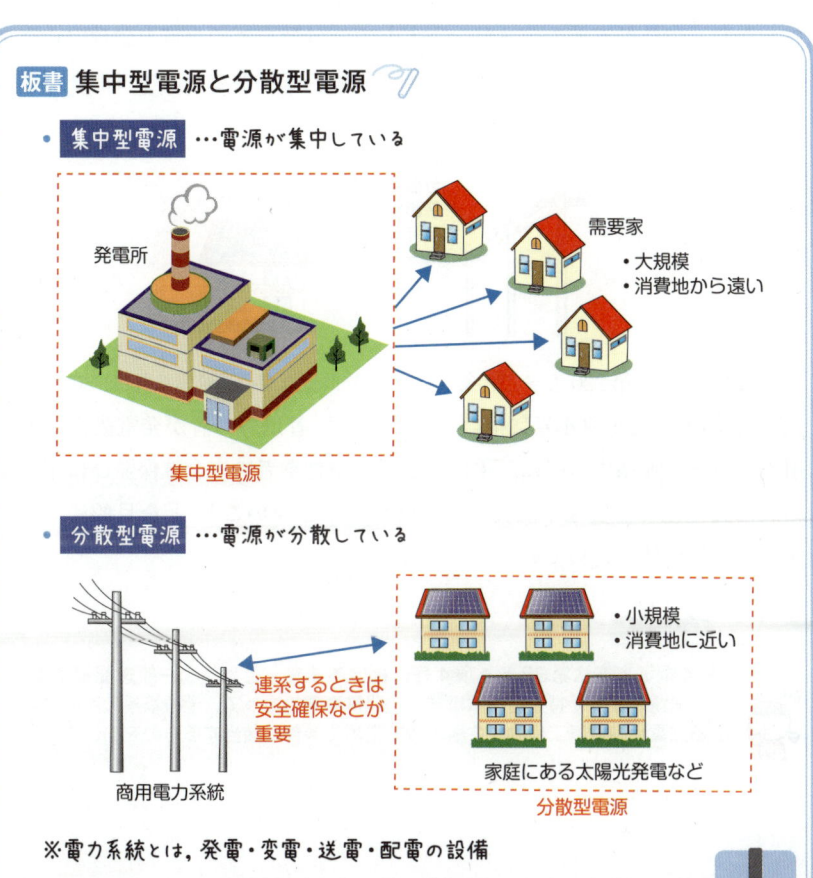

板書 集中型電源と分散型電源

- **集中型電源** …電源が集中している

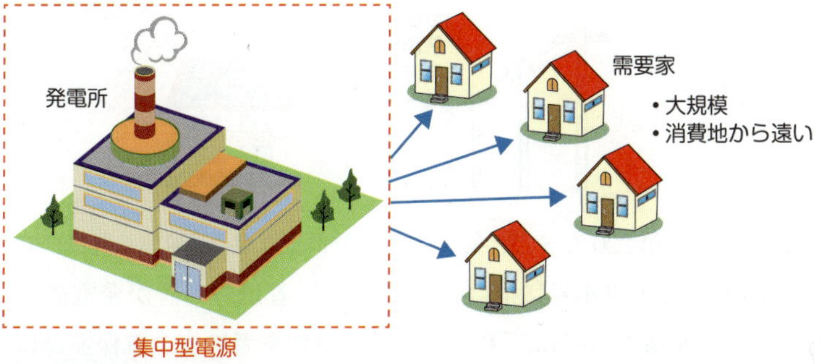

- **分散型電源** …電源が分散している

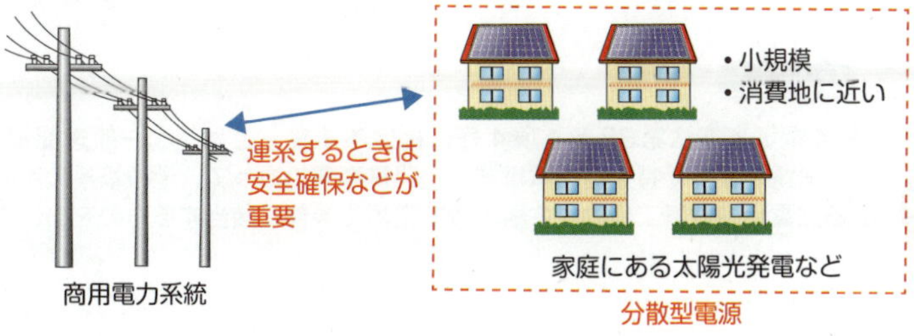

※電力系統とは，発電・変電・送電・配電の設備

ひとこと

家庭に設置されている太陽電池（分散型電源）を電力系統に接続して，電力系統と電力のやりとりをできるようにすることなどを，「電力系統に分散型電源を連系する」と表現します。

分散型電源のメリットとして，大規模な停電時などにおいてエネルギー供給のリスク分散が可能なことや，需要地で地産地消することで送電ロスが防げること等があります。

しかし，分散型電源のデメリットとして，分散型電源を電力会社の送電網につなげると，安全確保や他の需要家の設備に悪影響を及ぼす可能性があります。

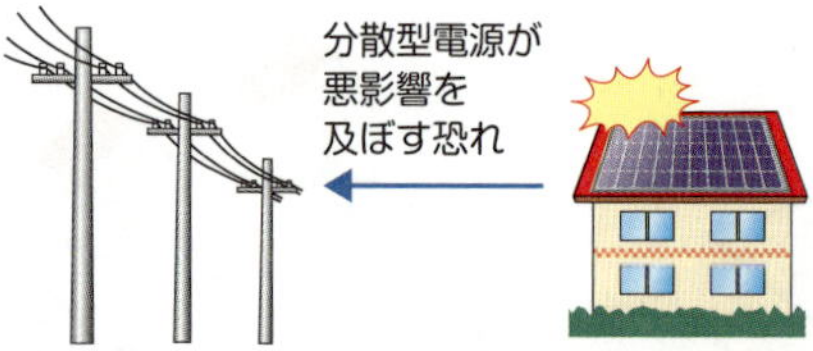

そこで，解釈第220条～232条（第８章 分散型電源の系統連系設備）では，電気事業法第38条４項４号に掲げる事業を営む者以外の者が発電設備等を商用電力系統に連系する際に，主に「公衆及び作業者の安全確保並びに電力供給設備又は他の需要家の設備に悪影響を及ぼさないこと。」を目的に，満たすべき技術要件を定めています。

ひとこと

「電気事業法第38条４項４号に掲げる事業」とは，①一般送配電事業，②送電事業，③特定送配電事業，④発電事業であって，その事業の用に供する発電用の電気工作物が主務省令で定める要件に該当するものをいいます。

2 分散型電源の系統連系設備に係る用語の定義 重要度★★★

解釈220条では，分散型電源の系統連系設備に係る用語の定義を規定しています。

I 発電設備等（解釈第220条1号）

解釈第220条1号（分散型電源の系統連系設備に係る用語の定義）

一　**発電設備等** 発電設備又は電力貯蔵装置であって，常用電源の停電時又は電圧低下発生時にのみ使用する非常用予備電源以外のもの

「発電設備等」とは，電気事業法第38条4項4号に掲げる事業を営む者等が設置するものに関わらず，電力系統に連系する発電設備及び電力貯蔵装置（二次電池など）全般を指すものであり，それらに付帯する供給設備（電力変換装置，保護装置又は開閉器等の電気を供給する際に必要な設備を収めた筐体等をいう。）も含まれます。なお，電気自動車等から住宅等へ電気を供給する場合の電気自動車等も発電設備等に該当します。

II 分散型電源（解釈第220条2号）

解釈第220条2号（分散型電源の系統連系設備に係る用語の定義）

二　**分散型電源** 電気事業法（昭和39年法律第170号）第38条第4項第一号又は第四号に掲げる事業を営む者以外の者が設置する発電設備等であって，一般送配電事業者が運用する電力系統に連系するもの

「分散型電源」とは，1号に規定する発電設備等について，その範囲を更に限定しているものです。

Ⅲ 解列（解釈第220条3号）

解釈第220条３号（分散型電源の系統連系設備に係る用語の定義）

三　**解列**（かいれつ） 電力系統から切り離すこと。

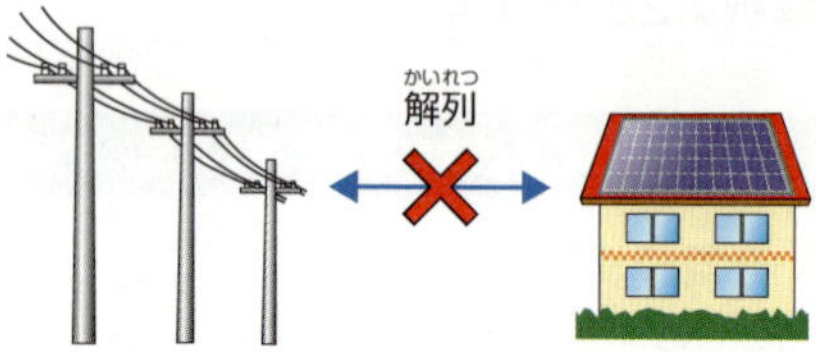

ひとこと

「電力系統」（でんりょくけいとう）とは，電力の発生から消費までの一連のシステムをいいます。ここでは，電力会社の配線網と考えて構いません。イメージとしては，電力系統と連携を続けると，電力系統の電力の質を維持できない恐れがあり，迷惑をかけそうな場合に解列します。

Ⅳ 逆潮流（解釈第220条4号）

解釈第220条４号（分散型電源の系統連系設備に係る用語の定義）

四　**逆潮流**（ぎゃくちょうりゅう） 分散型電源設置者の構内から，一般送配電事業者が運用する電力系統側へ向かう有効電力の流れ

例えば，自宅で太陽光パネルなどを設置し発電した電気エネルギー（有効電力）を，電力会社に売る場合などが逆潮流させていることになります。

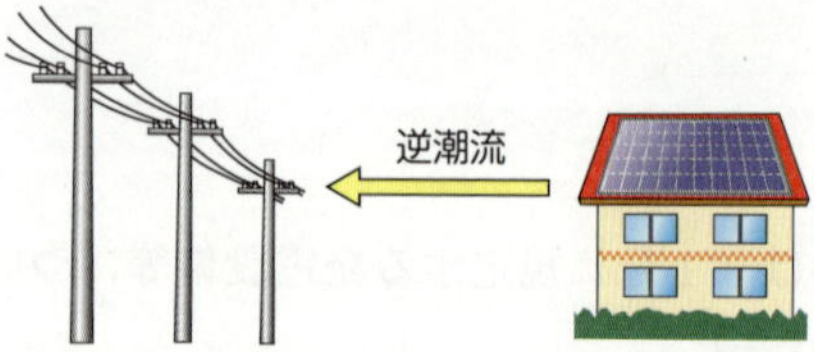

ひとこと

「逆潮流が有る場合」，「逆潮流が無い場合」とは，実際に分散型電源設置者から系統へ向かう潮流が有るか，無いかを意味しているのであり，分散型電源設置者と系統運用者側との間の売電契約の有無を指すものではありません。

V 単独運転（解釈第220条5号）

解釈第220条5号（分散型電源の系統連系設備に係る用語の定義）

五　**単独運転**　分散型電源を連系している電力系統が事故等によって系統電源と切り離された状態において，当該分散型電源が発電を継続し，線路負荷に有効電力を供給している状態

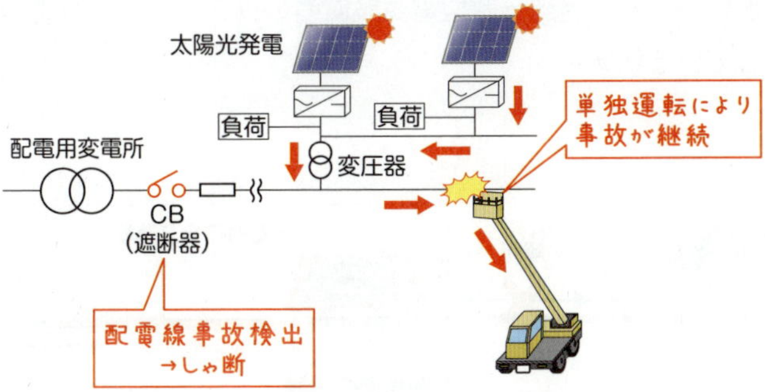

単独運転が継続されると，公衆や作業員の感電，機器損傷の発生，消防活動への影響などのおそれがあるため，電力系統から解列させる必要があります。

Ⅵ 逆充電（解釈第220条6号）

解釈第220条6号（分散型電源の系統連系設備に係る用語の定義）

六 **逆充電**（ぎゃくじゅうでん） 分散型電源を連系している電力系統が事故等によって系統電源と切り離された状態において，分散型電源のみが，連系している電力系統を加圧し，かつ，当該電力系統へ有効電力を供給していない状態

Ⅶ 自立運転（解釈第220条7号）

解釈第220条7号（分散型電源の系統連系設備に係る用語の定義）

七 **自立運転**（じりつうんてん） 分散型電源が，連系している電力系統から解列された状態において，当該分散型電源設置者の構内負荷にのみ電力を供給している状態

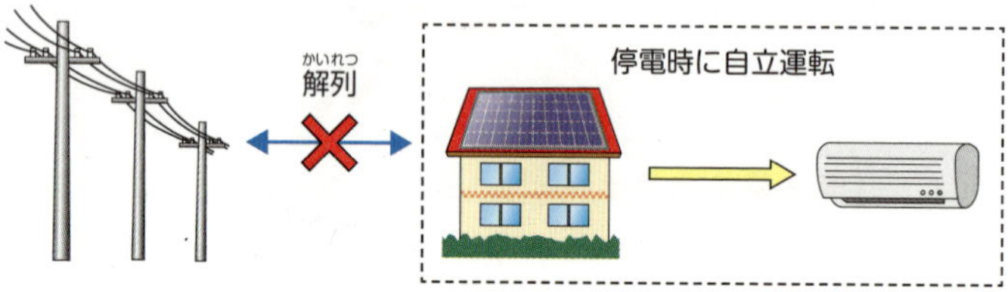

ひとこと

ふむ ふむ

単独運転は危険な状態ですが，自立運転は問題のない状態です。整理しておきましょう。

Ⅷ 線路無電圧確認装置，転送遮断装置（解釈第220条8号，9号）

解釈第220条8，9号（分散型電源の系統連系設備に係る用語の定義）

八　**線路無電圧確認装置** 電線路の電圧の有無を確認するための装置

九　**転送遮断装置** 遮断器の遮断信号を通信回線で伝送し，別の構内に設置された遮断器を動作させる装置

Ⅸ 単独運転検出装置（解釈第220条10号，11号）

解釈第220条10，11号（分散型電源の系統連系設備に係る用語の定義）

十　**受動的方式の単独運転検出装置** 単独運転移行時に生じる電圧位相又は周波数等の変化により，単独運転状態を検出する装置

十一　**能動的方式の単独運転検出装置** 分散型電源の有効電力出力又は無効電力出力等に平時から変動を与えておき，単独運転移行時に当該変動に起因して生じる周波数等の変化により，単独運転状態を検出する装置

「**単独運転検出装置**」とは，不足電圧リレー，過電圧リレー，周波数上昇リレー，周波数低下リレー等では検出できないような単独運転状態においても単独運転を検出することができる装置のことであり，検出原理から受動的方式と能動的方式に大別されます。

ひとこと

受動的方式の単独運転検出装置は，単独運転移行時の電圧位相や周波数等の急変を検出する方式であり，この方式は，一般的に高速性に優れていますが，不感帯領域がある点や急激な負荷変動等による頻繁な不要動作を避けることに留意する必要があります。

ひとこと

能動的方式の単独運転検出装置は，平時から発電設備等の出力や周波数等に微小な変動を与えておき，単独運転移行時に顕著となる周波数等の変動を検出する方式であり，この方式は，原理的には不感帯領域がない点で優れていますが，一般に検出に時間がかかること及び，他の能動的方式を採用する発電設備等が同一系統に多数連系されていると，有効に動作しないおそれがある点に留意する必要があります。

X スポットネットワーク受電方式（解釈第220条12号）

解釈第220条12号（分散型電源の系統連系設備に係る用語の定義）

十二 **スポットネットワーク受電方式** 2以上の特別高圧配電線（スポットネットワーク配電線）で受電し，各回線に設置した受電変圧器を介して2次側電路をネットワーク母線で並列接続した受電方式

「スポットネットワーク受電方式」とは，電力会社の変電所から，スポットネットワーク配電線（通常3回線の22 kV又は33 kV配電線）で受電し，各回線に設置された受電変圧器（ネットワーク変圧器という。）を介して二次側をネットワーク母線で並列接続した受電方式をいいます。

XI 二次励磁制御巻線形誘導発電機（解釈第220条13号）

解釈第220条13号（分散型電源の系統連系設備に係る用語の定義）

十三 **二次励磁制御巻線形誘導発電機** 二次巻線の交流励磁電流を周波数制御することにより可変速運転を行う巻線形誘導発電機

問題集 問題30

3 一般送配電事業者との間の電話設備の施設 重要度★★☆

解釈第225条では，高圧又は特別高圧の電力系統に分散型電源を連系する場合に，分散型電源設置者の構内事故又は系統側の事故等により，連系用遮断器が動作した場合等において，一般送配電事業者と分散型電源設置者との間で迅速かつ的確な情報連絡を行う必要があることから，分散型電源設置者の技術員駐在箇所等と一般送配電事業者の事業所等との間に，電話設備を設置することを定めています。

解釈第225条（一般送配電事業者との間の電話設備の施設）

高圧又は特別高圧の電力系統に分散型電源を連系する場合（スポットネットワーク受電方式で連系する場合を含む。）は，分散型電源設置者の技術員駐在箇所等と電力系統を運用する一般送配電事業者の営業所等との間に，次の各号のいずれかの電話設備を施設すること。

一　電力保安通信用電話設備

二　電気通信事業者の専用回線電話

三　次に適合する場合は，一般加入電話又は携帯電話等

イ　高圧又は35,000 V以下の特別高圧で連系する場合（スポットネットワーク受電方式で連系する場合を含む。）であること。

ロ　一般加入電話又は携帯電話等は，次に適合するものであること。

（イ）　分散型電源設置者側の交換機を介さずに直接技術員との通話が可能な方式（交換機を介する代表番号方式ではなく，直接技術員駐在箇所へつながる単番方式）であること。

（ロ）　話中の場合に割り込みが可能な方式であること。

（ハ）　停電時においても通話可能なものであること。

ハ　災害時等において通信機能の障害により当該一般送配電事業者と連絡が取れない場合には，当該一般送配電事業者との連絡が取れるまでの間，分散型電源設置者において発電設備等の解列又は運転を停止すること。

ひとこと

一般送配電事業者と分散型電源設置者との間には，基本的に電力保安通信用電話設備又は電気通信事業者の専用回線電話を施設しますが，一定の条件を満たすことにより，これらに代わる電話設備を施設することができます。

4 電力系統に分散型電源を連系する場合の施設要件 重要度★★☆

Ⅰ 低圧連系時の施設要件（解釈第226条）

解釈第226条では，低圧の電力系統に分散型電源を連系する場合の要件を定めており，特に同条1項では，単相3線式の系統に分散型電源を連系する場合における過電流遮断器の要件について定めています。

このようなケースでは，負荷の不平衡と発電電力の逆潮流によって中性線に負荷線以上の過電流が生じ，中性線に過電流検出素子がないと過電流の検出ができない場合があるため，負荷及び分散型電源の並列点よりも系統側に3極に過電流引き外し素子を有する遮断器を設置する必要があります。

解釈第226条（低圧連系時の施設要件）

単相3線式の低圧の電力系統に分散型電源を連系する場合において，負荷の不平衡により中性線に最大電流が生じるおそれがあるときは，分散型電源を施設した構内の電路であって，負荷及び分散型電源の並列点よりも系統側に，3極に過電流引き外し素子を有する遮断器を施設すること。

2 低圧の電力系統に逆変換装置を用いずに分散型電源を連系する場合は，逆潮流を生じさせないこと。

板書 低圧連系時の施設要件

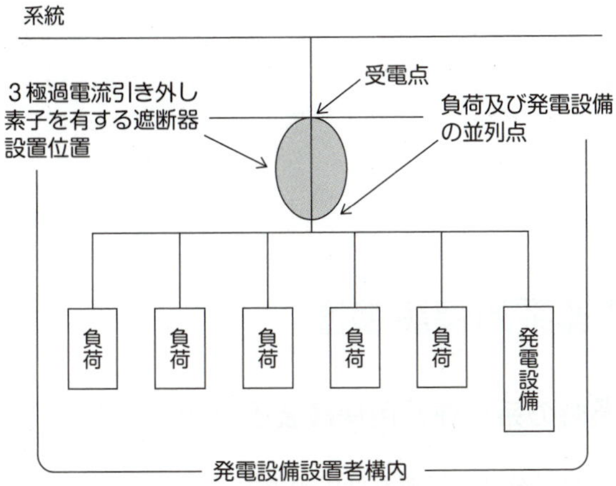

出典：『電気設備の技術基準の解釈の解説』226.1図

ひとこと

分散型電源の接続状態が常に中性線に負荷線以上の過電流が生じないような場合には，3極に過電流引き外し素子を有する遮断器を設置しなくてもよいです。

II 高圧連系時の施設要件（解釈第228条）

解釈第228条では，高圧の電力系統に分散型電源を連系する場合の要件として，配電用変電所におけるバンク単位での逆潮流の制限について定めています。

解釈第228条（高圧連系時の施設要件）

高圧の電力系統に分散型電源を連系する場合は，分散型電源を連系する配電用変電所の配電用変圧器において，逆向きの潮流を生じさせないこと。ただし，当該配電用変電所に保護装置を施設する等の方法により分散型電源と電力系統との協調をとることができる場合は，この限りではない。

5 系統連系用保護装置

重要度★★☆

I 低圧連系時の系統連系用保護装置（解釈227条）

解釈227条では，分散型電源を低圧の電力系統に連系する場合に，電力系統との間でとるべき保護協調の基本的な考え方について定めています。

解釈第227条1項（低圧連系時の系統用保護装置）より抜粋

低圧の電力系統に分散型電源を連系する場合は，次の各号により，異常時に分散型電源を自動的に解列するための装置を施設すること。

一　次に掲げる異常を保護リレー等により検出し，分散型電源を自動的に解列すること。

イ　分散型電源の異常又は故障

ロ　連系している電力系統の短絡事故，地絡事故又は高低圧混触事故

ハ　分散型電源の単独運転又は逆充電

二　一般送配電事業者が運用する電力系統において再閉路が行われる場合は，当該再閉路時に，分散型電源が当該電力系統から解列されていること。

三　保護リレー等は，次によること。

イ　227-1表に規定する保護リレー等を受電点その他異常の検出が可能な場所に設置すること。

277-1表

<table>
<tr><th colspan="2">保護リレー等</th><th colspan="2">逆変換装置を用いて連系する場合</th><th>逆変換装置を用いずに連系する場合</th></tr>
<tr><th>検出する異常</th><th>種類</th><th>逆潮流有りの場合</th><th>逆潮流無しの場合</th><th>逆潮流無しの場合</th></tr>
<tr><td>発電電圧異常上昇</td><td>過電圧リレー</td><td>○※1</td><td>○※1</td><td>○※1</td></tr>
<tr><td>発電電圧異常低下</td><td>不足電圧リレー</td><td>○※1</td><td>○※1</td><td>○※1</td></tr>
<tr><td rowspan="2">系統側短絡事故</td><td>不足電圧リレー</td><td>○※2</td><td>○※2</td><td>○※5</td></tr>
<tr><td>短絡方向リレー</td><td></td><td></td><td>○※6</td></tr>
<tr><td>系統側地絡事故・高低圧混触事故（間接）</td><td>単独運転検出装置</td><td rowspan="2">○※3</td><td rowspan="3">○※4</td><td>○※7</td></tr>
<tr><td rowspan="6">単独運転又は逆充電</td><td>単独運転検出装置</td><td></td></tr>
<tr><td>逆充電検出機能を有する装置</td><td></td><td></td></tr>
<tr><td>周波数上昇リレー</td><td>○</td><td></td><td></td></tr>
<tr><td>周波数低下リレー</td><td>○</td><td>○</td><td>○</td></tr>
<tr><td>逆電力リレー</td><td></td><td>○</td><td>○※8</td></tr>
<tr><td>不足電力リレー</td><td></td><td></td><td>○※9</td></tr>
</table>

※1：分散型電源自体の保護用に設置するリレーにより検出し，保護できる場合は省略できる。

※2：発電電圧異常低下検出用の不足電圧リレーにより検出し，保護できる場合は省略できる。

※3：受動的方式及び能動的方式のそれぞれ1方式以上を含むものであること。系統側地絡事故・高低圧混触事故（間接）については，単独運転検出用の受動的方式等により保護すること。

※4：逆潮流有りの分散型電源と逆潮流無しの分散型電源が混在する場合は，単独運転検出装置を設置すること。逆充電検出機能を有する装置は，不足電圧検出機能及び不足電力検出機能の組み合わせ等により構成されるもの，単独運転検出装置は，受動的方式及び能動的方式のそれぞれ1方式以上を含むものであること。系統側地絡事故・高低圧混触事故（間接）については，単独運転検出用の受動的方式等により保護すること。

※5：誘導発電機を用いる場合は，設置すること。発電電圧異常低下検出用の不足電圧リレーにより検出し，保護できる場合は省略できる。

※6：同期発電機を用いる場合は，設置すること。発電電圧異常低下検出用の不足電圧リレー又は過電流リレーにより，系統側短絡事故を検出し，保護できる場合は省略できる。

※7：高速で単独運転を検出し，分散型電源を解列することのできる受動的方式のものに限る。

※8：※7に示す装置で単独運転を検出し，保護できる場合は省略できる。

※9：分散型電源の出力が，構内の負荷より常に小さく，※7に示す装置及び逆電力リレーで単独運転を検出し，保護できる場合は省略できる。この場合には，※8は省力できない。

（備考）
1．○は，該当することを示す。
2．逆潮流無しの場合であっても，逆潮流有りの条件で保護リレー等を設置することができる。

問題集 問題31

Ⅱ 高圧連系時の系統連系用保護装置（解釈229条）

解釈第229条では，分散型電源を高圧の電力系統に連系する際に，電力系統との間でとるべき保護協調の基本的な考え方について定めています。

解釈第229条（高圧連系時の系統連系用保護装置）より抜粋

高圧の電力系統に分散型電源を連系する場合は，次の各号により，異常時に分散型電源を自動的に解列するための装置を施設すること。

一　次に掲げる異常を保護リレー等により検出し，分散型電源を自動的に解列すること。

イ　分散型電源の異常又は故障

ロ　連系している電力系統の短絡事故又は地絡事故

ハ　分散型電源の単独運転

二　一般送配電事業者が運用する電力系統において再閉路が行われる場合は，当該再閉路時に，分散型電源が当該電力系統から解列されていること。

四　分散型電源の解列は，次によること。

イ　次のいずれかで解列すること。

（イ）　受電用遮断器

（ロ）　分散型電源の出力端に設置する遮断器又はこれと同等の機能を有する装置

（ハ）　分散型電源の連絡用遮断器

（ニ）　母線連絡用遮断器

ロ　前号ロの規定により複数の相に保護リレーを設置する場合は，いずれかの相で異常を検出した場合に解列すること。

CHAPTER 04

電気設備技術基準（計算）

CHAPTER 04

電気設備技術基準(計算)

CH03で学んだ技術基準について，電線のたるみの長さや，受ける風圧，事故が生じたときの電流の大きさなどの計算方法について学びます。

このCHAPTERで学習すること

SECTION 01 法令の計算

- 電線のたるみ
- 支線の張力
- 風圧荷重
- B種接地工事・D種接地工事
- 電路の絶縁
- 低圧電路の絶縁性能
- 絶縁耐力試験
- 絶縁電線の許容電流

電技などで定められている各種の計算方法について学びます。

傾向と対策

出題数

2～4問程度／16問中

・計算問題中心

	H22	H23	H24	H25	H26	H27	H28	H29	H30	R1
法令の計算	5	0	3	2	2	4	2	2	2	2

ポイント

試験は計算問題が中心ですが，出題のパターンはほとんど変わりません。各種の数値を，表を参照しながら正確に覚え，過去問を繰り返し解いて，計算に慣れることを意識しましょう。

SECTION 01

法令の計算

このSECTIONで学習すること

1 電線のたるみ

電線のたるみや許容引張荷重の計算方法について学びます。

2 支線の張力

電柱などが傾くのを防止する支線の張力や許容引張荷重の計算方法について学びます。

3 風圧荷重

風圧荷重の種類や計算方法について学びます。

4 B種接地工事・D種接地工事

B種接地工事やD種接地工事について学びます。

5 電路の絶縁

電路の絶縁について学びます。

6 低圧電路の絶縁性能

低圧電路の絶縁性能と，絶縁抵抗の計算方法について学びます。

7 絶縁耐力試験

絶縁耐力試験や試験電圧について学びます。

8 絶縁電線の許容電流

絶縁電線の許容電流の計算方法について学びます。

1 電線のたるみ

重要度★★★

I 電線のたるみ

電線を鉄塔や電柱の間に張る場合，電線の重力により**たるみ**が生じます。たるみを小さくするためには，電線を強く引っ張る必要がありますが，夏は電線が伸び，冬は電線が縮むため，夏に電線を強く張ると冬に電線が切れるおそれがあります。逆に，弱く張ると，だらんとぶら下がって人や建物に触れてしまうおそれがあります。

電技第6条（電線等の断線の防止）

電線，支線，架空地線，弱電流電線等（弱電流電線及び光ファイバケーブルをいう。以下同じ。）その他の電気設備の保安のために施設する線は，通常の使用状態において断線のおそれがないように施設しなければならない。

電線の中央部のたるみ（**弛度**（ちど））は，次の式で求めることができます。

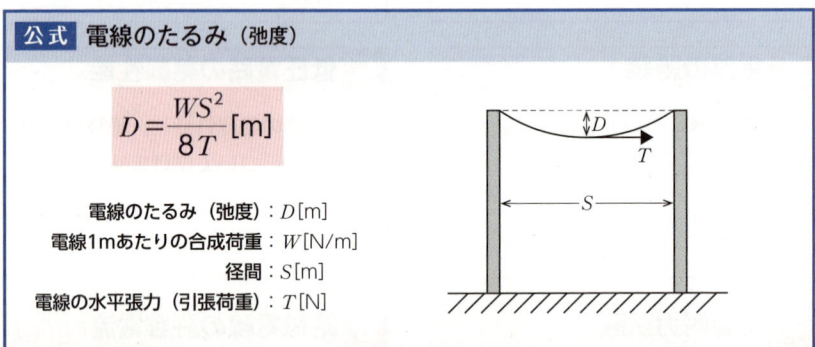

公式 電線のたるみ（弛度）

$$D=\frac{WS^2}{8T}\ [\mathrm{m}]$$

電線のたるみ（弛度）：D[m]
電線1mあたりの合成荷重：W[N/m]
径間：S[m]
電線の水平張力（引張荷重）：T[N]

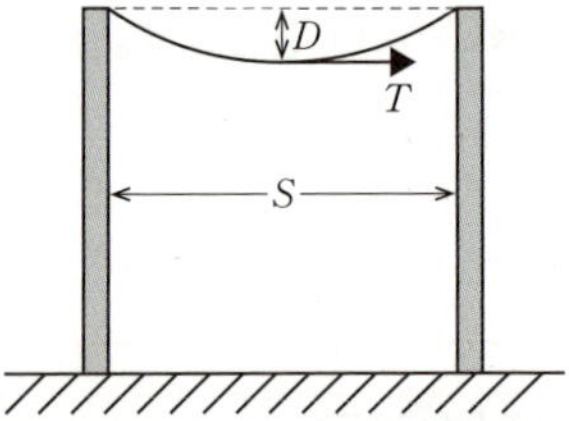

電線の合成荷重（でんせんのごうせいかじゅう）は，電線の自重と風圧荷重，氷雪荷重を考慮したものです。電線の自重と氷雪荷重は垂直方向に，風圧荷重は水平方向にかかります。

公式 電線の合成荷重

$$W=\sqrt{(W_o+W_i)^2+W_w{}^2}\,[\mathrm{N/m}]$$

電線1mあたりの合成荷重：W[N/m]
電線の自重：W_o[N/m]
氷雪荷重：W_i[N/m]
風圧荷重：W_w[N/m]

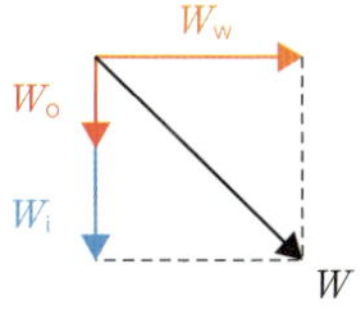

ひとこと
風圧荷重にはいくつか種類があり，詳しくは3で学びます。

II 許容引張荷重

許容引張荷重とは，**引張強さ**を**安全率**で除したものです。

電線の種類によって，どのくらいの強さで引っ張ってよいかという引張強さが決められています。電線を張る場合には，安全を考慮して，引張強さよりも弱い許容引張荷重で電線を張ります。

公式 電線の許容引張荷重

$$許容引張荷重=\frac{引張強さ}{安全率}\,[\mathrm{kN}]$$

安全率は基本的に問題文で与えられますが，与えられない場合は，解釈第66条1項の66-1表の安全率から選択します。電線は，ケーブルである場合を除いて，引張強さに対する安全率が次の表の安全率の値以上となるように張る必要があります。

66-1表

電線の種類	安全率
硬銅線又は耐熱銅合金線	2.2
その他	2.5

ひとこと

安全率2.5とは，最大20 kNがかかる場所に電線を使うときに，その2.5倍の50 kNまで耐えられる電線を使用するということです。安全率が高いほど安全性は高くなりますが，コストも高くなります。

ひとこと

電力 でもこの範囲は出てくるので，公式を覚えておきましょう。

基本例題　電線のたるみと許容引張荷重

両端の高さが同じで径間距離250 mの架空電線路があり，電線の重量と水平風圧の合成荷重が20 N/mであった。電線の引張強さが58.9 kN，安全率が2.2のとき，以下の値を求めなさい。

(a) 電線の許容引張荷重

(b) 電線の弛度

解答

(a) 許容引張荷重の公式より，

$$許容引張荷重=\frac{引張強さ}{安全率}=\frac{58.9}{2.2}\fallingdotseq 26.8\ \mathrm{kN}$$

よって，許容引張荷重は26.8 kNとなる。

(b) 電線のたるみの公式より，

$$D=\frac{WS^2}{8T}[\mathrm{m}]$$

$$=\frac{20\times 250^2}{8\times 26.8\times 10^3}\fallingdotseq 5.83\ \mathrm{m}$$

よって，電線のたるみは5.83 mとなる。

問題集 問題32

2 支線の張力

重要度★★☆

I 支線の張力

支線（しせん）は，電線の張力の方向と逆方向に張り，電柱などの支持物が傾いたり，倒れたりするのを防止します。

支線の張力（引張荷重）は，電線の水平張力と等しくなるような式を立てて求めます（力の釣り合い）。

公式 電線の水平張力と支線の張力（引張荷重）の関係①
（取り付け高さが等しい&取り付け角がわかっているとき）

$$P = T\sin\theta \ \text{[N]}$$

電線の水平張力：P[N]
支線の張力（引張荷重）：T[N]
支線の角度：θ[°]

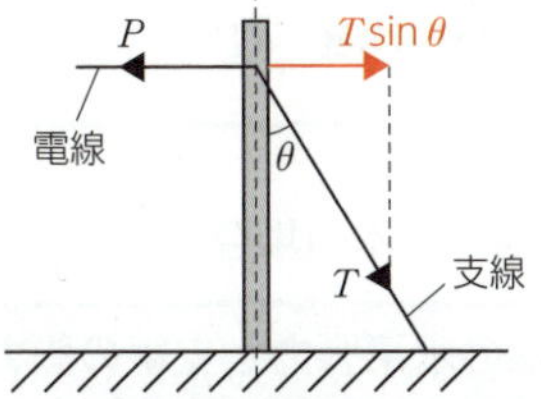

公式 電線の水平張力と支線の張力（引張荷重）の関係②
（取り付け高さが等しい&取り付け高さと支線の根開きがわかっているとき）

$$P = T\frac{\ell}{\sqrt{h^2+\ell^2}} \ \text{[N]}$$

電線の水平張力：P[N]
支線の張力（引張荷重）：T[N]
取り付け高さ：h[m]
支線の根開き：ℓ[m]
支線の長さ：$\sqrt{h^2+\ell^2}$[m]

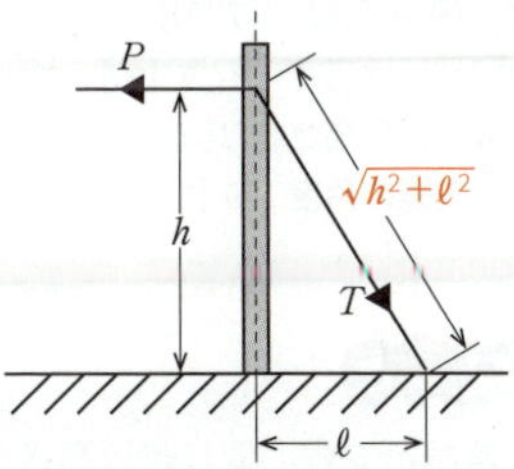

ひとこと

公式②の$\dfrac{\ell}{\sqrt{h^2+\ell^2}}$は$\dfrac{\text{対辺}}{\text{斜辺}}$，つまり$\sin\theta$です。したがって，片方の公式を覚えておけば，もう片方の公式を導くことが可能です。

公式①と公式②は，電線の取り付け高さと支線の取り付け高さが等しい場合にのみ適用できる公式です。

電線の取り付け高さと支線の取り付け高さが異なる場合は，電柱の根元からのモーメント（力×距離）の釣り合いより，次の公式を適用します。

公式　電線の水平張力と支線の張力（引張荷重）の関係③（取り付け高さが異なる場合（電線1本））

$$Ph = TH\sin\theta \ [\mathrm{N \cdot m}]$$

電線の水平張力：P[N]
支線の張力（引張荷重）：T[N]
電線の取り付け高さ：h[m]
支線の取り付け高さ：H[m]
支線の角度：θ[°]

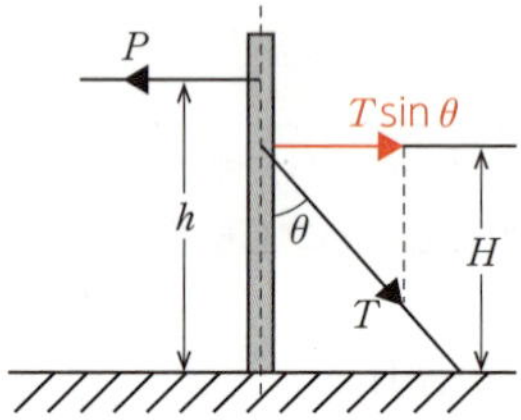

また，電線が2本の場合は，公式③の左辺にモーメントを加えます。

公式　電線の水平張力と支線の張力（引張荷重）の関係④（取り付け高さが異なる場合（電線2本））

$$P_1h_1 + P_2h_2 = TH\sin\theta \ [\mathrm{N \cdot m}]$$

電線の水平張力：P_1, P_2[N]
支線の張力（引張荷重）：T[N]
電線の取り付け高さ：h_1, h_2[m]
支線の取り付け高さ：H[m]
支線の角度：θ[°]

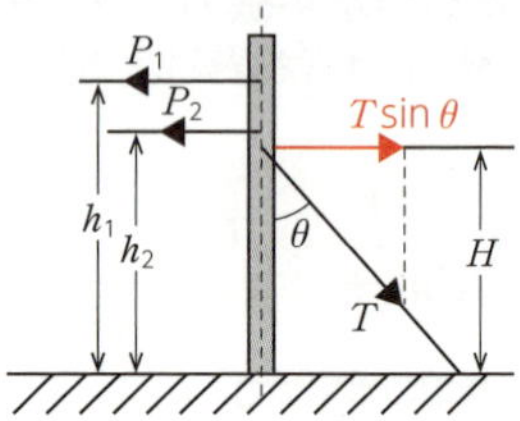

ひとこと

電線と支線の取り付け高さが等しい場合は力の釣り合いを，異なる場合はモーメントの釣り合いを考えると，万が一公式を忘れてしまっても解くことができます。電力でもこの範囲は出てくるので，公式を覚えておきましょう。

Ⅱ 支線の許容引張荷重

支線を使うときは，次の規定を満たす必要があります。

解釈第61条1項（支線の施設方法及び支柱による代用）

架空電線路の支持物において，この解釈の規定により施設する支線は，次の各号によること。

一　支線の引張強さは，10.7 kN（第62条及び第70条第3項の規定により施設する支線にあっては，6.46 kN）以上であること。

二　支線の安全率は，2.5（第62条及び第70条第3項の規定により施設する支線にあっては，1.5）以上であること。

三　支線により線を使用する場合は次によること。

イ　素線を3条以上より合わせたものであること。

ロ　素線は，直径が2 mm以上，かつ，引張強さが0.69 kN/mm^{2}以上の金属線であること。

四　支線を木柱に施設する場合を除き，地中の部分及び地表上30 cmまでの地際部分には耐食性のあるもの又は亜鉛めっきを施した鉄棒を使用し，これを容易に腐食し難い根かせに堅ろうに取り付けること。

五　支線の根かせは，支線の引張荷重に十分耐えるように施設すること。

ひとこと

「支持物」とは，木柱，鉄柱，鉄筋コンクリート柱及び鉄塔並びにこれらに類する工作物であって，電線又は弱電流電線もしくは光ファイバーケーブルを支持することを主たる目的とするものをいいます（電技第1条15号）。

「第62条の規定」とは，「高圧又は特別高圧の架空電線路の支持物として使用する木柱，A種鉄筋コンクリート柱又はA種鉄柱」のことです。

支線の張力Tは，安全を考慮して支線の許容引張荷重以下にしなければなりません。

支線の許容引張荷重は，次の式によって求めることができます。

公式 支線の許容引張荷重

$$\text{許容引張荷重}=\frac{\text{素線の条数}\times\text{素線1条あたりの引張強さ}}{\text{安全率}}[\mathrm{kN}]$$

$$=\frac{\text{支線の引張強さ}}{\text{安全率}}[\mathrm{kN}]$$

ひとこと

支線の安全率は重要なので覚えましょう。試験では，A種鉄筋コンクリート柱（安全率1.5）がよく出題されています。

基本例題 取り付け高さが等しい場合の支線の張力と引張強さ

次のようなA種鉄筋コンクリート柱に電線と支線が取り付けられている。支線には亜鉛めっき鋼より線を用い，素線は直径2.3 mm，引張強さ1.23 kN/mm^{2}のとき，以下の値を求めなさい。

(a) 支線の張力

(b) 支線の素線の必要最少条数

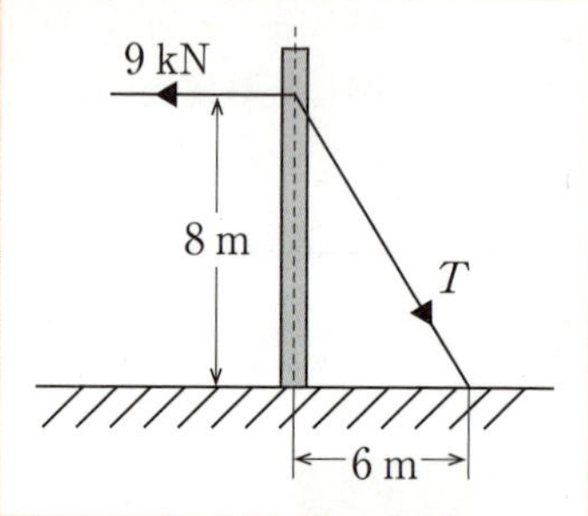

解答

(a) この問題では，電線と支線の取り付け高さが等しく，取り付け角は不明であるが，取り付け高さと電柱と支線との距離がわかっているため，公式②を使って解く。

$$P=T\frac{\ell}{\sqrt{h^2+\ell^2}}[\mathrm{N}]$$

$$9\times10^3=T\times\frac{6}{\sqrt{8^2+6^2}}$$

$$T = 9 \times 10^3 \times \frac{\sqrt{8^2 + 6^2}}{6} = 15 \times 10^3 \text{ N}$$

よって，支線の張力は15 kNとなる。

(b)　支線の素線の必要最少条数は，許容引張荷重を求める式より，

$$許容引張荷重 = \frac{素線の条数 \times 素線1条あたりの引張強さ}{安全率}$$

素線1条あたりの引張強さは，

$$\frac{\pi}{4} \times 2.3^2 \times 1.23 \times 10^3 \fallingdotseq 5.11 \text{ kN}$$

安全率は解釈第61条1項2号より1.5，許容引張荷重＝張力なので，各値を許容引張荷重を求める式に代入すると，

$$15 \times 10^3 = \frac{素線の条数 \times 5.11 \times 10^3}{1.5}$$

$$素線の条数 = \frac{1.5 \times 15 \times 10^3}{5.11 \times 10^3} \fallingdotseq 4.4$$

素線の条数は，整数である必要があるため，4.4以上の最小の整数を選ぶ。

よって，支線の素線の必要最少条数は，5となる。

基本例題　**取り付け高さが異なる場合の支線の張力と引張強さ**

次のようなA種鉄筋コンクリート柱に電線と支線が取り付けられているとき，次の値を求めなさい。ただし，支線の安全率は1.5とする。

(a)　支線の張力

(b)　支線に要求される引張強さの最小の値

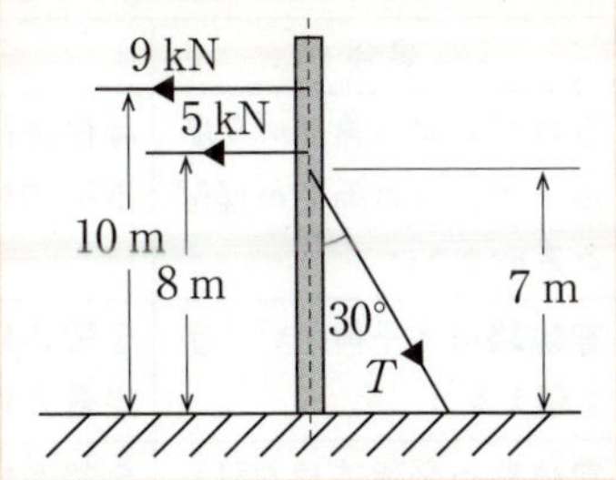

解答

(a)　この問題では，電線と支線の取り付け高さが異なり，電線が2本であるため，公式④を使って解く。

$$P_1 h_1 + P_2 h_2 = TH\sin\theta \ [\text{N·m}]$$

$$9 \times 10 + 5 \times 8 = T \times 7 \times \sin 30°$$

$$T=\frac{(9\times 10+5\times 8)}{7\times\frac{1}{2}}\fallingdotseq 37.1\ \mathrm{kN}$$

よって，支線の張力は37.1 kNとなる。

(b) 支線の許容引張荷重（張力）の式より，

支線の引張強さ＝許容引張荷重×安全率

＝37.1×1.5＝55.7 kN

よって，支線に要求される引張強さの最小の値は55.7 kNとなる。

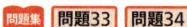

問題集 問題33 問題34

Ⅲ 支線の規定

解釈第62条は，高圧又は特別高圧の架空電線路の支持物として使用する木柱，A種鉄筋コンクリート柱又はA種鉄柱における支線の施設方法について書かれています。表にまとめると，次のようになります。

板書 支線の規定

場合	強度	支線の施設箇所
電線路の水平角度が5度以下で，柱の両側の径間の差が大きい	両側の径間の差により生ずる不平均張力による水平力	電線路に平行な方向の両側に施設
電線路の水平角度が5度を超える	全架渉線につき各架渉線の想定最大張力による水平横分力	（特に規定なし）
電線路の全架渉線を引き留める箇所	全架渉線につき各架渉線の想定最大張力に等しい不平均張力による水平力	電線路の方向に施設

また，支線を安全に施設するために，いろいろな規定があります。

支線の高さについて，電技第25条2項において，次のように定められています。

電技第25条2項（架空電線等の高さ）

支線は，交通に支障を及ぼすおそれがない高さに施設しなければならない。

具体的には，解釈第61条2項において定められています。簡単にまとめると，次のようになります。

道路を横断して施設する支線の高さ	路面からの高さ
原則	5 m以上
技術上やむを得ない場合で，かつ，交通に支障を及ぼすおそれがないとき	4.5 m以上
歩行の用にのみ供する部分	2.5 m以上

ひとこと

電線と接触するおそれのある支線は，その上部にがいしを挿入する必要があります（解釈第61条3項）。

ひとこと

架空電線路の支持物に施設する支線は，これと同等以上の効力のある支柱で代えることができます（解釈第61条4項）。

3 風圧荷重

重要度★★☆

I 風圧荷重の種類

架空電線路やその支持物は，電線の引張荷重や10分間平均で風速40 m/sの風圧荷重などで倒壊しないようにする必要があります。

電技第32条1項より抜粋（支持物の倒壊の防止）

架空電線路又は架空電車線路の支持物の材料及び構造（支線を施設する場合は，当該支線に係るものを含む。）は，その支持物が支持する電線等による引張荷重，10分間平均で**風速40 m/秒の風圧荷重**及び当該設置場所において通常想定される地理的条件，気象の変化，振動，衝撃その他の外部環境の影響を考慮し，倒壊のおそれがないよう，安全なものでなければならない。

強度計算に用いる**風圧荷重**（ふうあつかじゅう）には，甲種，乙種，丙種，着雪時風圧荷重（ちゃくせつじふうあつかじゅう）の4種類が定められています。解釈第58条1項1号イを簡単にまとめると次のようになります。

甲種風圧荷重	構成材の垂直投影面に加わる圧力を基礎として計算したもの，または，風速40 m/s以上を想定した風洞実験に基づく値より計算したもの 58-1表の風圧[Pa]（電線の場合980 Pa）
乙種風圧荷重	架渉線の周囲に厚さ6 mm，比重0.9の氷雪が付着した状態に対し，甲種風圧荷重の0.5倍を基礎として計算したもの 甲種風圧荷重[Pa]×0.5
丙種風圧荷重	甲種風圧荷重の0.5倍を基礎として計算したもの 甲種風圧荷重[Pa]×0.5
着雪時風圧荷重	架渉線の周囲に比重0.6の雪が同心円状に付着した状態に対し，甲種風圧荷重の0.3倍を基礎として計算したもの 甲種風圧荷重[Pa]×0.3

問題集 問題35

垂直投影面積（すいちょくとうえいめんせき）とは，電線の外径×長さのことで，垂直面に対する構成材（電線）の投影面積のことです。

乙種風圧荷重のときは，氷雪（ひょうせつ）を考慮し，電線の外径に氷雪の厚さ6 mm × 2を足して垂直投影面積を計算します。

板書 垂直投影面積

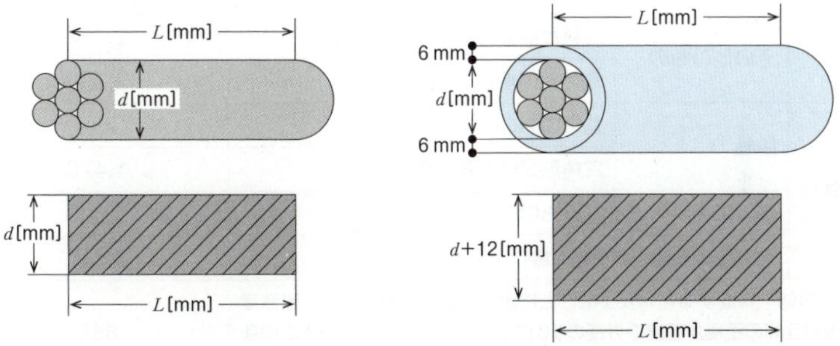

甲種風圧荷重の垂直投影面積　　乙種風圧荷重の垂直投影面積

解釈第58条1号イ58-1表

<table>
<tr><td colspan="4">風圧を受けるものの区分</td><td>構成材の垂直投影面に加わる圧力［Pa］</td></tr>
<tr><td rowspan="12">支持物</td><td colspan="3">木柱</td><td>780</td></tr>
<tr><td colspan="2" rowspan="2">鉄筋コンクリート柱</td><td>丸形のもの</td><td>780</td></tr>
<tr><td>その他のもの</td><td>1,180</td></tr>
<tr><td rowspan="5">鉄柱</td><td colspan="2">丸形のもの</td><td>780</td></tr>
<tr><td colspan="2">三角形又はひし形のもの</td><td>1,860</td></tr>
<tr><td colspan="2">鋼管により構成される四角形のもの</td><td>1,470</td></tr>
<tr><td rowspan="2">その他のもの</td><td>腹材が前後面で重なる場合</td><td>2,160</td></tr>
<tr><td>その他の場合</td><td>2,350</td></tr>
<tr><td rowspan="4">鉄塔</td><td rowspan="2">単柱</td><td>丸形のもの</td><td>780</td></tr>
<tr><td>六角形又は八角形のもの</td><td>1,470</td></tr>
<tr><td colspan="2">鋼管により構成されるもの（単柱を除く。）</td><td>1,670</td></tr>
<tr><td colspan="2">その他のもの（腕金類を含む。）</td><td>2,840</td></tr>
<tr><td rowspan="2">架渉線</td><td colspan="3">多導体（構成する電線が2条ごとに水平に配列され，かつ，当該電線相互間の距離が電線の外径の20倍以下のものに限る。以下この条において同じ。）を構成する電線</td><td>880</td></tr>
<tr><td colspan="3">その他のもの</td><td>980</td></tr>
<tr><td colspan="4">がいし装置（特別高圧電線路用のものに限る。）</td><td>1,370</td></tr>
<tr><td colspan="2" rowspan="2">腕金類（木柱，鉄筋コンクリート柱及び鉄柱（丸形のものに限る。）に取り付けるものであって，特別高圧電線路用のものに限る。）</td><td colspan="2">単一材として使用する場合</td><td>1,570</td></tr>
<tr><td colspan="2">その他の場合</td><td>2,160</td></tr>
</table>

ひとこと

出題は電線の風圧荷重がほとんどなので，甲種風圧荷重は980 Paと覚えてしまって構いません。58-1表をすべて覚える必要はありません。

ひとこと

「架渉線」とは，「架空電線，架空地線，ちょう架用線又は添架通信線等のもの」をいいます（解釈第1条38号）。

Ⅱ 風圧荷重の適用区分

季節によって風の強さは変わり，また，雪が電線に積もるかどうかによっても電線にかかる風圧荷重は変わります。

そのため，どの風圧荷重を適用するかは，高温季・低温季，氷雪が多い・少ないなどの条件によって定められています。解釈第58条1項1号ロの58-2表をまとめると，次のようになります。

季節	地方		適用する風圧荷重
高温季	全ての地方		甲種
低温季	氷雪が多い地方以外		丙種
	氷雪が多い	海岸地その他の低温季に最大風圧を生じる地方	甲種と乙種のいずれか大きいもの
		上記以外	乙種

ただし，異常着雪時想定荷重の計算は，58-2表にかかわらず着雪時風圧荷重を適用します。

また，人家(じんか)が多く連なっている場所では，人家によって風の勢いが弱まるため，58-2表にかかわらず，丙種風圧荷重を適用することができる場合があります。

解釈第58条1項1号ハ（架空電線路の強度検討に用いる荷重）

人家が多く連なっている場所に施設される架空電線路の構成材のうち，次に掲げるものの風圧荷重については，ロの規定にかかわらず甲種風圧荷重又は乙種風圧荷重に代えて丙種風圧荷重を適用することができる。

(イ) 低圧または高圧の架空電線路の支持物及び架渉線

(ロ) 使用電圧が35,000 V以下の特別高圧架空電線路であって，電線に特別高圧絶縁電線又はケーブルを使用するものの支持物，架渉線並びに特別高圧架空電線を支持するがいし装置及び腕金類

ひとこと

簡略化した58-2表はしっかりと覚えましょう。

基本例題　風圧荷重

氷雪の多い地方のうち，海岸地その他の低温季に最大風圧を生ずる地方以外の地方において，図のような電線を使用する特別高圧架空電線路がある。この電線1条，長さ1 m当たりに加わる水平風圧荷重の値を求めなさい。ただし，乙種風圧荷重では厚さ6 mmの氷雪が付着するものとする。

(a)　高温季

(b)　低温季

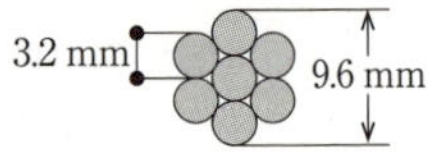

解答

(a)　高温季においては，58-2表より，すべての地方において甲種風圧荷重を適用する。58-1表より，甲種風圧荷重は電線の場合980 Paである。

垂直投影面積は，電線の外径×長さで求める。

垂直投影面積＝$9.6\times10^{-3}\times1=9.6\times10^{-3}$ m^2

垂直投影面積9.6×10^{-3} m^{2}当たりの水平風圧荷重は，

水平風圧荷重＝$980\times9.6\times10^{-3}\fallingdotseq9.41$ N

したがって，高温季における電線1条，長さ1 m当たりの水平風圧荷重は9.41 Nである。

(b)　低温季においては，58-2表より，乙種風圧荷重を適用する。

乙種風圧荷重は，甲種風圧荷重×0.5で求める。(a)より，乙種風圧荷重は490 Paと求められる。

厚さ6 mmの氷雪が付着した場合の垂直投影面積は，右図より，

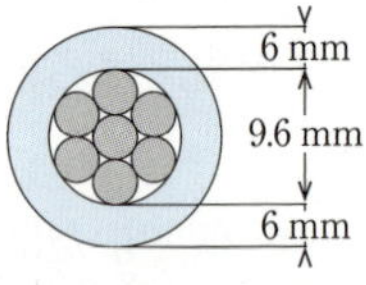

垂直投影面積＝$(9.6+6\times2)\times10^{-3}\times1$

＝21.6×10^{-3} m^2

垂直投影面積21.6×10^{-3} m^{2}当たりの水平風圧荷重は，

水平風圧荷重＝$490\times21.6\times10^{-3}\fallingdotseq10.58$ N

したがって，低温季における電線1条，長さ1 m当たりの水平風圧荷重は10.58 Nである。

問題集　問題36　問題37　問題38　問題39

4 B種接地工事・D種接地工事

重要度★★☆

I B種接地工事とは

B種接地工事とは，高圧又は特別高圧と低圧との混触による設備の損傷や火災，感電などの危険を防止するために施す接地工事です。

接地工事を施す箇所については，次のように規定されています。

解釈第24条1項1号（高圧又は特別高圧と低圧との混触による危険防止施設）

次のいずれかの箇所に接地工事を施すこと。

イ　低圧側の中性点

ロ　低圧電路の使用電圧が300 V以下の場合において，接地工事を低圧側の中性点に施し難いときは，低圧側の１端子

ハ　低圧電路が非接地である場合においては，高圧巻線又は特別高圧巻線と低圧巻線との間に設けた金属製の混触防止板

混触事故が起きると電位上昇（1線地絡電流 I_g × 接地抵抗）が発生しますが，安全のために低圧電路の対地電圧には上限が定められています。この上限値を1線地絡電流で割ったものが，B種接地工事の接地抵抗値の上限として定められています（オームの法則）。

解釈第17条2項1号の17-1表をまとめると，次のようになります。

変圧器の種類	混触により対地電圧が異常上昇した場合の電路の遮断時間	低圧電路の対地電圧の上限[V]	接地抵抗値の上限[Ω]
下記以外		150	$\frac{150}{I_g}$
高圧又は35,000 V以下の特別高圧の電路と低圧電路を結合するもの	1秒を超え2秒以下	300	$\frac{300}{I_g}$
	1秒以下	600	$\frac{600}{I_g}$

ひとこと

低圧側に高い電圧が侵入しても，短時間であれば絶縁破壊が起きにくいため，遮断時間によって電圧の上限が緩和されています。

Ⅱ 1線地絡電流

1線地絡電流I_gは，実測値または次の計算式によって計算した値を使います。問題文で与えられるので，以下の公式は覚える必要はありませんが，使い方を覚えておきましょう。

公式　1線地絡電流（中性点非接地式高圧電路）

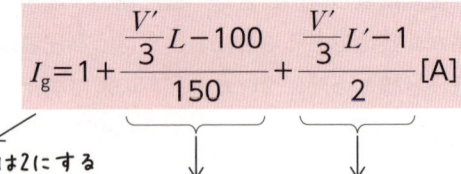

$$I_g = 1 + \frac{\frac{V'}{3}L - 100}{150} + \frac{\frac{V'}{3}L' - 1}{2} \text{[A]}$$

I_g → 2未満の場合は2にする　小数点以下切り上げ

第2項・第3項 → 負となる場合は0にする

I_g[A]　：1線地絡電流
V'[kV]：公称電圧÷1.1
L[km]　：同一母線に接続される高圧電路の**電線延長**（ケーブルを除く）
L'[km]：同一母線に接続される高圧電路の**線路延長**（ケーブルに限る）

電線延長（ケーブルを除く），**線路延長**（ケーブルに限る）の違いは次のようになります。

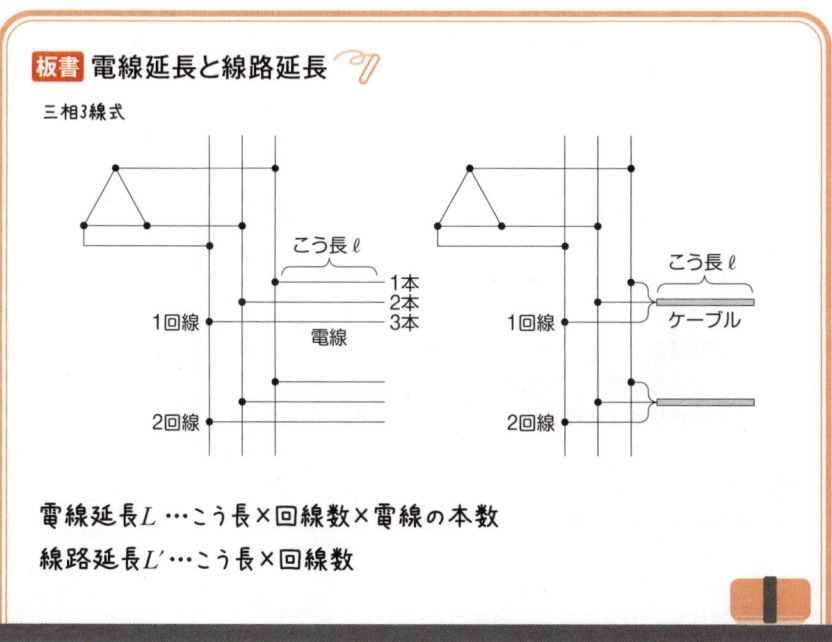

板書 電線延長と線路延長

三相3線式

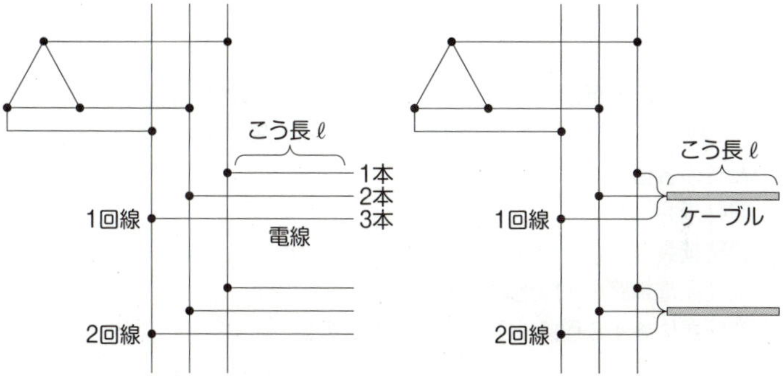

電線延長L…こう長×回線数×電線の本数

線路延長L'…こう長×回線数

基本例題　

公称電圧6.6 kVの三相3線式中性点非接地方式高圧配電線路があり，高低圧が混触した場合に備えて，変圧器の低圧側にB種接地工事を施す。同一母線に接続される高圧配電線路の内訳は，こう長15 kmの架空配電線路（絶縁電線）が3回線，こう長4.5 kmの地中配電線路（ケーブル）が2回線である。

高圧配電線路の1線地絡電流は次式によって求める。

$$I_g = 1 + \frac{\frac{V'}{3}L - 100}{150} + \frac{\frac{V'}{3}L' - 1}{2} \text{[A]}$$

なお，高圧電路と低圧電路の混触により低圧電路の対地電圧が150 Vを超えた場合に，1秒以内に自動的に高圧電路を遮断する装置が設けられている。

このときの各値を求めなさい。

(a) 電線延長

(b) 線路延長

(c) 高圧配電線路の1線地絡電流

(d) 変圧器に施すB種接地工事の接地抵抗の値

解答

(a) 電線延長Lはこう長×回線数×電線の本数で求める。

$$L = 15 \times 3 \times 3 = 135 \text{ km}$$

(b) 線路延長L'はこう長×回線数で求める。

$$L' = 4.5 \times 2 = 9 \text{ km}$$

(c) まず，1線地絡電流を求める問題文の式中のV'を公称電圧÷1.1で求める。

$$V' = \frac{6.6}{1.1} = 6 \text{ kV}$$

問題文の式にL, L', V'を代入すると，1線地絡電流I_gは，

$$I_g = 1 + \frac{\frac{V'}{3}L - 100}{150} + \frac{\frac{V'}{3}L' - 1}{2}$$

$$= 1 + \frac{\frac{6}{3} \times 135 - 100}{150} + \frac{\frac{6}{3} \times 9 - 1}{2} \fallingdotseq 10.6 \text{ A}$$

規定より小数点以下切り上げなので，1線地絡電流I_gは11 Aとなる。

(d) 混触時，1秒以内に自動的に高圧電路を遮断するので，低圧電路の対地電

圧の上限は600 Vである。よって，接地抵抗値の上限は$\frac{600}{I_g}$で求める。

$$接地抵抗値 = \frac{600}{I_g} = \frac{600}{11} \fallingdotseq 54.5\ \Omega$$

よって，接地抵抗値は54.5 Ω以下とする。

問題集 問題40 問題41

III 金属製外箱に施すD種接地工事

D種接地工事(しゅせっちこうじ)は，感電などの危険を防止するために，300 V以下の低圧用機器の金属製外箱や鉄台に施す接地工事です。

試験では，B種接地抵抗値を求める問題とセットで，対地電圧(たいちでんあつ)やD種接地抵抗値を求める問題がよく出題されています。

板書 対地電圧とD種接地抵抗値

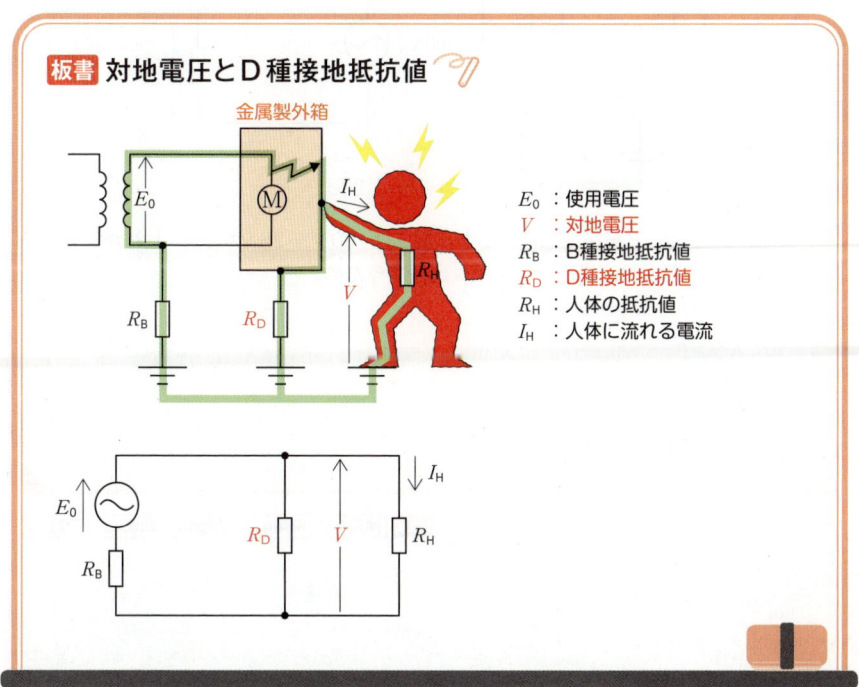

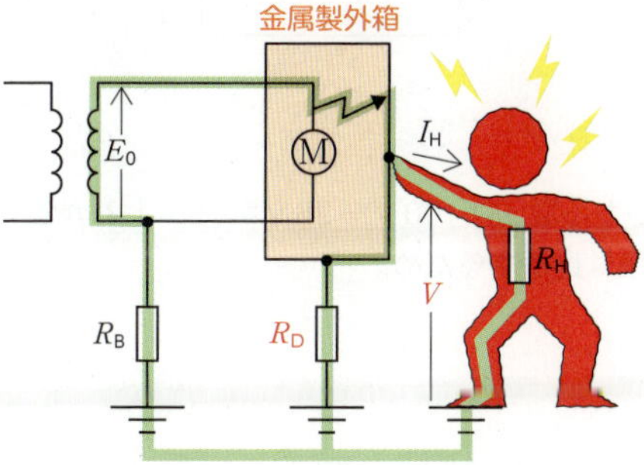

E_0：使用電圧
V：対地電圧
R_B：B種接地抵抗値
R_D：D種接地抵抗値
R_H：人体の抵抗値
I_H：人体に流れる電流

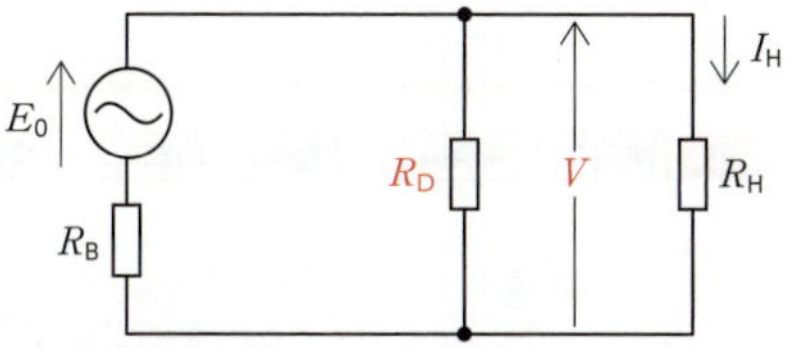

D種接地抵抗値は，原則100 Ω以下としなければなりませんが，地絡時0.5秒以内に電路を自動的に遮断できる場合は，500 Ω以下にすることができます。

基本例題 D種接地抵抗

変圧器によって高圧電路に結合されている使用電圧100 Vの低圧電路があり，変圧器のB種接地抵抗値は75 Ωである。低圧電路に施設された電動機に完全地絡事故が発生した場合の金属製外箱の対地電圧を25 V以下にしたいとき，金属製外箱に施すD種接地抵抗値の上限値を求めなさい。

解答

問題文より等価回路を描くと，図のようになる。

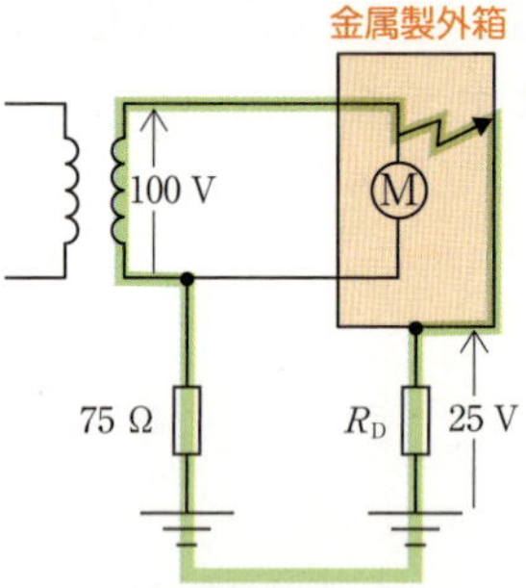

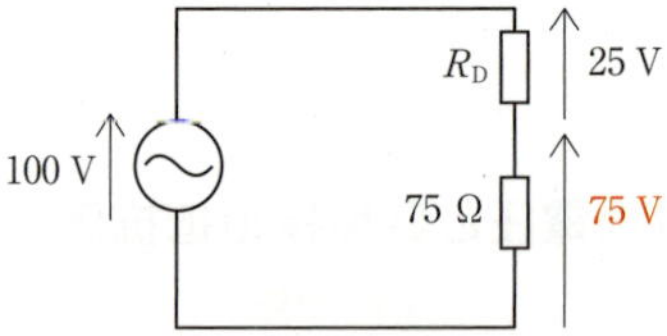

等価回路より，B種接地抵抗にかかる電圧は100 V－25 V＝75 Vとわかる。

オームの法則より，電圧と抵抗値は比例するため，

$$25 : 75 = R_D : 75$$

$$\frac{25}{75} = \frac{R_D}{75}$$

$$R_D = 25\ \Omega$$

よって，D種接地抵抗値は25 Ω以下となる。

問題集 問題42 問題43 問題44 問題45 問題46

5 電路の絶縁

重要度★★★

I 電路の絶縁

電路が十分に絶縁されていない場合，漏れ電流による火災などの危険や電力損失の増加など，様々な障害が生じるため，十分に絶縁しなければなりません。

電技第5条1項（電路の絶縁）

電路は，大地から絶縁しなければならない。ただし，構造上やむを得ない場合であって通常予見される使用形態を考慮し危険のおそれがない場合，又は混触による高電圧の侵入等の異常が発生した際の危険を回避するための接地その他の保安上必要な措置を講ずる場合は，この限りでない。

構造上やむを得ない場合とは，次のようなものをいいます（解釈第13条）。

① 接地工事を施す場合の接地点

② 電路の一部を大地から絶縁せずに電気を使用することがやむを得ないもの

③ 大地から絶縁することが技術上困難なもの

II 電路の絶縁性能

電路の絶縁性能は，低圧の場合は絶縁抵抗（ぜつえんていこう）の大きさで，高圧の場合には絶縁耐力（ぜつえんたいりょく）の大きさで判定します。

機器の絶縁性能については，すべて絶縁耐力の大きさで判定します。

ひとこと

低圧電路の絶縁性能の判定（絶縁抵抗試験）については**6**で，高圧電路や機器の絶縁性能の判定（絶縁耐力試験）については**7**で学習します。

6 低圧電路の絶縁性能

重要度★★★

I 絶縁性能（電気使用場所の低圧電路）

電気使用場所の低圧電路の電線相互間及び電路と大地との間の絶縁抵抗は，開閉器又は過電流遮断器で区切ることのできる電路ごとに，次のように定められています（電技第58条）。

電路の使用電圧の区分		絶縁抵抗値
300 V以下	対地電圧（接地式電路においては電線と大地との間の電圧，非接地式電路においては電線間の電圧）が150 V以下の場合	0.1 MΩ以上
	その他の場合	0.2 MΩ以上
300 Vを超えるもの		0.4 MΩ以上

絶縁抵抗測定が困難な場合には，当該電路の使用電圧が加わった状態における漏えい電流が1 mA以下となるようにする必要があります（解釈第14条1項2号）。

ひとこと

漏えい電流が多いということは，絶縁抵抗が低く，絶縁性能が悪いことを示しています（オームの法則）。絶縁性能を良くするためには，漏えい電流を小さく，絶縁抵抗を大きくします。

II 絶縁抵抗（低圧電線路）

低圧電線路の絶縁抵抗については，次のように定められています。

電技第22条（低圧電線路の絶縁性能）

低圧電線路中絶縁部分の電線と大地との間及び電線の線心相互間の絶縁抵抗は，使用電圧に対する漏えい電流が最大供給電流の2000分の１を超えないようにしなければならない。

「絶縁抵抗は，使用電圧に対する漏えい電流が最大供給電流の2000分の1を超えない」とは，式で表すと次のようになります。

板書 電技第22条

「漏えい電流I_gが　最大供給電流I_mの$\frac{1}{2000}$を超えない」

$$I_g \leqq I_m \times \frac{1}{2000}$$

「使用電圧に対する漏えい電流」　＝　絶縁抵抗

$$\frac{V}{I_g}$$

ひとこと

最大供給電流とは，過負荷などを考慮しない最大の電流のことで，変圧器の二次側の定格電流のことです。

基本例題 絶縁抵抗

定格容量100 kV·A，一次電圧6.6 kV，二次電圧210 Vの三相変圧器に接続された低圧架空電線路において，使用電圧に対する漏えい電流の許容最大値を求めなさい。

解答

使用電圧に対する漏えい電流は，最大供給電流I_mの2000分の1を超えないようにしなければならない。

最大供給電流I_mは変圧器の二次側の定格電流なので，定格容量Pと二次電圧Vによって求める。

$$I_m = \frac{P}{\sqrt{3}V} = \frac{100 \times 10^3}{\sqrt{3} \times 210} \fallingdotseq 275\ \mathrm{A}$$

したがって，使用電圧に対する漏えい電流の許容最大値I_gは，

$$I_g = I_m \times \frac{1}{2000} = 275 \times \frac{1}{2000} \fallingdotseq 0.138\ \mathrm{A}$$

7 絶縁耐力試験

重要度★★★

I 絶縁耐力試験とは

絶縁耐力試験（ぜつえんたいりょくしけん）とは，試験電圧を10分間電路や機器に加えても絶縁が破壊されないかを確かめる試験です。

試験電圧（しけんでんあつ）とは，最大使用電圧にある係数をかけ算した電圧のことで，電路や機器の種類によって電圧が変わってきます。

最大使用電圧（さいだいしようでんあつ）は，公称電圧の値によって計算方法が違います。

公称電圧の値	最大使用電圧
1000 V以下	公称電圧×1.15
1000 V超	公称電圧×$\frac{1.15}{1.1}$

ひとこと

電験三種の試験では公称電圧が1000 Vを超える問題がよく出題されるため，最大使用電圧は公称電圧×$\frac{1.15}{1.1}$と覚えて問題ありません。

すべての絶縁耐力試験の試験電圧の加圧時間が10分間というわけではありません。しかし，電験三種の試験に出題される電路や機器の絶縁耐力試験では，試験電圧の加圧時間はすべて10分間なので，10分間と覚えて問題ありません。

II 高圧・特別高圧電路の試験電圧

電路の試験電圧（交流）は，最大使用電圧E_mを基準に計算します。

高圧・特別高圧電路の試験電圧について，解釈第15条15-1表の重要な部分をまとめると，次のようになります。

基本的に，高圧の試験電圧は最大使用電圧の1.5倍，特別高圧の試験電圧は最大使用電圧の1.25倍で計算します。

最大使用電圧E_m		試験電圧
7,000 V以下		E_m×1.5
7,000 Vを超え60,000 V以下	最大使用電圧E_mが15,000 V以下の中性点接地式電路	E_m×0.92
	上記以外	E_m×1.25（最低10,500 V）

電線にケーブルを使用する場合は，上表の交流試験電圧の2倍の直流電圧で試験を行うことができます。

ひとこと

高圧とは，交流では600 Vを超え7000 V以下のものをいい，特別高圧とは，7000 Vを超えるものをいいます。

ひとこと

試験電圧は電路と大地との間に連続して10分間加えます。多心ケーブルでは，心線相互間及び心線と大地との間に加えます。

問題集 問題47 問題48 問題49 問題50 問題51

Ⅲ 機械器具等の電路の試験電圧

機械器具等の電路の試験電圧について，解釈第16条をまとめると，次のようになります。

機械器具等の種類	最大使用電圧 E_m		試験電圧
変圧器・開閉器・遮断器・電力用コンデンサ・計器用変成器・母線等	7,000 V以下		E_m × 1.5（最低500 V）
	7,000 Vを超え60,000 V以下	最大使用電圧 E_m が15,000 V以下の中性点接地式電路に接続するもの	E_m × 0.92
		上記以外	E_m × 1.25（最低10,500 V）
回転変流機			直流側の E_m（最低500 V）
回転変流器以外の回転機	7,000 V以下		E_m × 1.5（最低500 V）
	7,000 V超		E_m × 1.25（最低10,500 V）
整流器	60,000 V以下		直流側の E_m（最低500 V）
燃料電池・太陽電池モジュール			E_m × 1.5（直流電圧）または E_m（交流電圧）（最低500 V）

回転変流機以外の回転機は，上表の交流試験電圧の1.6倍の直流電圧で試験を行うことができます。

また，開閉器・遮断器・電力用コンデンサ・計器用変成器・母線等で電線にケーブルを使用する場合は，上表の交流試験電圧の2倍の直流電圧で試験を行うことができます。

基本例題 充電電流

公称電圧6.6 kV，周波数50 Hzの電路に接続する高圧ケーブルの交流絶縁耐力試験を行う。高圧ケーブルは3線一括で試験電圧を印加し，3線一括したときの対地静電容量は0.2 μFである。このときの対地充電電流I_Cを求めなさい。

解答

まず，最大使用電圧E_mを求める。公称電圧が1000 Vを超えているため，

$$E_m = 公称電圧 \times \frac{1.15}{1.1} = 6600 \times \frac{1.15}{1.1} = 6900\ \text{V}$$

最大使用電圧E_mが7000 V以下であるため，試験電圧は$E_m \times 1.5$となる。

$$試験電圧 = 6900 \times 1.5 = 10350\ \text{V}$$

対地充電電流I_Cは，$2\pi fCV$で求められる。Vは試験電圧を用いる。

$$I_C = 2\pi fCV = 2 \times \pi \times 50 \times 0.2 \times 10^{-6} \times 10350 \fallingdotseq 0.65\ \text{A}$$

よって，対地充電電流I_Cは0.65 Aとなる。

問題集 問題52 問題53 問題54

8 絶縁電線の許容電流

重要度★★☆

I 絶縁電線の許容電流

配線に使用する電線には，十分な強度と絶縁性能が必要です。

電技第57条より抜粋（配線の使用電線）

1 配線の使用電線（裸電線及び特別高圧で使用する接触電線を除く。）には，感電又は火災のおそれがないよう，施設場所の状況及び電圧に応じ，使用上十分な強度及び絶縁性能を有するものでなければならない。

2 配線には，裸電線を使用してはならない。ただし，施設場所の状況及び電圧に応じ，使用上十分な強度を有し，かつ，絶縁性がないことを考慮して，配線が感電又は火災のおそれがないように施設する場合は，この限りでない。

絶縁電線の許容電流(ぜつえんでんせん の きょようでんりゅう)とは，安全を考慮した，絶縁電線に流せる電流の上限です。

許容電流は，次の公式によって求めることができます。

公式 絶縁電線の許容電流

$$絶縁電線の許容電流 = \frac{定格電流 I_n}{許容電流補正係数 k_1 \times 電流減少係数 k_2}$$

通常，k_1を求める式およびk_2は問題文で与えられます。参考までに，許容電流補正係数k_1を求める式と，電流減少係数k_2の表を抜粋したものを示します。

解釈第146条2項2号イ 146-3表（抜粋）

絶縁体の材料及び施設場所の区分	許容電流補正係数k_1の計算式
ビニル混合物（耐熱性を有するものを除く。）及び天然ゴム混合物	$\sqrt{\frac{60-\theta}{30}}$
ビニル混合物（耐熱性を有するものに限る。），ポリエチレン混合物（架橋したものを除く。）及びスチレンブタジエンゴム混合物	$\sqrt{\frac{75-\theta}{30}}$
ポリエチレン混合物（架橋したものに限る。）	$\sqrt{\frac{90-\theta}{30}}$

（備考）θは，周囲温度（単位：℃）。ただし，30℃以下の場合は30とする。

解釈第146条2項2号ロ 146-4表（抜粋）

同一管内の電線数	電流減少係数k_2
3以下	0.70
4	0.63
5又は6	0.56

基本例題　絶縁電線の許容電流

周囲温度が45 ℃の場所において，定格電圧210 Vの三相3線式で定格消費電力15 kWの抵抗負荷に電気を供給する低圧屋内配線がある。金属管工事により絶縁電線を同一管内に収めて施設する場合に使用する電線（各相それぞれ1本）の導体の最小の公称断面積を求めなさい。

ただし，使用する絶縁電線の絶縁物は，耐熱性を有するビニル混合物とし，周囲温度はθ [℃]，許容電流補正係数k_1は$\sqrt{\dfrac{75-\theta}{30}}$とする。

導体の公称断面積 [mm^2]	許容電流[A]
5.5	49
8	61
14	88

同一管内の電線数	電流減少係数k_2
3以下	0.70
4	0.63
5又は6	0.56

解答

まず，定格電流I_nを求める。定格電圧をV[V]，定格消費電力をP[W]とすると，

$$I_n=\frac{P}{\sqrt{3}V}=\frac{15\times10^3}{\sqrt{3}\times210}\fallingdotseq41.2\ \mathrm{A}$$

許容電流補正係数k_1は，周囲温度45 ℃を問題文の式に代入して求める。

$$k_1=\sqrt{\frac{75-\theta}{30}}=\sqrt{\frac{75-45}{30}}=1$$

三相3線式は電線が3本なので，表より，電流減少係数k_2は0.70を使う。

よって，許容電流は

$$許容電流=\frac{I_n}{k_1k_2}=\frac{41.2}{1\times0.70}\fallingdotseq58.9\ \mathrm{A}$$

許容電流が58.9 A以上の電線で，最小の公称断面積は，表より，8 mm^2となる。

CHAPTER 05

発電用風力設備の技術基準

CHAPTER 05

発電用風力設備の技術基準

風力発電所に用いられる設備には，専用の基準が定められています。この単元では，風力設備に用いられる風車の安全な施設方法をはじめ，発電用風力設備に必要な技術基準について学びます。

このCHAPTERで学習すること

SECTION 01 発電用風力設備の技術基準

・風技＝風力発電に関する技術基準

風力設備に関する技術基準を定めた「風技」について学びます。

傾向と対策

出題数

0～1問／16問中

・論説問題（空欄補充・正誤問題）中心

	H22	H23	H24	H25	H26	H27	H28	H29	H30	R1
風技	0	0	1	0	0	0	0	1	0	0

ポイント

試験では，技術基準の記述の空欄を補充する問題や，正誤を問う問題が出題されます。技術基準の条文を，正確に覚えましょう。試験ではときどき出題される範囲ですが，条文を正確に覚えていれば解答できる問題が多いため，確実に得点できるようにしましょう。

SECTION 01 発電用風力設備の技術基準

このSECTIONで学習すること

1 発電用風力設備に関する技術基準を定める省令の概要

発電用風力設備の技術基準の概要について学びます。

2 風車に関連する条文

風車に関連する条文について学びます。

3 その他の条文

用語の定義並びに危険及び公害等の防止について学びます。

1 発電用風力設備に関する技術基準を定める省令の概要 重要度★★★

I 発電用風力設備に関する技術基準を定める省令とは

発電用風力設備に関する技術基準を定める省令とは，電気工作物のうち発電用風力設備を対象として定めた技術基準です。以下，「発電用風力設備に関する技術基準を定める省令」を「**風技**」と略します。

ひとこと

風力発電所は，風車及びその支持物等の風力設備及び発電機，昇圧用変圧器，遮断器，電路等の電気設備から構成されますが，風技は，風力設備に関する技術基準を定めたものであり，電気設備に関しては，「電技」に規定されています。

II 風技の根拠

風技の前文に，電気事業法第39条1項を根拠にすると規定されています。

事業用電気工作物は，「技術基準」に適合するように維持しなければならず（電気事業法第39条1項）その「技術基準」として風技が定められています。

電気事業法第39条1項（事業用電気工作物の維持）

事業用電気工作物を設置する者は，事業用電気工作物を主務省令で定める技術基準に適合するように維持しなければならない。

2 風車に関連する条文 重要度★★★

風技は全８条あり，中でも風車に関連する条文がよく出題されます。

Ⅰ 風車（風技第4条）

風技第４条では，風車に対する必要な施設要件を規定しています。ここで言う「施設」とは，設計及び施工要件に加え，設計時の要求性能を運転中常に維持することも含まれます。その為，継続的に保守管理を行うことにより，風車の健全性を確認することが必要です。

風技第４条（風車）

風車は，次の各号により施設しなければならない。

一　負荷を遮断したときの最大速度に対し，構造上安全であること。
二　風圧に対して構造上安全であること。
三　運転中に風車に損傷を与えるような振動がないように施設すること。
四　通常想定される最大風速においても取扱者の意図に反して風車が起動することのないように施設すること。
五　運転中に他の工作物，植物等に接触しないように施設すること。

問題集 問題55

Ⅱ 風車の安全な状態の確保（風技第5条）

風技第５条では，風車の強度に影響を及ぼすおそれのある回転速度（非常調速装置が作動する回転速度）に達した場合及び風車の制御装置の機能が著しく低下して風車の制御が不能になるおそれがある場合に風車を安全かつ自動的に停止するような措置を講ずることを規定しています。

風技第5条（風車の安全な状態の確保）

風車は，次の各号の場合に安全かつ自動的に停止するような措置を講じなければならない。

一　回転速度が著しく上昇した場合

二　風車の制御装置の機能が著しく低下した場合

2　発電用風力設備が一般用電気工作物である場合には，前項の規定は，同項中「安全かつ自動的に停止するような措置」とあるのは「安全な状態を確保するような措置」と読み替えて適用するものとする。

3　最高部の地表からの高さが二十メートルを超える発電用風力設備には，雷撃から風車を保護するような措置を講じなければならない。ただし，周囲の状況によって雷撃が風車を損傷するおそれがない場合においては，この限りでない。

ひとこと

風車の運転中に定格の回転速度を著しく超えた過回転その他の異常（発電機の内部故障等）による危害の発生を防止するため，その異常が発生した場合に風車に作用する風力エネルギーを自動的に抑制し，風車を停止するための装置を非常調速装置といいます。

問題集　問題56

Ⅲ 風車を支持する工作物（風技第7条）

風技第７条では，風車を支持する工作物を構造上安全に施設すること及び構造耐力等の要件を規定しています。ここで言う「施設する」とは，設計及び施工要件に加え，設計時の要求性能を経年時まで維持することも含まれます。その為，継続的に保守管理を行うことにより，風車を支持する工作物の健全性を確認することが必要です。

風技第7条（風車を支持する工作物）

風車を支持する工作物は，自重，積載荷重，積雪及び風圧並びに地震その他の振動及び衝撃に対して構造上安全でなければならない。

2　発電用風力設備が一般用電気工作物である場合には，風車を支持する工作物に取扱者以外の者が容易に登ることができないように適切な措置を講じること。

問題集 問題57

3 その他の条文

重要度★☆☆

過去問ではあまり出題されていませんが，風技のその他の条文にも目を通しておきましょう。

風技第1条（適用範囲）

この省令は，風力を原動力として電気を発生するために施設する電気工作物について適用する。

2　前項の電気工作物とは，一般用電気工作物及び事業用電気工作物をいう。

風技第2条（定義）

この省令において使用する用語は，電気事業法施行規則（平成七年通商産業省令第七十七号）において使用する用語の例による。

風技第3条（取扱者以外の者に対する危険防止措置）

風力発電所を施設するに当たっては，取扱者以外の者に見やすい箇所に風車が危険である旨を表示するとともに，当該者が容易に接近するおそれがないように適切な措置を講じなければならない。

2　発電用風力設備が一般用電気工作物である場合には，前項の規定は，同項中「風力発電所」とあるのは「発電用風力設備」と，「当該者が容易に」とあるのは「当該者が容易に風車に」と読み替えて適用するものとする。

風技第６条（圧油装置及び圧縮空気装置の危険の防止）

発電用風力設備として使用する圧油装置及び圧縮空気装置は，次の各号により施設しなければならない。

一　圧油タンク及び空気タンクの材料及び構造は，最高使用圧力に対して十分に耐え，かつ，安全なものであること。

二　圧油タンク及び空気タンクは，耐食性を有するものであること。

三　圧力が上昇する場合において，当該圧力が最高使用圧力に到達する以前に当該圧力を低下させる機能を有すること。

四　圧油タンクの油圧又は空気タンクの空気圧が低下した場合に圧力を自動的に回復させる機能を有すること。

五　異常な圧力を早期に検知できる機能を有すること。

風技第８条（公害等の防止）

電気設備に関する技術基準を定める省令（平成九年通商産業省令第五十二号）第十九条第十一項及び第十三項の規定は，風力発電所に設置する発電用風力設備について準用する。

2　発電用風力設備が一般用電気工作物である場合には，前項の規定は，同項中「第十九条第十一項及び第十三項」とあるのは「第十九条第十三項」と，「風力発電所に設置する発電用風力設備」とあるのは「発電用風力設備」と読み替えて適用するものとする。

CHAPTER 06

電気施設管理

CHAPTER 06

電気施設管理

電気は一般的に日中に多く使われ，夜間は少なくなります。そのため，時間帯による使用量の変化や，損失を分析し，効率を高める必要があります。その計算方法や，安全に電気を取り入れるために必要な機器について学びます。

このCHAPTERで学習すること

SECTION 01 電気施設管理

- 日負荷曲線
- 変圧器の損失と効率
- 需要電力と発電電力

需要電力や損失から，必要な設備容量や効率を計算する方法について学びます。

SECTION 02 高圧受電設備の管理

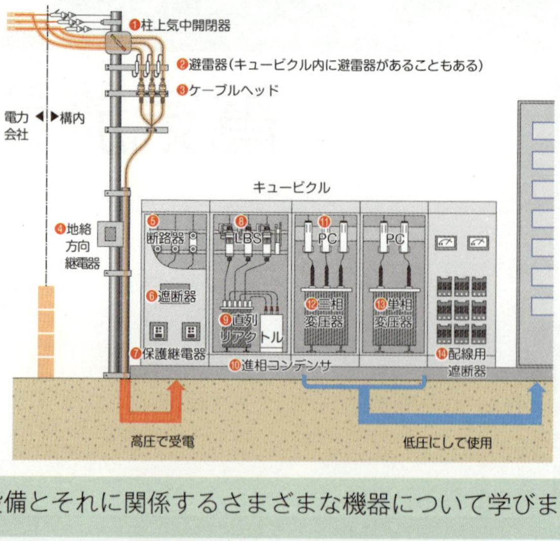

高圧受電設備とそれに関係するさまざまな機器について学びます。

傾向と対策

出題数

2～4問程度／16問中

・計算問題中心

	H22	H23	H24	H25	H26	H27	H28	H29	H30	R1
電気施設管理	2	6	4	2	4	3	2	4	4	4

ポイント

需要率，負荷率，不等率を用いた計算問題や，グラフから電力量を読み取る問題が出題されます。過去問を繰り返し解いて，公式を正しく用いることができるようにしましょう。高圧受電設備は，各回路の機器の名称と役割を正しく理解しましょう。力率改善に関する計算問題は，理論や電力の科目と関係する内容なので，計算できるようにしましょう。

SECTION 01

電気施設管理

このSECTIONで学習すること

1 日負荷曲線

一日の需要電力の時間による変動をグラフで表した日負荷曲線について学びます。

2 変圧器の損失と効率

変圧器の損失の種類や，効率の計算方法について学びます。

3 需要電力と発電電力

水力発電所の出力の計算方法について学びます。

1 日負荷曲線 重要度★★★

I 日負荷曲線とは

日負荷曲線(にちふかきょくせん)とは，一日の需要電力の時間による変動をグラフで表したものをいいます。

板書 日負荷曲線

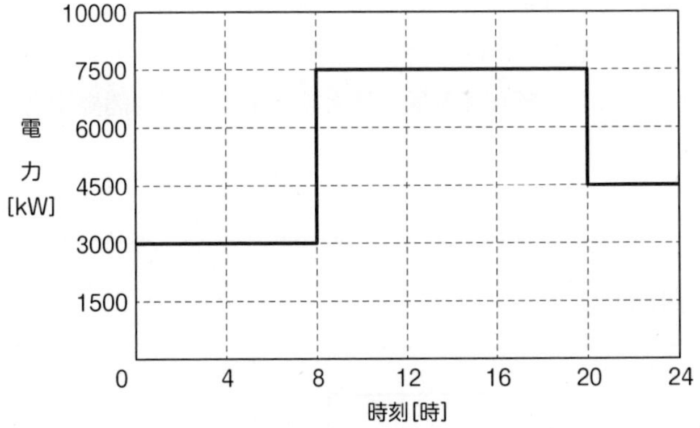

この日負荷曲線から，以下のことが読み取れます。

時刻	需要電力
0時～8時	3000 kW
8時～20時	7500 kW
20時～24時	4500 kW

一日の消費電力量は，

$3000 \times 8 + 7500 \times 12 + 4500 \times 4 = 132000\ \mathrm{kW \cdot h} = 132\ \mathrm{MW \cdot h}$

となります。

ひとこと

一か月の需要電力の時間による変動を表したものを月負荷曲線，一年の需要電力の時間による変動を表したものを年負荷曲線といいます。

ひとこと

需要電力（消費電力）とは，ある瞬間に必要な電力のことで，単位は[kW]，消費電力量とは，ある時間の間に使った電力量のことで，単位は[kW·h]です。水道で例えると，需要電力（消費電力）は蛇口の大きさ，消費電力量は一定時間の間に蛇口から出た水の量です。

日負荷曲線から値を読み取って，**需要率**・**負荷率**・**不等率**などを計算し，分析することで，どのくらいの電力設備を用意すればいいかを予想します。

計算に使う値は，おもに**総設備容量**・**最大需要電力**・**平均需要電力**の3つです。

板書 日負荷曲線(2)

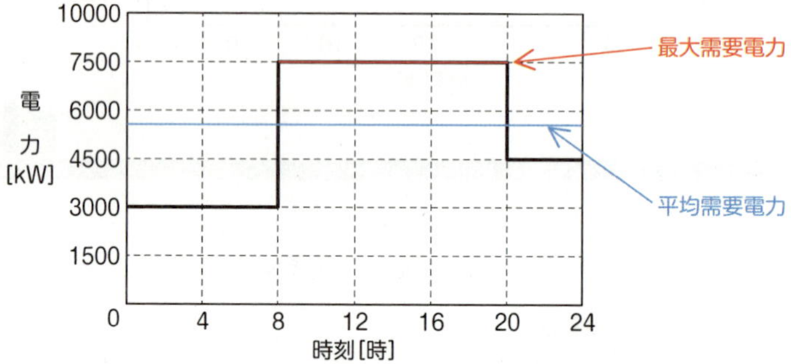

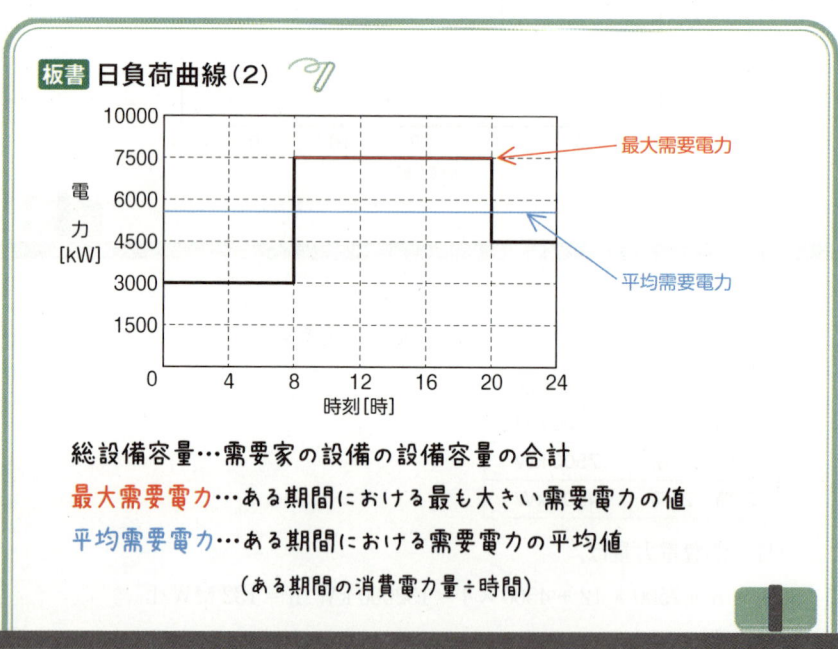

総設備容量…需要家の設備の設備容量の合計

最大需要電力…ある期間における最も大きい需要電力の値

平均需要電力…ある期間における需要電力の平均値

（ある期間の消費電力量÷時間）

たとえばこのグラフでは，最大需要電力は7500 kW，平均需要電力は1日の消費電力量÷24時間で，(3000 × 8 + 7500 × 12 + 4500 × 4) ÷ 24 = 5500 kWです。総設備容量は，通常問題文で与えられます。

この3つの値を使って，需要率・負荷率・不等率を計算します。それぞれについて詳しく説明します。

Ⅱ 需要率

需要率（じゅようりつ）とは，「総設備容量」に対する「最大需要電力」の割合のことです。

通常，すべての需要設備を同時にフル稼働させることはないため，最大需要電力は総設備容量よりも小さくなり，需要率は100 %以下になります。

公式 需要率

$$需要率 = \frac{最大需要電力}{総設備容量} \times 100\,[\%]$$

Ⅲ 負荷率

負荷率（ふかりつ）とは，「最大需要電力」に対する「平均需要電力」の割合のことです。

平均需要電力は最大需要電力よりも小さいため，負荷率は100 %以下になります。

公式 負荷率

$$負荷率 = \frac{平均需要電力}{最大需要電力} \times 100\,[\%]$$

ひとこと

負荷率は，どの範囲や期間の平均需要電力・最大需要電力を用いるかによって値が変わります。一般的に，期間が長いほど負荷率は小さくなります。

Ⅳ 不等率

不等率とは，「合成最大需要電力」に対する「各需要家の最大需要電力の合計値」の割合のことです。

不等率は，複数の需要家で最大需要電力が発生するタイミングのずれを表します。

不等率はパーセント表示ではなく，単位なしで表され，不等率は1以上になります。

公式 不等率

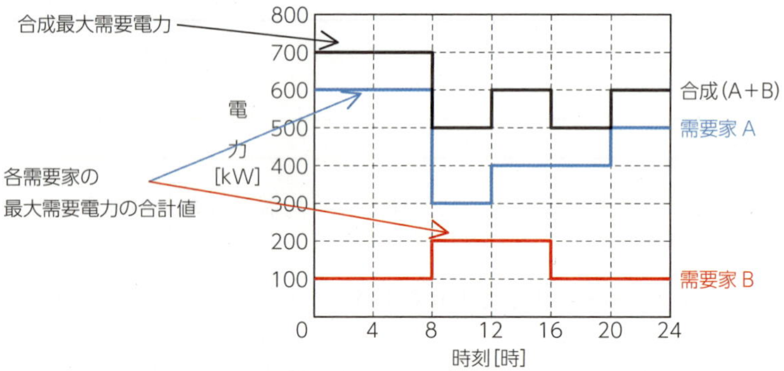

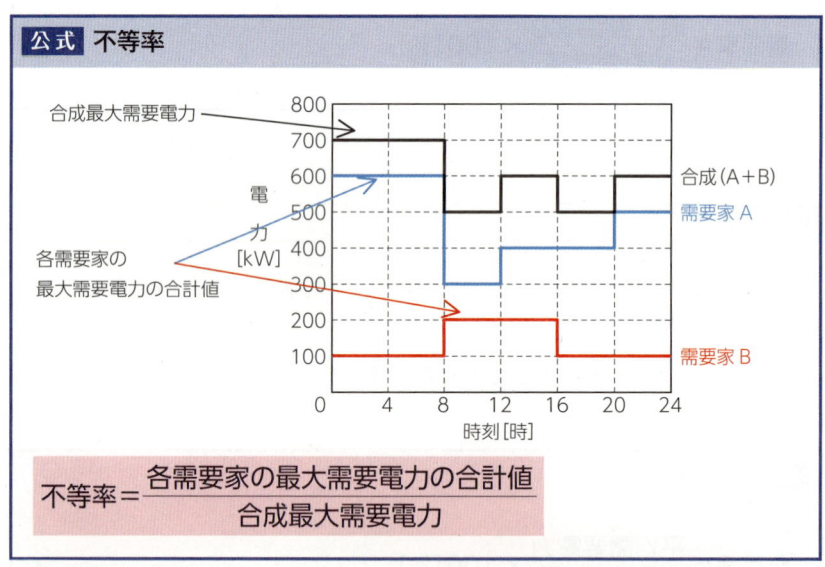

$$不等率 = \frac{各需要家の最大需要電力の合計値}{合成最大需要電力}$$

合成最大需要電力とは，各需要家の日負荷曲線を合成した日負荷曲線の最大需要電力のことです。グラフでは，黒の日負荷曲線の最大需要電力700 kWです。

各需要家の最大需要電力の合計値とは，言葉どおり，各需要家のそれぞれの最大需要電力を単純に合計したものです。グラフでは，青の日負荷曲線の最大需要電力600 kWと赤の日負荷曲線の最大需要電力200 kWの合計値で，800 kWです。

グラフの不等値は，800 ÷ 700 ≒ 1.14となります。

V 総合負荷率

総合負荷率とは，複数の需要家の全体の負荷率のことです。

公式　総合負荷率

$$\text{総合負荷率}=\frac{\text{合成平均需要電力}}{\text{合成最大需要電力}}\times 100\,[\%]$$

$$=\frac{\text{合成平均需要電力}\times\text{不等率}}{\text{各需要家の}\left(\text{総設備容量}\times\dfrac{\text{需要率}}{100}\right)\text{の合計値}}\times 100\,[\%]$$

ひとこと

総合負荷率の公式中の，合成最大需要電力の変換は，需要率・不等率の公式を使用します。

合成最大需要電力は，不等率の公式より，

$$\text{合成最大需要電力}=\frac{\text{各需要家の最大需要電力の合計値}}{\text{不等率}}\quad\cdots①$$

最大需要電力は，需要率の公式より，

$$\text{最大需要電力}=\text{総設備容量}\times\frac{\text{需要率}}{100}\quad\cdots②$$

②式を①式に代入すると，

$$\text{合成最大需要電力}=\frac{\text{各需要家の}\left(\text{総設備容量}\times\dfrac{\text{需要率}}{100}\right)\text{の合計値}}{\text{不等率}}$$

基本例題　　日負荷曲線

A工場（設備容量700 kW）とB工場（設備容量400 kW）のある日の日負荷曲線は図のようであった。このときの各値を答えなさい。

(a)　各工場の需要率
(b)　各工場の負荷率
(c)　不等率
(d)　総合負荷率

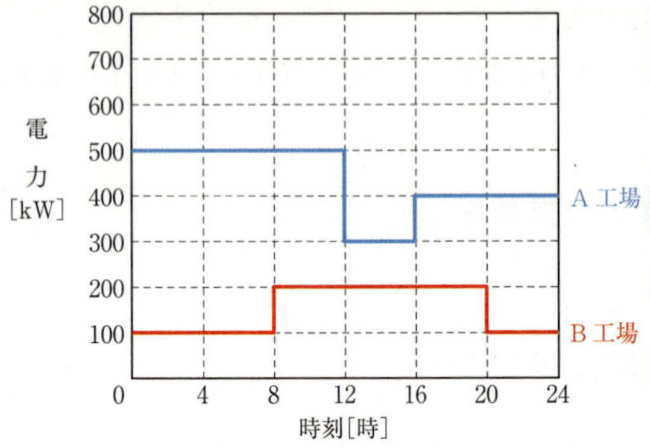

解答

(a)　日負荷曲線より，A工場の最大需要電力は500 kW，B工場の最大需要電力は200 kWである。需要率 $=\dfrac{最大需要電力}{総設備容量}\times 100$ にそれぞれ代入すると，

$$\text{A工場の需要率}=\frac{500}{700}\times 100 \fallingdotseq 71.4\ \%$$

$$\text{B工場の需要率}=\frac{200}{400}\times 100 = 50\ \%$$

(b)　A工場の平均需要電力は，

$$\text{A工場の平均需要電力}=(500\times 12+300\times 4+400\times 8)\div 24 \fallingdotseq 433\ \text{kW}$$

B工場の平均需要電力は，

$$\text{B工場の平均需要電力}=(100\times 8+200\times 12+100\times 4)\div 24 = 150\ \text{kW}$$

負荷率 $=\dfrac{平均需要電力}{最大需要電力}\times 100$ にそれぞれ代入すると，

$$\text{A工場の負荷率}=\frac{433}{500}\times 100 = 86.6\ \%$$

$$\text{B工場の負荷率}=\frac{150}{200}\times 100 = 75\ \%$$

(c)　A工場とB工場の日負荷曲線を合成した日負荷曲線は次のようになる。

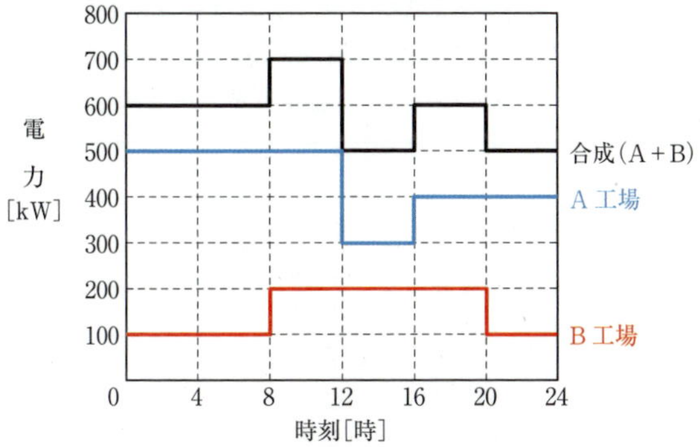

合成した日負荷曲線より，合成最大需要電力は700 kWである。各値を

$$不等率=\frac{各需要家の最大需要電力の合計値}{合成最大需要電力}$$ に代入すると，

$$不等率=\frac{500+200}{700}=1$$

(d)　合成平均需要電力は，合成した日負荷曲線より，

$$合成平均需要電力=(600\times8+700\times4+500\times4+600\times4+500\times4)\div24$$
$$\fallingdotseq 583\ \mathrm{kW}$$

$$総合負荷率=\frac{合成平均需要電力}{合成最大需要電力}\times100$$ より，

$$総合負荷率=\frac{583}{700}\times100\fallingdotseq 83.3\ \%$$

(別解)

$$総合負荷率=\frac{合成平均需要電力\times不等率}{各需要家の(総設備容量\times\frac{需要率}{100})の合計値}\times100$$

$$=\frac{583\times1}{(700\times0.714)+(400\times0.5)}\times100\fallingdotseq 83.3\ \%$$

基本例題 需要率・不等率

AとBの二つの変電所を持つ工場があり，変電所Aの設備容量は400 kW，需要率は90 %であり，変電所Bの設備容量は250 kW，需要率は85 %であった。二つの変電所間の不等率は1.3であるとき，合成最大需要電力を求めなさい。

解答

変電所AとBの最大需要電力は，需要率の公式より，

$$最大需要電力A＝総設備容量\times\frac{需要率}{100}＝400\times0.9＝360\ \mathrm{kW}$$

$$最大需要電力B＝250\times0.85＝212.5\ \mathrm{kW}$$

合成最大需要電力は，不等率の公式より，

$$合成最大需要電力＝\frac{各設備の最大需要電力の合計値}{不等率}$$

$$＝\frac{360+212.5}{1.3}\fallingdotseq440\ \mathrm{kW}$$

よって，合成最大需要電力は440 kWとなる。

問題集 問題58 問題59 問題60 問題61 問題62 問題63 問題64 問題65 問題66

2 変圧器の損失と効率

重要度★★☆

I 変圧器の損失

変圧器の損失には，以下のようなものがあります。

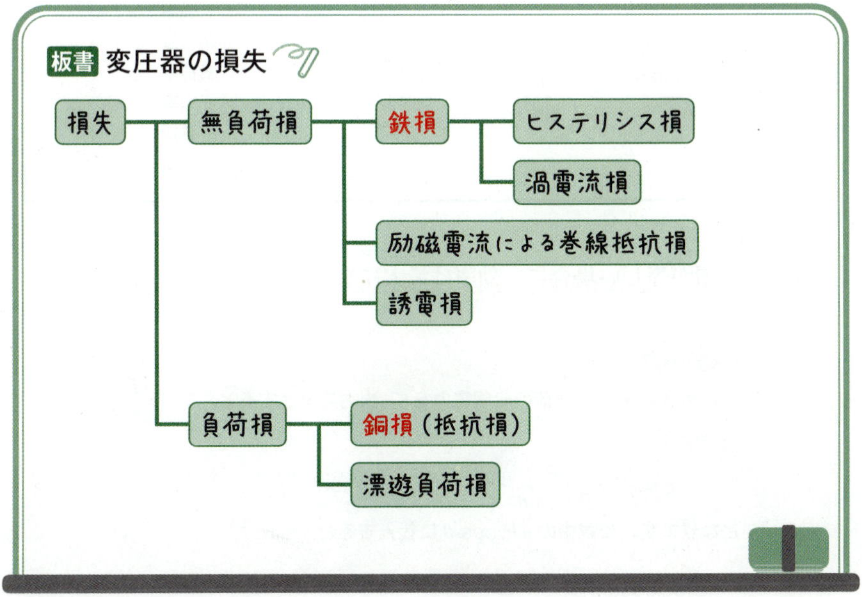

無負荷損は負荷に関係なく発生し，**負荷損**は負荷電流が増加すると大きくなります。

これらの損失のなかで，**鉄損**と**銅損**以外の損失は小さいため無視し，基本的に変圧器の損失は鉄損と銅損を考えます。

鉄損は無負荷損なので，負荷に関係なく発生し，銅損は負荷電流の2乗に比例します。

Ⅱ 変圧器の効率

力率$\cos\theta$，負荷率α（負荷の皮相電力÷定格容量）で運転されている変圧器の効率は，次の式で求めることができます。

公式 変圧器の効率

$$\underset{\text{効率}}{\eta}=\frac{\overset{\text{出力}}{\alpha P_n\cos\theta}}{\underbrace{\alpha P_n\cos\theta}_{\text{出力}}+\underbrace{p_i+\alpha^2 p_c}_{\text{損失}}}\times 100\,[\%]$$

効率	：η [%]
定格容量	：P_n [kV·A]
負荷率	：α
力率	：$\cos\theta$
鉄損	：p_i [kW]
銅損	：p_c [kW]

鉄損と銅損が等しい場合に，効率は最大になります。

ひとこと

定格容量をP_n，負荷の皮相電力をS，出力をPとすると，$S=\dfrac{P}{\cos\theta}$より，負荷率は

$$\alpha=\frac{S}{P_n}=\frac{P}{P_n\cos\theta}$$

となります。公式中の$\alpha P_n\cos\theta$に代入すると，

$$\frac{P}{P_n\cos\theta}\times P_n\cos\theta=P$$

となり，上記の公式は

$$\frac{P}{P+p_i+\alpha^2 p_c}$$

と書き換えることもできます。

ひとこと

銅損は負荷電流の２乗に比例します（$P_C=RI^2$）。負荷率は負荷電流に比例するため$\left(\alpha=\dfrac{S}{P_n}=\dfrac{VI}{P_n}\right)$，銅損は負荷率の２乗に比例します。

変圧器の1日の効率のことを**全日効率**（ぜんにちこうりつ）といいます。全日効率は，次の式で求めることができます。

公式 変圧器の全日効率

$$\eta_d = \frac{W_o}{W_o + W_i + W_c} \times 100\,[\%]$$

全日効率：η_d[%]
24時間分の出力電力量：W_o[kW·h]
24時間分の鉄損電力量：W_i[kW·h]
24時間分の銅損電力量：W_c[kW·h]

全日効率を求める公式は上の公式と同じですが，24時間分の出力電力量，鉄損電力量，銅損電力量の値を用います。鉄損は負荷に関係なく発生するので，鉄損を24倍（＝24時間）して鉄損電力量を求め，銅損電力量と出力電力量は負荷や運転時間に応じて求めます。

基本例題 全日効率

定格容量20 kV·A，鉄損120 W，全負荷銅損220 Wの単相変圧器があり，表のように運転した。このときの全日効率を求めなさい。

時間	負荷	力率
0時～6時	6 kW	1
6時～18時	16 kW	0.8
18時～24時	10 kW	0.9

解答

1日の出力電力量W_oは，表より，

$$W_o = 6 \times 6 + 16 \times 12 + 10 \times 6 = 288\ \text{kW·h}$$

1日の鉄損電力量W_iは，鉄損に24時間を掛けて求める。

$$W_i = 120 \times 24 = 2.88\ \text{kW·h}$$

1日の銅損電力量W_cは，各時間ごとの負荷率αを計算して求める。負荷の皮相電力をS，負荷の出力をP，負荷の力率を$\cos\theta$，変圧器の定格容量をP_nとすると，

$$\alpha_{0\sim6} = \frac{S}{P_n} = \frac{\frac{P}{\cos\theta}}{P_n} = \frac{\frac{6}{1}}{20} = 0.3$$

$$\alpha_{6\sim18} = \frac{\frac{16}{0.8}}{20} = 1$$

$$\alpha_{18\sim24}=\frac{\frac{10}{0.9}}{20}\fallingdotseq 0.56$$

$$W_c=0.3^2\times220\times6+1^2\times220\times12+0.56^2\times220\times6$$
$$\fallingdotseq 3173\ \mathrm{W\cdot h}\fallingdotseq 3.17\ \mathrm{kW\cdot h}$$

$$\text{全日効率}=\frac{\text{出力電力量}}{\text{出力電力量}+\text{鉄損電力量}+\text{銅損電力量}}$$ より，

$$\eta_d=\frac{W_o}{W_o+W_i+W_c}=\frac{288}{288+2.88+3.17}\fallingdotseq 0.979=97.9\ \%$$

よって，全日効率は97.9 %となる。

3 需要電力と発電電力

重要度★★☆

I 水力発電所の出力

水力発電所の出力は，以下の公式で求めることができます。

公式 水力発電所の出力

$$P=9.8QH\eta_w\eta_G\ [\mathrm{kW}]$$

出力：P [kW]
流量：Q [m^3/s]
有効落差：H [m]
水車効率：η_w
発電機効率：η_G

ひとこと

水力発電所については 電力 でも学習しました。 法規 では，水力発電所の出力を求める問題が多く出題されています。

II 受電電力量と送電電力量

需要電力（消費電力）は，日負荷曲線で学習したように時間帯によって変動します。その結果，一定のペースで発電していても，需要電力に対して発電電力が不足したり，過剰になったりします。

需要電力に対して発電電力が不足したときは，電力系統から電力を受電し，需要電力に対して発電電力が過剰になったときは，電力系統に電力を送電します。この受電した電力量を**受電電力量**(じゅでんでんりょくりょう)，送電した電力量を**送電電力量**(そうでんでんりょくりょう)といいます。

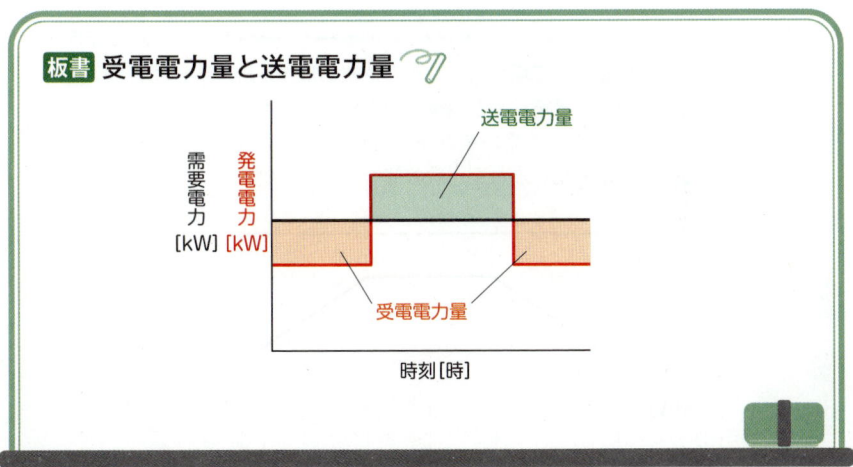

板書 受電電力量と送電電力量

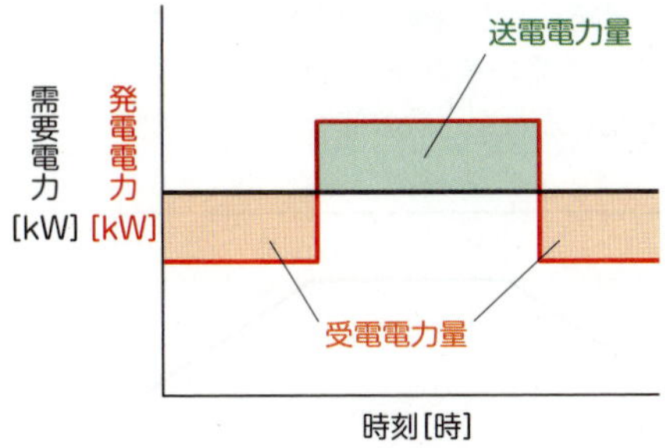

基本例題 ― 水力発電所の出力

有効落差80 mの調整池式水力発電所がある。河川の流量が10 m³/sで一定で，1日のうち16時間は発電をせずに全流量を貯水し，残りの8時間で10 m³/sの流量に加えて貯水分を全量消費して発電を行う。このときの出力を求めなさい。

ただし，水車と発電機の総合効率を80 %とする。

解答

発電に使う流量Qを求める。まず，16時間で貯めた水の総量Vは，1 h＝3600 sより，

$$V = 10 \times 3600 \times 16 = 5.76 \times 10^5 \text{ m}^3$$

これを8時間で使用するので，8時間で割ると貯水分の流量が求まる。貯水分の流量に河川の流量10 m³/sを加えたものが，発電に使う流量Qとなる。

$$Q = 10 + \frac{5.76 \times 10^5}{3600 \times 8} = 30\ \mathrm{m^3/s}$$

出力の公式に代入すると

$$P = 9.8QH\eta_W\eta_G = 9.8 \times 30 \times 80 \times 0.8 = 18816\ \mathrm{kW}$$

よって，出力は18816 kWとなる。

基本例題 受電電力量と送電電力量

自家用水力発電所をもつ工場があり，電力系統と常時系統連系している。発電電力は工場内で消費し，発電電力が消費電力よりも大きくなった場合，余剰分を電力系統に送電している。工場のある一日の発電電力は10 MWで一定であり，消費電力は図のように変化したとき，次の値を求めなさい。

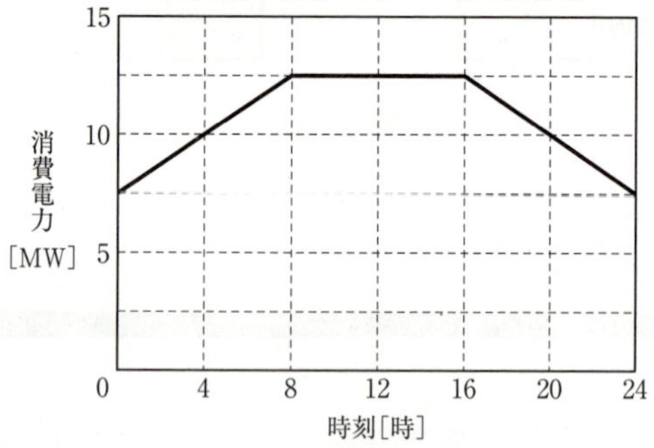

(a) 送電電力量［MW·h］

(b) 受電電力量［MW·h］

解答

図に発電電力10 MWを描き入れると次のようになる。

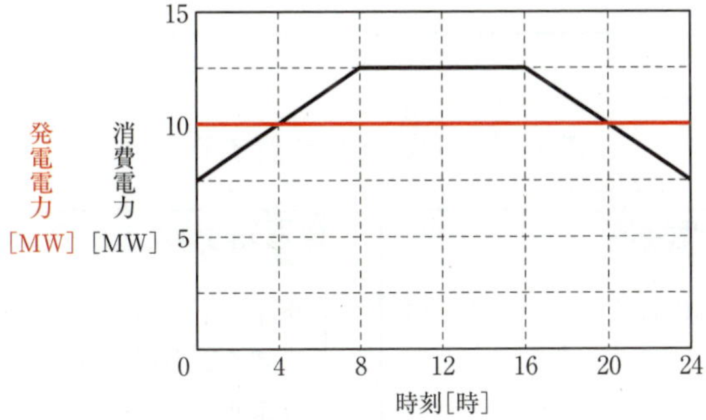

(a) 発電電力（赤いライン）を下回り，消費電力（黒いライン）を上回った面積が送電電力量である。

$$送電電力量=\frac{(10-7.5)\times 4}{2}\times 2=10\ \mathrm{MW\cdot h}$$

よって，送電電力量は10 MW·hとなる。

(b) 発電電力（赤いライン）を上回り，消費電力（黒いライン）を下回った面積が受電電力量である。

$$受電電力量=\frac{(12.5-10)\times 4}{2}\times 2+(12.5-10)\times 8=30\ \mathrm{MW\cdot h}$$

よって，受電電力量は30 MW·hとなる。

問題集 問題67 問題68 問題69 問題70 問題71 問題72

SECTION 02 高圧受電設備の管理

このSECTIONで学習すること

1 高圧受電設備

高圧受電設備のしくみについて学びます。

2 電力用コンデンサ

電圧降下や電力損失を低減する働きをする電力用コンデンサについて学びます。

3 変流器のしくみ

大電流を小電流に変換する変流器の種類やしくみについて学びます。

4 零相変流器

電流の不均衡を検出する零相変流器のしくみや地絡事故について学びます。

5 継電器(リレー)のしくみ

継電器のしくみや，継電器の一種である保護継電器の種類について学びます。

6 地絡電流・短絡電流

回路図の読み方や，地絡電流，短絡電流の計算方法について学びます。

1 高圧受電設備

重要度★★☆

I 高圧受電設備とは

ビルや工場などの高圧需要家は，電力会社などの電気事業者から高圧（6 600 V）で受電した電気を低圧（100 V や 200 V）に降圧し，構内の低圧の電気機器に分配します。そのための設備を**高圧受電設備**（こうあつじゅでんせつび）といいます。

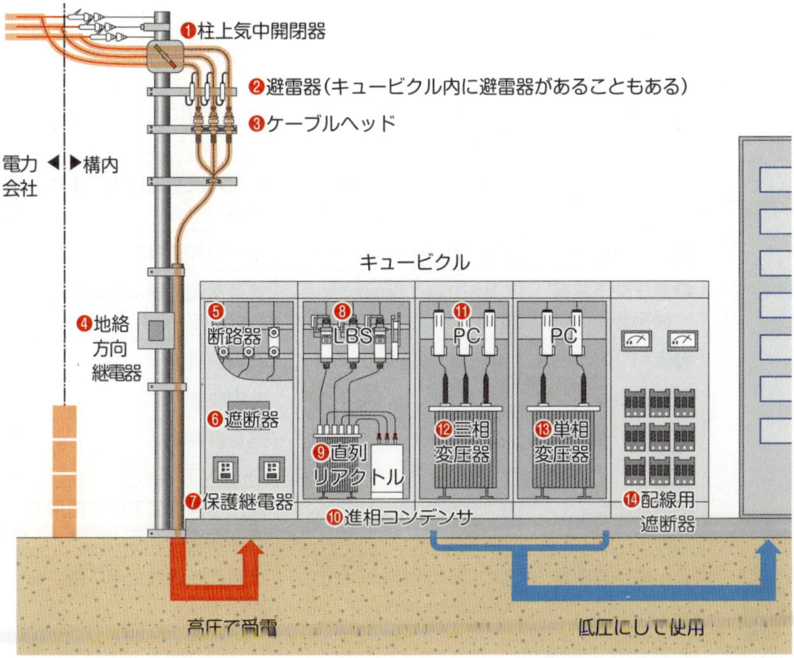

ひとこと

需要家の構内にある，いちばん電力会社側にある電柱を**構内１号柱**（こうないいちごうちゅう）といいます。構内１号柱にある開閉器の１次側の接続点が責任分界点となります。構内１号柱にある開閉器は，電力会社の電路と需要家の電路を区分するので，**区分開閉器**（くぶんかいへいき）と呼ばれます。

ひとこと

ここでは，詳細に覚える必要はありません。高圧受電設備のイメージを持てば十分です。参考として略語や英名などを紹介します。

機器名	略語等	役割・説明
❶柱上気中開閉器	PAS（Pole Air Switch）	電路を遮断し，波及事故を防止する
❷避雷器	LA（Lightning Arrester）	誘導雷を防ぐ
❸ケーブルヘッド	CH（Cable Head）	設備・機器とケーブルを接続する
❹地絡方向継電器	DGR（Directional Ground Relay）	地絡事故を検出する
❺断路器	DS（Disconnecting Switch）	無負荷時に回路の開閉を行う
❻遮断器	CB（Circuit Breaker）	短絡電流や地絡電流を遮断する
❼保護継電器	PR（Protection Relay）	系統の異常検出
❽高圧交流負荷開閉器	LBS（Load Break Switch）	負荷電流，励磁電流などを開閉する
❾直列リアクトル	SR（Series Reactor）	高調波対策
❿進相コンデンサ	SC（Static Capacitor）	力率改善
⓫高圧カットアウト	PC（Primary Cutout switch）	過負荷保護
⓬⓭変圧器	T（Transformer）	高圧を低圧に下げて使用できるようにする
⓮配線用遮断器	MCCB（Molded Case Circuit Breaker）	過電流が流れた時に電路を遮断する

Ⅱ 高圧受電設備の種類

高圧受電設備は，大きく分類すると開放形高圧受電設備と**キュービクル式高圧受電設備**に分けることができます。ここでは，試験によく出題されるキュービクル式高圧受電設備の種類と特徴について取り上げます。

ひとこと

開放形高圧受電設備とは，パイプなどでフレームを作りそのフレームに高圧受電用機器を取り付けたものです。特徴として，①点検が容易，②機器の交換や増設が容易，③施設に広い面積が必要，などがあります。

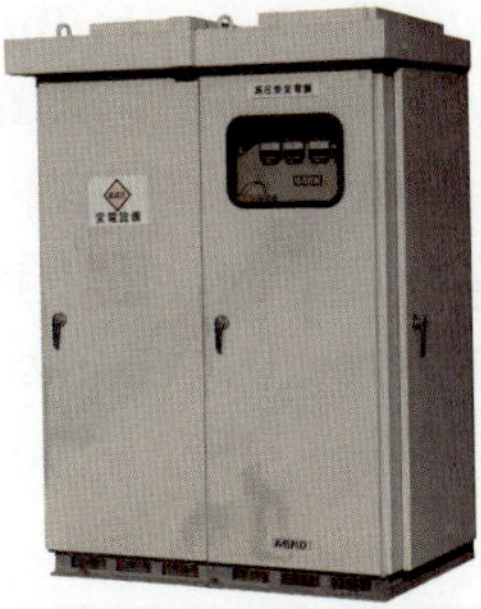
キュービクル式高圧受電設備

キュービクル式高圧受電設備とは，金属製の箱（キュービクル）内に，高圧受電用機器を納めた受電設備のことをいいます。高圧受電設備設置者と電気事業者との間の負荷側電路には，責任分界点に近い箇所に主遮断装置が設置されており，キュービクル式高圧受電設備は主遮断装置の形式によって，**CB形**と**PF・S形**に分類されます。

1 CB形の特徴

CBとは，サーキットブレーカー（Circuit Breaker）の略であり，遮断器の事です。CB形は，主遮断装置として，高圧交流遮断器（CB）が使用され，高圧母線等の高圧側の短絡事故に対する保護は，高圧交流遮断器（CB）と過電流継電器（OCR）で行われます。

CB形は，受電設備容量4 000 kV・A以下の比較的容量が大きいものに採用されます。CBにはいくつか種類がありますが，主にVCB（高圧交流真空遮断器）が使用されます。

2 PF·S形の特徴

PF・Sとは，パワーヒューズ・スイッチ（Power Fuse・Switch）の略です。PF・S形の主遮断装置は，高圧限流ヒューズ（PF）と高圧交流負荷開閉器（LBS）の組み合わせになっており，高圧母線等の高圧側の短絡事故に対する保護は，高圧限流ヒューズ（PF）で行われます。

PF・S形は，受電設備容量300 kV・A以下の比較的容量が小さいものに採用されます。

板書 CB形とPF・S形の特徴

	主遮断装置	高圧側の短絡保護	容量
CB形	高圧交流遮断器（CB）	高圧交流遮断器（CB） 過電流継電器（OCR）	大
PF・S形	高圧限流ヒューズ（PF） 高圧交流負荷開閉器（LBS）	高圧限流ヒューズ（PF）	小

問題集 問題73

III 高圧受電設備の単線結線図

機器を図記号で表し，機器をつなぐ複数の電線を1本の線で表した回路図を単線結線図といいます。ここでは，試験によく出題されるCB形高圧受電設備の単線結線図についてとりあげます。

板書 CB形高圧受電設備の単線結線図

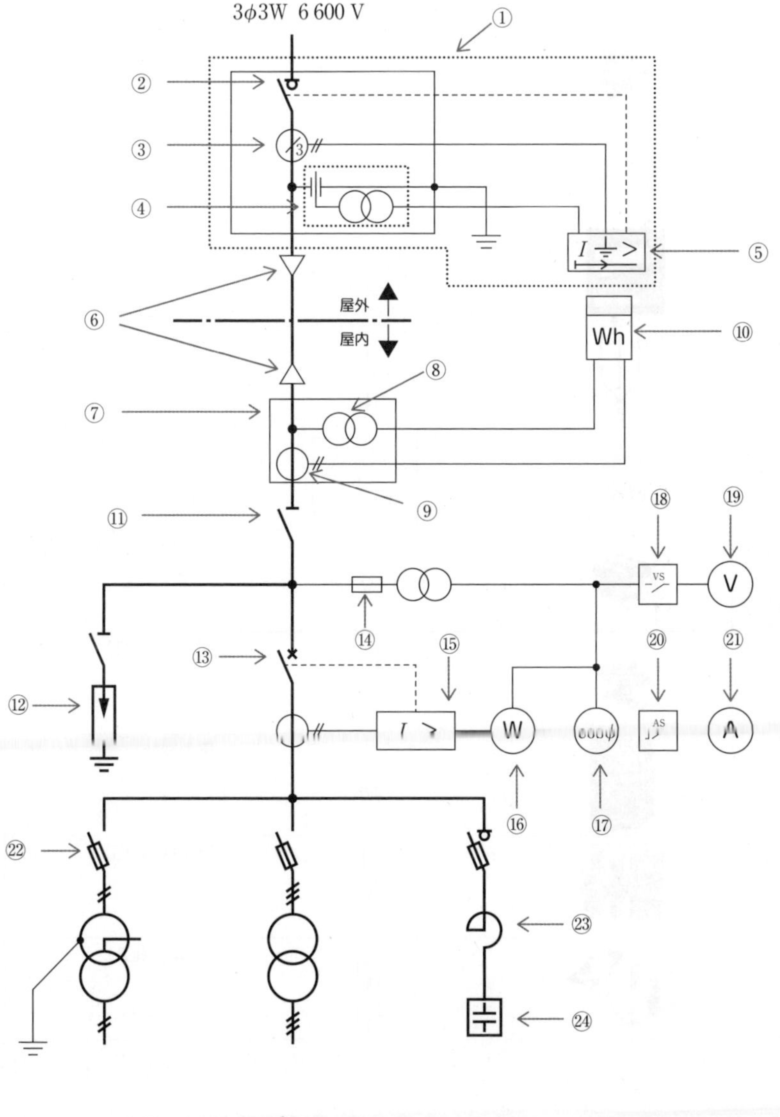

	実物例	図記号	名称
①		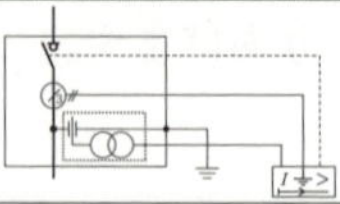	地絡方向継電器付高圧交流気中負荷開閉器（DGR付PAS）
②			高圧交流負荷開閉器（LBS）
③		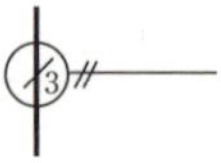	零相変流器（ZCT）
④		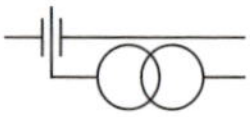	零相基準入力装置（ZPD）
⑤	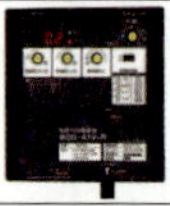	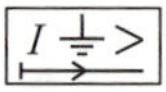	地絡方向継電器（DGR）
⑥			ケーブルヘッド（CH）
⑦		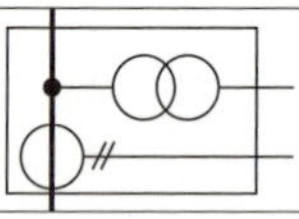	電力需給用計器用変成器（VCT）
⑧			（計器用）変圧器（VT）
⑨			変流器（CT）
⑩			電力量計
⑪			断路器（DS）
⑫			避雷器（LA）

⑬			高圧交流遮断器（CB）
⑭	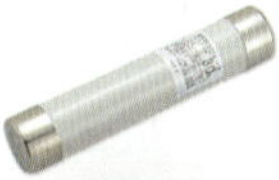		高圧限流ヒューズ（PF）
⑮	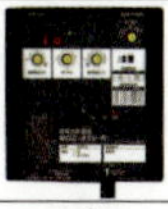	$I >$	過電流継電器（OCR）
⑯		Ⓦ	電力計
⑰		$\cos\phi$	力率計
⑱		 VS	電圧計切換スイッチ（VS）
⑲		Ⓥ	電圧計
⑳		 AS	電流計切換スイッチ（AS）
㉑		Ⓐ	電流計
㉒			限流ヒューズ付高圧交流負荷開閉器（PF付LBS）
㉓			直列リアクトル（SR）
㉔			進相コンデンサ（SC）

Ⅳ 高圧受電設備に関する機器と役割

高圧受電設備の単線結線図は，役割によって次のような回路に分割することができます。

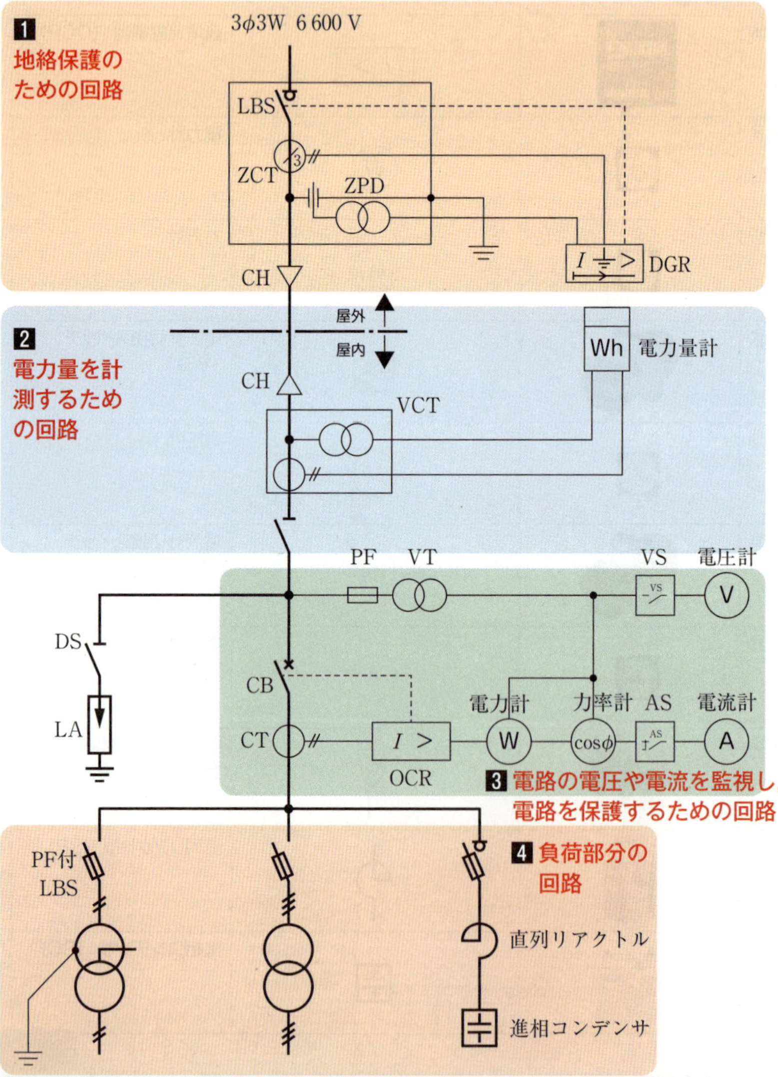

1 地絡保護のための回路

次の図は，高圧受電設備の単線結線図から，地絡保護のための回路を切り出したものです。

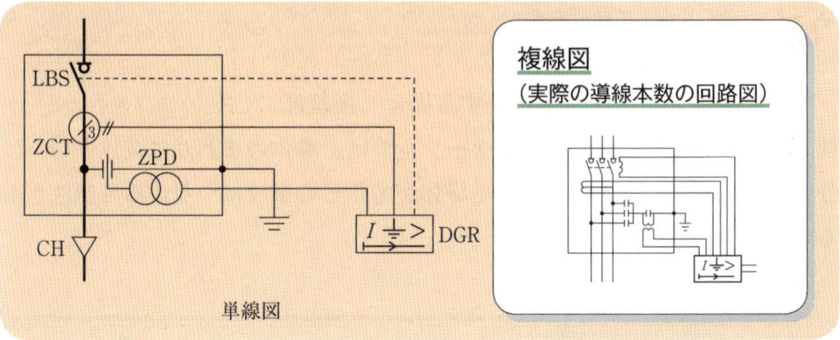

受電端で高圧受電した電力は，前の図で示された太い線にそって，「受電端」→「LBS」→「ZCT」→「CH」へと送られます。ZCTより需要家側の電路で地絡事故が起きた場合は，LBSで電路を遮断します。

地絡事故が起きたかどうかはZCT（零相変流器）とZPD（零相基準入力装置）が検出します。DGR（地絡方向継電器）がLBS（高圧交流負荷開閉器）に遮断命令を出します。

板書 地絡保護に関する機器

ZCT	地絡電流を検出する。
ZPD	零相電圧を検出する。
DGR	需要家内の地絡事故を検出し，故障個所を切り離すための信号を送る。
LBS	負荷電流，励磁電流，充電電流などの開閉をする。

ひとこと

ZCT（零相変流器）が地絡を検出する仕組みは，「4 零相変流器」で学びます。DGR（地絡方向継電器）のような継電器の仕組みは，「5 継電器（リレー）のしくみ」で学びます。

また，高圧のケーブルを接続する場合，接続部にCH（ケーブルヘッド）が使われます。高い電圧がかかるケーブルでは，導体のまわりに電界を均一に分布するようにしておかないと絶縁体が劣化して事故につながる可能性があるからです。

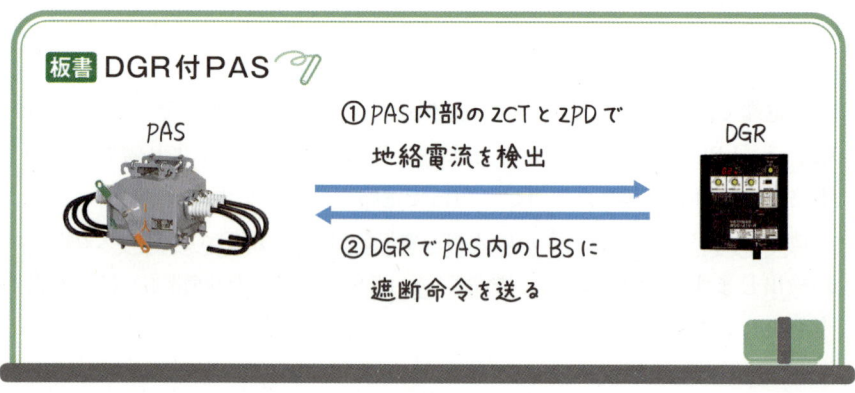

板書 DGR付PAS

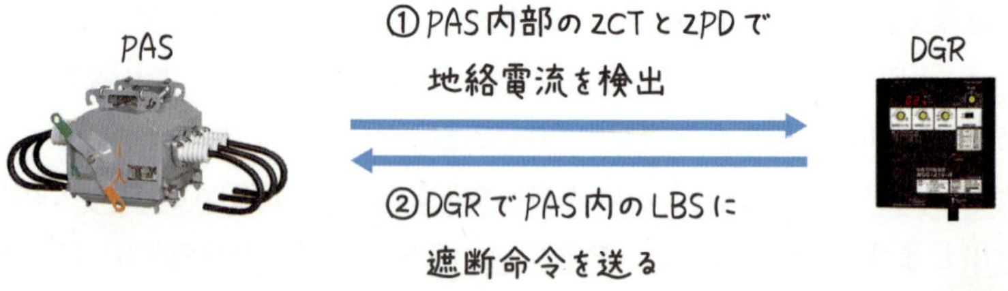
PAS
①PAS内部のZCTとZPDで
地絡電流を検出
②DGRでPAS内のLBSに
遮断命令を送る
DGR

DGR付PASは，電力会社と需要家の責任分界点またはこれに近い場所に設置される保安装置であり，主に地絡事故時の保護を目的とし設置されます。

ひとこと

責任分界点（せきにんぶんかいてん）とは，電力会社と需要家の責任範囲を分けている場所のことです。区分開閉器の１次側の接続点がそれにあたります。そこよりも電力会社側で事故が起これば電力会社の責任，区分開閉器の１次側より需要家側で事故が起これば需要家の責任となります。

2 電力量を計測するための回路

次の図は，高圧受電設備の単線結線図から，需要家の電力量計測のための回路を切り出したものです。

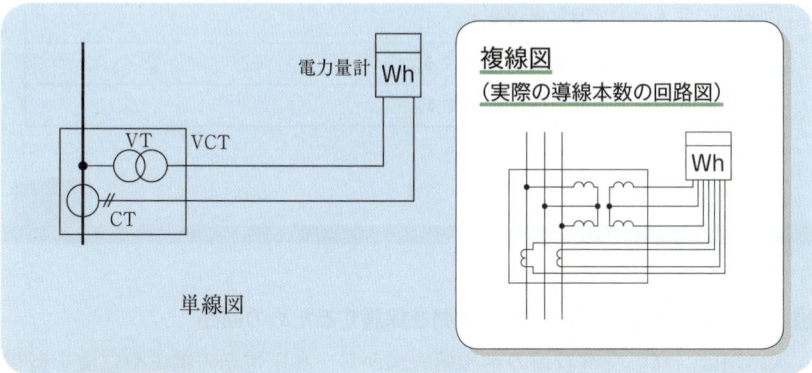

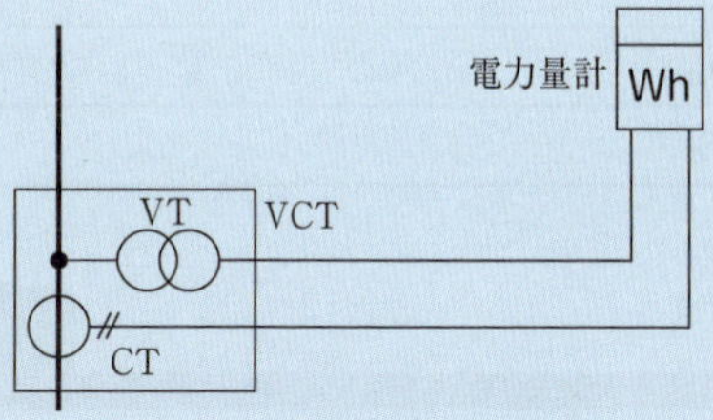

単線図

複線図
（実際の導線本数の回路図）

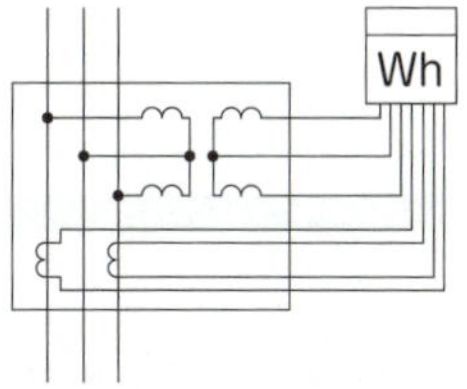

ひとこと

電力量計は，電気料金の計算のために使われます。電力量計は，高圧の電路に直接接続すると壊れてしまいます。そこで，VCTで低電圧・小電流にして接続します。

ひとこと

CT（計器用変流器）の仕組みは，「3変流器のしくみ」で学びます。VT（計器用変圧器）の仕組みは，機械で学んだ変圧器と同じです。

図の**VCT（電力需給用計器用変成器）**は，需要家の使用電力量を計測するために電力会社が取り付ける機器です。VCT内部にあるVT（計器用変圧器）とCT（計器用変流器）によって，高圧電路の電圧・電流を低圧・小電流に変成し，電力量計に信号を入力し計測します。

板書 電力量の計測に関する機器

VCT	VTとCTが一体となった機器。電圧・電流の大きさを変成する。
VT	高圧を低圧に変成する。
CT	大電流を小電流に変成する。
電力量計	需要家の電力量を計測する。

3 電路の電圧や電流を監視し，電路を保護するための回路

次の図は，高圧受電設備の単線結線図から，高圧電路の電圧や電流を監視し，電路を保護するための回路を切り出したものです。

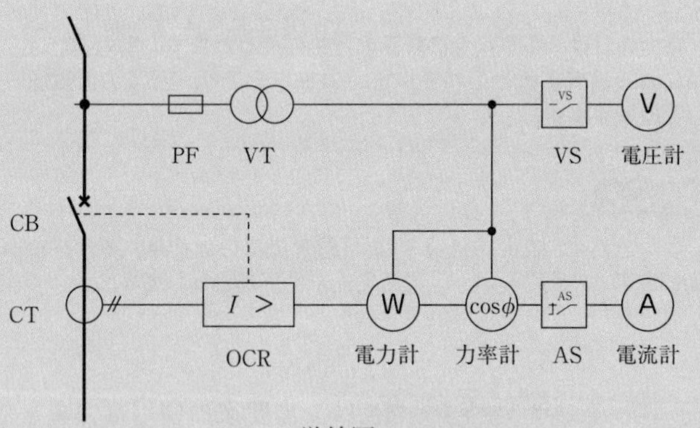

単線図

複線図（実際の導線本数の回路図）

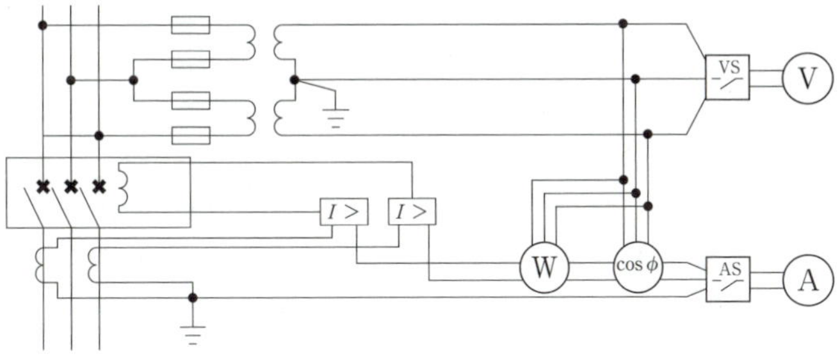

まず，「PF」→「VT」→「VS」→「電圧計」の部分について説明します。PF（限流ヒューズ）は，VT（計器用変圧器）を保護するためについています。大きな電流が流れるとPFが切れて，VTが大電流により壊れることを防ぎます。

VTでは電圧を下げて，VS（電圧計切換スイッチ）を経由して，電圧計で電圧を測定します。三相3線式では線間電圧が3つあります。そこで，どの電圧を電圧計に表示するかをVSで切り換えることができます。

VS　　電圧計

ひとこと

三相３線式では，R-S間，S-T間，T-R間の電圧があります。

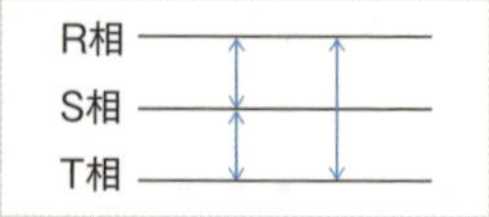

次に，「CT」→「OCR」→（「電力計」→「力率計」）→「AS」→「電流計」の部分について説明します。まず，CT（変流器）で小電流にしています。OCR（過電流継電器）は，需要家側で短絡事故が起こった場合に，電路の過電流を検出してCB（遮断器）に信号を送ります。そして，CB（遮断器）が電路を遮断します。

三相３線式では，相電流が３つあります。そこで，どの電流を電流計に表示するかをAS（電流計切換スイッチ）で，切り換えることができます。

ひとこと

CBで電路を遮断して，電力系統を保護します。

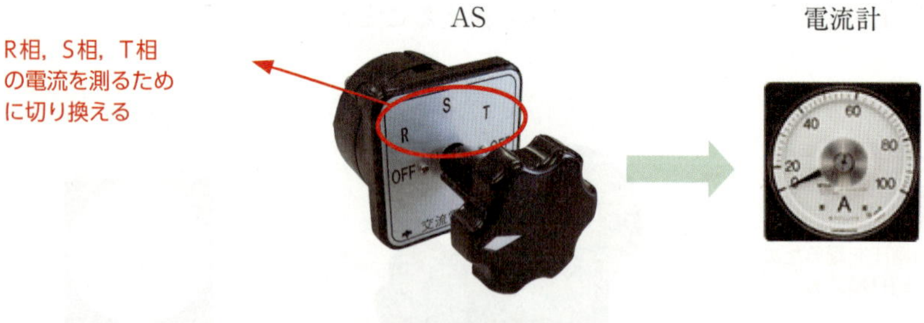

最後に，「電力計」と「力率計」について説明します。電力を測るには電流と電圧が必要です。力率を測るには，電圧と電流の位相差を知る必要があります。これらのことから，「電力計」と「力率計」は，VTとCTの両方につながっています。

板書 電路の電圧や電流を監視し，電路を保護する機器

電圧計 電流計 力率計 電力計	それぞれの大きさを測定する。
VS，AS	各相の電流，電圧をそれぞれ1台の電流計，電圧計で測るための切換スイッチ。
CB	電路の開閉をする。負荷電流に加え，短絡や地絡などの非常時の異常電流を遮断することができる。
PF	短絡電流を遮断し，VT（計器用変圧器）などを保護する。

4 負荷部分の回路

次の図は，高圧受電設備の単線結線図から，負荷部分の回路を切り出したものです。

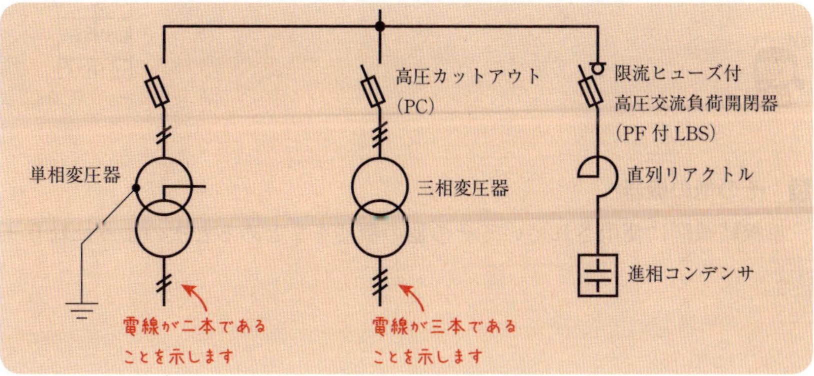

板書 負荷に接続するための機器と役割

直列リアクトル（SR）	高調波を抑制する
進相コンデンサ（SC）	力率を改善する
変圧器（T）	高圧を低圧にする
限流ヒューズ付高圧交流負荷開閉器（PF付LBS）	負荷電流，励磁電流，充電電流などの開閉をする
高圧カットアウト（PC）	負荷電流，励磁電流，充電電流などの開閉をする（LBSより安価だが，性能は下回る）

ひとこと

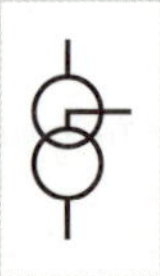

左の記号は，単相変圧器のうち，右図のように中間点をひきだしている単相変圧器を表します。第一種電気工事士試験では出てきますが，電験ではここまで詳しく出てきません。単に変圧器と考えておきましょう。

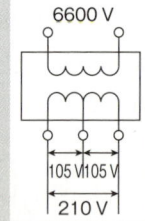

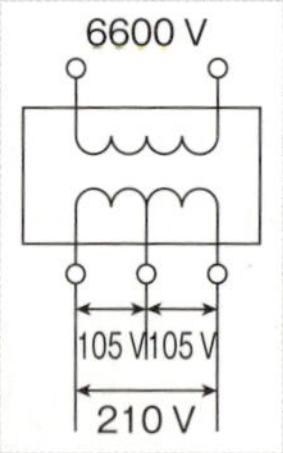

5 その他の機器

単線結線図に使用されているその他の機器をまとめると次のようになります。

板書 高圧受電設備に関するその他の機器

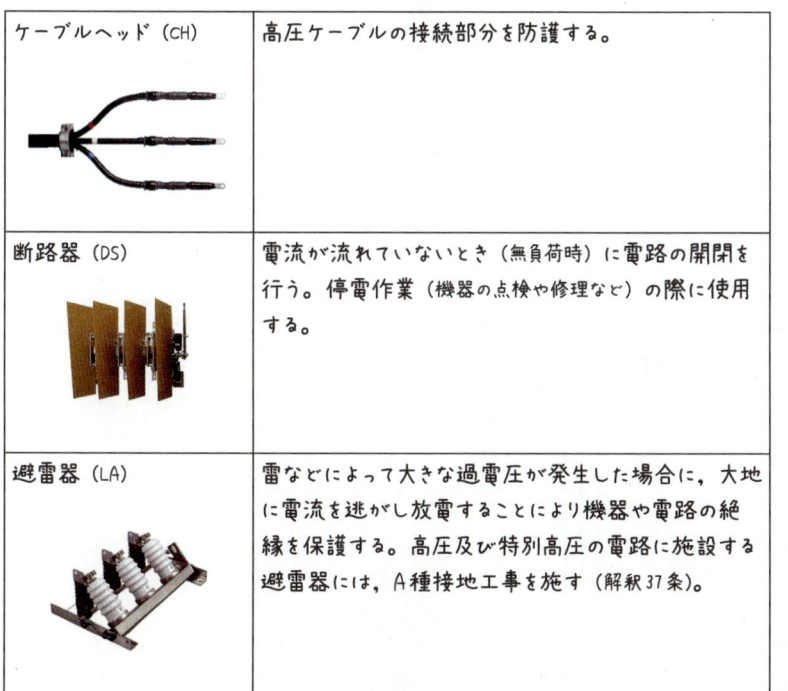

ケーブルヘッド（CH） 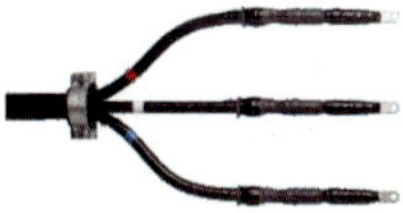	高圧ケーブルの接続部分を防護する。
断路器（DS） 	電流が流れていないとき（無負荷時）に電路の開閉を行う。停電作業（機器の点検や修理など）の際に使用する。
避雷器（LA） 	雷などによって大きな過電圧が発生した場合に，大地に電流を逃がし放電することにより機器や電路の絶縁を保護する。高圧及び特別高圧の電路に施設する避雷器には，A種接地工事を施す（解釈37条）。

問題集 問題74

V 負荷部分の回路の複線図のかき方

ここでは，シンプルな負荷部分の回路を複線図にかきなおす方法を学びます。例えば，以下のように，直列リアクトル，進相コンデンサと三相変圧器を介して三相負荷につながっている状況を考えます。

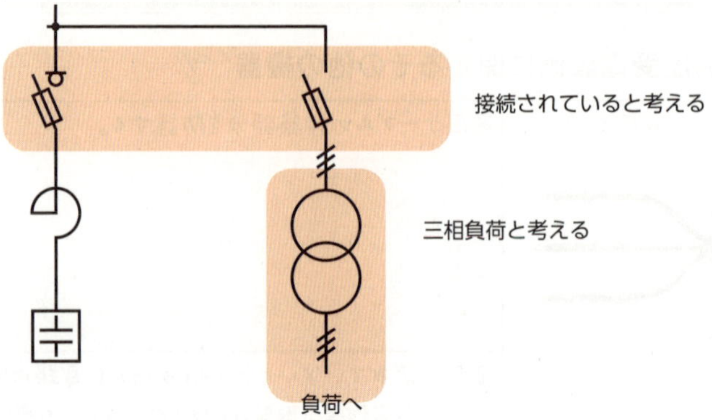

イメージをふくらますために，イラストを使った回路図をかくと以下のようになります。

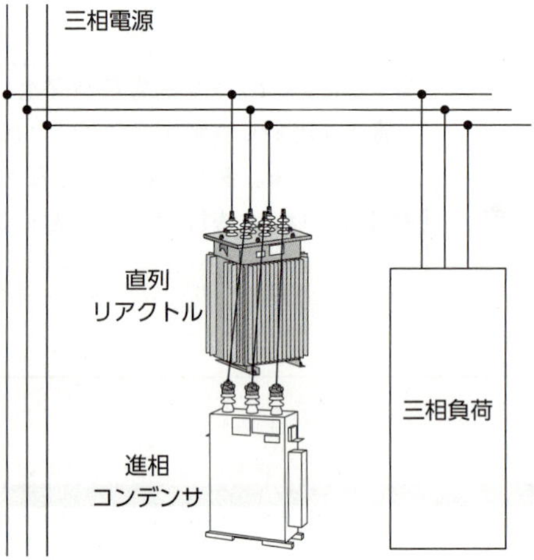

そして，直列リアクトルと進相コンデンサ部分は，複線図で次のように表すことができます。

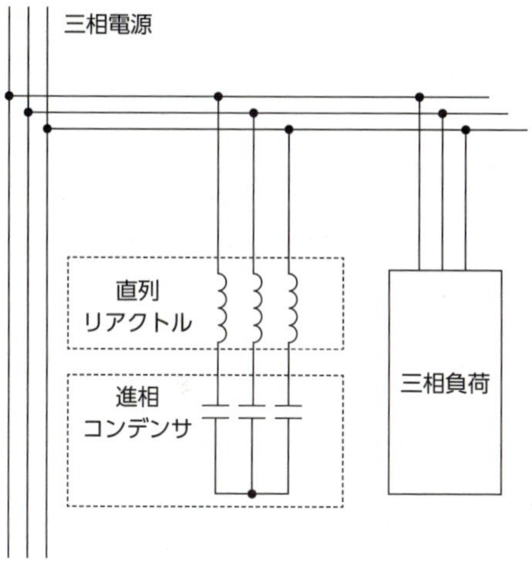

さらに回路図にかきなおすと以下のようになります。

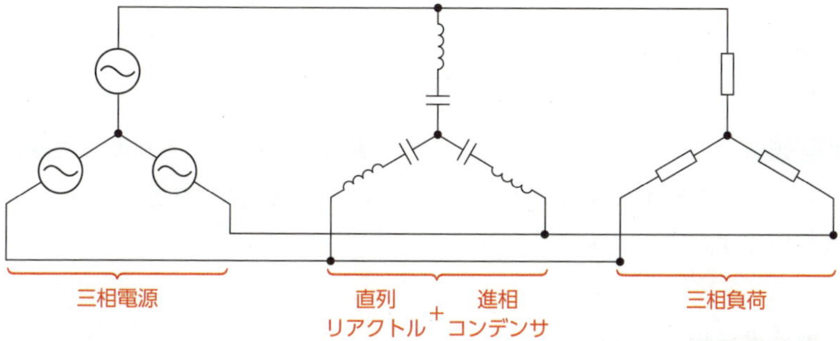

ひとこと

ふむ ふむ

この回路図変形を理解していると，法規の計算問題の理解が深まります。

VI 高圧受電設備の点検，保守

高圧受電設備における**保守**は，①各種点検において異常があった場合，②修理・改修の必要を認めた場合，③汚損による清掃の必要性がある場合，等に内容に応じた措置を講じることをいいます。

高圧受電設備の**点検**には次のような種類があります。

日常（巡視）点検	主として運転中の電気設備を目視等により点検し，異常の有無を確認する。
定期点検	比較的長期間（1年程度）の周期で，主として電気設備を停止させて，目視，測定器具等により点検，測定及び試験を行う。
精密点検	長期間（3年程度）の周期で電気設備を停止し，必要に応じて分解するなど目視，測定器具等により点検，測定及び試験を実施し，電気設備が電気設備技術基準に適合しているか，異常の有無を確認する。
臨時点検	①電気事故その他の異常が発生したときの点検と②異常が発生するおそれがあると判断したときの点検である。点検，試験によってその原因を探求し，再発を防止するためにとるべき措置を講じる。

問題集 問題75 問題76 問題77

Ⅶ 絶縁油の保守，点検

自家用需要家が絶縁油の保守，点検のために行う試験には，絶縁耐力試験及び酸価度試験が一般に実施されています。

1 絶縁耐力試験

規格外の高電圧により絶縁状態が保てなくなり，突然大電流が流れることを**絶縁破壊**（ぜつえんはかい）といい，絶縁破壊を起こさない限界の電圧や電界強度を**絶縁耐力**（ぜつえんたいりょく）といいます。絶縁油の絶縁耐力を確かめるために**絶縁耐力試験**（ぜつえんたいりょくしけん）が一般に実施されています。

2 酸価度試験

絶縁油，特に変圧器油は，使用中に次第に劣化して酸価（酸性有機物質（さんせいゆうきぶっしつ）の総量）が上がり，抵抗率や耐圧が下がるなど諸性能が低下します。さらに，劣化した絶縁油と金属等から作られる化合物であるスラッジが発生すると，絶縁油の冷却効果が低下し，絶縁物の劣化が加速されます。絶縁物の劣化を確かめるために，**酸価度試験**（さんかどしけん）が一般に実施されています。

ひとこと

変圧器油劣化の主原因は，空気中の酸素が油中に溶け込むことにより発生する酸化反応です。この酸化反応は変圧器の運転による温度の上昇によって特に促進されます。

問題集 問題78 問題79

2 電力用コンデンサ

重要度★★☆

I 電力用コンデンサによる力率改善

電力用コンデンサ（でんりょくよう）とは，進みの無効電力を吸収して力率を改善し，電圧降下や電力損失を低減する機器です（電力）。

電力用コンデンサによる力率改善のベクトル図を描くと，次のようになります。

板書 電力用コンデンサによる力率改善

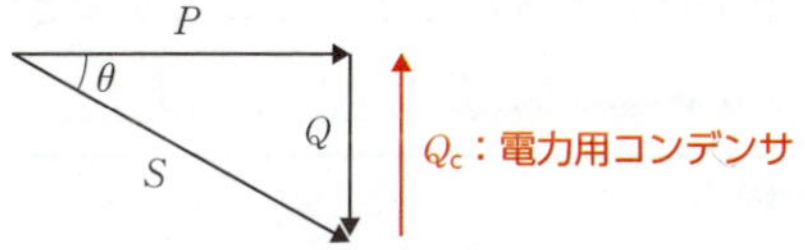

皮相電力：S[kV·A]
有効電力：P[kW]
無効電力：Q[kvar]
力率角：θ [rad]

力率を1に近づける（無効電力Qを0に近づける）ことを，「力率を改善する」といいます。

II 電圧降下・電力損失の低減

電力用コンデンサを負荷と並列に接続することで力率を改善し，電圧降下や電力損失を低減することができます。

電圧降下(でんあつこうか)とは，送電端電圧より受電端電圧が低くなることをいい，次の近似式によって電圧降下の大きさ（送電端電圧と受電端電圧の差）を求めることができます。

公式　三相3線式電線路の電圧降下

$$v = V_s - V_r = \sqrt{3}\,I(R\cos\theta + X\sin\theta)\ [\mathrm{V}]$$
$$= \frac{PR + QX}{V_r}\ [\mathrm{V}]$$

三相3線式電線路の電圧降下：v[V]
送電端電圧（線間）：V_s[V]
受電端電圧（線間）：V_r[V]
線電流：I[A]
電線1線当たりの抵抗：R[Ω]
電線1線当たりの誘導性リアクタンス：X[Ω]
負荷の力率角（遅れを正とする）：θ[rad]
三相負荷の有効電力：P[W]
三相負荷の無効電力：Q[var]

電力損失(でんりょくそんしつ)は一般的に抵抗損のみを考えます。抵抗損は線路抵抗で消費される電力です。電線1線あたりの損失は$P_\ell = RI^2$で求めることができ，三相3線式電線路の電力損失は，電線が3本のため，次の式で求めます。

公式　三相3線式電線路の電力損失

$$P_\ell = 3RI^2\ [\mathrm{W}]$$
$$= \frac{RP^2}{V_r^2\cos^2\theta} = \frac{RS^2}{V_r^2}\ [\mathrm{W}]$$

三相3線式電線路の電力損失：P_ℓ[W]
電線1線あたりの抵抗：R[Ω]
線電流：I[A]
三相負荷の有効電力（受電端電力）：P[W]
受電端電圧（線間）：V_r[V]
力率：$\cos\theta$
三相負荷の皮相電力：S[V・A]

公式より，電力損失は線電流の2乗に比例します。また，皮相電力の2乗に比例し，力率の2乗に反比例します。

ひとこと

公式の導き方について，詳しくは**電力**を復習しましょう。

? 基本例題　　力率改善

変電所から三相3線式1回線の専用配電線路で受電している需要家がある。需要家の負荷が2500 kW，力率が0.6（遅れ）であるとき，受電端電圧を6400 Vとするために設置する電力用コンデンサの容量を求めなさい。

ただし，変電所の送電端電圧は6600 V，専用配電線路の電線1線当たりの抵抗は0.5 Ω，電線1線当たりのリアクタンスは1 Ωとする。また，負荷の消費電力及び負荷力率は受電端電圧によらないものとする。

解答

電力用コンデンサ設置前の負荷の無効電力Q_1は，

$$Q_1 = P \times \frac{\sin\theta}{\cos\theta} = P \times \frac{\sqrt{1-\cos^2\theta}}{\cos\theta} = 2500 \times \frac{\sqrt{1-0.6^2}}{0.6} \fallingdotseq 3333\ \text{kvar}$$

電力用コンデンサ設置後の無効電力Q_2は，電圧降下の式より，

$$v = V_s - V_r = \frac{PR+QX}{V_r}$$

$$6600 - 6400 = \frac{2500 \times 10^3 \times 0.5 + Q_2 \times 1}{6400}$$

$$Q_2 = 200 \times 6400 - 2500 \times 10^3 \times 0.5 = 30000\ \text{var} = 30\ \text{kvar}$$

電力用コンデンサの容量Qは，Q_1およびQ_2より，

$$Q = Q_1 - Q_2 = 3333 - 30 = 3303\ \text{kvar}$$

よって，電力用コンデンサの容量は3303 kvarとなる。

問題集 問題80 問題81 問題82 問題83 問題84 問題85 問題86 問題87

3 変流器のしくみ 重要度★★☆

I 変流器の種類

変流器（へんりゅうき）とは，大電流を小電流に変換する機器です。

変流器にはおもに**巻線形**（まきせんがた）と**貫通形**（かんつうがた）があります。

巻線形は，鉄心に一次巻線と二次巻線を巻きつけたものです。貫通形は，鉄心を貫くように一次側の導体を通し，鉄心に二次巻線を巻きつけたものです。貫通形は大電流の場合によく用いられます。

板書 巻線形変流器と貫通形変流器

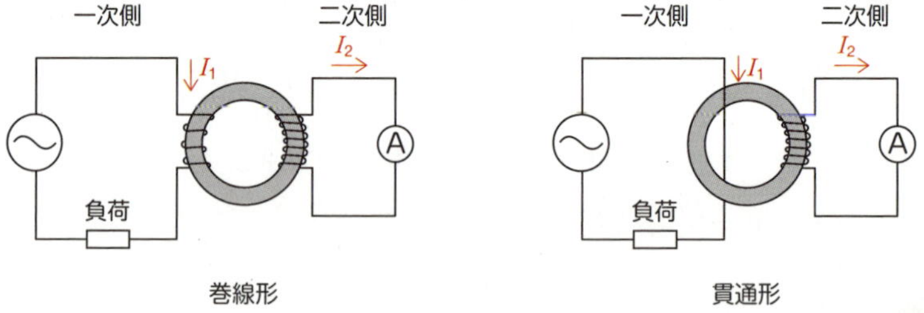

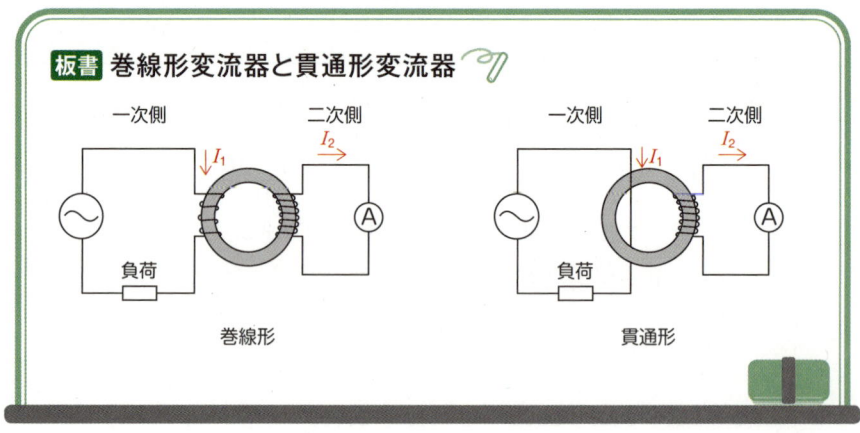

変流器の図記号は単線図（複数の線を1本の線に省略した図）と複線図で異なり，次のようになります。貫通形変流器をイメージするとわかりやすいです。

板書 変流器の回路図

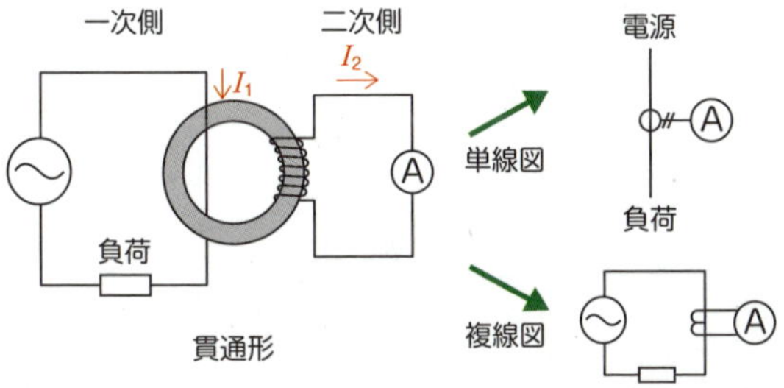

ひとこと

巻線形変流器でも貫通形変流器でも図記号は同じです。

ひとこと

変流器では，電気回路ではなく磁気回路を考えます。変流器の一次側と二次側は電気的に接続されていません。

II 変流器のしくみ

貫通形変流器を例に，変流器のしくみを説明します。

変流器一次側の導体に電流を流すと，磁束が発生します。磁束の向きは右ねじの法則に従うため，次の図のような磁束 ϕ_1 が発生します。

このときの鉄心中の磁界 H_1 は，一次巻線の巻数を N_1，一次電流を I_1，磁路の長さ（平均磁路長）を ℓ とすると，

$$H_1 = \frac{N_1 I_1}{\ell}$$

となります。

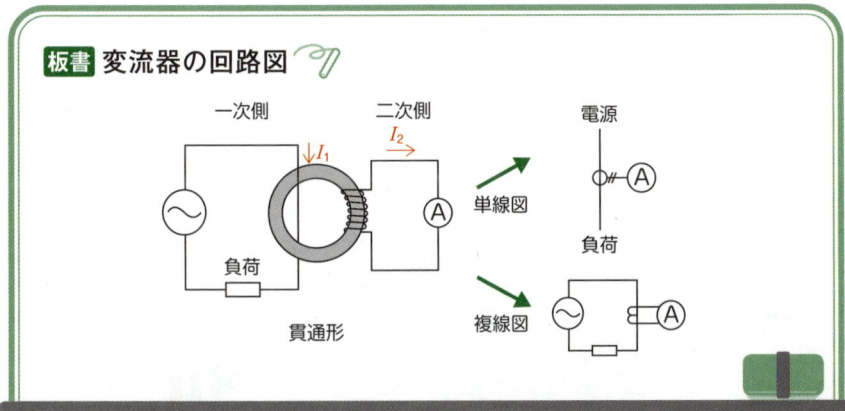

板書 磁束の発生

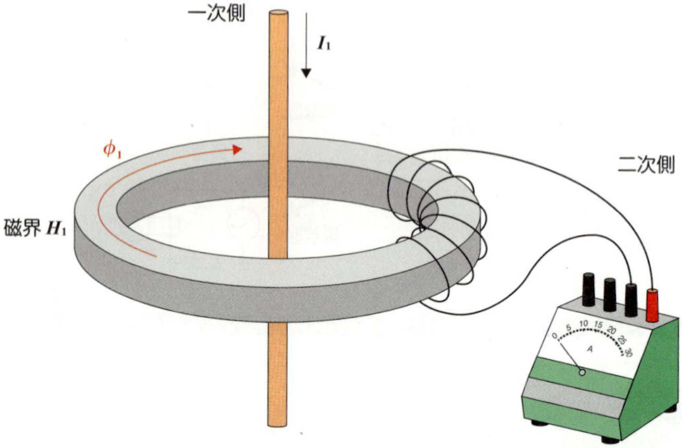

磁束が鉄心中を通り，変流器二次側の巻線（コイル）を貫くと，二次側に誘導起電力が発生し，巻線に右ねじの法則とは逆向きの電流が流れます。

板書 誘導起電力の発生

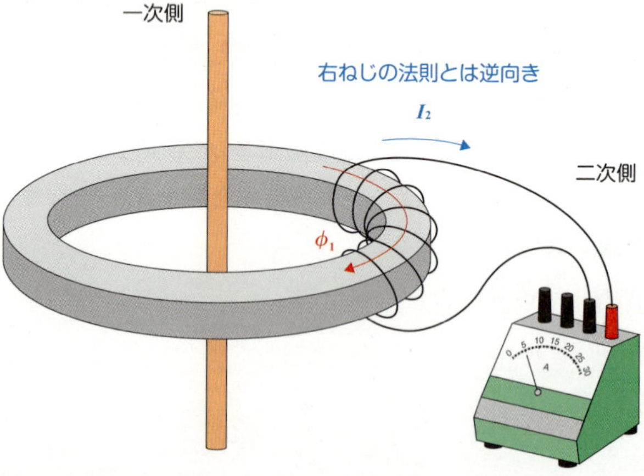

二次側の誘導電流によって，磁束が発生し，磁束の向きは右ねじの法則に従うため，一次電流によって発生した磁束を打ち消す方向の磁束ϕ_2が発生します。

これによる鉄心中の磁界H_2は，二次巻線の巻数をN_2，二次電流をI_2，磁路の長さをℓとすると，

$$H_2 = \frac{N_2 I_2}{\ell}$$

となります。

板書 誘導電流による磁束の発生

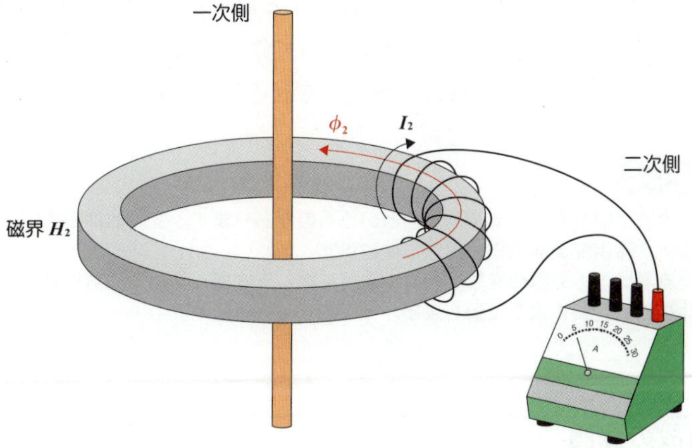

磁束ϕ_1とϕ_2は打ち消し合っており，鉄心中の磁界の強さは磁束密度に比例するので，鉄心中の磁界の強さはほぼ0になります。

H_1とH_2の合成磁界Hがゼロになる等式を立てて解くと，

$$H = H_1 - H_2 = \frac{N_1 I_1}{\ell} - \frac{N_2 I_2}{\ell} \fallingdotseq 0$$

$$N_1 I_1 = N_2 I_2$$

$$\frac{N_1}{N_2} = \frac{I_2}{I_1}$$

となります（貫通形の場合 $N_1 = 1$）。

上の式からわかるとおり，電流の比は巻数比に反比例します。一次側の巻数を少なく，二次側の巻数を多くすることで，大電流を小電流に変換することができます。

変流器の取り扱いで注意する点は，二次側にはつねに低インピーダンスの負荷を接続（短絡）し，絶対に二次側を開放してはならないことです。

もしも，電流が流れている状態で二次側を開放すると，二次側の電流が流れないため，磁束 ϕ_2 が発生せず，一次電流による磁束 ϕ_1 を打ち消し合わなくなるため，磁気飽和が起きます。それによって鉄損が大きくなるとともに，二次側に大きな電圧が発生し，機器を焼損するおそれがあります。

ひとこと

変流器と似たもので零相変流器というものがあります。変流器は短絡保護に使い，零相変流器は地絡保護に使います。

変流器は１本の導体を鉄心を貫くように通しますが，零相変流器は３本の導体を鉄心を貫くように通します。

Ⅲ 短絡事故の保護

短絡事故が発生したときの変流器と保護継電器の動作について説明します。事故が起こっていない通常の状態では，次の単線図において，左から右に電流が流れています。この電流が変流器の一次電流となり，５Ａの二次電流に変換されます。過電流継電器に5Ａの電流が流れますが，前もって定めた過電流継電器を動作させる値である整定値（たとえば10Ａ）を下回っているので，過電流継電器は動作しません。

板書 通常状態

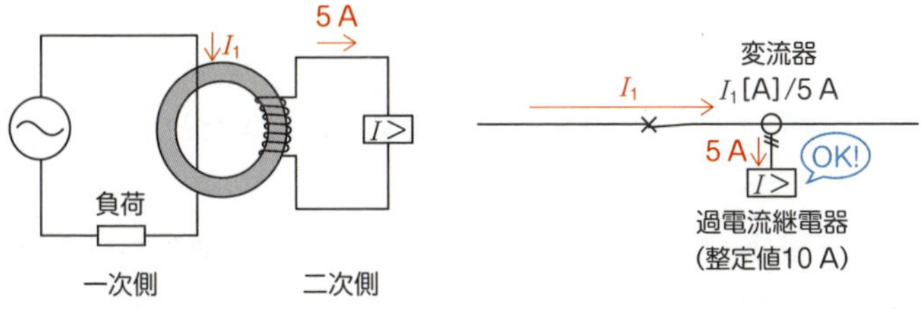

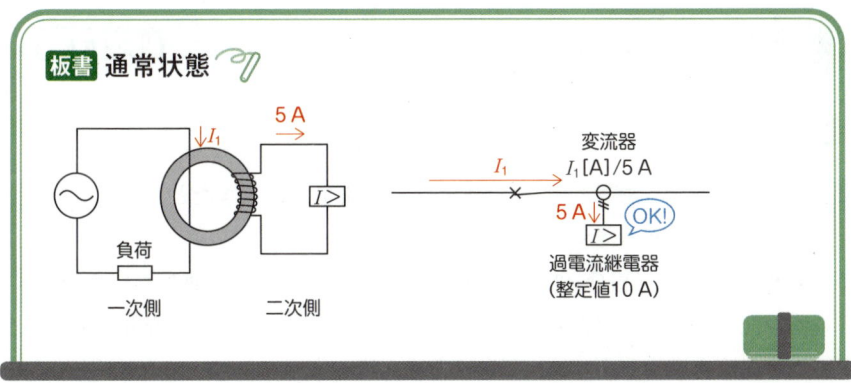

短絡事故が起こると，電源から短絡事故点までの間に大電流が流れます。今まで流れていたI_1[A]の10倍の短絡電流（＝$10I_1$[A]）が流れたとすると，変流比は$I_1/5$なので，二次側には50 Aの電流が出力されます。これは過電流継電器の整定値を上回るため，過電流継電器が遮断器に信号を送り，遮断器が開いて短絡を取り除きます。

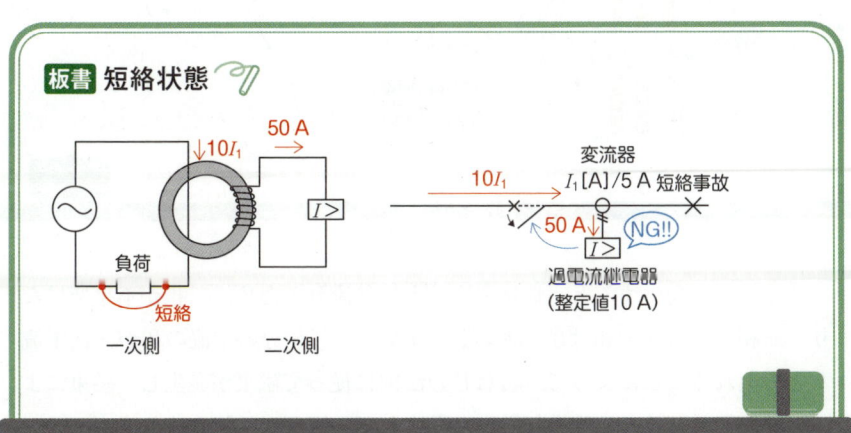

板書 短絡状態

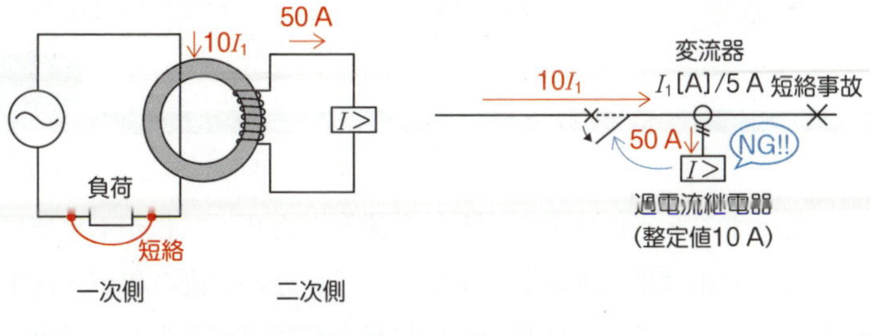

4 零相変流器

重要度★★☆

Ⅰ 零相変流器のしくみ

零相（れいそう・ぜろそう）変流器とは，地絡事故が起きたときの電流の不平衡を検出する機器です。

零相変流器は三相分（3本）の電線を一括して変流器に通しているため，通常は三相の電流が平衡して，三相分の電流の和はつねに0になります。そのため磁束も発生せず，二次側には電流が流れません。

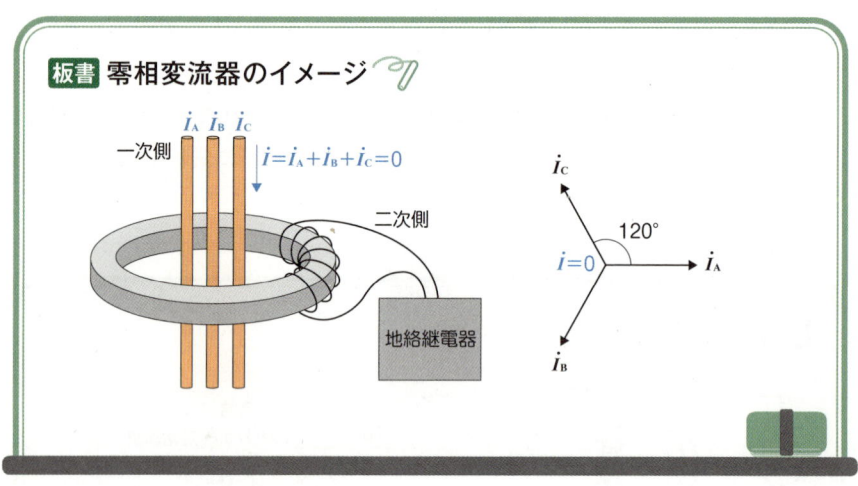

板書 零相変流器のイメージ

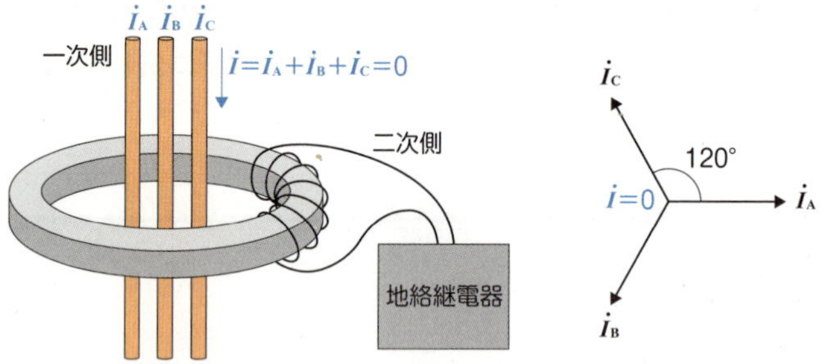

地絡事故が発生すると，地絡電流が大地に流れるため，三相が不平衡になり，三相分の電流の和は0ではなくなります。三相分の電流の和が一次電流として流れることによって，右ねじの法則に従って磁束が発生し，磁束によって二次側のコイルに誘導起電力が発生して二次側に電流が流れます。

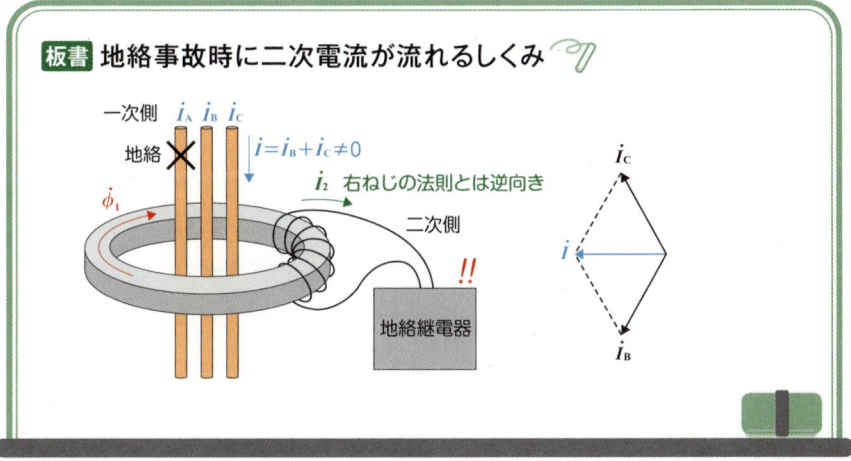

板書 地絡事故時に二次電流が流れるしくみ

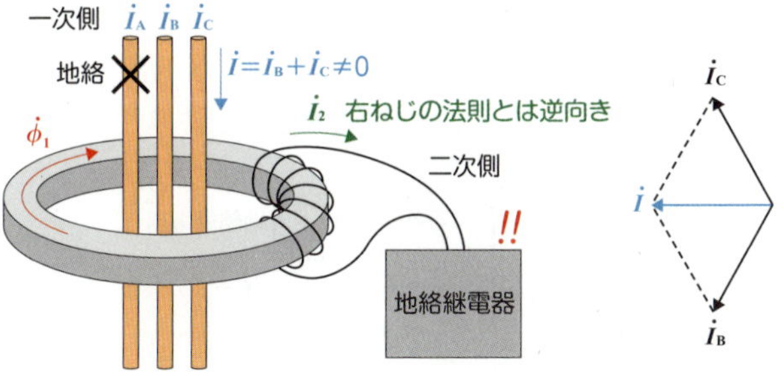

二次側に地絡継電器を設置し，電流が流れたときに遮断器を開くようにしておくと，地絡事故発生時に迅速に故障箇所を切り離すことができます。

ひとこと

二次側に電流を発生させるしくみは変流器と同じで，一次側に電流が流れることが必要です。零相変流器のおもな目的は，電流の大きさを変換するというよりは，地絡事故が起こったときに二次側に電流を出力することなので，通常は一次側（二次側）に電流が流れないように３本の電線をまとめて鉄心に通しています。

II 地絡事故の回路図の読み方

零相変流器の図記号は次のようになります。

板書 零相変流器の図記号

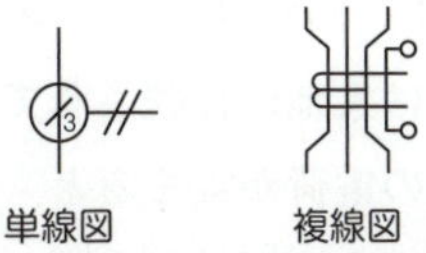

電験三種の1線地絡事故の問題では，次の図のような単線図が出てきます。

板書 1線地絡事故（単線図）

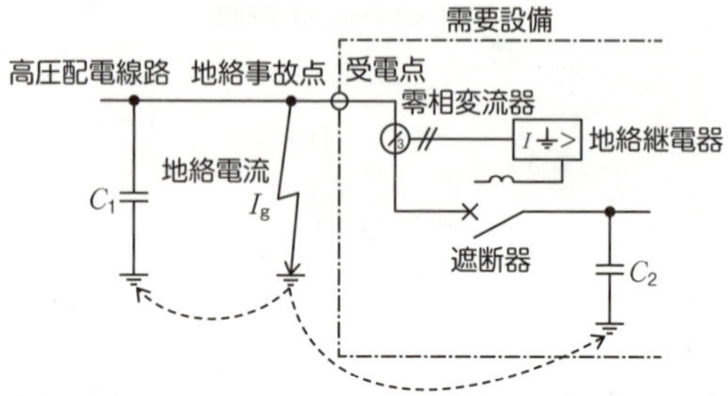

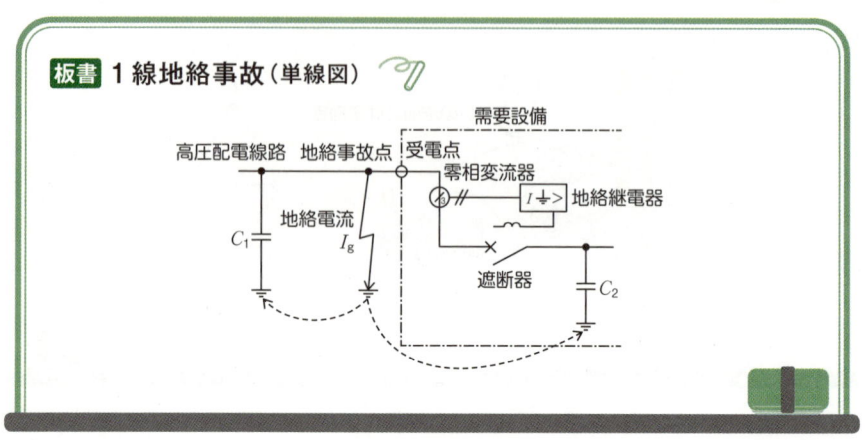

これを複線図に書き換えると，次のようになります（地絡継電器・遮断器は省略）。

板書 1線地絡事故（複線図）

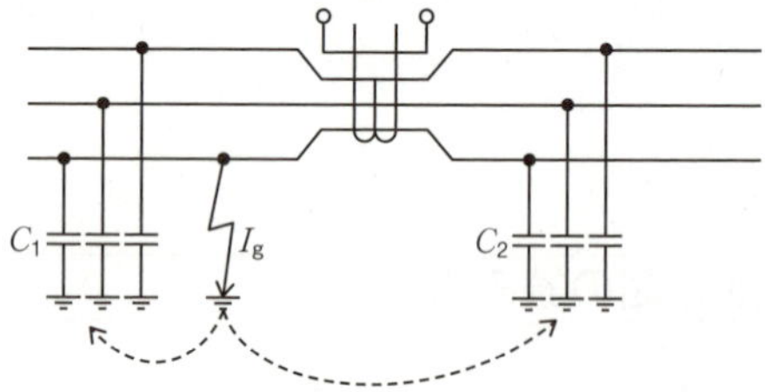

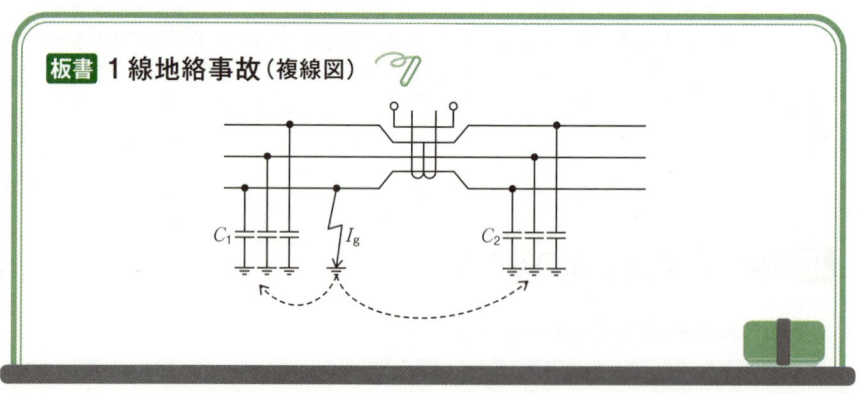

C_1とC_2は**対地静電容量**（たいちせいでんようりょう）です。回路図ではコンデンサを介して接地しているようにみえますが，実際には大地に接続されてはいません。

電線の両端に正の電荷と負の電荷が集まると，その電荷に引きつけられて，地面から地表に電荷が集まります。電線と大地の間には空気があり，空気が誘電体の役割を果たしています。

　このことから，回路図では電線がコンデンサを介して大地と接続しているように表現しています。

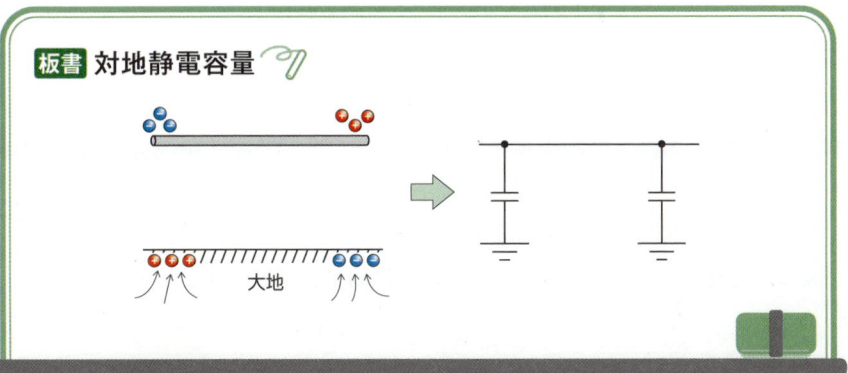

板書 対地静電容量

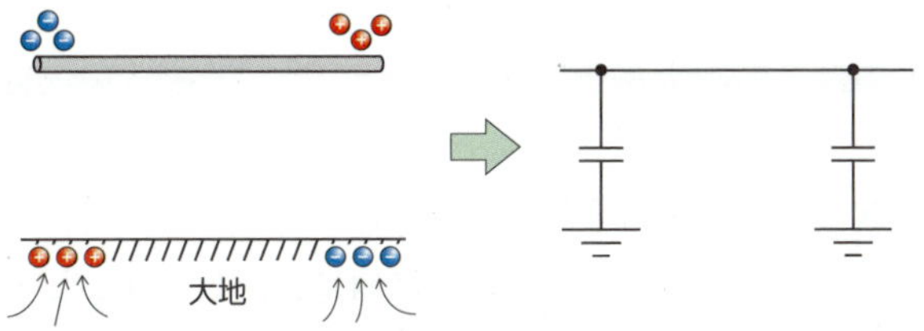

ひとこと

　コンデンサは，導体と導体の間に誘電体（絶縁体）があり，導体どうしはつながっていません。電源から正の電荷が流れてコンデンサの片側に溜まると，もう片側には静電誘導により負の電荷が引きつけられ，見かけ上電荷の移動があるようにみえます。この電荷の動きから，電流が流れているものとして扱っています。

Ⅲ 地絡電流の流れ

　地絡事故が起こっていない通常状態の複線図を考えると，三相の行きと帰りの電流のベクトル和は0です。

板書 通常状態

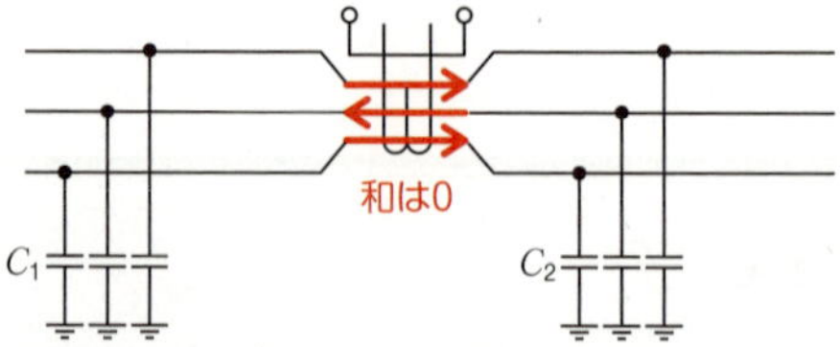

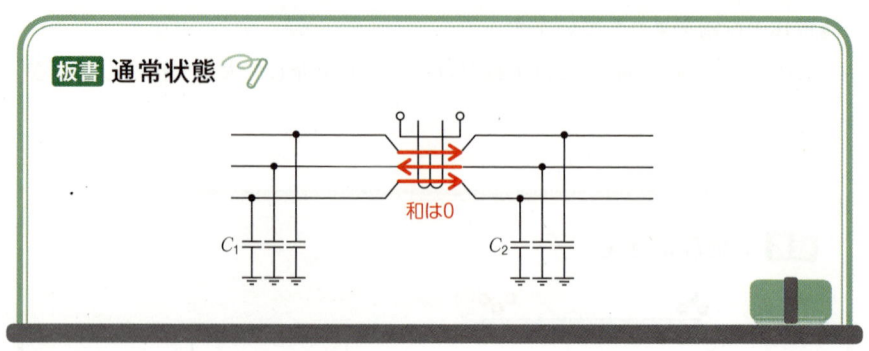

地絡事故が起こると，地絡事故点から大地に地絡電流が流れます。大地に流れた電流は，対地静電容量を通って電源側に還流しようとします。

板書 地絡状態

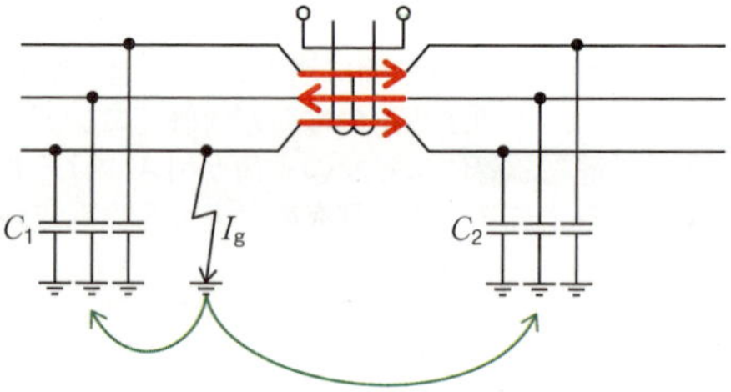

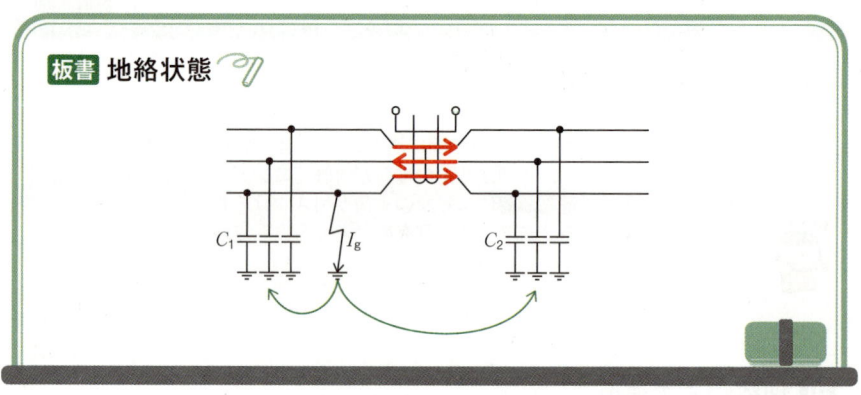

還流してくる電流が三相の不平衡の原因となり，零相変流器の一次側に流れる電流は0ではなくなります。それによって二次側に誘導電流が流れ，零相変流器につながれた地絡継電器に電流が流れることによって遮断器を動作させ，地絡を取り除きます。

5 継電器（リレー）のしくみ

重要度★★☆

I 継電器（リレー）とは

継電器（リレー）とは，電流や電圧が入力されることによってスイッチを開閉し，遮断器などを動作させる機器です。電気を中継する機器なので継電器といい，運動会のリレーのようにバトン（電気）を渡すのでリレーともいいます。

ひとこと

スイッチの開閉の方式には電磁誘導を利用するものやパワーエレクトロニクスを利用するものなどがありますが，ここでは動作のしくみを簡単に理解するために，電磁誘導を利用する電磁リレーについて説明します。

ひとこと

試験では細かい動作まで問われることはないので，暗記する必要はありません。保護継電器の図記号の意味を理解して，回路図を読めるようになりましょう。

スイッチの開閉の方式として，ここでは，イメージをつかむために電磁誘導を使う継電器を前提に説明します。

継電器は電磁石（鉄心とコイル）とスイッチから構成されています。たとえば，コイルに電流が流れると，電磁誘導によって鉄心が磁化されて電磁石になり，鉄片を引きつけてスイッチがオンになります。

板書 継電器のイメージ

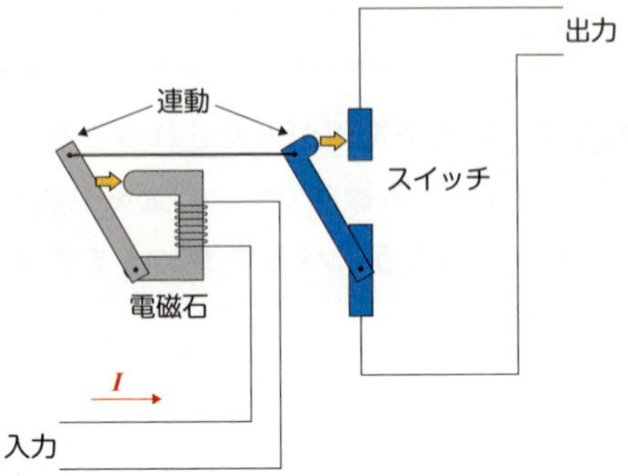

継電器の出力端子に電源と負荷をつないでおけば，スイッチがオンになると継電器の出力側の回路に電流が流れます。

Ⅱ 保護継電器の動作

継電器の一種である**保護継電器**(ほごけいでんき)は，計器用変成器（計器用変圧器や変流器，零相変流器など）と遮断器を中継しています。

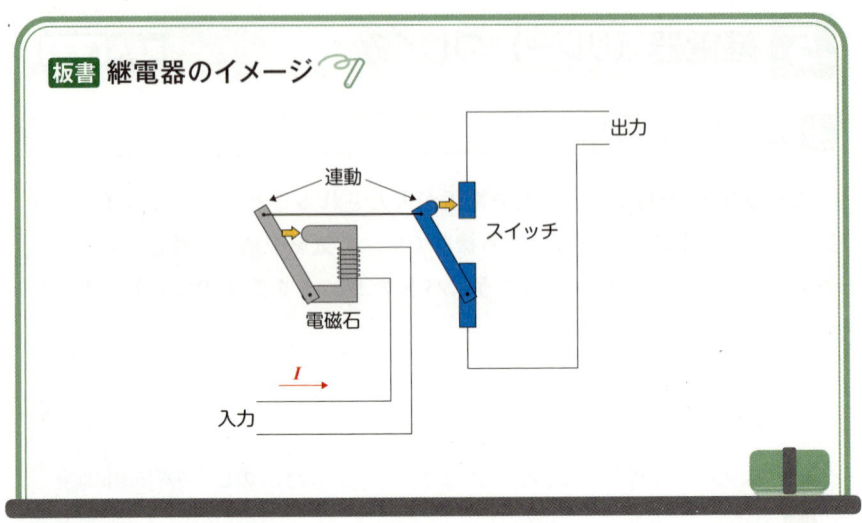

板書 保護継電器の接続のイメージ

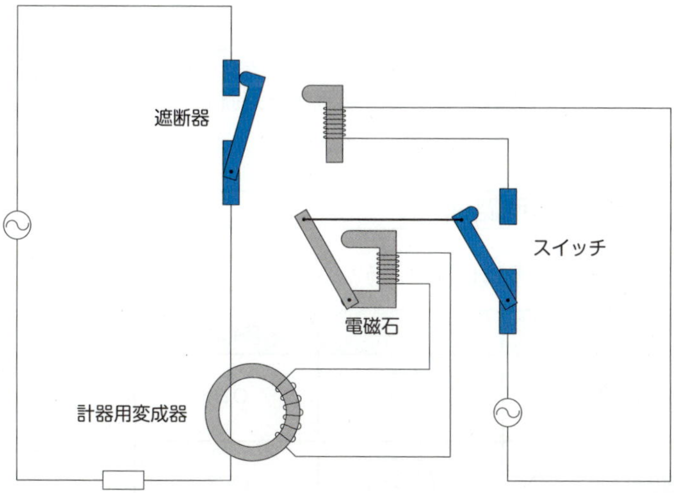

上図の計器用変成器を変流器，保護継電器を過電流継電器とすると，過電流が流れたとき，過電流継電器と遮断器は次の図のような動作をします。

板書 保護継電器の動作

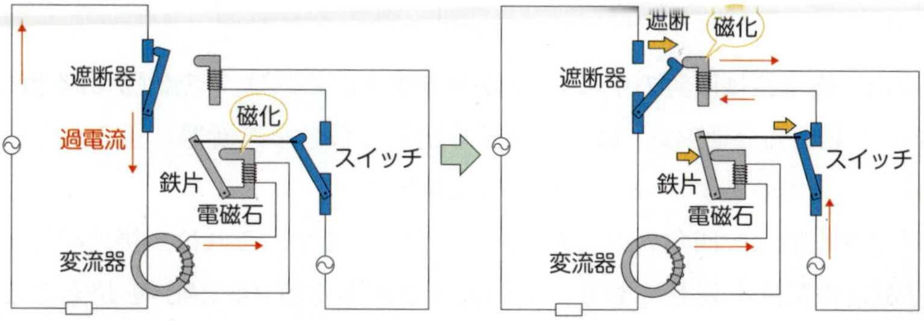

過電流によって変流器の二次側に電流が流れると，この電流によって保護継電器のコイルに電流が流れ，鉄心が電磁石になって鉄片を引きつけ，スイッチがオンになります。スイッチがオンになると，図の右側の回路に電流が流れ，コイルを巻いた鉄心が電磁石になって遮断器のスイッチを引きつけ，遮断器が開きます。これによって，過電流を遮断し，系統を保護します。

III 保護継電器の回路図

保護継電器の図記号には次のようなものがあります。

種類	図記号	文字記号
過電流継電器	I >	OCR
過電圧継電器	U >	OVR
不足電圧継電器	U <	UVR
地絡継電器 (地絡過電流継電器)	I ⏚ >	GR(OCGR)
地絡過電圧継電器	U ⏚ >	OVGR
地絡方向継電器	I ⏚ > ⟼	DGR

過電流継電器は四角の中にI，>があります。これは，電流Iがある値（整定値）を超えるとき（>）にスイッチを閉じて信号を遮断器に送る，という意味を表しています（つまり，過電流が流れたとき）。

地絡継電器は，四角の中にI，⏚，>があります。これは，接地記号と電流Iが地絡電流を表しており，その大きさがある値（整定値）を超えるとき（>）に接点を閉じて信号を遮断器に送る，という意味を表しています。

地絡方向継電器では，方向を表す矢印（⟼）が描かれています。

ひとこと

動作時間や動作する電流などの値を決めることを整定といい，整定された値を整定値といいます。

ひとこと

地絡継電器は図記号からわかるように地絡過電流継電器のことです。地絡過電流継電器のことを試験では単に地絡継電器（GR）と書いてあることが多いです。

ひとこと

OCR（過電流継電器）のOはover（超える），Cはcurrent（電流），Rはrelay（リレー＝継電器）です。ほかにも，Vはvoltage（電圧），Uはunder（下回る），Gはground（接地），Dはdirectional（方向）と知っておけば，DGRが地絡方向継電器，UVRが不足電圧継電器とわかります。

この図記号を使った単線図と複線図の例は，次のようになります。試験では基本的に単線図で出題されます。

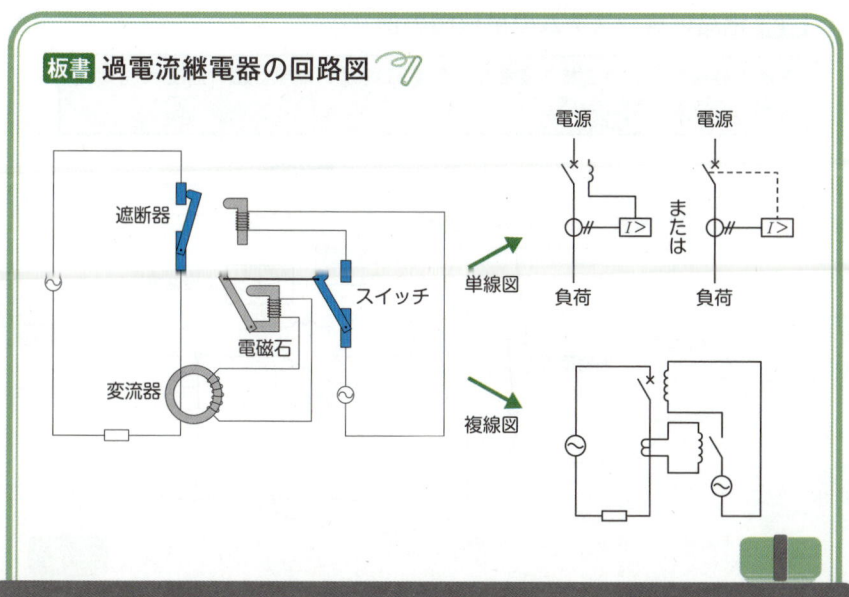

板書 過電流継電器の回路図

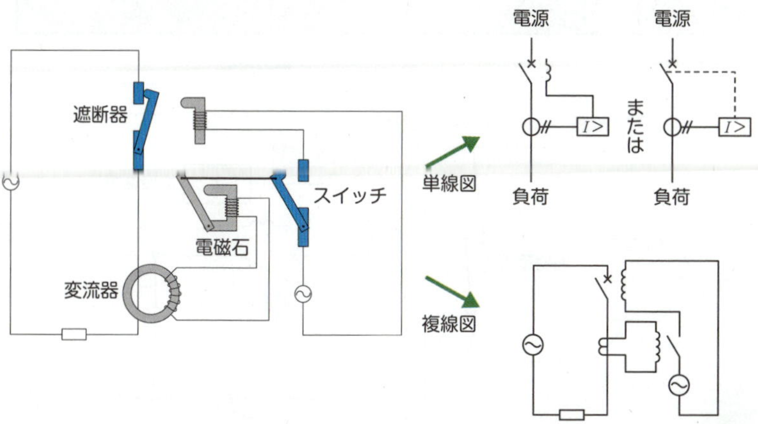

ひとこと

単線図，複線図の描き方には様々なものがあるので，板書でイメージをつかんでおきましょう。

問題集 問題88 問題89 問題90

6 地絡電流・短絡電流

重要度★★☆

I 地絡電流

地絡電流（ちらくでんりゅう）とは，地絡事故が発生したときに大地に流れる電流のことをいいます。

地絡電流を求める問題に出てくる単線図は読み取りにくいことがあるので，単線図の見方を説明します。

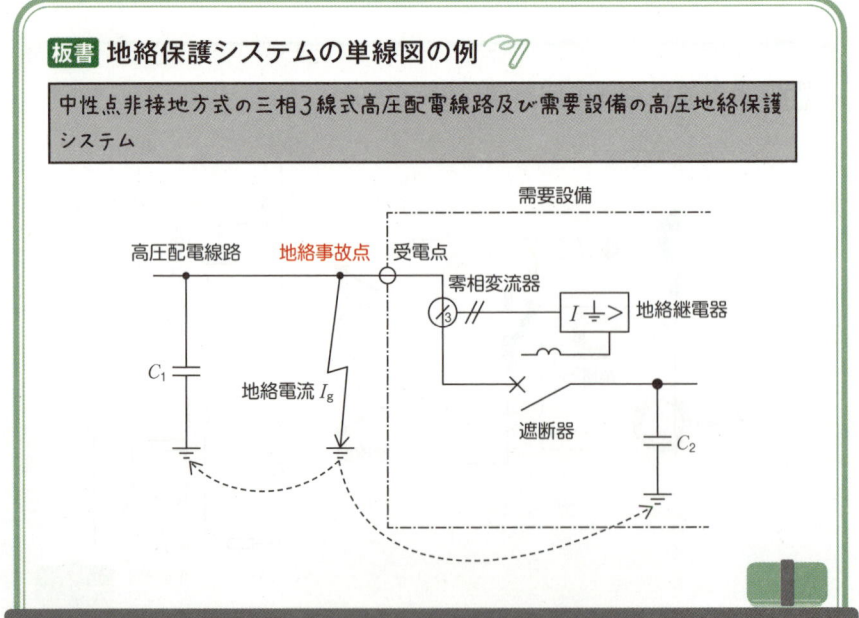

板書 地絡保護システムの単線図の例

中性点非接地方式の三相3線式高圧配電線路及び需要設備の高圧地絡保護システム

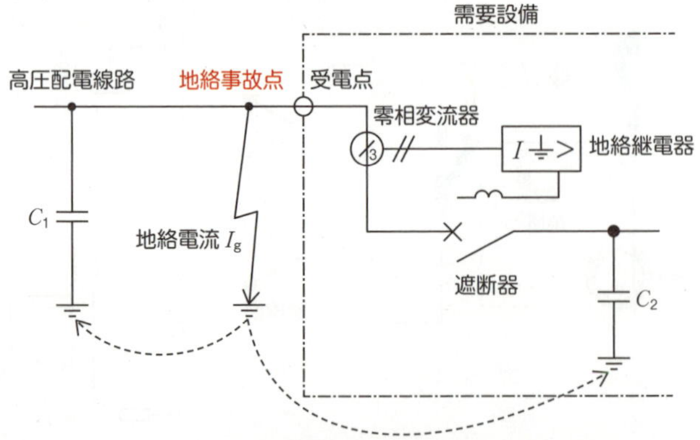

地絡事故が発生すると，地絡事故点から大地に地絡電流が流れます。大地のインピーダンスは低いため，地絡電流はC_1とC_2の比によって分かれて電源に向かって還流しようとします。このまま放置すると，地絡が継続することになります。そこで，零相変流器によって地絡電流を検出し，地絡継電器によって遮断器へ信号を送り，遮断器を開くことで，地絡を取り除くことができます（電力）。

ひとこと

遮断器とは，電流を遮断し，機器を保護するための機器です。地絡や短絡保護のために使う場合は，保護継電器からの信号を受け取って遮断器の開閉を行います。

基本例題　　地絡電流

線間電圧V[V]，周波数f[Hz]の中性点非接地方式の三相3線式高圧配電線路及び需要設備の高圧地絡保護システムを簡単に示した単線図は次のようになる。この配電線路において，遮断器が閉じている状態で地絡事故点において1線完全地絡事故が発生した。高圧配電線路一相の全対地静電容量をC_1[F]，需要設備一相の全対地静電容量をC_2[F]とするとき，次の値を求めなさい。

ただし，地絡電流I_gが高圧配電線路側と需要設備側に分流する割合はC_1とC_2の比によって決まるものとする。

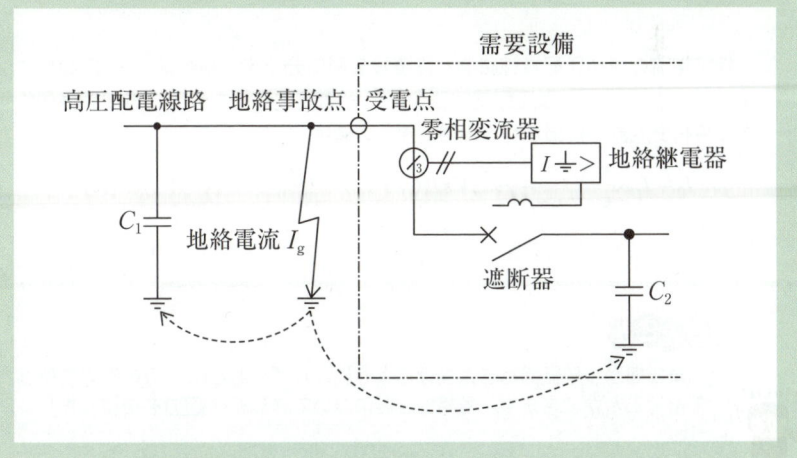

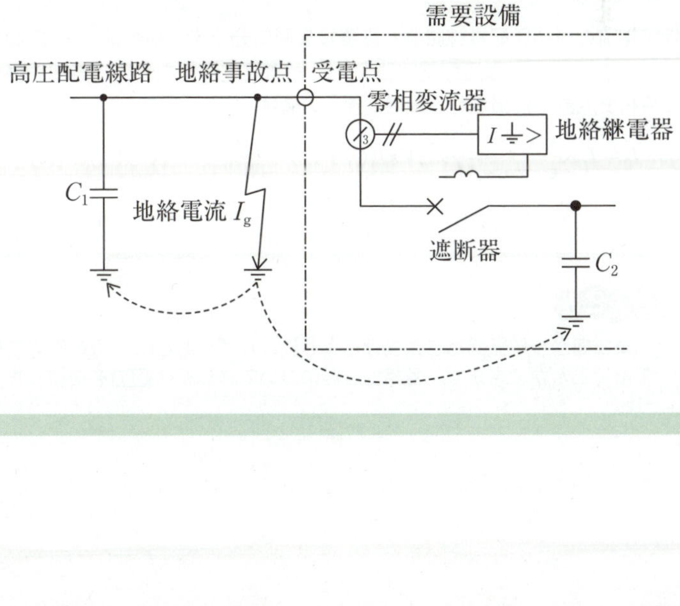

(a)　地絡電流 I_g[A]
(b)　零相変流器で検出される地絡電流の値 I_0[A]

解答

(a)　単線図から地絡事故点にテブナンの定理を使って等価回路を描くと，次のようになる。単線図なので，1本の線で描かれているが，実際は三相なので三相分の静電容量は $3C_1$，$3C_2$ となる。

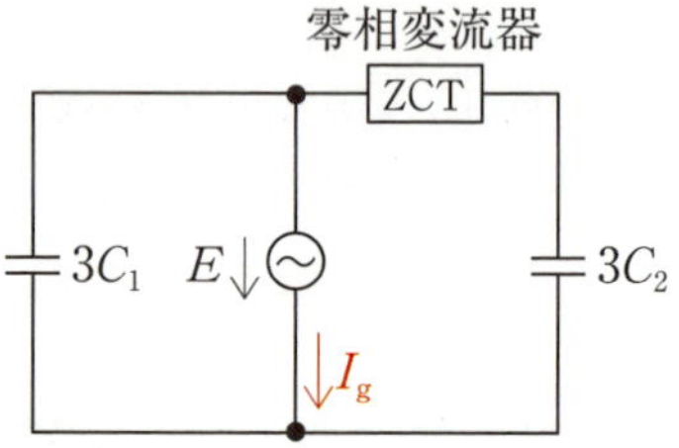

$3C_1$ と $3C_2$ は並列なので，$E=\dfrac{V}{\sqrt{3}}$，$I=\dfrac{E}{Z}$，$Z=\dfrac{1}{\omega C}=\dfrac{1}{2\pi fC}$ より，地絡電流 I_g は，

$$I_g=E\times(2\pi f\times 3C_1+2\pi f\times 3C_2)=\frac{V}{\sqrt{3}}\times 2\pi f\times 3(C_1+C_2)$$
$$=2\sqrt{3}V\pi f(C_1+C_2)\,[\mathrm{A}]$$

となる。

(b)　地絡電流 I_g が高圧配電線路側と需要設備側に分流する割合は C_1 と C_2 の比によって決まる。C_1 が高圧配電線路側，C_2 が需要設備側なので，需要設備側にある零相変流器で検出される地絡電流 I_0 の値は，

$$I_0=I_g\times\frac{C_2}{C_1+C_2}=2\sqrt{3}V\pi f(C_1+C_2)\times\frac{C_2}{C_1+C_2}=2\sqrt{3}V\pi fC_2\,[\mathrm{A}]$$

となる。

ひとこと

単線図から等価回路さえ描けるようになれば，あとは **理論** の知識を使って解くことができます。零相変流器について詳しくは **電力** を復習しましょう。

ひとこと

ふむ ふむ

零相変流器のことをZCT，地絡継電器のことをGR，遮断器のことをCBと表記することがあります。

問題集 問題91

II 短絡電流

短絡電流とは，短絡事故が発生したときに電路に流れる大電流のことをいいます。

短絡電流を求める問題に出てくる図は読み取りにくいことがあるので，図の見方を説明します。

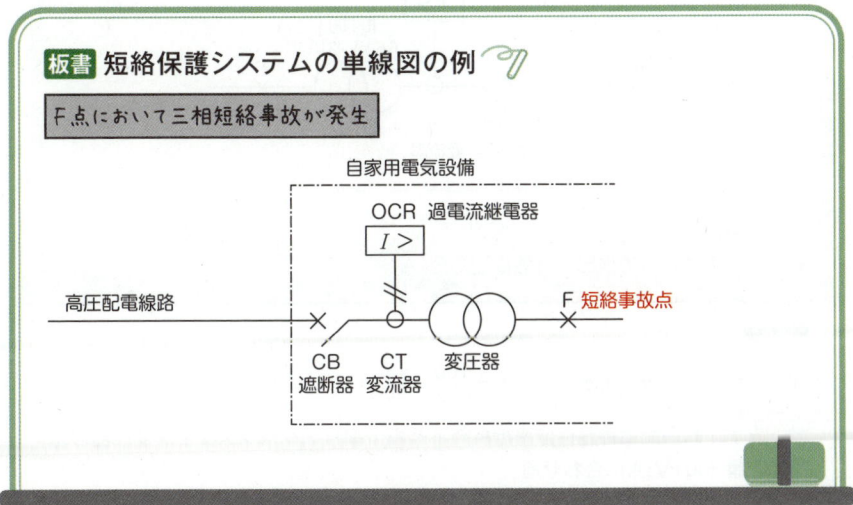

板書 短絡保護システムの単線図の例

F点において三相短絡事故が発生

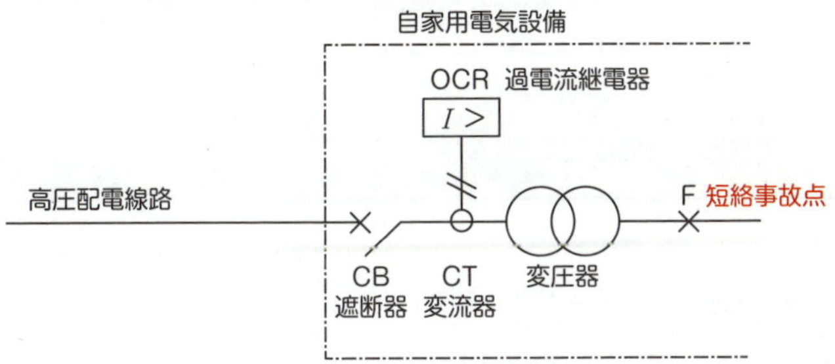

短絡事故が発生すると，電源から**変圧器**を通り，短絡事故点Fまでの間に大きな電流（過電流）が流れます。このまま放置すると，短絡が継続することになります。**過電流継電器**は過電流を検出し，遮断器に信号を送る機器ですが，大電流をそのまま流すと過電流継電器が壊れるおそれがあります。そのため，**変流器**によって過電流を比較的小さな電流に変換し，それを過電流

継電器に流すことで，過電流継電器が動作し，遮断器を開いて短絡事故点を切り離すことができます（電力）。

例題を使って短絡電流の求め方を説明します。

基本例題 短絡電流

次のような自家用電気設備で変圧器二次側のF点において三相短絡事故が発生したとき，次の値を求めなさい。

ただし，変圧器の百分率抵抗降下は1.4 %（基準容量300 kV·A），変圧器の百分率リアクタンス降下は2.8 %（基準容量300 kV·A），高圧配電線路百分率抵抗降下は20 %（基準容量10 MV·A），高圧配電線路百分率リアクタンス降下は40 %（基準容量10 MV·A），変流器の変流比は75 A/5 Aとする。

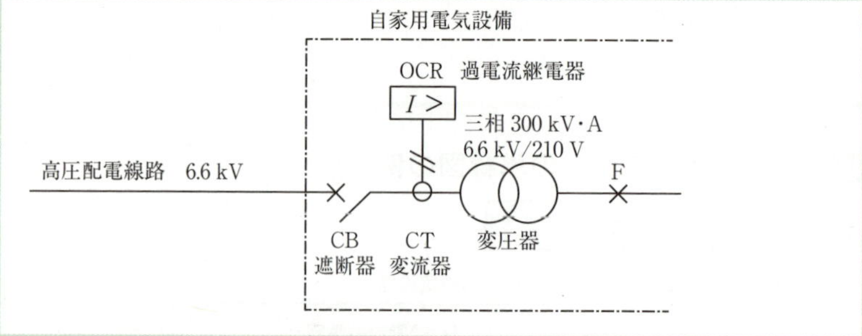

(a) 三相短絡電流I_s[kA]

(b) 過電流継電器で検出される電流の値[A]

解答

(a) 三相短絡電流を求める公式$I_s=\dfrac{100}{\%Z_s}\times I_n$より，$\%Z_s$と$I_n$を求める。

まず，高圧配電線路百分率抵抗降下と百分率リアクタンス降下を変圧器の基準容量300 kV·Aに合わせる。

$$\text{高圧配電線路百分率抵抗降下}=20\times\frac{300\times10^3}{10\times10^6}=0.6\ \%$$

$$\text{高圧配電線路百分率リアクタンス降下}=40\times\frac{300\times10^3}{10\times10^6}=1.2\ \%$$

よって，F点から電源側を見たパーセントインピーダンス$\%Z_s$は，

$$\%Z_s=\sqrt{(1.4+0.6)^2+(2.8+1.2)^2}\fallingdotseq4.47\ \%$$

$P_n=\sqrt{3}V_nI_n$より，変圧器二次側の定格電流I_nは，

$$I_n=\frac{P_n}{\sqrt{3}V_n}=\frac{300\times10^3}{\sqrt{3}\times210}\fallingdotseq825\ \text{A}$$

三相短絡電流の公式に代入すると，

$$I_s=\frac{100}{\%Z_s}\times I_n=\frac{100}{4.47}\times 825 \fallingdotseq 18456\ \text{A}=18.5\ \text{kA}$$

よって，三相短絡電流I_sは18.5 kAとなる。

(b) 変圧器二次側に三相短絡電流18.5 kAが流れたとき，変圧器一次側に流れる電流は，6.6 kV/210 Vより，

$$\text{変圧器一次側に流れる電流}=18.5\times 10^3\times\frac{210}{6.6\times 10^3}\fallingdotseq 589\ \text{A}$$

これが変流器CTの一次側に入力される電流で，変流比75 A/5 Aより，変流器CTの二次側に出力される電流は，

$$\text{変流器二次側に流れる電流}=589\times\frac{5}{75}\fallingdotseq 39.3\ \text{A}$$

変流器CTの二次側に流れる電流が，過電流継電器OCRで検出される電流の値になる。よって，過電流継電器OCRで検出される電流の値は39.3 Aとなる。

ひとこと

変圧器やパーセントインピーダンス，過電流継電器について詳しくは 電力 を復習しましょう。

ひとこと

過電流継電器のことをOCR，変流器のことをCTと表記することがあります。問題には出てきていませんが，断路器のことをDS，計器用変圧器のことをVTと表記することがあります。

索引

memo

TAC出版
TAC PG

２分冊の使い方

★セパレートBOOKの作りかた★

白い厚紙から，色紙のついた冊子を取り外します。

※色紙と白い厚紙が，のりで接着されています。乱暴に扱いますと，破損する危険性がありますので，丁寧に抜きとるようにしてください。

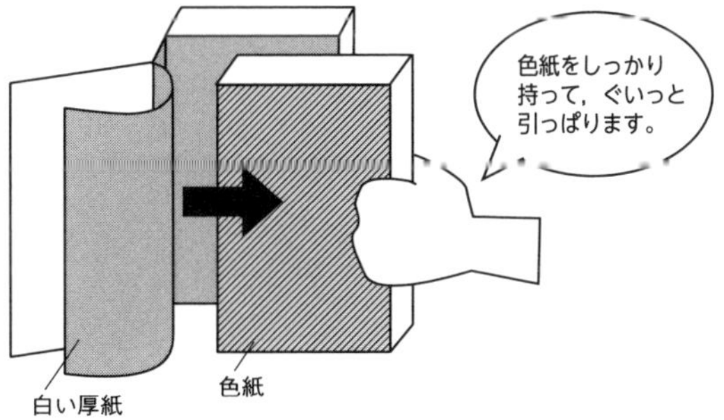
色紙をしっかり
持って，ぐいっと
引っぱります。
白い厚紙
色紙

※抜きとるさいの損傷についてのお取替えはご遠慮願います。

第２分冊

問題集編

（注意）

・本文中に「電気設備技術基準」とあるのは，「電気設備に関する技術基準を定める省令」の略である。
・問題文中に「電気設備技術基準の解釈」とあるのは，「電気設備の技術基準の解釈における第１章～第６章及び８章」である。なお，「第７章　国際規格の取り入れ」の各規格について問う出題にあっては，問題文中にその旨を明示する。
・法令等の改正にともない，問題の改題を行った箇所については問題文中に「一部改題」と記載している。

※問題の難易度は下記の通りです

A　平易なもの
B　少し難しいもの
（難易度がAとBの問題は必ず解けるようにしましょう）
C　相当な計算・思考が求められるもの

第 2 分冊

問題集編

第2分冊　問題集編

CHAPTER 01

電気事業法

難易度 A

電圧の規定値維持義務

教科書 SECTION 01

問題01 次の文章は，「電気事業法」及び「電気事業法施行規則」に基づく電圧に関する記述である。

一般送配電事業者は，その供給する電気の電圧の値をその電気を供給する場所において，下表の右欄の値に維持するように努めなければならない。

標準電圧	維持すべき値
100 V	(ア) Vの上下 (イ) Vを超えない値
200 V	(ウ) Vの上下20 Vを超えない値

上記の記述中の空白箇所(ア)，(イ)及び(ウ)に記入する数値として，正しいものを組み合わせたのは次のうちどれか。

	(ア)	(イ)	(ウ)
(1)	100	4	200
(2)	100	5	200
(3)	101	5	202
(4)	101	6	202
(5)	102	6	204

H15-A1（一部改題）

	①	②	③	④	⑤
学習日					
理解度 (○/△/×)					

解説

電気事業法第26条および電気事業法施行規則第38条では，一般送配電事業者が供給する電気の電圧の値は，その電気を供給する場所において，標準電圧100 Vでは(ア)101 Vの上下(イ)6 Vを超えない値，標準電圧200 Vでは(ウ)202 Vの上下20 Vを超えない値に維持するように努めなければならないと規定している。

よって，(4)が正解。

解答… (4)

難易度 A

小出力発電設備

教科書 SECTION 01

問題02 次の文章は，「電気事業法」及び「同法施行規則」に基づく一般用電気工作物に該当する小出力発電設備の定義に関する記述の一部である。

一般用電気工作物の小出力発電設備とは，電圧600 V以下の発電用電気工作物であって，次の各号に該当するものをいう。ただし，次の各号の設備であって，同一の構内に設置する次の各号の他の設備と電気的に接続され，それらの設備の出力の合計が50 kW以上となるものを除く。

一　太陽電池発電設備であって出力50 kW未満のもの

二　風力発電設備であって出力 (ア) kW未満のもの

三　水力発電設備であって出力20 kW未満及び最大使用水量1 m^3/s未満のもの（ダムを伴うものを除く。）

四　内燃力を原動力とする火力発電設備であって出力 (イ) kW未満のもの

五　燃料電池発電設備（固体高分子型又は固体酸化物型のものであって，燃料・改質系統設備の最高使用圧力が0.1 MPa｛液体燃料を通ずる部分にあっては1.0 MPa｝未満のものに限る。）であって出力 (ウ) kW未満のもの

上記の記述中の空白箇所(ア)，(イ)及び(ウ)に当てはまる数値として，正しいものを組み合わせたのは次のうちどれか。

	(ア)	(イ)	(ウ)
(1)	20	20	20
(2)	10	10	10
(3)	15	15	15
(4)	20	10	20
(5)	20	10	10

H19-A3（一部改題）

	①	②	③	④	⑤
学習日					
理解度 (○/△/×)					

解説

以下は，電気事業法第38条及び電気事業法施行規則第48条に基づく一般用電気工作物に該当する小出力発電設備に関する記述である。

一般用電気工作物の小出力発電設備とは，電圧600 V以下の発電用電気工作物であって，次の各号に該当するものをいう。ただし，次の各号の設備であって，同一の構内に設置する次の各号の他の設備と電気的に接続され，それらの設備の出力の合計が50 kW以上となるものを除く。

一　太陽電池発電設備であって出力50 kW未満のもの

二　風力発電設備であって出力(ア)20 kW未満のもの

三　水力発電設備であって出力20 kW未満及び最大使用水量1 m^3/s未満のもの（ダムを伴うものを除く。）

四　内燃力を原動力とする火力発電設備であって出力(イ)10 kW未満のもの

五　燃料電池発電設備（固体高分子型又は固体酸化物型のものであって，燃料・改質系統設備の最高使用圧力が0.1 MPa ｛液体燃料を通ずる部分にあっては1.0 MPa｝未満のものに限る。）であって出力(ウ)10 kW未満のもの

よって，(5)が正解。

解答… (5)

難易度 A

一般用電気工作物

教科書 SECTION 01

問題03 「電気事業法」に基づく，一般用電気工作物に該当するものは次のうちどれか。なお，(1)~(5)の電気工作物は，その受電のための電線路以外の電線路により，その構内以外の場所にある電気工作物と電気的に接続されていないものとする。

(1) 受電電圧6.6 kV，受電電力60 kWの店舗の電気工作物

(2) 受電電圧200 V，受電電力30 kWで，別に発電電圧200 V，出力15 kWの内燃力による非常用予備発電装置を有する病院の電気工作物

(3) 受電電圧6.6 kV，受電電力45 kWの事務所の電気工作物

(4) 受電電圧200 V，受電電力35 kWで，別に発電電圧100 V，出力5 kWの太陽電池発電設備を有する事務所の電気工作物

(5) 受電電圧200 V，受電電力30 kWで，別に発電電圧100 V，出力7 kWの太陽電池発電設備と，発電電圧100 V，出力30 kWの風力発電設備を有する公民館の電気工作物

H21-A2（一部改題）

	①	②	③	④	⑤
学習日					
理解度 (○/△/×)					

解説

以下は，電気事業法第38条及び電気事業法施行規則第48条に基づく電気工作物の種類に関する記述である。

(1)(3) 一般用電気工作物は，受電電圧600 V以下のものである。よって該当しない。

(2) 内燃力を原動力とする火力発電設備は，出力10 kW未満のものを一般用電気工作物としている。よって該当しない。

(4) 太陽電池発電設備は，出力50 kW未満のものを一般用電気工作物としている。よって該当する。

(5) 風力発電設備は，出力20 kW未満のものを一般用電気工作物としている。よって該当しない。

よって，(4)が正解。

解答… (4)

難易度 B

自家用電気工作物

教科書 SECTION 01

問題04 次のa，b及びcの文章は，「電気事業法」に基づく自家用電気工作物に関する記述である。

a　事業用電気工作物とは，[　(ア)　]電気工作物以外の電気工作物をいう。

b　自家用電気工作物とは，次に掲げる事業の用に供する電気工作物及び[　(イ)　]電気工作物以外の電気工作物をいう。

① 一般送配電事業

② 送電事業

③ 特定送配電事業

④ [　(ウ)　]事業であって，その事業の用に供する[　(ウ)　]用の電気工作物が主務省令で定める要件に該当するもの

c　自家用電気工作物を設置する者は，その自家用電気工作物の[　(エ)　]，その旨を主務大臣に届け出なければならない。ただし，工事計画に係る認可又は届出に係る自家用電気工作物を使用する場合，設置者による事業用電気工作物の自己確認に係る届出に係る自家用電気工作物を使用する場合及び主務省令で定める場合は，この限りでない。

上記の記述中の空白箇所(ア)，(イ)，(ウ)及び(エ)に当てはまる組合せとして，正しいものを次の(1)～(5)のうちから一つ選べ。

	(ア)	(イ)	(ウ)	(エ)
(1)	一般用	事業用	配電	使用前自主検査を実施し
(2)	一般用	一般用	発電	使用の開始の後，遅滞なく
(3)	自家用	事業用	配電	使用の開始の後，遅滞なく
(4)	自家用	一般用	発電	使用の開始の後，遅滞なく
(5)	一般用	一般用	配電	使用前自主検査を実施し

H30-A1

解説

次のa，b及びcの文章は，電気事業法第38条3項，同条4項及び電気事業法第53条に基づく自家用電気工作物に関する記述である。

a　事業用電気工作物とは，(ア)**一般用**電気工作物以外の電気工作物をいう。

b　自家用電気工作物とは，次に掲げる事業の用に供する電気工作物及び(イ)**一般用**電気工作物以外の電気工作物をいう。

① 一般送配電事業

② 送電事業

③ 特定送配電事業

④ (ウ)**発電**事業であって，その事業の用に供する(ウ)**発電**用の電気工作物が主務省令で定める要件に該当するもの

c　自家用電気工作物を設置する者は，その自家用電気工作物の(エ)**使用の開始の後，遅滞なく**，その旨を主務大臣に届け出なければならない。ただし，工事計画に係る認可又は届出に係る自家用電気工作物を使用する場合，設置者による事業用電気工作物の自己確認に係る届出に係る自家用電気工作物を使用する場合及び主務省令で定める場合は，この限りでない。

よって，(2)が正解。

解答…　(2)

	①	②	③	④	⑤
学習日					
理解度 (○/△/×)					

難易度 A

技術基準適合命令(1)

教科書 SECTION 01

問題05 次の文章は,「電気事業法」に基づく技術基準適合命令に関する記述である。

主務大臣は,事業用電気工作物が主務省令で定める技術基準に[(ア)]していないと認めるときは,事業用電気工作物を[(イ)]する者に対し,その技術基準に[(ア)]するように事業用電気工作物を修理し,改造し,若しくは移転し,若しくはその使用を一時停止すべきことを命じ,又はその使用を[(ウ)]することができる。

上記の記述中の空白箇所(ア),(イ)及び(ウ)に当てはまる語句として,正しいものを組み合わせたのは次のうちどれか。

	(ア)	(イ)	(ウ)
(1)	適 合	管 理	禁 止
(2)	合 格	管 理	制 限
(3)	合 格	設 置	禁 止
(4)	適 合	管 理	制 限
(5)	適 合	設 置	制 限

H18-A1

	①	②	③	④	⑤
学習日					
理解度 (○/△/×)					

解説

電気事業法第40条からの出題である。

主務大臣は，事業用電気工作物が主務省令で定める技術基準に(ア)**適合**していないと認めるときは，事業用電気工作物を(イ)**設置**する者に対し，その技術基準に(ア)**適合**するように事業用電気工作物を修理し，改造し，若しくは移転し，若しくはその使用を一時停止すべきことを命じ，又はその使用を(ウ)**制限**することができる。

よって，(5)が正解。

解答… (5)

難易度 A

技術基準適合命令(2)

教科書 SECTION 01

問題06 次の文章は，「電気事業法」における事業用電気工作物の維持に関する記述である。

1．事業用電気工作物を設置する者は，事業用電気工作物を主務省令で定める［ (ア) ］に適合するように維持しなければならない。

2．前項の主務省令は，次に掲げるところによらなければならない。

一　事業用電気工作物は，人体に危害を及ぼし，又は［ (イ) ］に損傷を与えないようにすること。

二　事業用電気工作物は，他の電気的設備その他の［ (イ) ］の機能に電気的又は［ (ウ) ］な障害を与えないようにすること。

三　事業用電気工作物の損壊により一般送配電事業者の電気の供給に著しい支障を及ぼさないようにすること。

四　事業用電気工作物が［ (エ) ］の用に供される場合にあっては，その事業用電気工作物の損壊によりその［ (エ) ］に係る電気の供給に著しい支障を生じないようにすること。

上記の記述中の空白箇所(ア)，(イ)，(ウ)及び(エ)に当てはまる語句として，正しいものを組み合わせたのは次のうちどれか。

	(ア)	(イ)	(ウ)	(エ)
(1)	電気事業法施行規則	物　件	磁気的	特定送配電事業
(2)	技術基準	公共施設	熱　的	一般送配電事業
(3)	技術基準	物　件	機械的	特定送配電事業
(4)	技術基準	物　件	磁気的	一般送配電事業
(5)	電気事業法施行規則	公共施設	機械的	特定送配電事業

H20-A5（一部改題）

	①	②	③	④	⑤
学習日					
理解度 (○/△/×)					

解説

電気事業法第39条からの出題である。

1．事業用電気工作物を設置する者は，事業用電気工作物を主務省令で定める(ア)**技術基準**に適合するように維持しなければならない。

2．前項の主務省令は，次に掲げるところによらなければならない。

一　事業用電気工作物は，人体に危害を及ぼし，又は(イ)**物件**に損傷を与えないようにすること。

二　事業用電気工作物は，他の電気的設備その他の(イ)**物件**の機能に電気的又は(ウ)**磁気的**な障害を与えないようにすること。

三　事業用電気工作物の損壊により一般送配電事業者の電気の供給に著しい支障を及ぼさないようにすること。

四　事業用電気工作物が(エ)**一般送配電事業**の用に供される場合にあっては，その事業用電気工作物の損壊によりその(エ)**一般送配電事業**に係る電気の供給に著しい支障を生じないようにすること。

よって，(4)が正解。

解答…　(4)

難易度 A

技術基準適合命令(3)

教科書 SECTION 01

問題07 次の文章は，「電気事業法」における，技術基準適合命令に関する記述の一部である。

[(ア)]は，事業用電気工作物が主務省令で定める技術基準に適合していないと認めるときは，事業用電気工作物を[(イ)]に対し，その技術基準に適合するように事業用電気工作物を[(ウ)]し，改造し，若しくは[(エ)]し，若しくはその使用を一時停止すべきことを命じ，又はその使用を[(オ)]することができる。

上記の記述中の空白箇所(ア)，(イ)，(ウ)，(エ)及び(オ)に当てはまる組合せとして，正しいものを次の(1)～(5)のうちから一つ選べ。

	(ア)	(イ)	(ウ)	(エ)	(オ)
(1)	経済産業局長	運用する者	変　更	撤　去	禁　止
(2)	主務大臣	設置する者	修　理	移　転	制　限
(3)	産業保安監督部長	運用する者	変　更	撤　去	制　限
(4)	主務大臣	設置する者	修　理	撤　去	禁　止
(5)	経済産業局長	管理する者	変　更	移　転	制　限

H23-A2

	①	②	③	④	⑤
学習日					
理解度 (○/△/×)					

解説

電気事業法第40条からの出題である。

(ア)**主務大臣**は，事業用電気工作物が主務省令で定める技術基準に適合していないと認めるときは，事業用電気工作物を(イ)**設置する者**に対し，その技術基準に適合するように事業用電気工作物を(ウ)**修理**し，改造し，若しくは(エ)**移転**し，若しくはその使用を一時停止すべきことを命じ，又はその使用を(オ)**制限**することができる。

よって，(2)が正解。

解答… (2)

難易度 A

保安規程(1)

教科書 SECTION 01

問題08 次の文章は，受電電圧6.6 kV，受電設備容量2 500 kV・Aの需要設備である自家用電気工作物（一の産業保安監督部の管轄区域内のみにあるものとする。）を設置する場合の，保安規程についての記述である。

1．自家用電気工作物を設置する者は，自家用電気工作物の工事，維持及び運用に関する[(ア)]を確保するため，経済産業省令で定めるところにより，[(ア)]を一体的に確保することが必要な自家用電気工作物の組織ごとに保安規程を定め，当該組織における自家用電気工作物の使用の[(イ)]に，電気工作物の設置の場所を管轄する産業保安監督部長（那覇産業保安監督事務所長を含む。以下同じ。）[(ウ)]なければならない。

2．自家用電気工作物を設置する者は，保安規程を変更したときは，[(エ)]，変更した事項を電気工作物の設置の場所を管轄する産業保安監督部長に届け出なければならない。

3．自家用電気工作物を設置する者及びその従業者は，保安規程を守らなければならない。

上記の記述中の空白箇所(ア)，(イ)，(ウ)及び(エ)に当てはまる語句として，正しいものを組み合わせたのは次のうちどれか。

	(ア)	(イ)	(ウ)	(エ)
(1)	安　全	直　後	の認可を受け	30日以内に
(2)	保　安	開始前	に届け出	遅滞なく
(3)	保　安	開始前	の認可を受け	遅滞なく
(4)	保　安	直　後	に届け出	30日以内に
(5)	安　全	直　後	に届け出	30日以内に

H20-A4

	①	②	③	④	⑤
学習日					
理解度 (○/△/×)					

解説

事業用電気工作物とは，電気事業用及び自家用電気工作物の総称であるため，本問では，事業用電気工作物の保安規程（電気事業法第42条，電気事業法施行規則第138条）を適用できる。

1．自家用電気工作物を設置する者は，自家用電気工作物の工事，維持及び運用に関する(ア)**保安**を確保するため，経済産業省令で定めるところにより，(ア)**保安**を一体的に確保することが必要な自家用電気工作物の組織ごとに保安規程を定め，当該組織における自家用電気工作物の使用の(イ)**開始前**に，電気工作物の設置の場所を管轄する産業保安監督部長（那覇産業保安監督事務所長を含む。以下同じ。）(ウ)**に届け出**なければならない。

2．自家用電気工作物を設置する者は，保安規程を変更したときは，(エ)**遅滞なく**，変更した事項を電気工作物の設置の場所を管轄する産業保安監督部長に届け出なければならない。

3．自家用電気工作物を設置する者及びその従業者は，保安規程を守らなければならない。

よって，(2)が正解。

解答… (2)

難易度 A 保安規程(2)

教科書 SECTION 01

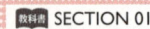

問題09 次の文章は，「電気事業法施行規則」における，保安規程において定めるべき事項の記述の一部である。

a．事業用電気工作物の工事，維持又は運用に関する業務を管理する者の [(ア)] 及び組織に関すること。

b．事業用電気工作物の工事，維持又は運用に従事する者に対する [(イ)] に関すること。

c．事業用電気工作物の工事，維持及び運用に関する保安のための巡視，点検及び検査に関すること。

d．事業用電気工作物の工事，維持及び運用に関する保安についての [(ウ)] に関すること。

e．災害その他非常の場合に採るべき措置に関すること。

上記の記述中の空白箇所(ア)，(イ)及び(ウ)に当てはまる語句として，正しいものを組み合わせたのは次のうちどれか。

	(ア)	(イ)	(ウ)
(1)	職　務	保安教育	記　録
(2)	職　務	指　導	監　視
(3)	資　格	訓　練	記　録
(4)	資　格	保安教育	監　視
(5)	職　務	訓　練	記　録

H21-A3

	①	②	③	④	⑤
学習日					
理解度 (○/△/×)					

解説

次の文章は，電気事業法施行規則第50条3項における，保安規程において定めるべき事項の記述の一部である。

a．事業用電気工作物の工事，維持又は運用に関する業務を管理する者の(ア)**職務**及び組織に関すること。

b．事業用電気工作物の工事，維持又は運用に従事する者に対する(イ)**保安教育**に関すること。

c．事業用電気工作物の工事，維持及び運用に関する保安のための巡視，点検及び検査に関すること。

d．事業用電気工作物の工事，維持及び運用に関する保安についての(ウ)**記録**に関すること。

e．災害その他非常の場合に採るべき措置に関すること。

よって，(1)が正解。

解答…(1)

難易度 A

保安規程(3)

教科書 SECTION 01

問題10 「電気事業法施行規則」では，自家用電気工作物を設置する者が保安規程に定めるべき事項を規定しているが，次の事項のうち，規定されていないものはどれか。

(1) 電気工作物の運転又は操作に関すること。
(2) 電気エネルギーの使用の合理化に関すること。
(3) 災害その他非常の場合に採るべき措置に関すること。
(4) 電気工作物の工事，維持及び運用に関する保安のための巡視，点検及び検査に関すること。
(5) 電気工作物の工事，維持及び運用に関する保安についての記録に関すること。

H12-A7

	①	②	③	④	⑤
学習日					
理解度 (○/△/×)					

解説

電気事業法施行規則第50条3項からの出題である。

選択肢(2)の「電気エネルギーの使用の合理化に関すること」は省エネ法（エネルギーの使用の合理化等に関する法律）で規定されているものである。

よって，電気事業法施行規則に規定されていないものは(2)。

解答… (2)

ポイント

エネルギーの使用の合理化等に関する法律のことを省エネ法ともいいます。

難易度 A

主任技術者についての規定

教科書 SECTION 01

問題11 次のa，b及びcの文章は，主任技術者に関する記述である。

その記述内容として，「電気事業法」に基づき，適切なものと不適切なものの組合せについて，正しいものを次の(1)〜(5)のうちから一つ選べ。

a．事業用電気工作物を設置する者は，事業用電気工作物の工事，維持及び運用に関する保安の監督をさせるため，主務省令で定めるところにより，主任技術者免状の交付を受けている者のうちから，主任技術者を選任しなければならない。

b．主任技術者は，事業用電気工作物の工事，維持及び運用に関する保安の監督の職務を誠実に行わなければならない。

c．事業用電気工作物の工事，維持又は運用に従事する者は，主任技術者がその保安のためにする指示に従わなければならない。

	a	b	c
(1)	不適切	適　切	適　切
(2)	不適切	不適切	適　切
(3)	適　切	不適切	不適切
(4)	適　切	適　切	適　切
(5)	適　切	適　切	不適切

H25-A1

	①	②	③	④	⑤
学習日					
理解度 (○/△/×)					

解説

電気事業法第43条からの出題であり，abcすべて適切である。

よって，(4)が正解。

解答… (4)

難易度 B 電気関係報告規則(1)

教科書 SECTION 01

問題12 「電気関係報告規則」に基づく，事故報告に関して，受電電圧6 600 Vの自家用電気工作物を設置する事業場における下記(1)から(5)の事故事例のうち，事故報告に該当しないものはどれか。

(1) 自家用電気工作物の破損事故に伴う構内1号柱の倒壊により道路をふさぎ，長時間の交通障害を起こした。

(2) 保修作業員が，作業中誤って分電盤内の低圧200 Vの端子に触れて感電負傷し，治療のため3日間入院した。

(3) 電圧100 Vの屋内配線の漏電により火災が発生し，建屋が全焼した。

(4) 従業員が，操作を誤って高圧の誘導電動機を損壊させた。

(5) 落雷により高圧負荷開閉器が破損し，電気事業者に供給支障を発生させたが，電気火災は発生せず，また，感電死傷者は出なかった。

H22-A3

	①	②	③	④	⑤
学習日					
理解度 (○/△/×)					

解説

(1) 交通障害を起こしており，電気関係報告規則第3条1項3号に該当する。

(2) 作業員が入院しており，電気関係報告規則第3条1項1号に該当する。

(3) 電気火災により建屋が全焼しており，電気関係報告規則第3条1項2号に該当する。

(4) 電気関係報告規則第3条1項4号より，主要電気工作物の破損事故が発生したときは，電気工作物の設置の場所を管轄する産業保安監督部長に報告しなければならない。主要電気工作物とは，電圧10000 V以上の需要設備等のことであり，高圧（7000 V以下）の誘導電動機は，主要電気工作物に含まれない。よって，電気関係報告規則第3条1項4号に該当しない。

(5) 受電電圧6600 Vの自家用電気工作物の破損による供給支障事故であり，電気関係報告規則第3条1項11号に該当する。

よって，事故報告に該当しないのは(4)。

解答… (4)

難易度 C

電気関係報告規則(2)

教科書 SECTION 01

問題13 次の文章は，「電気関係報告規則」に基づく，自家用電気工作物を設置する者の報告に関する記述である。

自家用電気工作物（原子力発電工作物を除く。）を設置する者は，次の場合は，遅滞なく，その旨を当該自家用電気工作物の設置の場所を管轄する産業保安監督部長に報告しなければならない。

a．発電所若しくは変電所の［(ア)］又は送電線路若しくは配電線路の［(イ)］を変更した場合（電気事業法の規定に基づく，工事計画の認可を受け，又は工事計画の届出をした工事に伴い変更した場合を除く。）

b．発電所，変電所その他の自家用電気工作物を設置する事業場又は送電線路若しくは配電線路を［(ウ)］した場合

上記の記述中の空白箇所(ア)，(イ)及び(ウ)に当てはまる組合せとして，正しいものを次の(1)～(5)のうちから一つ選べ。

	(ア)	(イ)	(ウ)
(1)	出　力	こう長	廃　止
(2)	位　置	電　圧	譲　渡
(3)	出　力	こう長	譲　渡
(4)	位　置	こう長	移　設
(5)	出　力	電　圧	廃　止

H26-A2

	①	②	③	④	⑤
学習日					
理解度 (○/△/×)					

解説

次の文章は，電気関係報告規則第5条に基づく，自家用電気工作物を設置する者の報告に関する記述である。

自家用電気工作物（原子力発電工作物を除く。）を設置する者は，次の場合は，遅滞なく，その旨を当該自家用電気工作物の設置の場所を管轄する産業保安監督部長に報告しなければならない。

a．発電所若しくは変電所の(ア)**出力**又は送電線路若しくは配電線路の(イ)**電圧**を変更した場合（電気事業法の規定に基づく，工事計画の認可を受け，又は工事計画の届出をした工事に伴い変更した場合を除く。）

b．発電所，変電所その他の自家用電気工作物を設置する事業場又は送電線路若しくは配電線路を(ウ)**廃止**した場合

よって，(5)が正解。

解答… (5)

CHAPTER 02

その他の電気関係法規

難易度 A

電気用品安全法

教科書 SECTION 01

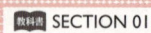

問題14 次の文章は，「電気用品安全法」に基づく電気用品に関する記述である。

1．この法律において「電気用品」とは，次に掲げる物をいう。

一　一般用電気工作物（電気事業法第38条第1項に規定する一般用電気工作物をいう。）の部分となり，又はこれに接続して用いられる機械，［　(ア)　］又は材料であって，政令で定めるもの

二　［　(イ)　］であって，政令で定めるもの

2．この法律において「［　(ウ)　］」とは，構造又は使用方法その他の使用状況からみて特に危険又は［　(エ)　］の発生するおそれが多い電気用品であって，政令で定めるものをいう。

上記の記述中の空白箇所(ア)，(イ)，(ウ)及び(エ)に記入する語句として，正しいものを組み合わせたのは次のうちどれか。

	(ア)	(イ)	(ウ)	(エ)
(1)	器　具	小形発電機	特殊電気用品	障　害
(2)	器　具	携帯発電機	特定電気用品	障　害
(3)	器　具	携帯発電機	特別電気用品	火　災
(4)	電　線	小形発電機	特定電気用品	火　災
(5)	電　線	小形発電機	特殊電気用品	事　故

H16-A7

	①	②	③	④	⑤
学習日					
理解度 (○/△/×)					

解説

次の文章は，電気用品安全法第2条に基づく電気用品に関する記述である。

1．この法律において「電気用品」とは，次に掲げる物をいう。

一　一般用電気工作物（電気事業法第38条第1項に規定する一般用電気工作物をいう。）の部分となり，又はこれに接続して用いられる機械，(ア)**器具**又は材料であって，政令で定めるもの

二　(イ)**携帯発電機**であって，政令で定めるもの

2．この法律において「(ウ)**特定電気用品**」とは，構造又は使用方法その他の使用状況からみて特に危険又は(エ)**障害**の発生するおそれが多い電気用品であって，政令で定めるものをいう。

よって，(2)が正解。

解答… (2)

難易度 A

自家用電気工作物の定義

教科書 SECTION 02

問題15 自家用電気工作物について，「電気事業法」と「電気工事士法」において，定義が異なっている。

電気工事士法に基づく「自家用電気工作物」とは，電気事業法に規定する自家用電気工作物から，発電所，変電所，[(ア)]の需要設備，[(イ)]{発電所相互間，変電所相互間又は発電所と変電所との間の電線路（専ら通信の用に供するものを除く。）及びこれに附属する開閉所その他の電気工作物をいう。} 及び[(ウ)]を除いたものをいう。

上記の記述中の空白箇所(ア)，(イ)及び(ウ)に当てはまる語句として，正しいものを組み合わせたのは次のうちどれか。

	(ア)	(イ)	(ウ)
(1)	最大電力500 kW以上	送電線路	保安通信設備
(2)	最大電力500 kW未満	配電線路	保安通信設備
(3)	最大電力2 000 kW以上	送電線路	小出力発電設備
(4)	契約電力500 kW以上	配電線路	非常用予備発電設備
(5)	契約電力2 000 kW以上	送電線路	非常用予備発電設備

H22-A2

	①	②	③	④	⑤
学習日					
理解度 (○/△/×)					

解説

電気工事士法第2条および電気工事士法施行規則第1条の2からの出題である。

電気工事士法に基づく「自家用電気工作物」とは，電気事業法に規定する自家用電気工作物から，発電所，変電所，(ア)**最大電力500 kW以上**の需要設備，(イ)**送電線路**｛発電所相互間，変電所相互間又は発電所と変電所との間の電線路（専ら通信の用に供するものを除く。）及びこれに附属する開閉所その他の電気工作物をいう。｝及び(ウ)**保安通信設備**を除いたものをいう。

よって，(1)が正解。

解答… (1)

CH 02 その他の電気関係法規

難易度 B

電気工事士法(1)

教科書 SECTION 02

問題16 電圧6.6 kVで受電し，最大電力350 kWの需要設備が設置された商業ビルがある。この商業ビルには出力50 kWの非常用予備発電装置も設置されている。

次の(1)～(5)の文章は，これら電気工作物に係る電気工事の作業（電気工事士法に基づき，保安上支障がないと認められる作業と規定されたものを除く。）に従事する者に関する記述である。その記述内容として，「電気工事士法」に基づき，不適切なものを次の(1)～(5)のうちから一つ選べ。

なお，以下の記述の電気工事によって最大電力は変わらないものとする。

(1) 第一種電気工事士は，この商業ビルのすべての電気工作物について，それら電気工作物を変更する電気工事の作業に従事することができるわけではない。

(2) 第二種電気工事士は，この商業ビルの受電設備のうち低圧部分に限った電気工事の作業であっても従事してはならない。

(3) 非常用予備発電装置工事に係る特種電気工事資格者は，特殊電気工事を行える者であるため，第一種電気工事士免状の交付を受けていなくても，この商業ビルの非常用予備発電装置以外の電気工作物を変更する電気工事の作業に従事することができる。

(4) 認定電気工事従事者は，この商業ビルの需要設備のうち600 V以下で使用する電気工作物に係る電気工事の作業に従事することができる。

(5) 電気工事士法に定める資格を持たない者は，この商業ビルの需要設備について，使用電圧が高圧の電気機器に接地線を取り付けるだけの作業であっても従事してはならない。

H26-A3

	①	②	③	④	⑤
学習日					
理解度 (○/△/×)					

解説

(1) ネオン工事や非常用予備発電装置などの特殊電気工事は，当該特殊電気工事に係る特種電気工事資格者でなければ，その作業に従事できない（電気工事士法第3条3項）。よって，適切。

(2) 第一種電気工事士でなければ，自家用電気工作物に係る電気工事の作業に従事することはできない（電気工事士法第3条1項）。よって，適切。

(3) 特種電気工事資格者は，自家用電気工作物に係る電気工事のうち経済産業省令で定める特殊電気工事の作業のみ従事することができる。そのため，それ以外の自家用電気工作物に係る電気工事の作業に従事することはできない。よって，不適切。

(4) 認定電気工事従事者は，簡易電気工事の作業に従事することができる（電気工事士法第3条4項）。簡易電気工事とは，電圧600 V以下で使用する自家用電気工作物に係る電気工事（電線路に係るものを除く）である（電気工事士法施行規則第2条の3）。よって，適切。

(5) 使用電圧が高圧の電気機器に接地線を取り付ける作業は，電気工事士法施行令第1条で定める軽微な工事とは認められていない。よって，適切。

以上より，(3)が正解。

解答…　(3)

難易度 A

電気工事士法(2)

教科書 SECTION 02

問題17 「電気工事士法」においては，電気工事の作業内容に応じて必要な資格を定めているが，作業者の資格とその電気工事の作業に関する記述として，不適切なものは次のうちどれか。

(1) 第一種電気工事士は，自家用電気工作物であって最大電力250 kWの需要設備の電気工事の作業に従事できる。

(2) 第一種電気工事士は，最大電力250 kWの自家用電気工作物に設置される出力50 kWの非常用予備発電装置の発電機に係る電気工事の作業に従事できる。

(3) 第二種電気工事士は，一般用電気工作物に設置される出力3 kWの太陽電池発電設備の設置のための電気工事の作業に従事できる。

(4) 第二種電気工事士は，一般用電気工作物に設置されるネオン用分電盤の電気工事の作業に従事できる。

(5) 認定電気工事従事者は，自家用電気工作物であって最大電力250 kWの需要設備のうち200 Vの電動機の接地工事の作業に従事できる。

H20-A3

	①	②	③	④	⑤
学習日					
理解度 (○/△/×)					

解説

(1) 第一種電気工事士は，自家用電気工作物であって最大電力500 kW未満の需要設備の電気工事の作業に従事することができる（電気工事士法第2条2項）。よって，適切。

(2) 非常用予備発電装置に係る電気工事は特殊電気工事に該当し，特殊電気工事は特種電気工事資格者でなければ作業に従事できない（電気工事士法第3条3項）。よって，不適切。

(3) 第二種電気工事士は，一般用電気工作物に係る電気工事の作業に従事することができる（電気工事士法第3条2項）。また，出力3 kWの太陽電池発電設備は小出力発電設備に該当するため，一般用電気工作物である。よって，適切。

(4) 第二種電気工事士は，一般用電気工作物に係る電気工事の作業に従事することができる。また，ネオン用分電盤の電気工事は，特殊電気工事であるネオン工事には該当しない。よって，適切。

(5) 認定電気工事従事者は，簡易電気工事の作業に従事することができる（電気工事士法第3条4項）。簡易電気工事とは，電圧600 V以下で使用する自家用電気工作物に係る電気工事（電線路に係るものを除く）である（電気工事士法施行規則第2条の3）。よって，適切。

以上より，(2)が正解。

解答… (2)

CHAPTER 03

電気設備の技術基準・解釈

難易度 B 用語の定義

教科書 SECTION 02

問題18 次の文章は,「電気設備技術基準の解釈」における用語の定義に関する記述の一部である。

a 「［(ア)］」とは,電気を使用するための電気設備を施設した,1の建物又は1の単位をなす場所をいう。

b 「［(イ)］」とは,［(ア)］を含む1の構内又はこれに準ずる区域であって,発電所,変電所及び開閉所以外のものをいう。

c 「引込線」とは,架空引込線及び［(イ)］の［(ウ)］の側面等に施設する電線であって,当該［(イ)］の引込口に至るものをいう。

d 「［(エ)］」とは,人により加工された全ての物体をいう。

e 「［(ウ)］」とは,［(エ)］のうち,土地に定着するものであって,屋根及び柱又は壁を有するものをいう。

上記の記述中の空白箇所(ア),(イ),(ウ)及び(エ)に当てはまる組合せとして,正しいものを次の(1)〜(5)のうちから一つ選べ。

	(ア)	(イ)	(ウ)	(エ)
(1)	需要場所	電気使用場所	工作物	建造物
(2)	電気使用場所	需要場所	工作物	造営物
(3)	需要場所	電気使用場所	建造物	工作物
(4)	需要場所	電気使用場所	造営物	建造物
(5)	電気使用場所	需要場所	造営物	工作物

H29-A6

	①	②	③	④	⑤
学習日					
理解度 (○/△/×)					

解説

次の文章は，解釈第1条4号，5号，10号，22号及び23号における用語の定義に関する記述の一部である。

a 「(ア)**電気使用場所**」とは，電気を使用するための電気設備を施設した，1の建物又は1の単位をなす場所をいう。

b 「(イ)**需要場所**」とは，(ア)**電気使用場所**を含む1の構内又はこれに準ずる区域であって，発電所，変電所及び開閉所以外のものをいう。

c 「引込線」とは，架空引込線及び(イ)**需要場所**の(ウ)**造営物**の側面等に施設する電線であって，当該(イ)**需要場所**の引込口に至るものをいう。

d 「(エ)**工作物**」とは，人により加工された全ての物体をいう。

e 「(ウ)**造営物**」とは，(エ)**工作物**のうち，土地に定着するものであって，屋根及び柱又は壁を有するものをいう。

よって，(5)が正解。

解答… (5)

難易度 A

電圧の種別

教科書 SECTION 02

問題19 次の文章は，「電気事業法」及び「電気事業法施行規則」に基づく，電圧の維持に関する記述である。

一般送配電事業者は，その供給する電気の電圧の値をその電気を供給する場所において，表の左欄の標準電圧に応じて右欄の値に維持するように努めなければならない。

標準電圧	維持すべき値
100 V	101 V の上下 (ア) V を超えない値
200 V	202 V の上下 (イ) V を超えない値

また，次の文章は，「電気設備技術基準」に基づく，電圧の種別等に関する記述である。

電圧は，次の区分により低圧，高圧及び特別高圧の三種とする。

a．低　　圧　直流にあっては (ウ) V 以下，交流にあっては (エ) V 以下のもの

b．高　　圧　直流にあっては (ウ) V を，交流にあっては (エ) V を超え， (オ) V 以下のもの

c．特別高圧　(オ) V を超えるもの

上記の記述中の空白箇所(ア)，(イ)，(ウ)，(エ)及び(オ)に当てはまる組合せとして，正しいものを次の(1)～(5)のうちから一つ選べ。

	(ア)	(イ)	(ウ)	(エ)	(オ)
(1)	6	20	600	450	6 600
(2)	5	20	750	600	7 000
(3)	5	12	600	400	6 600
(4)	6	20	750	600	7 000
(5)	6	12	750	450	7 000

H26-A5（一部改題）

解説

電気事業法第26条，電気事業法施行規則第38条及び電気設備技術基準第2条からの出題である。

一般送配電事業者は，その供給する電気の電圧の値をその電気を供給する場所において，表の左欄の標準電圧に応じて右欄の値に維持するように努めなければならない。

標準電圧	維持すべき値
100 V	101 Vの上下(ア)6 Vを超えない値
200 V	202 Vの上下(イ)20 Vを超えない値

電圧は，次の区分により低圧，高圧及び特別高圧の三種とする。

a．低　　圧　直流にあっては(ウ)750 V以下，交流にあって(エ)600 V以下のもの

b．高　　圧　直流にあっては(ウ)750 Vを，交流にあっては(エ)600 Vを超え，(オ)7000 V以下のもの

c．特別高圧　(オ)7000 Vを超えるもの

よって，(4)が正解。

解答…(4)

	①	②	③	④	⑤
学習日					
理解度 (○/△/×)					

難易度 B 接地線の太さ

教科書 SECTION 02

問題20 次の文章は,「電気設備技術基準の解釈」に基づく接地工事の接地線に関する記述である。

接地工事の接地線には,原則として,A種接地工事では引張強さ1.04 kN以上の容易に腐食し難い金属線又は直径 (ア) mm以上の軟銅線,B種接地工事では引張強さ2.46 kN以上の容易に腐食し難い金属線又は直径 (イ) mm以上の軟銅線,C種接地工事及びD種接地工事では引張強さ0.39 kN以上の容易に腐食し難い金属線又は直径 (ウ) mm以上の軟銅線であって,故障の際に流れる電流を安全に通ずることができるものを使用すること。

上記の記述中の空白箇所(ア),(イ)及び(ウ)に記入する数値として,正しいものを組み合わせたのは次のうちどれか。

	(ア)	(イ)	(ウ)
(1)	2.0	2.6	1.6
(2)	2.6	4.0	1.6
(3)	2.6	4.0	2.0
(4)	3.2	5.0	2.0
(5)	3.2	5.0	2.6

H11-A2

	①	②	③	④	⑤
学習日					
理解度 (○/△/×)					

解説

電気設備技術基準の解釈第17条からの出題である。

接地工事の接地線には，原則として，A種接地工事では引張強さ1.04 kN以上の容易に腐食し難い金属線又は直径(ア)**2.6** mm以上の軟銅線，B種接地工事では引張強さ2.46 kN以上の容易に腐食し難い金属線又は直径(イ)**4.0** mm以上の軟銅線，C種接地工事及びD種接地工事では引張強さ0.39 kN以上の容易に腐食し難い金属線又は直径(ウ)**1.6** mm以上の軟銅線であって，故障の際に流れる電流を安全に通ずることができるものを使用すること。

よって，(2)が正解。

解答… (2)

難易度 **A**

接地工事の種類，施工方法

教科書 SECTION 02

問題21 次の文章は，「電気設備技術基準の解釈」に基づく接地工事の種類及び施工方法に関する記述である。

B種接地工事の接地抵抗値は次の表に規定する値以下であること。

<table>
<tr><td>接地工事を施す変圧器の種類</td><td>当該変圧器の高圧側又は特別高圧側の電路と低圧側の電路との (ア) により，低圧電路の対地電圧が (イ) Vを超えた場合に，自動的に高圧又は特別高圧の電路を遮断する装置を設ける場合の遮断時間</td><td>接地抵抗値（Ω）</td></tr>
<tr><td colspan="2">下記以外の場合</td><td>(イ) $/I$</td></tr>
<tr><td rowspan="2">高圧又は35 000 V以下の特別高圧の電路と低圧電路を結合するもの</td><td>1秒を超え2秒以下</td><td>$300/I$</td></tr>
<tr><td>1秒以下</td><td>(ウ) $/I$</td></tr>
</table>

（備考）Iは，当該変圧器の高圧側又は特別高圧側の電路の (エ) 電流（単位：A）

上記の記述中の空白箇所(ア)，(イ)，(ウ)及び(エ)に当てはまる組合せとして，正しいものを次の(1)～(5)のうちから一つ選べ。

	(ア)	(イ)	(ウ)	(エ)
(1)	混触	150	600	1線地絡
(2)	接近	200	600	許容
(3)	混触	200	400	1線地絡
(4)	接近	150	400	許容
(5)	混触	150	400	許容

H30-A5

解説

次の文章は，解釈第17条2項1号に基づく接地工事の種類及び施工方法に関する記述である。

B種接地工事の接地抵抗値は次の表に規定する値以下であること。

接地工事を施す変圧器の種類	当該変圧器の高圧側又は特別高圧側の電路と低圧側の電路との(ア)**混触**により，低圧電路の対地電圧が(イ)**150 V**を超えた場合に，自動的に高圧又は特別高圧の電路を遮断する装置を設ける場合の遮断時間	接地抵抗値（Ω）
下記以外の場合		(イ)**150**／I
高圧又は35,000 V以下の特別高圧の電路と低圧電路を結合するもの	1秒を超え2秒以下	300／I
	1秒以下	(ウ)**600**／I

（備考）Iは，当該変圧器の高圧側又は特別高圧側の電路の(エ)**1線地絡**電流（単位：A）

よって，(1)が正解

解答… (1)

	①	②	③	④	⑤
学習日					
理解度（○/△/×）					

難易度 A　接地抵抗値の緩和規定

教科書 SECTION 02

問題22 次の文章は，「電気設備技術基準の解釈」に基づく，接地抵抗に関する記述である。

低圧電路に施設する300 V以下の機械器具の金属製外箱等に施すD種接地工事の接地抵抗値は，原則として100 Ω以下とするが，当該電路に地絡を生じた場合に0.5秒以内に自動的に電路を遮断する装置を施設するときは，□Ω以下とすることができる。

上記の記述中の空白箇所に記入する数値として，適切なものは次のうちどれか。

(1)　1 000　　(2)　500　　(3)　300　　(4)　200　　(5)　150

H12-A5

	①	②	③	④	⑤
学習日					
理解度 (○/△/×)					

解説

電気設備技術基準の解釈第17条4項1号からの出題である。

低圧電路に施設する300 V以下の機械器具の金属製外箱等に施すD種接地工事の接地抵抗値は，原則として100 Ω以下とするが，当該電路に地絡を生じた場合に0.5秒以内に自動的に電路を遮断する装置を施設するときは，500 Ω以下とすることができる。

よって，(2)が正解。

解答… (2)

難易度 B

接地工事

教科書 SECTION 02

問題23 次の文章は，電気設備の接地に関する記述であるが，「電気設備の技術基準の解釈」から判断して不適切なものは次のうちどれか。

(1) 使用電圧200 Vの機械器具の鉄台に施す接地工事の接地抵抗値を90 Ωとした。

(2) 使用電圧100 Vの機械器具を屋内の乾燥した場所で使用するので，その機械器具の鉄台の接地工事を省略した。

(3) 使用電圧440 Vの機械器具に電気を供給する電路に動作時間が0.1秒の漏電遮断器が施設されているので，その機械器具の鉄台の接地工事の接地抵抗値を300 Ωとした。

(4) 水気のある場所で使用する使用電圧100 Vの機械器具に電気を供給する電路に動作時間が0.1秒の漏電遮断器が施設されているので，その機械器具の鉄台の接地工事を省略した。

(5) 使用電圧3 300 Vの機械器具の鉄台に施す接地工事の接地線に，直径2.6 mmの軟銅線を使用した。

H14-A7

	①	②	③	④	⑤
学習日					
理解度 (○/△/×)					

解説

(1) 電気設備技術基準の解釈第29条1項より，使用電圧300 V以下の低圧の機械器具の金属製外箱等にはD種接地工事を施す必要がある。また，電気設備技術基準の解釈第17条4項1号より，D種接地工事では接地抵抗値は100 Ω以下であればよい。よって，適切。

(2) 電気設備技術基準の解釈第29条2項1号より，交流の対地電圧が150 V以下又は直流の使用電圧が300 V以下の機械器具を，乾燥した場所に施設する場合，接地工事を省略することができる。よって，適切。

(3) 電気設備技術基準の解釈第29条1項より，使用電圧300 V超過の低圧の機械器具の金属製外箱等にはC種接地工事を施す必要がある。また，電気設備技術基準の解釈第17条3項1号より，地絡を生じた場合に0.5秒以内に当該電路を自動的に遮断する装置を施設するときは，C種接地工事の接地抵抗値は500 Ω以下であればよい。よって，適切。

(4) 水気のある場所における接地工事の省略に関する規定はないので，接地工事を省略することはできない。よって，不適切。

(5) 電気設備技術基準の解釈第29条1項より，高圧の機械器具の金属製外箱等にはA種接地工事を施す必要がある。また，電気設備技術基準の解釈第17条1項2号より，A種接地工事で使用する接地線は直径2.6 mm以上の軟銅線であればよい。よって，適切。

以上より，(4)が正解。

解答… (4)

難易度 C

接地方式

教科書 SECTION 02

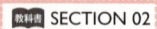

問題24 次の文章は，我が国の電気設備の技術基準への国際規格の取り入れに関する記述である。

「電気設備技術基準の解釈」において，需要場所に施設する低圧で使用する電気設備は，国際電気標準会議が建築電気設備に関して定めたIEC60364規格に対応した規定により施設することができる。その際，守らなければならないことの一つは，その電気設備を一般送配電事業者及び特定送配電事業者の電気設備と直接に接続する場合は，その事業者の低圧の電気の供給に係る設備の［　　　］と整合がとれていなければならないことである。

上記の記述中の空白箇所に当てはまる最も適切なものを次の(1)～(5)のうちから一つ選べ。

(1) 電路の絶縁性能　(2) 接地工事の施設　(3) 変圧器の施設
(4) 避雷器の施設　(5) 離隔距離

H25-A9（一部改題）

	①	②	③	④	⑤
学習日					
理解度 (○/△/×)					

解説

電気設備技術基準の解釈第218条1項では，需要場所の低圧の電気設備について，IEC60364シリーズの規格を満たしていれば，電気設備技術基準の解釈の規定によらずに施設することができるとしている。

しかし，IEC60364シリーズでは，日本の低圧配電線路で一般に用いられているTT接地方式とは異なる接地方式（TN接地方式やIT接地方式）を認めているため，接地方式の混在による事故を誘発しかねない。

そこで，電気設備技術基準の解釈第218条1項ただし書では，需要場所の低圧の電気設備の接地方式を，一般送配電事業者や特定送配電事業者の接地方式に合わせるよう規定している。

よって，(2)が正解。

解答… (2)

難易度 B 公害等の防止

教科書 SECTION 02

問題25 次の文章は，「電気設備技術基準」における公害等の防止に関する記述の一部である。

a 発電用 (ア) 設備に関する技術基準を定める省令の公害の防止についての規定は，変電所，開閉所若しくはこれらに準ずる場所に設置する電気設備又は電力保安通信設備に附属する電気設備について準用する。

b 中性点 (イ) 接地式電路に接続する変圧器を設置する箇所には，絶縁油の構外への流出及び地下への浸透を防止するための措置が施されていなければならない。

c 急傾斜地の崩壊による災害の防止に関する法律の規定により指定された急傾斜地崩壊危険区域内に施設する発電所又は変電所，開閉所若しくはこれらに準ずる場所の電気設備，電線路又は電力保安通信設備は，当該区域内の急傾斜地の崩壊 (ウ) するおそれがないように施設しなければならない。

d ポリ塩化ビフェニルを含有する (エ) を使用する電気機械器具及び電線は，電路に施設してはならない。

上記の記述中の空白箇所(ア)，(イ)，(ウ)及び(エ)に当てはまる組合せとして，正しいものを次の(1)～(5)のうちから一つ選べ。

	(ア)	(イ)	(ウ)	(エ)
(1)	電気	直接	による損傷が発生	冷却材
(2)	火力	抵抗	を助長し又は誘発	絶縁油
(3)	電気	直接	を助長し又は誘発	冷却材
(4)	電気	抵抗	による損傷が発生	絶縁油
(5)	火力	直接	を助長し又は誘発	絶縁油

H29-A3

解説

次の文章は，電技第19条1項・10項・13項・14項における公害等の防止に関する記述の一部である。

a　発電用(ア)**火力**設備に関する技術基準を定める省令の公害の防止についての規定は，変電所，開閉所若しくはこれらに準ずる場所に設置する電気設備又は電力保安通信設備に附属する電気設備について準用する。

b　中性点(イ)**直接**接地式電路に接続する変圧器を設置する箇所には，絶縁油の構外への流出及び地下への浸透を防止するための措置が施されていなければならない。

c　急傾斜地の崩壊による災害の防止に関する法律の規定により指定された急傾斜地崩壊危険区域内に施設する発電所又は変電所，開閉所若しくはこれらに準ずる場所の電気設備，電線路又は電力保安通信設備は，当該区域内の急傾斜地の崩壊(ウ)**を助長し又は誘発**するおそれがないように施設しなければならない。

d　ポリ塩化ビフェニルを含有する(エ)**絶縁油**を使用する電気機械器具及び電線は，電路に施設してはならない。

よって，(5)が正解。

解答…　(5)

	①	②	③	④	⑤
学習日					
理解度 (○/△/×)					

難易度 A

低高圧架空電線の施設

教科書 SECTION 03

問題26 次のa～fの文章は低高圧架空電線の施設に関する記述である。

これらの文章の内容について，「電気設備技術基準の解釈」に基づき，適切なものと不適切なものの組合せとして，正しいものを次の(1)～(5)のうちから一つ選べ。

a　車両の往来が頻繁な道路を横断する低圧架空電線の高さは，路面上6 m以上の高さを保持するよう施設しなければならない。

b　車両の往来が頻繁な道路を横断する高圧架空電線の高さは，路面上6 m以上の高さを保持するよう施設しなければならない。

c　横断歩道橋の上に低圧架空電線を施設する場合，電線の高さは当該歩道橋の路面上3 m以上の高さを保持するよう施設しなければならない。

d　横断歩道橋の上に高圧架空電線を施設する場合，電線の高さは当該歩道橋の路面上3 m以上の高さを保持するよう施設しなければならない。

e　高圧架空電線をケーブルで施設するとき，他の低圧架空電線と接近又は交差する場合，相互の離隔距離は0.3 m以上を保持するよう施設しなければならない。

f　高圧架空電線をケーブルで施設するとき，他の高圧架空電線と接近又は交差する場合，相互の離隔距離は0.3 m以上を保持するよう施設しなければならない。

	a	b	c	d	e	f
(1)	不適切	不適切	適切	不適切	適切	適切
(2)	不適切	不適切	適切	適切	適切	不適切
(3)	適切	適切	不適切	不適切	適切	不適切
(4)	適切	不適切	適切	適切	不適切	不適切
(5)	適切	適切	適切	不適切	不適切	不適切

R1-A8

解説

解釈第68条及び解釈第74条1項からの出題である。

a，b　車両の往来が頻繁な道路を横断する低高圧架空電線の高さは，路面上6 m以上の高さを保持するよう施設しなければならない。よって，適切。

c　横断歩道橋の上に低圧架空電線を施設する場合，電線の高さは当該歩道橋の路面上3 m以上の高さを保持するよう施設しなければならない。よって，適切。

d　横断歩道橋の上に高圧架空電線を施設する場合，電線の高さは当該歩道橋の路面上3.5 m以上の高さを保持するよう施設しなければならない。よって，不適切。

e　高圧架空電線をケーブルで施設するとき，他の低圧架空電線と接近又は交差する場合，相互の離隔距離は0.4 m以上を保持するよう施設しなければならない。よって，不適切。

f　高圧架空電線をケーブルで施設するとき，他の高圧架空電線と接近又は交差する場合，相互の離隔距離は0.4 m以上を保持するよう施設しなければならない。よって，不適切。

以上より，(5)が正解。

解答…　(5)

	①	②	③	④	⑤
学習日					
理解度 (○/△/×)					

難易度 B 低圧幹線の施設

教科書 SECTION 04

問題27 次の文章は，「電気設備技術基準の解釈」における低圧幹線の施設に関する記述の一部である。

低圧幹線の電源側電路には，当該低圧幹線を保護する過電流遮断器を施設すること。ただし，次のいずれかに該当する場合は，この限りでない。

a　低圧幹線の許容電流が，当該低圧幹線の電源側に接続する他の低圧幹線を保護する過電流遮断器の定格電流の55 %以上である場合

b　過電流遮断器に直接接続する低圧幹線又は上記aに掲げる低圧幹線に接続する長さ[(ア)]m以下の低圧幹線であって，当該低圧幹線の許容電流が，当該低圧幹線の電源側に接続する他の低圧幹線を保護する過電流遮断器の定格電流の35 %以上である場合

c　過電流遮断器に直接接続する低圧幹線又は上記a若しくは上記bに掲げる低圧幹線に接続する長さ[(イ)]m以下の低圧幹線であって，当該低圧幹線の負荷側に他の低圧幹線を接続しない場合

d　低圧幹線に電気を供給する電源が[(ウ)]のみであって，当該低圧幹線の許容電流が，当該低圧幹線を通過する[(エ)]電流以上である場合

上記の記述中の空白箇所(ア)，(イ)，(ウ)及び(エ)に当てはまる組合せとして，正しいものを次の(1)～(5)のうちから一つ選べ。

	(ア)	(イ)	(ウ)	(エ)
(1)	10	5	太陽電池	最大短絡
(2)	8	5	太陽電池	定格出力
(3)	10	5	燃料電池	定格出力
(4)	8	3	太陽電池	最大短絡
(5)	8	3	燃料電池	定格出力

H29-A7

解説

次の文章は，解釈第148条1項4号における低圧幹線の施設に関する記述の一部である。

低圧幹線の電源側電路には，当該低圧幹線を保護する過電流遮断器を施設すること。ただし，次のいずれかに該当する場合は，この限りでない。

a　低圧幹線の許容電流が，当該低圧幹線の電源側に接続する他の低圧幹線を保護する過電流遮断器の定格電流の55％以上である場合

b　過電流遮断器に直接接続する低圧幹線又は上記aに掲げる低圧幹線に接続する長さ(ア)**8** m以下の低圧幹線であって，当該低圧幹線の許容電流が，当該低圧幹線の電源側に接続する他の低圧幹線を保護する過電流遮断器の定格電流の35％以上である場合

c　過電流遮断器に直接接続する低圧幹線又は上記a若しくは上記bに掲げる低圧幹線に接続する長さ(イ)**3** m以下の低圧幹線であって，当該低圧幹線の負荷側に他の低圧幹線を接続しない場合

d　低圧幹線に電気を供給する電源が(ウ)**太陽電池**のみであって，当該低圧幹線の許容電流が，当該低圧幹線を通過する(エ)**最大短絡**電流以上である場合

よって，(4)が正解。

解答…　(4)

	①	②	③	④	⑤
学習日					
理解度 (○/△/×)					

難易度 B

低圧幹線の施設

教科書 SECTION 04

問題28 電気使用場所の低圧幹線の施設について，次の(a)及び(b)の問に答えよ。

(a) 次の表は，一つの低圧幹線によって電気を供給される電動機又はこれに類する起動電流が大きい電気機械器具（以下この問において「電動機等」という。）の定格電流の合計値I_M[A]と，他の電気使用機械器具の定格電流の合計値I_H[A]を示したものである。また，「電気設備技術基準の解釈」に基づき，当該低圧幹線に用いる電線に必要な許容電流は，同表に示すI_Cの値[A]以上でなければならない。ただし，需要率，力率等による修正はしないものとする。

I_M[A]	I_H[A]	I_M+I_H[A]	I_C[A]
47	49	96	96
48	48	96	(ア)
49	47	96	(イ)
50	46	96	(ウ)
51	45	96	102

上記の表中の空白箇所(ア)，(イ)及び(ウ)に当てはまる組合せとして，正しいものを次の(1)～(5)のうちから一つ選べ。

	(ア)	(イ)	(ウ)
(1)	96	109	101
(2)	96	108	109
(3)	96	109	109
(4)	108	108	109
(5)	108	109	101

(b) 次の表は，「電気設備技術基準の解釈」に基づき，低圧幹線に電動機等が接続される場合における電動機等の定格電流の合計値I_M[A]と，他

の電気使用機械器具の定格電流の合計値I_H[A]と，これらに電気を供給する一つの低圧幹線に用いる電線の許容電流I_C'[A]と，当該低圧幹線を保護する過電流遮断器の定格電流の最大値I_B[A]を示したものである。ただし，需要率，力率等による修正はしないものとする。

I_M[A]	I_H[A]	I_C'[A]	I_B[A]
60	20	88	(エ)
70	10	88	(オ)
80	0	88	(カ)

上記の表中の空白箇所(エ)，(オ)及び(カ)に当てはまる組合せとして，正しいものを次の(1)～(5)のうちから一つ選べ。

	(エ)	(オ)	(カ)
(1)	200	200	220
(2)	200	220	220
(3)	200	220	240
(4)	220	220	240
(5)	220	200	240

R1-A11

	①	②	③	④	⑤
学習日					
理解度 (○/△/×)					

解説

(a) 解釈第148条1項2号より低圧幹線に使用する電線の許容電流は次の計算式によって求める。

条件		低圧幹線の許容電流I_C
$I_M \leqq I_H$		$I_C \geqq I_M + I_H$
$I_M > I_H$	$I_M \leqq 50$ A	$I_C \geqq 1.25 I_M + I_H$
	$I_M > 50$ A	$I_C \geqq 1.1 I_M + I_H$

①$I_M = 48$ A，$I_H = 48$ Aの場合

$I_M = I_H$であるので，低圧幹線の許容電流I_Cの計算式は次のようになる。

$I_C \geqq I_M + I_H$

したがって，I_Cは，$I_C \geqq 48 + 48 = 96$ A

よって，(ア)**96** Aが当てはまる。

②$I_M = 49$ A，$I_H = 47$ Aの場合

$I_M > I_H$であり，かつ$I_M \leqq 50$ Aであるので，低圧幹線の許容電流I_Cの計算式は次のようになる。

$I_C \geqq 1.25\ I_M + I_H$

したがって，I_Cは，$I_C \geqq 1.25 \times 49 + 47 = 108.25$ A

よって，108.25 A以上で最も近い，(イ)**109** Aが当てはまる。

③$I_M = 50$ A，$I_H = 46$ Aの場合

$I_M > I_H$であり，かつ$I_M = 50$ Aであるので，低圧幹線の許容電流I_Cの計算式は次のようになる。

$I_C \geqq 1.25\ I_M + I_H$

したがって，I_Cは，$I_C \geqq 1.25 \times 50 + 46 = 108.5$ A

よって，108.5 A以上で最も近い，(ウ)**109** Aが当てはまる。

以上より，(3)が正解。

(b)

解釈第148条1項5号より低圧幹線に使用する過電流遮断器の定格電流は次の計算式で求める。

条件	過電流遮断器の定格電流I_B
電動機等なし ($I_M = 0$)	$I_B \leqq I_C$
電動機等あり ($I_M > 0$)	$3I_M + I_H$または$2.5I_C$のうち，いずれか小さい方以下 ※I_Cが100 Aを超える場合は上記の値の直近上位の標準定格以下

①$I_M = 60$ A，$I_H = 20$ A，$I_C' = 88$ Aの場合

低圧幹線に電動機等が接続されているので，過電流遮断器の定格電流の最大値I_Bは，

$$3I_M + I_H = 3 \times 60 + 20 = 200 \text{ A}$$
$$2.5I_C' = 2.5 \times 88 = 220 \text{ A}$$

$3I_M + I_H$または$2.5I_C'$のうち小さい方以下となるので，(エ)**200** Aがあてはまる。

②$I_M = 70$ A，$I_H = 10$ A，$I_C' = 88$ Aの場合

低圧幹線に電動機等が接続されているので，過電流遮断器の定格電流の最大値I_Bは，

$$3I_M + I_H = 3 \times 70+10 = 220 \text{ A}$$
$$2.5I_C' = 2.5 \times 88 = 220 \text{ A}$$

$3I_M + I_H$または$2.5I_C'$のうち小さい方以下となるので，(オ)**220** Aがあてはまる。

③$I_M = 80$ A，$I_H = 0$ A，$I_C' = 88$ Aの場合

低圧幹線に電動機等が接続されているので，過電流遮断器の定格電流の最大値I_Bは，

$$3I_M + I_H = 3 \times 80 + 0 = 240 \text{ A}$$
$$2.5I_C' = 2.5 \times 88 = 220 \text{ A}$$

$3I_M + I_H$または$2.5I_C'$のうち小さい方以下となるので，(カ)**220** Aがあてはまる。

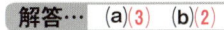

以上より，(2)が正解。

解答… (a)(3)　(b)(2)

難易度 C　特殊施設の変圧器と接地の関係

教科書 SECTION 04

問題29 次のａからｃの文章は，特殊施設に電気を供給する変圧器等に関する記述である。「電気設備技術基準の解釈」に基づき，適切なものと不適切なものの組合せとして，正しいものを次の(1)〜(5)のうちから一つ選べ。

ａ．可搬型の溶接電極を使用するアーク溶接装置を施設するとき，溶接変圧器は，絶縁変圧器であること。また，被溶接材又はこれと電気的に接続される治具，定盤等の金属体には，Ｄ種接地工事を施すこと。

ｂ．プール用水中照明灯に電気を供給するためには，一次側電路の使用電圧及び二次側電路の使用電圧がそれぞれ300 V以下及び150 V以下の絶縁変圧器を使用し，絶縁変圧器の二次側配線は金属管工事により施設し，かつ，その絶縁変圧器の二次側電路を接地すること。

ｃ．遊戯用電車（遊園地，遊戯場等の構内において遊戯用のために施設するものをいう。）に電気を供給する電路の使用電圧に電気を変成するために使用する変圧器は，絶縁変圧器であること。

	a	b	c
(1)	不適切	適　切	適　切
(2)	適　切	不適切	適　切
(3)	不適切	適　切	不適切
(4)	不適切	不適切	適　切
(5)	適　切	不適切	不適切

H23-A8

	①	②	③	④	⑤
学習日					
理解度 (○/△/×)					

解説

a．　電気設備技術基準の解釈第190条1項1号および5号では，可搬型の溶接電極を使用するアーク溶接装置の施設について次のように規定している。

1　可搬型の溶接電極を使用するアーク溶接装置は，次の各号によること。
　一　溶接変圧器は，絶縁変圧器であること。
　五　被溶接材又はこれと電気的に接続される治具，定盤等の金属体には，D種接地工事を施すこと。

よって，適切。

b．電気設備技術基準の解釈第187条1項2号イ，3号イ，ホでは，水中照明灯の施設について，次のように規定している。

1　水中又はこれに準ずる場所であって，人が触れるおそれのある場所に施設する照明灯は，次の各号によること。
　二　照明灯に電気を供給する電路には，次に適合する絶縁変圧器を施設すること。
　　イ　1次側の使用電圧は300 V以下，2次側の使用電圧は150 V以下であること。
　三　前号の規定により施設する絶縁変圧器の2次側電路は，次によること。
　　イ　電路は，非接地であること。
　　ホ　配線は，金属管工事によること。

よって，不適切。

c．電気設備技術基準の解釈第189条1項1号ロ(イ)では，遊戯用電車の施設について，次のように規定している。

1　遊戯用電車内の電路及びこれに電気を供給するために使用する電気設備は，次の各号によること。
　一　遊戯用電車内の電路は，次によること。
　　ロ　遊戯用電車内に昇圧用変圧器を施設する場合は，次によること。
　　　(イ)　変圧器は，絶縁変圧器であること。

よって，適切。

以上より，(2)が正解。

解答…　(2)

難易度 B 分散型電源の系統連系設備

教科書 SECTION 05

問題30 「電気設備技術基準の解釈」に基づく分散型電源の系統連系設備に関する記述として，誤っているものを次の(1)～(5)のうちから一つ選べ。

(1) 逆潮流とは，分散型電源設置者の構内から，一般送配電事業者が運用する電力系統側へ向かう有効電力の流れをいう。

(2) 単独運転とは，分散型電源が，連系している電力系統から解列された状態において，当該分散型電源設置者の構内負荷にのみ電力を供給している状態のことをいう。

(3) 単相3線式の低圧の電力系統に分散型電源を連系する際，負荷の不平衡により中性線に最大電流が生じるおそれがあるため，分散型電源を施設した構内の電路において，負荷及び分散型電源の並列点よりも系統側の3極に過電流引き外し素子を有する遮断器を施設した。

(4) 低圧の電力系統に分散型電源を連系する際，異常時に分散型電源を自動的に解列するための装置を施設した。

(5) 高圧の電力系統に分散型電源を連系する際，分散型電源設置者の技術員駐在箇所と電力系統を運用する一般送配電事業者の事業所との間に，停電時においても通話可能なものであること等の一定の要件を満たした電話設備を施設した。

R1-A9

	①	②	③	④	⑤
学習日					
理解度 (○/△/×)					

解説

⑴　解釈第220条4号に関する記述であり，正しい。

⑵　解釈第220条5号に関する記述である。単独運転とは，分散型電源を連系している電力系統が事故等によって系統電源と切り離された状態において，当該分散型電源が発電を継続し，線路負荷に有効電力を供給している状態のことをいう。よって，⑵は誤り。なお，「分散型電源が，連系している電力系統から解列された状態において，当該分散型電源設置者の構内負荷にのみ電力を供給している状態」は自立運転の説明である。(解釈第220条7号)

⑶　解釈第226条1項に関する記述であり，正しい。

⑷　解釈第227条1項に関する記述であり，正しい。

⑸　解釈第225条に関する記述であり，正しい。

以上より，⑵が正解。

解答…　⑵

難易度 B

低圧連系時の系統連系用保護装置

教科書 SECTION 05

問題31 次の文章は，「電気設備技術基準の解釈」に基づく低圧連系時の系統連系用保護装置に関する記述である。

低圧の電力系統に分散型電源を連系する場合は，次により，異常時に分散型電源を自動的に［(ア)］するための装置を施設すること。

a　次に掲げる異常を保護リレー等により検出し，分散型電源を自動的に［(ア)］すること。

①　分散型電源の異常又は故障

②　連系している電力系統の短絡事故，地絡事故又は高低圧混触事故

③　分散型電源の［(イ)］又は逆充電

b　一般送配電事業者が運用する電力系統において再閉路が行われる場合は，当該再閉路時に，分散型電源が当該電力系統から［(ア)］されていること。

c　「逆変換装置を用いて連系する場合」において，「逆潮流有りの場合」の保護リレー等は，次によること。

表に規定する保護リレー等を受電点その他異常の検出が可能な場所に設置すること。

表

検出する異常	種類	補足事項
発電電圧異常上昇	過電圧リレー	※1
発電電圧異常低下	［(ウ)］リレー	※1
系統側短絡事故	［(ウ)］リレー	※2
系統側地絡事故・高低圧混触事故（間接）	［(イ)］検出装置	※3
［(イ)］又は逆充電	［(イ)］検出装置	
	［(エ)］上昇リレー	
	［(エ)］低下リレー	

※1：分散型電源自体の保護用に設置するリレーにより検出し，保護できる場合は省略できる。
※2：発電電圧異常低下検出用の［　(ウ)　］リレーにより検出し，保護できる場合は省略できる。
※3：受動的方式及び能動的方式のそれぞれ1方式以上を含むものであること。系統側地絡事故・高低圧混触事故（間接）については，［　(イ)　］検出用の受動的方式等により保護すること。

上記の記述中の空白箇所(ア)，(イ)，(ウ)及び(エ)に当てはまる組合せとして，正しいものを次の(1)～(5)のうちから一つ選べ。

	(ア)	(イ)	(ウ)	(エ)
(1)	解列	単独運転	不足電力	周波数
(2)	遮断	自立運転	不足電圧	電力
(3)	解列	単独運転	不足電圧	周波数
(4)	遮断	単独運転	不足電圧	電力
(5)	解列	自立運転	不足電力	電力

H29-A9

	①	②	③	④	⑤
学習日					
理解度 (○/△/×)					

解説

次の文章は，解釈第227条1項1号～3号に基づく低圧連系時の系統連系用保護装置に関する記述である。

低圧の電力系統に分散型電源を連系する場合は，次により，異常時に分散型電源を自動的に(ア)解列するための装置を施設すること。

a　次に掲げる異常を保護リレー等により検出し，分散型電源を自動的に(ア)解列すること。

①　分散型電源の異常又は故障

②　連系している電力系統の短絡事故，地絡事故又は高低圧混触事故

③　分散型電源の(イ)単独運転又は逆充電

b　一般送配電事業者が運用する電力系統において再閉路が行われる場合は，当該再閉路時に，分散型電源が当該電力系統から(ア)解列されていること。

c　「逆変換装置を用いて連系する場合」において，「逆潮流有りの場合」の保護リレー等は，次によること。

表に規定する保護リレー等を受電点その他異常の検出が可能な場所に設置すること。

表

検出する異常	種類	補足事項
発電電圧異常上昇	過電圧リレー	※1
発電電圧異常低下	(ウ)不足電圧リレー	※1
系統側短絡事故	(ウ)不足電圧リレー	※2
系統側地絡事故・高低圧混触事故（間接）	(イ)単独運転検出装置	※3
(イ)単独運転又は逆充電	(イ)単独運転検出装置	
	(エ)周波数上昇リレー	
	(エ)周波数低下リレー	

※1：分散型電源自体の保護用に設置するリレーにより検出し，保護できる場合は省略できる。

※2：発電電圧異常低下検出用の(ウ)不足電圧リレーにより検出し，保護できる場合は省略できる。

※3：受動的方式及び能動的方式のそれぞれ1方式以上を含むものであること。系統側地絡事故・高低圧混触事故（間接）については，(イ)単独運転検出用の受動的方式等により保護すること。

よって，(3)が正解。

解答…　(3)

CHAPTER 04

電気設備技術基準（計算）

難易度 A

電線のたるみ

教科書 SECTION 01

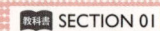

問題32 高圧架空電線に硬銅線を使用して，高低差のない場所に架設する場合，電線の設計に伴う許容引張荷重と弛度（たるみ）に関して，次の(a)及び(b)に答えよ。

ただし，径間250 m，電線の引張強さ58.9 kN，電線の重量と水平風圧の合成荷重が20.67 N/m，安全率は2.2とする。

(a) この電線の許容引張荷重[kN]の値として，最も近いのは次のうちどれか。

(1) 23.56　(2) 26.77　(3) 29.45　(4) 129.6　(5) 147.3

(b) 電線の弛度[m]の値として，最も近いのは次のうちどれか。

(1) 4.11　(2) 6.04　(3) 6.85　(4) 12.02　(5) 13.71

H20-B11

	①	②	③	④	⑤
学習日					
理解度（○/△/×）					

解説

(a)　安全率は2.2であるから，この電線の許容引張荷重T[kN]は，

$$T = \frac{\text{引張強さ}}{\text{安全率}} = \frac{58.9}{2.2} \fallingdotseq 26.77\ \text{kN}$$

よって，(2)が正解。

(b)　電線1 mあたりの重量と水平風圧の合成荷重をW[N/m]，径間をS[m]とすると，たるみを求める公式より，電線の弛度D[m]は，

$$D = \frac{WS^2}{8T}$$

$$= \frac{20.67 \times 250^2}{8 \times 26.77 \times 10^3} \fallingdotseq 6.03\ \text{m}$$

よって，最も値が近い(2)が正解。

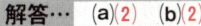

解答… (a)(2)　(b)(2)

難易度 A

支線の張力計算(1)

教科書 SECTION 01

問題33 図のように低圧架空電線と高圧架空電線を併架するA種鉄筋コンクリート柱がある。この電線路の引留箇所において下記の条件で支線を設けるものとする。

(ア) 低高圧電線間の離隔距離を2 mとし，高圧電線の取り付け高さを10 m，低圧電線と支線の取り付け高さをそれぞれ8 mとする。

(イ) 支線には直径2.3 mmの亜鉛めっき鋼線（引張強さ1.23 kN/mm^2）を素線として使用し，また，素線のより合わせによる引張荷重の減少係数は無視するものとする。

(ウ) 低圧電線の水平張力は4 kN，高圧電線のそれは9 kNとし，これらの全荷重を支線で支えるものとする。

このとき，次の(a)及び(b)に答えよ。

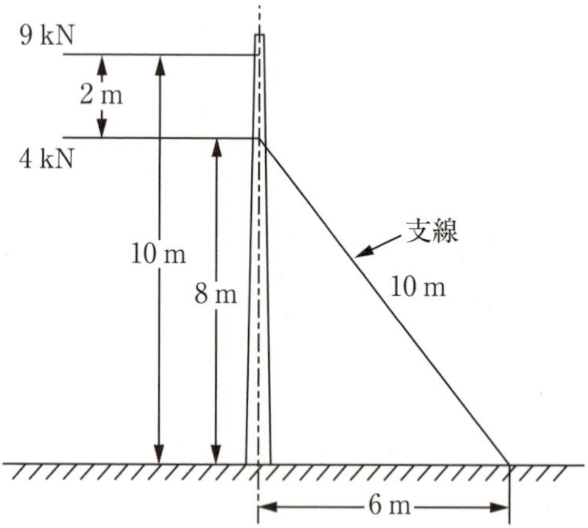

(a) 支線に生じる引張荷重[kN]の値として，最も近いのは次のうちどれか。

(1) 15.4　(2) 19.1　(3) 25.4　(4) 27.4　(5) 29.0

(b) 「電気設備技術基準の解釈」によれば，支線の素線の条数を最小いくらにしなければならないか。

(1) 5　(2) 8　(3) 10　(4) 12　(5) 14

H16-B11

解説

(a)

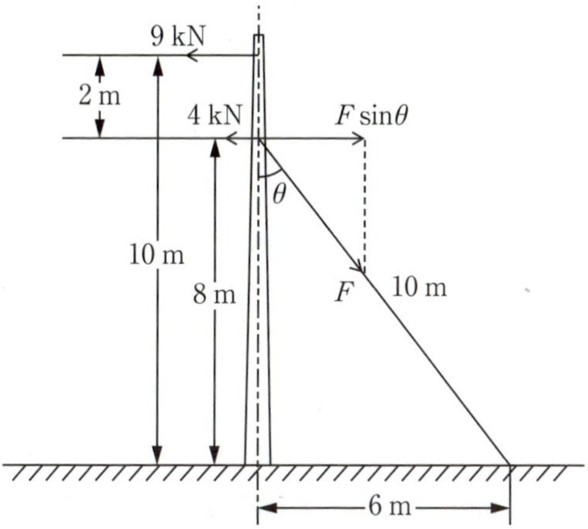

支線に生じる引張荷重（支線の張力）をF[kN]とし，柱の根元を基準にモーメントの釣り合いを考えると，次の等式を立てることができる。

$$9 \times 10 + 4 \times 8 = F \sin\theta \times 8$$

したがって，

$$9 \times 10 + 4 \times 8 = F \times \frac{6}{10} \times 8$$

$$F \fallingdotseq 25.4\ \mathrm{kN}$$

よって，(3)が正解。

(b) 電気設備技術基準の解釈第61条1項2号および62条より，この場合の支線の安全率は1.5であるから，必要な支線の素線の条数をnとすると，

$$25.4 = \frac{n \times 1.23 \times \pi \times \left(\frac{2.3}{2}\right)^2}{1.5}$$

$$n = \frac{25.4 \times 1.5}{1.23 \times \frac{\pi}{4} \times 2.3^2} \fallingdotseq 7.46 \rightarrow 8条$$

よって，(2)が正解。

解答… (a)(3)　(b)(2)

	①	②	③	④	⑤
学習日					
理解度 (○/△/×)					

CH 04 電気設備技術基準（計算）

難易度 **A**

支線の張力計算(2)

教科書 SECTION 01

問題34 図のように，高圧架空電線路中で水平角度が60°の電線路となる部分の支持物（A種鉄筋コンクリート柱）に下記の条件で電気設備技術基準の解釈に適合する支線を設けるものとする。

(ア) 高圧架空電線の取り付け高さを10 m，支線の支持物への取り付け高さを8 m，この支持物の地表面の中心点と支線の地表面までの距離を6 mとする。

(イ) 高圧架空電線と支線の水平角度を120°，高圧架空電線の想定最大水平張力を9.8 kNとする。

(ウ) 支線には亜鉛めっき鋼より線を用いる。その素線は，直径2.6 mm，引張強さ1.23 kN/mm^{2}である。素線のより合わせによる引張荷重の減少係数を0.92とし，支線の安全率を1.5とする。

このとき，次の(a)及び(b)に答えよ。

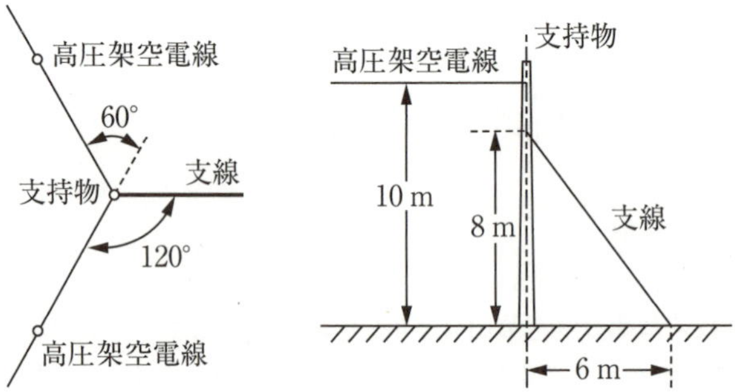

(a) 支線に働く想定最大荷重[kN]の値として，最も近いのは次のうちどれか。

(1) 10.2　(2) 12.3　(3) 20.4　(4) 24.5　(5) 40.1

(b) 支線の素線の最少の条数として，正しいのは次のうちどれか。

(1) 3　(2) 7　(3) 9　(4) 13　(5) 19

H21-B12

	①	②	③	④	⑤
学習日					
理解度 (○/△/×)					

解説

(a)

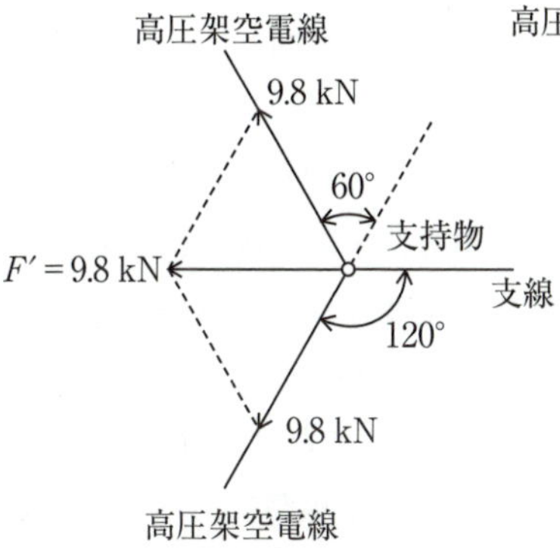

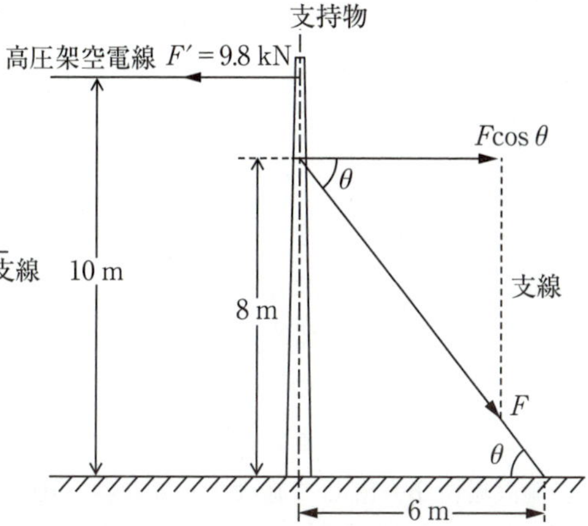

上図のように高圧架空電線の張力の合力をF'[kN]，支線の張力をF[kN]，支線と地面のなす角をθとし，柱の根元を基準にモーメントの釣り合いを考えると，次の等式を立てることができる。

$$F' \times 10 = F\cos\theta \times 8$$

$$9.8 \times 10 = F \times \frac{6}{\sqrt{8^2 + 6^2}} \times 8$$

$$F = \frac{9.8 \times 10}{\dfrac{6}{10} \times 8} \fallingdotseq 20.4 \text{ kN}$$

よって，(3)が正解。

(b) 問題文の条件より，この場合の支線の安全率は1.5，素線のより合わせによる引張荷重の減少係数は0.92であるから，必要な支線の素線の条数をnとすると，

$$20.4 = \frac{n \times 1.23 \times \pi \times \left(\dfrac{2.6}{2}\right)^2 \times 0.92}{1.5}$$

$$n = \frac{20.4 \times 1.5}{1.23 \times \dfrac{\pi}{4} \times 2.6^2 \times 0.92} \fallingdotseq 5.10 \text{条}$$

したがって，必要な支線の素線の条数は6条以上となり，選択肢の中から6条以上の最少の条数を選ぶ。

よって，(2)が正解。

解答… (a)(3)　(b)(2)

難易度 A

風圧荷重(1)

教科書 SECTION 01

問題35 「電気設備技術基準」では，支持物の倒壊防止に関し，次のように規定している。

架空電線路又は［(ア)］の支持物の材料及び構造（支線を施設する場合は，当該支線に係るものを含む。）は，その支持物が支持する電線等による引張荷重，10分間平均で風速［(イ)］m/秒の風圧荷重及び当該設置場所において通常想定される地理的条件，気象の変化，振動，衝撃その他の外部環境の影響を考慮し，倒壊のおそれがないよう，安全なものでなければならない。ただし，人家が多く連なっている場所に施設する架空電線路にあっては，その施設場所を考慮して施設する場合は，10分間平均で風速［(イ)］m/秒の風圧荷重の［(ウ)］の風圧荷重を考慮して施設することができる。

上記の記述中の空白箇所(ア)，(イ)及び(ウ)に記入する字句又は数値として，正しいものを組み合わせたのは次のうちどれか。

	(ア)	(イ)	(ウ)
(1)	架空弱電流電線路	30	2分の1
(2)	架空電車線路	40	2分の1
(3)	架空電車線路	40	3分の1
(4)	架空弱電流電線路	50	3分の1
(5)	架空電車線路	50	4分の1

H11-A4（一部改題）

	①	②	③	④	⑤
学習日					
理解度 (○/△/×)					

解説

電気設備技術基準第32条からの出題である。

架空電線路又は(ア)**架空電車線路**の支持物の材料及び構造（支線を施設する場合は，当該支線に係るものを含む。）は，その支持物が支持する電線等による引張荷重，10分間平均で風速(イ)**40** m/秒の風圧荷重及び当該設置場所において通常想定される地理的条件，気象の変化，振動，衝撃その他の外部環境の影響を考慮し，倒壊のおそれがないよう，安全なものでなければならない。ただし，人家が多く連なっている場所に施設する架空電線路にあっては，その施設場所を考慮して施設する場合は，10分間平均で風速(イ)**40** m/秒の風圧荷重の(ウ)**２分の１**の風圧荷重を考慮して施設することができる。

よって，(2)が正解。

解答… (2)

難易度 A 風圧荷重(2)

教科書 SECTION 01

問題36 人家が多く連なっている場所以外の場所であって，氷雪の多い地方のうち，海岸地その他の低温季に最大風圧を生ずる地方以外の地方に設置されている，55 mm^2（素線径3.2 mm，7本より線）の硬銅より線を使用した特別高圧架空電線路がある。この電線路の電線の風圧荷重について「電気設備技術基準の解釈」に基づき，次の(a)及び(b)に答えよ。

(a) 高温季と低温季においてそれぞれ適用される電線の風圧荷重の種類として，正しいものを組み合わせたのは次のうちどれか。

	高温季	低温季
(1)	丙種	丙種
(2)	甲種	乙種
(3)	甲種	甲種と乙種のいずれか大きいもの
(4)	甲種と乙種のいずれか大きいもの	甲種
(5)	甲種	丙種

(b) 低温季において，電線1条，長さ1 m当たりに加わる水平風圧荷重[N]の値として，最も近いのは次のうちどれか。

ただし，電線に対する甲種風圧荷重は980 Pa，乙種風圧荷重では厚さ6 mmの氷雪が付着するものとする。

(1) 4.7 (2) 6.4 (3) 7.6 (4) 9.4 (5) 10.6

H17-B11

	①	②	③	④	⑤
学習日					
理解度 (○/△/×)					

解説

(a)　電気設備技術基準の解釈第58条1項1号ロの58－2表を簡略化したものを以下に示す。

<table>
<tr><td colspan="2"></td><td>高温季</td><td>低温季</td></tr>
<tr><td colspan="2">氷雪の多い地方以外の地方</td><td rowspan="3">甲種</td><td>丙種</td></tr>
<tr><td rowspan="2">氷雪の多い地方</td><td>海岸地その他の低温季に最大風圧を生じる地方</td><td>甲種と乙種のいずれか大きいもの</td></tr>
<tr><td>上記以外</td><td>乙種</td></tr>
</table>

よって，(2)が正解。

(b)　低温季においては，乙種風圧荷重が適用される。氷雪を考慮した直径は，下図より，21.6 mmとなる。

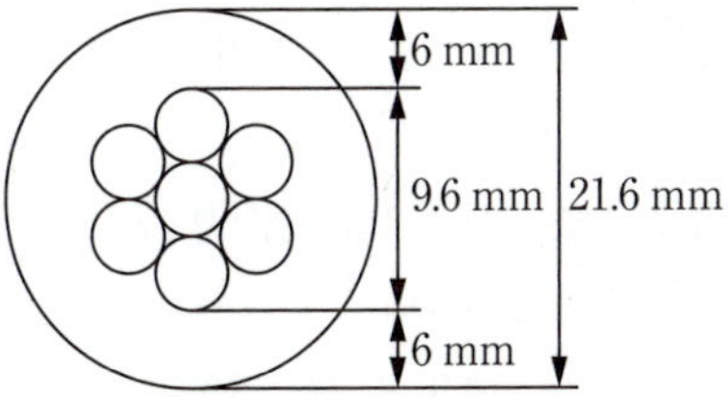

長さ1 mあたりの垂直投影面積は$21.6 \times 10^{-3} \times 1 = 21.6 \times 10^{-3}\ \mathrm{m}^2$となる。

乙種風圧荷重は，甲種風圧荷重の0.5倍であるから，電線1条，長さ1 mあたりに加わる水平風圧荷重Fは，

$$F = 980 \times 0.5 \times (21.6 \times 10^{-3}) \fallingdotseq 10.6\ \mathrm{N}$$

よって，(5)が正解。

解答… (a)(2)　(b)(5)

難易度 A

風圧荷重(3)

問題37 氷雪の多い地方のうち，海岸地その他の低温季に最大風圧を生ずる地方で，人家が多く連なっている場所以外の場所における高圧架空電線路の電線の風圧荷重について，「電気設備技術基準の解釈」に基づき，次の(a)及び(b)に答えよ。

ただし，電線は図のような硬銅より線とする。また，甲種風圧荷重は980 Pa，乙種風圧荷重の計算に使う氷雪の厚さは6 mmとする。

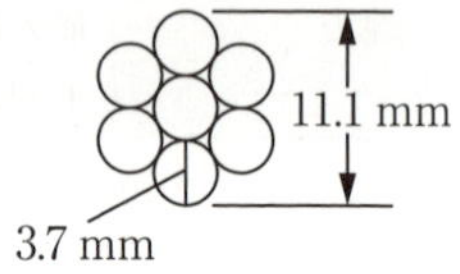

(a) 高温季における電線1条，長さ1 m当たりの水平風圧荷重[N]の値として，最も近いのは次のうちどれか。

(1) 3.6　(2) 9.4　(3) 9.6　(4) 10.9　(5) 25.4

(b) 低温季における電線1条，長さ1 m当たりの水平風圧荷重[N]の値として，最も近いのは次のうちどれか。

(1) 7.7　(2) 11.3　(3) 14.3　(4) 15.4　(5) 28.5

H15-B11

	①	②	③	④	⑤
学習日					
理解度 (○/△/×)					

解説

(a)　電気設備技術基準の解釈第58条1項1号ロの58－2表より，適用される風圧荷重は高温季は甲種，低温季は甲種と乙種のいずれか大きいものとなる。

<table>
<tr><td colspan="2"></td><td>高温季</td><td>低温季</td></tr>
<tr><td colspan="2">氷雪の多い地方以外の地方</td><td rowspan="3">甲種</td><td>丙種</td></tr>
<tr><td rowspan="2">氷雪の多い地方</td><td>海岸地その他の低温季に最大風圧を生じる地方</td><td>甲種と乙種のいずれか大きいもの</td></tr>
<tr><td>上記以外</td><td>乙種</td></tr>
</table>

高温季における電線1条，長さ1 m当たりの水平風圧荷重Fは，

$$F = 980 \times (11.1 \times 10^{-3} \times 1) \fallingdotseq 10.9\ \mathrm{N}$$

よって，(4)が正解。

(b)　低温季においては，甲種風圧荷重または乙種風圧荷重のいずれか大きいものが適用される。(a)において甲種風圧荷重は10.9 Nと求まっているので，乙種風圧荷重を求める。

氷雪を考慮した直径は，電線のより線の直径に氷雪の厚さ6 mm × 2を足して，23.1 mmと求められる。よって，長さ1 mあたりの垂直投影面積は$23.1 \times 10^{-3} \times 1 = 23.1 \times 10^{-3}\ \mathrm{m}^2$となる。

乙種風圧荷重は，甲種風圧荷重の0.5倍であるから，電線1条，長さ1 mあたりの水平風圧荷重F'は，

$$F' = 980 \times 0.5 \times (23.1 \times 10^{-3}) \fallingdotseq 11.3\ \mathrm{N}$$

したがって，甲種風圧荷重10.9 Nよりも乙種風圧荷重11.3 Nの方が大きい。

よって，(2)が正解。

解答… (a)(4)　(b)(2)

難易度 A

風圧荷重(4)

教科書 SECTION 01

問題38 鋼心アルミより線（ACSR）を使用する6 600 V高圧架空電線路がある。この電線路の電線の風圧荷重について「電気設備技術基準の解釈」に基づき，次の(a)及び(b)の問に答えよ。

なお，下記の条件に基づくものとする。

① 氷雪が多く，海岸地その他の低温季に最大風圧を生じる地方で，人家が多く連なっている場所以外の場所とする。

② 電線構造は図のとおりであり，各素線，鋼線ともに全てが同じ直径とする。

③ 電線被覆の絶縁体の厚さは一様とする。

④ 甲種風圧荷重は980 Pa，乙種風圧荷重の計算に使う氷雪の厚さは6 mmとする。

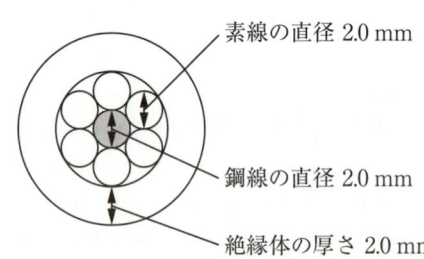

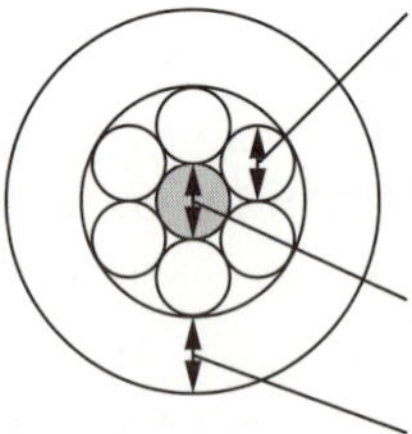

(a) 高温季において適用する風圧荷重（電線1条，長さ1 m当たり）の値[N]として，最も近いものを次の(1)～(5)のうちから一つ選べ。

(1) 4.9　(2) 5.9　(3) 7.9　(4) 9.8　(5) 21.6

(b) 低温季において適用する風圧荷重（電線1条，長さ1 m当たり）の値[N]として，最も近いものを次の(1)～(5)のうちから一つ選べ。

(1) 4.9　(2) 8.9　(3) 10.8　(4) 17.7　(5) 21.6

H26-B11

解説

(a) 電気設備技術基準の解釈第58条1項1号ロの58－2表より，適用される風圧荷重は高温季は甲種，低温季は甲種と乙種のいずれか大きいものとなる。

長さ1 m当たりの垂直投影面積は図より，$10 \times 10^{-3} \times 1 = 0.01\ \mathrm{m}^2$と求められる。

したがって，高温季において適用する風圧荷重（電線1条，長さ1 m当たり）F[N]は，

$$F = 980 \times 0.01 = 9.8\ \mathrm{N}$$

よって，(4)が正解。

(b) 低温季においては，甲種風圧荷重または乙種風圧荷重のいずれか大きいものが適用される。(a)において甲種風圧荷重は9.8 Nと求まっているので，乙種風圧荷重を求める。

氷雪を考慮した直径は，直径に氷雪の厚さ6 mm × 2を足して，22 mmと求められる。よって，長さ1 m当たりの垂直投影面積は$22 \times 10^{-3} \times 1 = 22 \times 10^{-3}\ \mathrm{m}^2$となる。

乙種風圧荷重は，甲種風圧荷重の0.5倍であるから，電線1条，長さ1 m当たりの水平風圧荷重F'[N]は，

$$F' = 980 \times 0.5 \times (22 \times 10^{-3}) \fallingdotseq 10.8\ \mathrm{N}$$

したがって，甲種風圧荷重9.8 Nよりも乙種風圧荷重10.8 Nの方が大きい。

よって，(3)が正解。

解答… (a)(4) (b)(3)

	①	②	③	④	⑤
学習日					
理解度 (○/△/×)					

難易度 A 風圧荷重(5)

教科書 SECTION 01

問題39 氷雪の多い地方のうち，海岸地その他の低温季に最大風圧を生ずる地方以外の地方において，電線に断面積150 mm^2（19本/3.2 mm）の硬銅より線を使用する特別高圧架空電線路がある。この電線1条，長さ1 m当たりに加わる水平風圧荷重について，「電気設備技術基準の解釈」に基づき，次の(a)及び(b)に答えよ。

ただし，電線は図のようなより線構成とする。

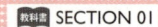

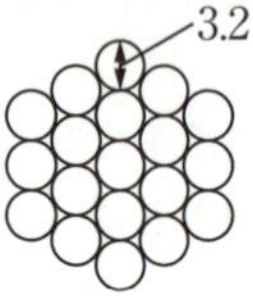

(a) 高温季における風圧荷重[N]の値として，最も近いのは次のうちどれか。

(1) 6.8　(2) 7.8　(3) 9.4　(4) 10.6　(5) 15.7

(b) 低温季における風圧荷重[N]の値として，最も近いのは次のうちどれか。

(1) 12.6　(2) 13.7　(3) 18.5　(4) 21.6　(5) 27.4

H22-B13

	①	②	③	④	⑤
学習日					
理解度 (○/△/×)					

解説

(a) 電気設備技術基準の解釈第58条1項1号ロの58－2表より，適用される風圧荷重は高温季は甲種となる。

図より，長さ1 m当たりの垂直投影面積は$3.2 \times 5 \times 10^{-3} \times 1 = 0.016$ m^{2}となる。

甲種風圧荷重は980 Paであるから，高温季における電線1条，長さ1 m当たりの水平風圧荷重F[N]は，

$$F = 980 \times 0.016 \fallingdotseq 15.7 \text{ N}$$

よって，(5)が正解。

(b) 電気設備技術基準の解釈第58条1項1号ロの58－2表より，適用される風圧荷重は低温季は乙種となる。

硬銅より線の周囲に厚さ6 mmの氷雪が付着した状態の長さ1 m当たりの垂直投影面積は$(3.2 \times 5 + 6 \times 2) \times 10^{-3} \times 1 = 0.028$ m^{2}となる。

乙種風圧荷重は，甲種風圧荷重の0.5倍であるから，電線1条，長さ1 m当たりの水平風圧荷重F'[N]は，

$$F' = 980 \times 0.5 \times 0.028 \fallingdotseq 13.7 \text{ N}$$

よって，(2)が正解。

解答… (a)(5) (b)(2)

難易度 B

B種接地工事(1)

教科書 SECTION 01

問題40 公称電圧6.6 kVの変電所の母線に接続された三相3線式中性点非接地式の，こう長10 kmの架空配電線路（絶縁電線）3回線と，こう長3 kmの地中配電線路（ケーブル）2回線とがある。「電気設備技術基準の解釈」の記述に基づくと，これらの配電線路に接続される柱上変圧器の低圧側に施すB種接地工事の接地抵抗値は何オーム以下でなければならないか。正しい値を次のうちから選べ。

ただし，高圧側電路の1線地絡電流の計算は次式によるものとし，また，変電所引出口には高圧側の電路と低圧側の電路が混触した場合，1秒以内に自動的に高圧電路を遮断する装置を設けてあり，混触時における低圧側電路の対地電圧の上昇限度を600 Vまで許容できるものとする。

$$I = 1 + \frac{\frac{V}{3}L - 100}{150} + \frac{\frac{V}{3}L' - 1}{2}$$

Iは，1線地絡電流（[A]を単位とし，小数点以下は切り上げる。）

Vは，電路の公称電圧を1.1で除した電圧（[kV]を単位とする。）

Lは，同一母線に接続される高圧架空電線路の電線延長（[km]を単位とする。）

L'は，同一母線に接続される高圧地中電線路の線路延長（[km]を単位とする。）

(1) 10　(2) 30　(3) 45　(4) 60　(5) 75

H11-B11

	①	②	③	④	⑤
学習日					
理解度 (○/△/×)					

解説

同一母線に接続される高圧架空電線路の電線延長L[km]は，三相3線式の場合，こう長×3線×回線数分の電線をすべてつなぎ合わせた総延長となるので，

$$L = 10_{[\text{km}]} \times 3_{[\text{線}]} \times 3_{[\text{回線}]} = 90\ \text{km} \cdots ①$$

同一母線に接続される高圧地中電線路の線路延長L'[km]は，こう長×回線数分のケーブルをすべてつなぎ合わせた総延長となるので，

$$L' = 3_{[\text{km}]} \times 2_{[\text{回線}]} = 6\ \text{km} \cdots ②$$

電路の公称電圧を1.1で除した電圧V[kV]は，

$$V = \frac{6.6}{1.1} = 6\ \text{kV} \cdots ③$$

高圧側電路の1線地絡電流I[A]の計算式に①②③式を代入すると，

$$I = 1 + \frac{\frac{V}{3}L - 100}{150} + \frac{\frac{V}{3}L' - 1}{2} = 1 + \frac{\frac{6}{3} \times 90 - 100}{150} + \frac{\frac{6}{3} \times 6 - 1}{2}$$

$$\fallingdotseq 7.03\ \text{A} \cdots ④$$

④式で求めたIの小数点以下を切り上げると，

$$I = 8\ \text{A}$$

変電所引出口には高圧側の電路と低圧側の電路が混触した場合，1秒以内に自動的に高圧電路を遮断する装置を設けてあり，混触時における低圧側電路の対地電圧の上昇限度を600 Vまで許容できる（電気設備技術基準の解釈第17条2項1号）ので，B種接地工事の接地抵抗値R_B[Ω]の上限は，

$$R_B \leqq \frac{600}{I} = \frac{600}{8} = 75\ \Omega$$

よって，(5)が正解。

解答… (5)

難易度 B

B種接地工事(2)

教科書 SECTION 01

問題41 6.6 kVの中性点非接地式高圧配電線路に，総容量750 kV・Aの変圧器（二次側が低圧）が接続されている。高低圧が混触した場合，低圧側の対地電圧をある値以下に抑制するために，変圧器の二次側にB種接地工事を施すが，この接地工事に関して「電気設備技術基準の解釈」に基づき，次の(a)及び(b)に答えよ。

ただし，高圧配電線路の電源側変電所において，当該配電線路及びこれと同一母線に接続された配電線路はすべて三相3線式で，当該配電線路を含めた回線数の合計は7回線である。その内訳は，こう長15 kmの架空配電線路（絶縁電線）が2回線，こう長10 kmの架空配電線路（絶縁電線）が3回線及びこう長4.5 kmの地中配電線路（ケーブル）が2回線とする。

なお，高圧配電線路の1線地絡電流は次式によって求めるものとする。

$$I = 1 + \frac{\frac{V}{3}L - 100}{150} + \frac{\frac{V}{3}L' - 1}{2}$$

Iは，1線地絡電流（[A]を単位とし，小数点以下は切り上げる）。

Vは，配電線路の公称電圧を1.1で除した電圧（[kV]を単位とする）。

Lは，同一母線に接続される架空配電線路の電線延長（[km]を単位とする）。

L'は，同一母線に接続される地中配電線路の線路延長（[km]を単位とする）。

(a) 高圧配電線路の1線地絡電流の値[A]として，正しいのは次のうちどれか。

(1) 10　(2) 12　(3) 13　(4) 21　(5) 30

(b) このとき，これらの変圧器に施すB種接地工事の接地抵抗の値[Ω]は何オーム以下でなければならないか。正しい値を次のうちから選べ。

ただし，変電所引出口には高圧側の電路と低圧側の電路が混触したとき，

1秒以内に自動的に高圧電路を遮断する装置が設けられているものとする。

(1) 12.5　(2) 25　(3) 40　(4) 50　(5) 75

H18-B11

	①	②	③	④	⑤
学習日					
理解度 (○/△/×)					

解説

(a) 同一母線に接続される架空配電線路の電線延長L[km]は，三相3線式の場合，こう長×3線×回線数分の電線をすべてつなぎ合わせた総延長となるので，

$$L = 15_{[\mathrm{km}]} \times 3_{[線]} \times 2_{[回線]} + 10_{[\mathrm{km}]} \times 3_{[線]} \times 3_{[回線]} = 180\ \mathrm{km} \cdots ①$$

同一母線に接続される地中配電線路の線路延長L'[km]は，こう長×回線数分のケーブルをすべてつなぎ合わせた総延長となるので，

$$L' = 4.5_{[\mathrm{km}]} \times 2_{[回線]} = 9\ \mathrm{km} \cdots ②$$

配電線路の公称電圧を1.1で除した電圧V[kV]は，

$$V = \frac{6.6}{1.1} = 6\ \mathrm{kV} \cdots ③$$

高圧配電線路の1線地絡電流I[A]の計算式に①②③式を代入すると，

$$I = 1 + \frac{\frac{V}{3}L - 100}{150} + \frac{\frac{V}{3}L' - 1}{2} = 1 + \frac{\frac{6}{3} \times 180 - 100}{150} + \frac{\frac{6}{3} \times 9 - 1}{2}$$

$$\fallingdotseq 11.23\ \mathrm{A} \cdots ④$$

④式で求めたIの小数点以下を切り上げると，

$$I = 12\ \mathrm{A}$$

よって，(2)が正解。

(b) 変電所引出口には高圧側の電路と低圧側の電路が混触したとき，1秒以内に自動的に高圧電路を遮断する装置が設けられているので，電気設備技術基準の解釈第17条2項1号より，B種接地工事の接地抵抗値R_B[Ω]の上限は，

$$R_B \leqq \frac{600}{I} = \frac{600}{12} = 50\ \Omega$$

よって，(4)が正解。

解答… (a)(2) (b)(4)

難易度 A

D種接地工事

教科書 SECTION 01

問題42 図のように，単相変圧器の低圧側電路に施設された使用電圧200 V の金属製外箱を有する電動機がある。高圧電路の1線地絡電流を10 Aとし，変圧器の低圧側の中性点に施したB種接地工事E_Bの接地抵抗値は，高低圧混触時に中性点の対地電位が150 Vになるような値とする。

また，電動機の端子付近で1線の充電部が金属製外箱に接触して完全地絡状態となった場合を想定し，当該外箱の対地電位が25 V以下となるようにD種接地工事E_Dを施設する。この場合，次の(a)及び(b)に答えよ。

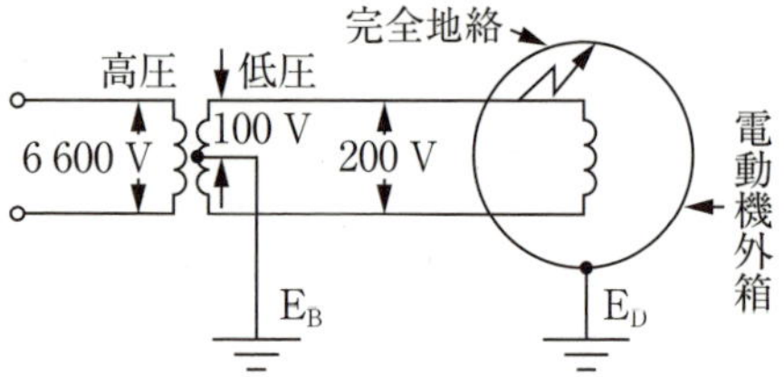

(a) E_Bの接地抵抗値[Ω]として，正しいのは次のうちどれか。

(1) 5　(2) 10　(3) 15　(4) 30　(5) 60

(b) E_Dの接地抵抗の最大値[Ω]として，正しいのは次のうちどれか。

(1) 5　(2) 10　(3) 30　(4) 50　(5) 100

H12-B12

	①	②	③	④	⑤
学習日					
理解度 (○/△/×)					

解説

(a) 問題文より，高低圧混触時の1線地絡電流$I_1 = 10$ Aであるので，高低圧混触時の中性点の対地電位を150 VとするためのB種接地工事の接地抵抗値R_B[Ω]は，

$$R_B = \frac{150}{10} = 15\ \Omega$$

よって，(3)が正解。

(b) D種接地工事の接地抵抗値をR_D[Ω]，変圧器の低圧側の起電力をE[V]，金属製外箱の対地電圧をV_D[V]とすると，電動機の端子付近で1線の充電部が金属製外箱に接触して完全地絡状態となった場合の等価回路は下図となる。

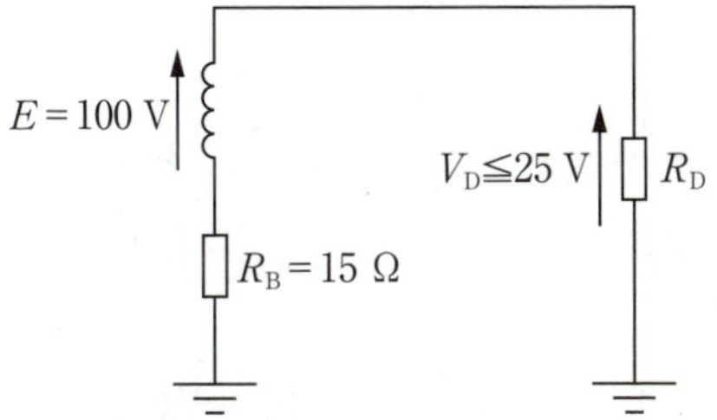

等価回路より，V_Dが25 Vを超えないようにするには，下式を満たせばよい。

$$V_D = \frac{R_D}{R_B + R_D}E = \frac{100R_D}{15 + R_D} \leqq 25\ \mathrm{V}$$

したがって，R_Dは，

$$R_D \leqq \frac{25 \times 15}{75} = 5\ \Omega$$

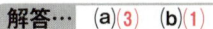

よって，(1)が正解。

解答… (a)(3) (b)(1)

難易度 A

B種とD種接地工事の融合問題

教科書 SECTION 01

問題43 変圧器によって高圧電路に結合されている使用電圧100 Vの低圧電路がある。この変圧器のB種接地抵抗値及びその低圧電路に施設された電動機の金属製外箱のD種接地抵抗値に関して，次の(a)及び(b)に答えよ。

ただし，次の条件によるものとする。

(ア) 高圧側の電路と低圧側の電路との混触時に低圧電路の対地電圧が150 Vを超えた場合に，1秒以内で自動的に高圧電路を遮断する装置が設けられている。

(イ) 変圧器の高圧側電路の1線地絡電流は8 Aとする。

(a) 変圧器の低圧側に施されたB種接地工事の接地抵抗値について，「電気設備技術基準の解釈」で許容される最高限度値[Ω]の値として，正しいのは次のうちどれか。

(1) 18.7　(2) 37.5　(3) 56.2　(4) 75.0　(5) 81.1

(b) 電動機に完全地絡事故が発生した場合，電動機の金属製外箱の対地電位が30 Vを超えないようにするために，この金属製外箱に施すD種接地工事の最高限度値[Ω]の値として，最も近いのは次のうちどれか。

ただし，B種接地工事の接地抵抗値は，上記(a)で求めた最高限度値[Ω]に等しい値とする。

(1) 3.75　(2) 5.00　(3) 25.0　(4) 30.0　(5) 32.1

H16-B13

	①	②	③	④	⑤
学習日					
理解度 (○/△/×)					

解説

(a)　高圧側の電路と低圧側の電路との混触時に低圧電路の対地電圧が150 Vを超えた場合に，1秒以内で自動的に高圧電路を遮断する装置が設けられており，1線地絡電流は$I_1 = 8$ Aであるので，電気設備技術基準の解釈第17条2項1号より，B種接地抵抗の最高限度値R_B[Ω]は，

$$R_B = \frac{600}{I_1} = \frac{600}{8} = 75\ \Omega$$

よって，(4)が正解。

(b)　低圧電路の使用電圧をE[V]，金属製外箱の対地電圧をV_D[V]，D種接地工事の接地抵抗値をR_D[Ω]とすると，電動機に完全地絡事故が発生した場合，図aのように地絡電流I_g[A]が流れる。

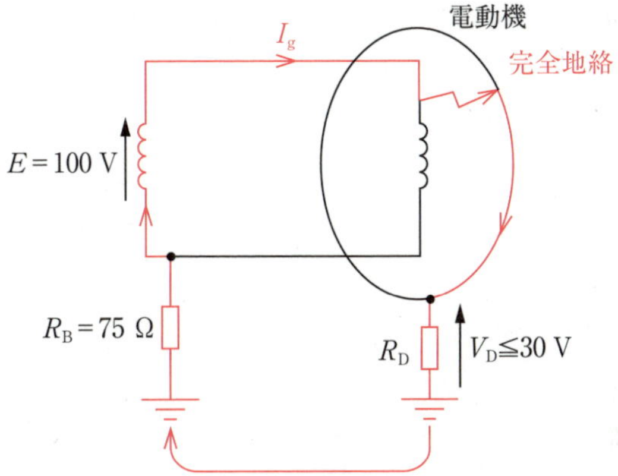

図a

したがって，電動機に完全地絡事故が発生した場合の等価回路は図bとなる。

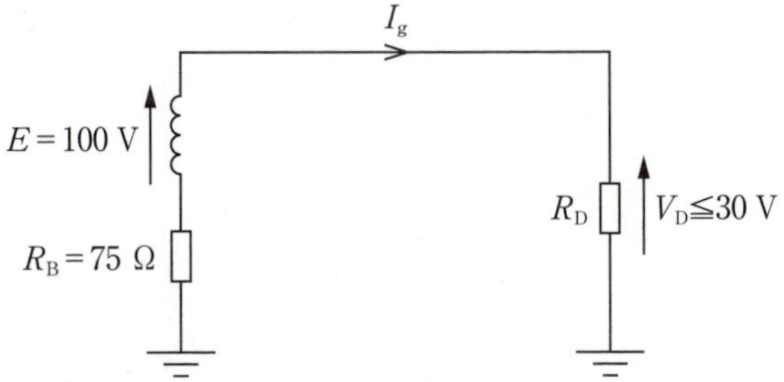

図b

等価回路より，電動機の金属製外箱の対地電圧 V_D が30 Vを超えないようにするには，下式を満たせばよい。

$$V_D = \frac{R_D}{R_B + R_D}E = \frac{100R_D}{75 + R_D} \leqq 30\ \mathrm{V}$$

したがって，D種接地工事の接地抵抗値 R_D は，

$$R_D \leqq \frac{30 \times 75}{70} \fallingdotseq 32.1\ \Omega$$

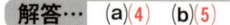

よって，(5)が正解。

解答… (a)(4)　(b)(5)

難易度 B　D種接地工事による電位上昇の抑制

教科書 SECTION 01

問題44　変圧器によって高圧電路に結合されている低圧電路に施設された使用電圧100 Vの金属製外箱を有する空調機がある。この変圧器のB種接地抵抗値及びその低圧電路に施設された空調機の金属製外箱のD種接地抵抗値に関して，次の(a)及び(b)に答えよ。

ただし，次の条件によるものとする。

(ア)　変圧器の高圧側の電路の1線地絡電流は5 Aで，B種接地工事の接地抵抗値は「電気設備技術基準の解釈」で許容されている最高限度の$\frac{1}{3}$に維持されている。

(イ)　変圧器の高圧側の電路と低圧側の電路との混触時に低圧電路の対地電圧が150 Vを超えた場合に，0.8秒で高圧電路を自動的に遮断する装置が設けられている。

(a)　変圧器の低圧側に施されたB種接地工事の接地抵抗値[Ω]の値として，最も近いのは次のうちどれか。

(1)　10　(2)　20　(3)　30　(4)　40　(5)　50

(b)　空調機に地絡事故が発生した場合，空調機の金属製外箱に触れた人体に流れる電流を10 mA以下としたい。このための空調機の金属製外箱に施すD種接地工事の接地抵抗値[Ω]の上限値として，最も近いのは次のうちどれか。

ただし，人体の電気抵抗値は6 000 Ωとする。

(1)　10　(2)　15　(3)　20　(4)　30　(5)　60

H22-B12

	①	②	③	④	⑤
学習日					
理解度 (○/△/×)					

解説

(a)　変圧器の高圧側の電路と低圧側の電路との混触時に低圧電路の対地電圧が150 Vを超えた場合に，0.8秒で高圧電路を自動的に遮断する装置が設けられており，1線地絡電流$I_1 = 5$ Aであるので，電気設備技術基準の解釈第17条2項1号より，B種接地抵抗の最高限度値R_{BM}[Ω]は，

$$R_{BM} = \frac{600}{I_1} = \frac{600}{5} = 120\ \Omega$$

B種接地工事の接地抵抗値R_B[Ω]は最高限度値R_{BM}の$\frac{1}{3}$に維持されているので，

$$R_B = \frac{1}{3} \times R_{BM} = \frac{1}{3} \times 120 = 40\ \Omega$$

よって，(4)が正解。

(b)　低圧電路の使用電圧をE[V]，D種接地工事の接地抵抗値をR_D[Ω]，人体の電気抵抗をR_m[Ω]，D種接地抵抗を流れる電流をI_{gD}[A]，人体を流れる電流をI_{gm}[A]とすると，空調機に地絡事故が発生し，人体が空調機の金属製外箱に触れた場合，図aのように地絡電流I_g[A]が流れる。

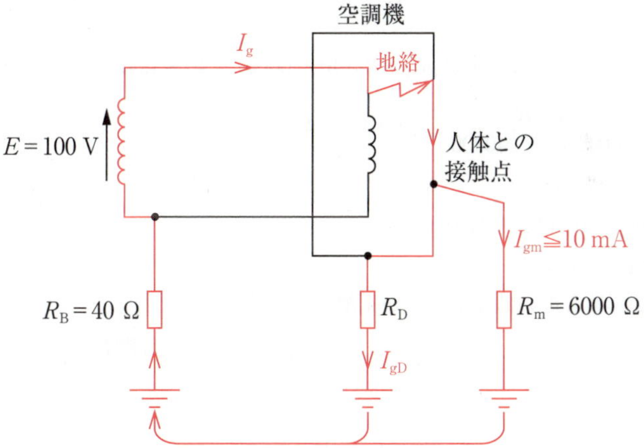

図a

したがって，空調機に地絡事故が発生した場合の等価回路は図bとなる。

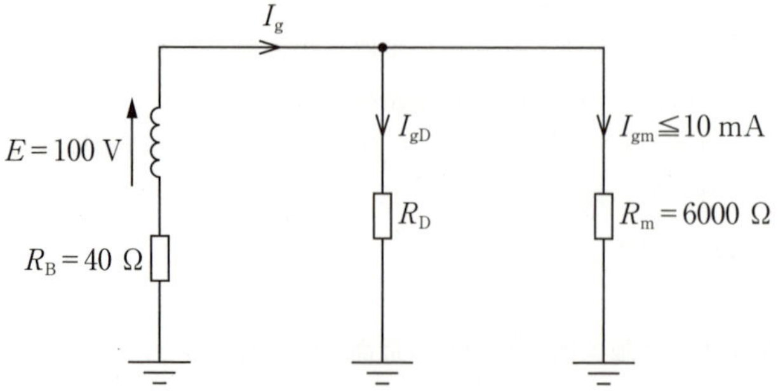

図 b

図bより，I_gは，

$$I_g = \frac{E}{R_B + \dfrac{R_D R_m}{R_D + R_m}} \text{[A]}$$

I_{gm}は10 mA以下であるので，分流則より，下式が成り立つ。

$$I_{gm} = I_g \times \frac{R_D}{R_D + R_m} = \frac{E}{R_B + \dfrac{R_D R_m}{R_D + R_m}} \times \frac{R_D}{R_D + R_m} = \frac{R_D E}{R_B (R_D + R_m) + R_D R_m}$$

$$= \frac{R_D E}{R_D (R_B + R_m) + R_B R_m} = \frac{100 R_D}{R_D (40 + 6000) + 40 \times 6000}$$

$$= \frac{100 R_D}{6040 R_D + 240000} \leqq 10 \times 10^{-3} \text{ A}$$

したがって，R_Dは，

$$100 R_D \leqq 60.4 R_D + 2400$$

$$R_D \leqq 60.61\ \Omega$$

よって，最も近い値である(5)が正解。

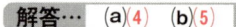

解答… (a)(4)　(b)(5)

難易度 C

漏えい電流の計算

教科書 SECTION 01

問題45 図に示すような線間電圧V[V]，周波数f[Hz]の対称三相3線式低圧電路があり，変圧器二次側の一端子にB種接地工事が施されている。この電路の1相当たりの対地静電容量をC[F]，B種接地工事の接地抵抗値をR_B[Ω]とするとき，次の(a)及び(b)に答えよ。

ただし，上記以外のインピーダンスは無視するものとする。

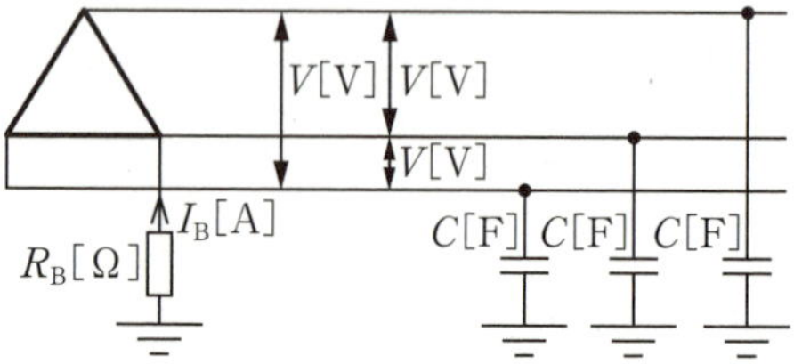

(a) B種接地工事の接地線に常時流れる電流I_B[A]の大きさを表す式として，正しいのは次のうちどれか。

(1) $\dfrac{V}{\sqrt{3R_B{}^2+\dfrac{1}{12\pi^2 f^2 C^2}}}$　(2) $\dfrac{V}{\sqrt{R_B{}^2+\dfrac{1}{36\pi^2 f^2 C^2}}}$

(3) $\dfrac{V}{\sqrt{R_B{}^2+\dfrac{3}{4\pi^2 f^2 C^2}}}$　(4) $\dfrac{V}{\sqrt{R_B{}^2+\dfrac{1}{4\pi^2 f^2 C^2}}}$

(5) $\dfrac{V}{\sqrt{\dfrac{3}{R_B{}^2}+108\pi^2 f^2 C^2}}$

(b) 線間電圧Vを200 V，周波数fを50 Hz，接地抵抗値R_Bを10 Ω，対地静電容量Cを1 μFとするとき，上記(a)の電流I_B[mA]の大きさとして，最も近いのは次のうちどれか。

(1) 1 160　(2) 188　(3) 108　(4) 65.9　(5) 38.1

H17-B12

	①	②	③	④	⑤
学習日					
理解度 (○/△/×)					

解説

(a) 図aのように，問題文の回路からB種接地工事の接地抵抗R_Bを切り離し，切り離し箇所を端子abとする。

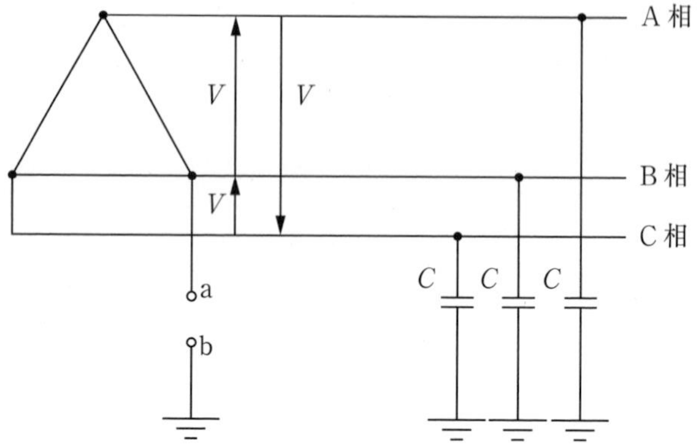

図a

端子ab間の電圧$\dot{V}_{ab}$[V]はB相の相電圧と等しいので，$\dot{V}_{ab}$を基準（$V_{ab}\angle 0$）とすると，

$$\dot{V}_{ab}=\frac{V}{\sqrt{3}}[\mathrm{V}]$$

次に，電源を短絡し，端子abから回路を見ると，図bのようになる。

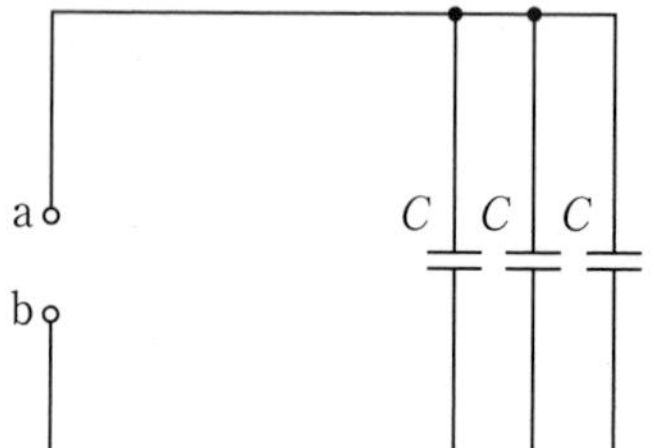

図b

図bより，端子abから回路を見たときの合成インピーダンス$\dot{Z}_{ab}$[Ω]は，

$$\dot{Z}_{ab}=\frac{1}{\mathrm{j}3\omega C}=\frac{1}{\mathrm{j}6\pi fC}[\Omega]$$

テブナンの定理より，問題文の回路は図cの回路に等価変換できる。

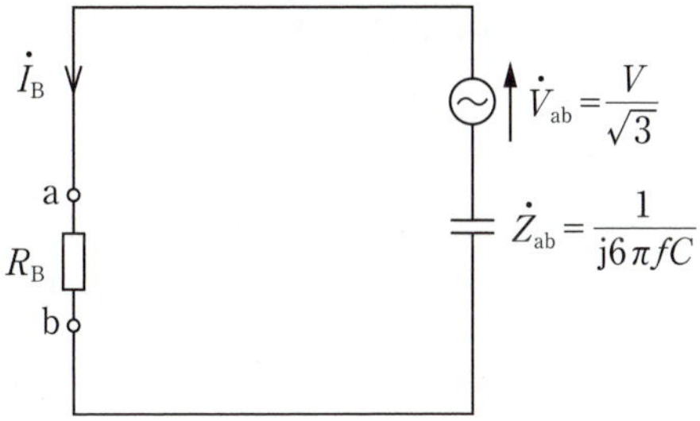

図 c

よって，オームの法則より，B種接地工事の接地線に常時流れる電流$\dot{I}_B$[A]は，

$$\dot{I}_B=\frac{\dot{V}_{ab}}{R_B+\dot{Z}_{ab}}=\frac{\dfrac{V}{\sqrt{3}}}{R_B+\dfrac{1}{j6\pi fC}}=\frac{V}{\sqrt{3}R_B-j\dfrac{\sqrt{3}}{6\pi fC}}\,[\mathrm{A}]$$

$\dot{I}_B$の大きさI_Bは，

$$I_B=\frac{V}{\sqrt{(\sqrt{3}R_B)^2+\left(\dfrac{\sqrt{3}}{6\pi fC}\right)^2}}=\frac{V}{\sqrt{3R_B{}^2+\dfrac{3}{36\pi^2f^2C^2}}}=\frac{V}{\sqrt{3R_B{}^2+\dfrac{1}{12\pi^2f^2C^2}}}\,[\mathrm{A}]$$

よって，(1)が正解。

(b)　(a)で求めたI_Bに，問題文で与えられた値を代入すると，

$$I_B=\frac{V}{\sqrt{3R_B{}^2+\dfrac{1}{12\pi^2f^2C^2}}}=\frac{200}{\sqrt{3\times10^2+\dfrac{1}{12\times3.14^2\times50^2\times(1\times10^{-6})^2}}}$$

$$\fallingdotseq\frac{200}{\sqrt{300+3380800}}\fallingdotseq0.1088\ \mathrm{A}=108.8\ \mathrm{mA}$$

よって，最も近い値である(3)が正解。

解答… (a)(1)　(b)(3)

難易度 C

絶縁劣化による地絡電流

教科書 SECTION 01

問題46 図に示すような，相電圧E[V]，周波数f[Hz]の対称三相3線式低圧電路があり，変圧器の中性点にB種接地工事が施されている。B種接地工事の接地抵抗値をR_B[Ω]，電路の一相当たりの対地静電容量をC[F]とする。

この電路の絶縁抵抗が劣化により，電路の一相のみが絶縁抵抗値R_G[Ω]に低下した。このとき，次の(a)及び(b)に答えよ。

ただし，上記以外のインピーダンスは無視するものとする。

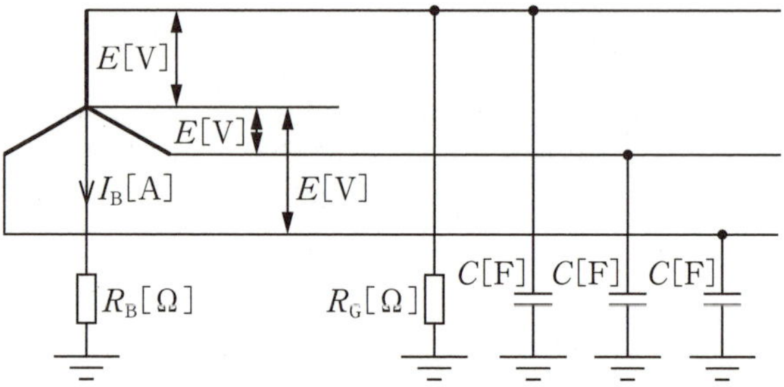

(a) 劣化により一相のみが絶縁抵抗値R_G[Ω]に低下したとき，B種接地工事の接地線に流れる電流の大きさをI_B[A]とする。このI_Bを表す式として，正しいのは次のうちどれか。

ただし，他の相の対地コンダクタンスは無視するものとする。

(1) $\dfrac{E}{\sqrt{R_B{}^2 + 36\pi^2 f^2 C^2 R_B{}^2 R_G{}^2}}$

(2) $\dfrac{3E}{\sqrt{(R_G + R_B)^2 + 4\pi^2 f^2 C^2 R_B{}^2 R_G{}^2}}$

(3) $\dfrac{E}{\sqrt{(R_G + R_B)^2 + 4\pi^2 f^2 C^2 R_B{}^2 R_G{}^2}}$

(4) $\dfrac{E}{\sqrt{R_G{}^2 + 36\pi^2 f^2 C^2 R_B{}^2 R_G{}^2}}$

(5) $\dfrac{E}{\sqrt{(R_G + R_B)^2 + 36\pi^2 f^2 C^2 R_B{}^2 R_G{}^2}}$

(b) 相電圧Eを100 V，周波数fを50 Hz，対地静電容量Cを0.1 μF，絶縁抵抗値R_Gを100 Ω，接地抵抗値R_Bを15 Ωとするとき，上記(a)のI_Bの値として，最も近いのは次のうちどれか。

(1) 0.87　(2) 0.99　(3) 1.74　(4) 2.61　(5) 6.67

H21-B11

	①	②	③	④	⑤
学習日					
理解度 (○/△/×)					

解説

(a)　図aのように，問題文の回路から劣化した絶縁抵抗R_G[Ω]を切り離し，切り離し箇所を端子a，bとする。

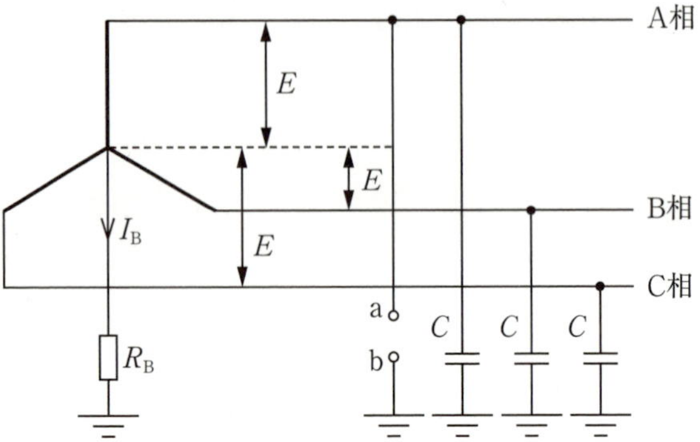

図a

端子ab間の電圧$\dot{V}_{ab}$[V]はA相の相電圧と等しいので，$\dot{V}_{ab}$[V]を基準（V_{ab} ∠0）とすると，

$$\dot{V}_{ab} = V_{ab}\angle 0 = E\angle 0 = E\,[\mathrm{V}]$$

次に，電源を短絡し，端子abから回路を見ると，図bのようになる。

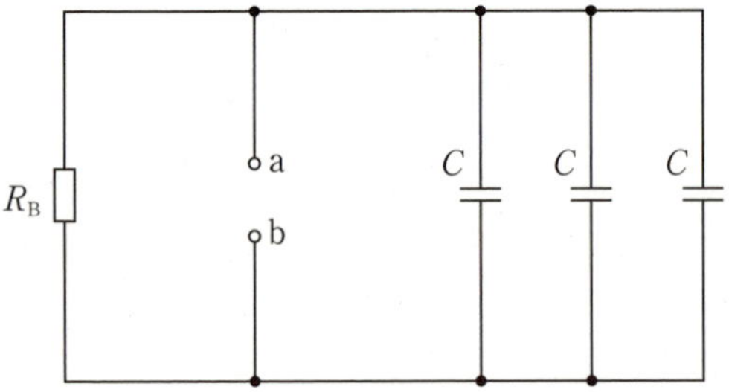

図b

図bより，端子a，bから回路を見たときの合成インピーダンス$\dot{Z}_{ab}$[Ω]は，

$$\dot{Z}_{ab} = \frac{R_B \times \dfrac{1}{\mathrm{j}3\omega C}}{R_B + \dfrac{1}{\mathrm{j}3\omega C}} = \frac{R_B}{\mathrm{j}3\omega C R_B + 1}\,[\Omega]$$

劣化した絶縁抵抗R_Gを流れる電流を$\dot{I}_G$[A]とすると，テブナンの定理より，問題文の回路は図cの回路に等価変換できる。

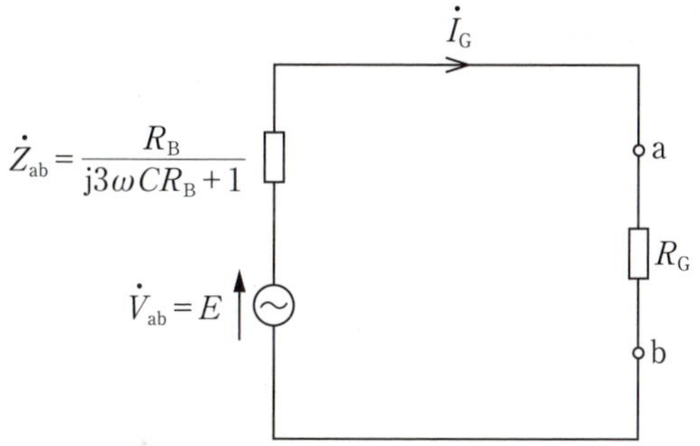

図 c

図cより，$\dot{I}_G$は，

$$\dot{I}_G = \frac{\dot{V}_{ab}}{R_G + \dot{Z}_{ab}} = \frac{E}{R_G + \dfrac{R_B}{j3\omega CR_B + 1}} [A]$$

電流$\dot{I}_G$[A]は大地に流れ込み，接地抵抗R_B[Ω]と電路の対地静電容量$3C$[F]に分流するので，分流則より，接地抵抗R_B[Ω]を流れる電流$\dot{I}_B$は，

$$\dot{I}_B = \dot{I}_G \times \frac{\dfrac{1}{j3\omega C}}{R_B + \dfrac{1}{j3\omega C}} = \frac{E}{R_G + \dfrac{R_B}{j3\omega CR_B + 1}} \times \frac{1}{j3\omega CR_B + 1}$$

$$= \frac{E}{R_G + R_B + j3\omega CR_BR_G} = \frac{E}{R_G + R_B + j6\pi fCR_BR_G} [A]$$

したがって，$\dot{I}_B$の大きさI_Bは，

$$I_B = \frac{E}{\sqrt{(R_G + R_B)^2 + (6\pi fCR_BR_G)^2}} = \frac{E}{\sqrt{(R_G + R_B)^2 + 36\pi^2 f^2 C^2 R_B^2 R_G^2}} [A]$$

よって，(5)が正解。

(b)　(a)で求めたI_B[A]に問題文で与えられた値を代入すると，

$$I_B \fallingdotseq \frac{100}{\sqrt{(100 + 15)^2 + 36 \times 3.14^2 \times 50^2 \times (0.1 \times 10^{-6})^2 \times 15^2 \times 100^2}}$$

$$\fallingdotseq \frac{100}{\sqrt{13225 + 0.02}} \fallingdotseq 0.87 \text{ A}$$

よって，(1)が正解。

解答… (a)(5)　(b)(1)

難易度 A 絶縁耐力試験(1)

教科書 SECTION 01

問題47 次の文章は「電気設備技術基準の解釈」に基づく，高圧又は特別高圧の電路の絶縁性能に関する記述の一部である。

高圧又は特別高圧の電路は，次の各号のいずれかに適合する絶縁性能を有すること。

1　下表に規定する試験電圧を電路と大地との間（多心ケーブルにあっては，心線相互間及び心線と大地との間）に連続して10分間加えたとき，これに耐える性能を有すること。

2　電線にケーブルを使用する交流の電路においては，下表に規定する試験電圧の[(ア)]倍の直流電圧を電路と大地との間（多心ケーブルにあっては，心線相互間及び心線と大地との間）に連続して[(イ)]分間加えたとき，これに耐える性能を有すること。

<table>
<tr><th colspan="2">電路の種類</th><th>試験電圧</th></tr>
<tr><td rowspan="2">最大使用電圧が7 000 V以下の電路</td><td>交流の電路</td><td>最大使用電圧の[(ウ)]倍の交流電圧</td></tr>
<tr><td>直流の電路</td><td>最大使用電圧の[(ウ)]倍の直流電圧又は1倍の交流電圧</td></tr>
<tr><td rowspan="2">最大使用電圧が7 000 Vを超え，60 000 V以下の電路</td><td>最大使用電圧が15 000 V以下の中性点接地式電路（中性線を有するものであって，その中性線に多重接地するものに限る。）</td><td>最大使用電圧の0.92倍の電圧</td></tr>
<tr><td>上記以外</td><td>最大使用電圧の[(エ)]倍の電圧（10 500 V未満となる場合は10 500 V）</td></tr>
</table>

上記の表中の空白箇所(ア)，(イ)，(ウ)及び(エ)に当てはまる数値として，正しいものを組み合わせたのは次のうちどれか。

	(ア)	(イ)	(ウ)	(エ)
(1)	1.5	5	2	1.25
(2)	2	10	1.5	1.25
(3)	2.5	5	2	1.5
(4)	2	10	1.5	1.5
(5)	1.5	10	1.5	1.5

H20-A7（一部改題）

	①	②	③	④	⑤
学習日					
理解度 (○/△/×)					

解説

電気設備技術基準の解釈15条では，高圧又は特別高圧の電路の絶縁性能について次のように規定している。

高圧又は特別高圧の電路（第13条各号に掲げる部分，次条に規定するもの及び直流電車線を除く。）は，次の各号のいずれかに適合する絶縁性能を有すること。

1　15-1表に規定する試験電圧を電路と大地との間（多心ケーブルにあっては，心線相互間及び心線と大地との間）に連続して10分間加えたとき，これに耐える性能を有すること。

2　電線にケーブルを使用する交流の電路においては，15-1表に規定する試験電圧の(ア)**2**倍の直流電圧を電路と大地との間（多心ケーブルにあっては，心線相互間及び心線と大地との間）に連続して(イ)**10**分間加えたとき，これに耐える性能を有すること。

15－1表

電路の種類		試験電圧
最大使用電圧が7,000 V以下の電路	交流の電路	最大使用電圧の(ウ)**1.5**倍の交流電圧
	直流の電路	最大使用電圧の(ウ)**1.5**倍の直流電圧又は1倍の交流電圧
最大使用電圧が7,000 Vを超え，60,000 V以下の電路	最大使用電圧が15,000 V以下の中性点接地式電路（中性線を有するものであって，その中性線に多重接地するものに限る。）	最大使用電圧の0.92倍の電圧
	上記以外	最大使用電圧の(エ)**1.25**倍の電圧（10,500 V未満となる場合は，10,500 V）
以下省略		

よって，(2)が正解。

解答… (2)

難易度 A

絶縁耐力試験(2)

教科書 SECTION 01

問題48 受電電圧6 kV，契約電力500 kWの自家用電気工作物の受電設備がある。「電気設備の技術基準の解釈」に基づき，周波数50 Hzの交流電源を使用して受電設備の高圧電路の絶縁耐力試験を行うとき，次の(a)及び(b)に答えよ。

ただし，高圧電路の最大使用電圧は6 900 Vとし，3線一括した高圧電路と大地との間の静電容量は0.2 μFとする。

(a) 絶縁耐力試験における対地充電電流[A]の値として，最も近いのは次のうちどれか。

(1) 0.32 (2) 0.43 (3) 0.54 (4) 0.65 (5) 0.71

(b) この試験に使用する試験装置に必要な容量[kV･A]の値として，最も近いのは次のうちどれか。

(1) 3 (2) 5 (3) 7 (4) 9 (5) 11

H14-B12

	①	②	③	④	⑤
学習日					
理解度 (○/△/×)					

解説

(a) 高圧電路の最大使用電圧は6900 Vであるので，電気設備技術基準の解釈第15条より，絶縁耐力試験の試験電圧 V_t[V]は，

$$V_t = 6900 \times 1.5 = 10350 \text{ V}$$

充電電流を I_C，1線と大地との間の静電容量を C として，この高圧電路の絶縁耐力試験時の等価回路を描くと，図aとなる。

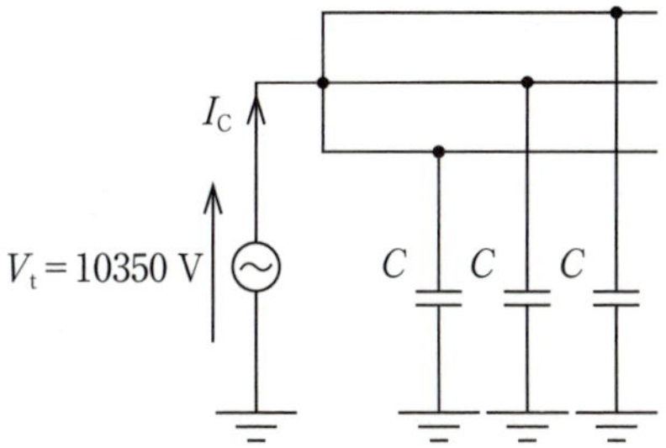

図 a

3線一括した高圧電路と大地との間の静電容量 $C_3 = 0.2\ \mu\text{F}$ であるので，図bのような等価回路を描ける。

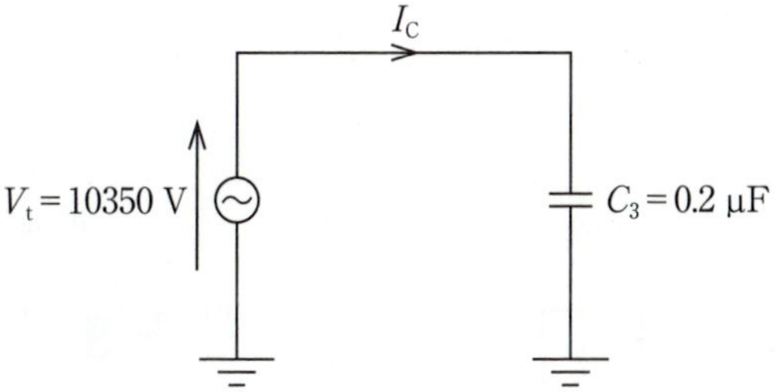

図 b

角周波数を ω[rad/s]，周波数を f[Hz]とすると，オームの法則より，I_C[A]は，

$$I_C = \omega C_3 V_t = 2\pi f C_3 V_t = 2 \times 3.14 \times 50 \times 0.2 \times 10^{-6} \times 10350 \fallingdotseq 0.65 \text{ A}$$

よって，(4)が正解。

(b) この試験に使用する試験装置に必要な容量 P[kV・A]は，

$$P = V_t I_C = 10350 \times 0.65 = 6727.5 \text{ V・A} \fallingdotseq 6.73 \text{ kV・A}$$

よって，最も近い値である(3)が正解。

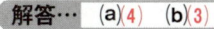

解答… (a)(4) (b)(3)

難易度 B　絶縁耐力試験(3)

教科書 SECTION 01

問題49「電気設備技術基準の解釈」に基づいて，最大使用電圧が6.9 kVの電路に接続する，導体断面積100 mm^2，長さ800 mの高圧CVケーブル（単心）の絶縁耐力試験を交流で実施する場合について，次の(a)及び(b)に答えよ。

ただし，周波数は50 Hz，ケーブルの対地静電容量は1 km当たり0.45 μFとする。

(a) ケーブルに試験電圧を印加した場合の充電電流[A]の値として，最も近いのは次のうちどれか。

(1) 0.78　(2) 1.17　(3) 1.46　(4) 2.34　(5) 3.51

(b) 図のような試験回路でケーブルの絶縁耐力試験を行う場合，試験用変圧器の容量を5 kV·Aとしたとき，補償リアクトルの必要最少の設置台数として，正しいのは次のうちどれか。

ただし，試験電圧を印加したとき，1台の補償リアクトルに流すことができる電流（電流容量）は270 mAとする。

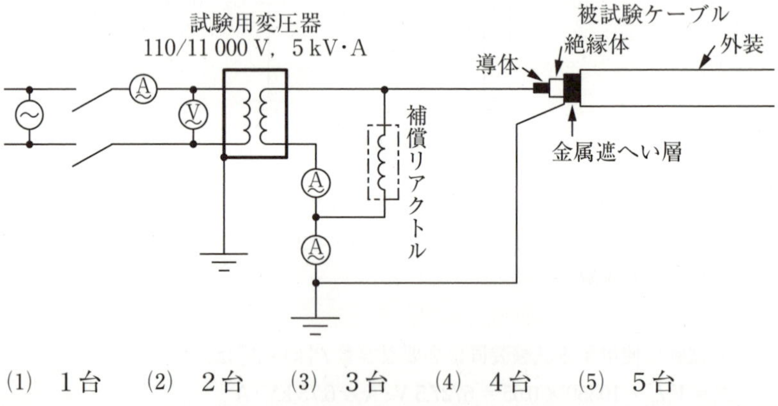

(1) 1台　(2) 2台　(3) 3台　(4) 4台　(5) 5台

H19-B11

	①	②	③	④	⑤
学習日					
理解度 (○/△/×)					

解説

(a) ケーブルの長さ800 m，ケーブルの1 km当たりの対地静電容量0.45 μFより，ケーブルの対地静電容量C[μF]は

$$C = 0.45 \times 0.8 = 0.36\ \mu F$$

ケーブルは最大使用電圧6900 Vの電路に接続するので，電気設備技術基準の解釈第15条より，ケーブルの絶縁耐力試験の試験電圧V_t[V]は，

$$V_t = 6900 \times 1.5 = 10350\ V$$

以上より，充電電流をI_C[A]とすると，ケーブルの絶縁耐力試験時の等価回路は下図となる。

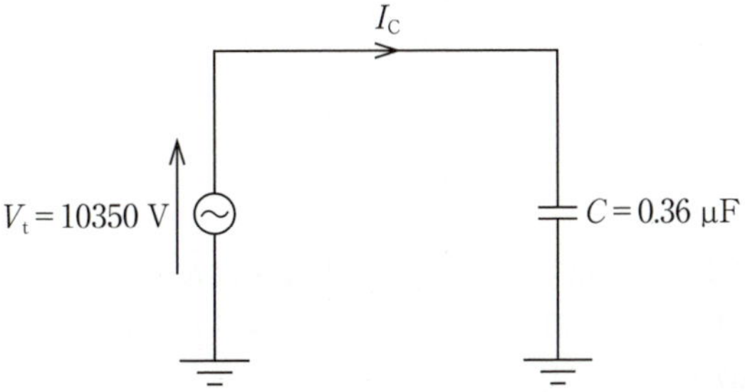

角周波数をω[rad/s]，周波数をf[Hz]とすると，オームの法則より，I_C[A]は，

$$I_C = \omega C V_t$$
$$= 2\pi f C V_t$$
$$\fallingdotseq 2 \times 3.14 \times 50 \times 0.36 \times 10^{-6} \times 10350 \fallingdotseq 1.17\ A$$

よって，(2)が正解。

CH 04 電気設備技術基準(計算)

(b) 変圧器高圧側巻線を流れる電流を$\dot{I}$[A]，補償リアクトルを流れる電流を$\dot{I}_L$[A]とすると，補償リアクトルを設置した場合の試験時の等価回路は下図となる。

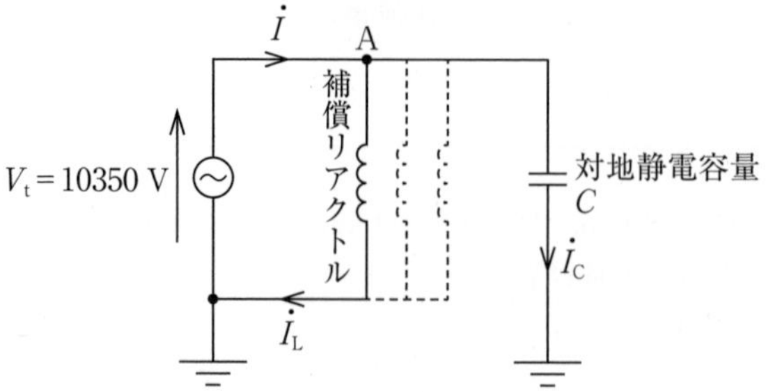

A点にキルヒホッフの電流則を適用すると，

$\dot{I} = \dot{I}_C + \dot{I}_L$[A]

$\dot{V}_t$を基準として描いた電圧と電流のベクトル図は下図となる。

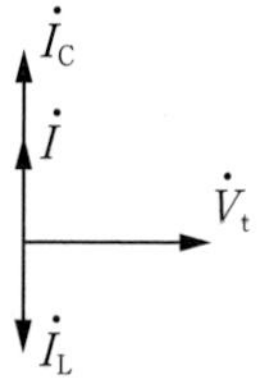

ベクトル図より，補償リアクトルを流れる電流$\dot{I}_L$と充電電流$\dot{I}_C$は位相が180°異なるので，互いに打ち消し合うから，$\dot{I}$の大きさI[A]は，

$I = |\dot{I}_C + \dot{I}_L| = I_C - I_L$[A]…①

試験用変圧器容量$P_t = 5$ kV·Aであるので，試験時に変圧器高圧側巻線に流すことのできる最大の電流I_M[A]は，

$$I_M = \frac{P_t}{V_t} = \frac{5 \times 10^3}{10350} \fallingdotseq 0.483 \text{ A}$$

①式より，$I = I_M$とするために補償リアクトルに流すべき最小の電流I_{Lm}は，

$I_M = I_C - I_{Lm}$

$\therefore I_{Lm} = I_C - I_M = 1.17 - 0.483 = 0.687$ A

問題文より，1台の補償リアクトルに流すことのできる電流が270 mAであるので，補償リアクトルの必要最小設置台数は，

$$\frac{0.687}{0.27} \fallingdotseq 2.5 \rightarrow 3\text{台}$$

よって，(3)が正解。

解答… (a)(2) (b)(3)

難易度 B 絶縁耐力試験(4)

教科書 SECTION 01

問題50 次の文章は「電気設備技術基準の解釈」に基づく，特別高圧の電路の絶縁耐力試験に関する記述である。

公称電圧22 000 V，三相3線式電線路のケーブル部分の心線と大地との間の絶縁耐力試験を行う場合，試験電圧と連続加圧時間の記述として，正しいのは次のうちどれか。

(1) 交流23 000 Vの試験電圧を10分間加圧する。
(2) 直流23 000 Vの試験電圧を10分間加圧する。
(3) 交流28 750 Vの試験電圧を1分間加圧する。
(4) 直流46 000 Vの試験電圧を10分間加圧する。
(5) 直流57 500 Vの試験電圧を10分間加圧する。

H22-A8

	①	②	③	④	⑤
学習日					
理解度 (○/△/×)					

解説

公称電圧をV[V]とすると，この電路の最大使用電圧V_M[V]は，

$$V_M = V \times \frac{1.15}{1.1} = 22000 \times \frac{1.15}{1.1} = 23000 \text{ V}$$

電気設備技術基準の解釈第15条より，交流の試験電圧V_t[V]は，

$$V_t = V_M \times 1.25 = 23000 \times 1.25 = 28750 \text{ V}$$

ケーブルの絶縁耐力試験を行う場合，交流の試験電圧の2倍の直流電圧を試験電圧とすることができるので，直流の試験電圧V_{Dt}[V]は，

$$V_{Dt} = V_t \times 2 = 28750 \times 2 = 57500 \text{ V}$$

また，絶縁耐力試験では，試験電圧を連続して10分間加える。

よって，正解は(5)。

解答…　(5)

難易度 C 絶縁耐力試験(5)

教科書 SECTION 01

問題51 公称電圧6 600 V，周波数50 Hzの三相3線式配電線路から受電する需要家の竣(しゅん)工時における自主検査で，高圧引込ケーブルの交流絶縁耐力試験を「電気設備技術基準の解釈」に基づき実施する場合，次の(a)及び(b)の問に答えよ。

ただし，試験回路は図のとおりとし，この試験は3線一括で実施し，高圧引込ケーブル以外の電気工作物は接続されないものとし，各試験器の損失は無視する。

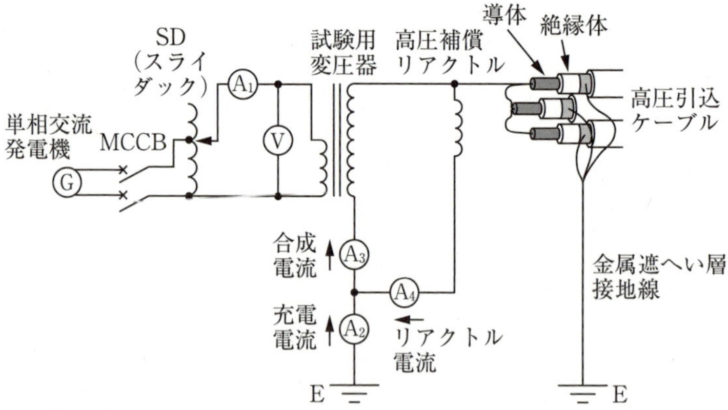

また，試験対象物である高圧引込ケーブル及び交流絶縁耐力試験に使用する試験器等の仕様は，次のとおりである。

○高圧引込ケーブルの仕様

ケーブルの種類	公称断面積	ケーブルのこう長	1線の対地静電容量
6 600 V CVT	38 mm^2	150 m	0.22 μF/km

○試験で使用する機器の仕様

試験機器の名称	定格	台数〔台〕	備考
試験用変圧器	入力電圧：0 − 130 V 出力電圧：0 − 13 kV 巻数比：1/100 30分連続許容出力電流：400 mA, 50 Hz	1	電流計付
高圧補償リアクトル	許容印加電圧：13 kV 印加電圧13 kV，50 Hz使用時での電流300 mA	1	電流計付
単相交流発電機	携帯用交流発電機　出力電圧100 V, 50 Hz	1	インバータ方式

(a) 交流絶縁耐力試験における試験電圧印加時，高圧引込ケーブルの3線一括の充電電流（電流計 A_2 の読み）に最も近い電流値[mA]を次の(1)～(5)のうちから一つ選べ。

(1) 80　(2) 110　(3) 250　(4) 330　(5) 410

(b) この絶縁耐力試験で必要な電源容量として，単相交流発電機に求められる最小の容量[kV·A]に最も近い数値を次の(1)～(5)のうちから一つ選べ。

(1) 1.0　(2) 1.5　(3) 2.0　(4) 2.5　(5) 3.0

H24-B11

	①	②	③	④	⑤
学習日					
理解度 (○/△/×)					

解説

(a) 公称電圧をV[V]とすると，この電路の最大使用電圧V_M[V]は，

$$V_M = V \times \frac{1.15}{1.1} = 6600 \times \frac{1.15}{1.1} = 6900\ \mathrm{V}$$

電気設備技術基準の解釈第15条より，試験電圧V_t[V]は，

$$V_t = V_M \times 1.5 = 6900 \times 1.5 = 10350\ \mathrm{V}$$

ケーブルのこう長150 m，ケーブル1線の1 km当たりの対地静電容量0.22 μF/kmより，3線一括の対地静電容量C_3[μF]は，

$$C_3 = 3 \times 0.22 \times 0.15 = 0.099\ \mu\mathrm{F}$$

以上より，変圧器高圧側を流れる電流を$\dot{I}_t$，充電電流を$\dot{I}_C$，補償リアクトルを流れる電流を$\dot{I}_L$とすると，ケーブルの絶縁耐力試験時の等価回路は下図となる。

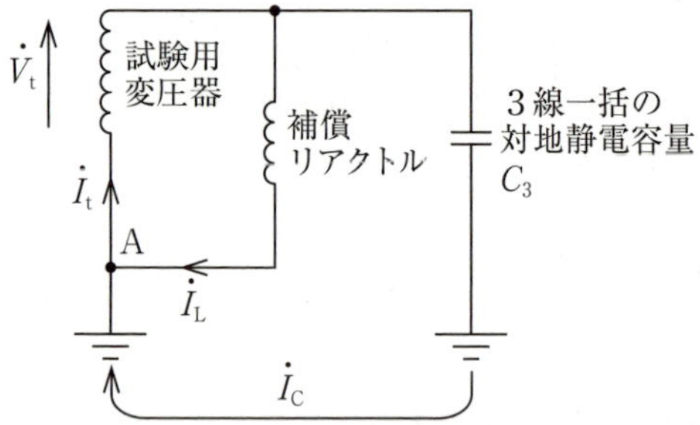

$\dot{V}_t$を基準（$V_t\angle 0$）とすると，オームの法則より，3線一括の充電電流$\dot{I}_C$[A]は，

$$\dot{I}_C = \mathrm{j}\omega C_3 \dot{V}_t = \mathrm{j}2\pi f C_3 V_t \angle 0 \fallingdotseq \mathrm{j} \times 2 \times 3.14 \times 50 \times 0.099 \times 10^{-6} \times 10350$$

$$\fallingdotseq \mathrm{j}0.322\ \mathrm{A}$$

$$= \mathrm{j}322\ \mathrm{mA}$$

$$\therefore \left| \dot{I}_C \right| = 322\ \mathrm{mA}$$

よって，最も近い値である(4)が正解。

(b) 問題文より，周波数50 Hzで印加電圧13 kV使用時の高圧補償リアクトルを流れる電流が300 mAなので，周波数50 Hzで試験電圧V_tを印加したときの高圧補償リアクトルを流れる電流I_L[mA]は，

$$I_L = 300 \times \frac{V_t}{13000} = 300 \times \frac{10350}{13000} \fallingdotseq 238.85\ \mathrm{mA}$$

高圧補償リアクトルを流れる電流は試験電圧よりも位相が90°遅れるので，試験電圧$\dot{V}_t$を基準（$V_t\angle 0$）とすると，高圧補償リアクトルを流れる電流$\dot{I}_L$は，

$\dot{I}_L = -j238.85$ mA

A点にキルヒホッフの電流則を適用すると，試験用変圧器を流れる電流$\dot{I}_t$[mA]は，

$\dot{I}_t = \dot{I}_C + \dot{I}_L = j322 + (-j238.85) = j83.15$ mA

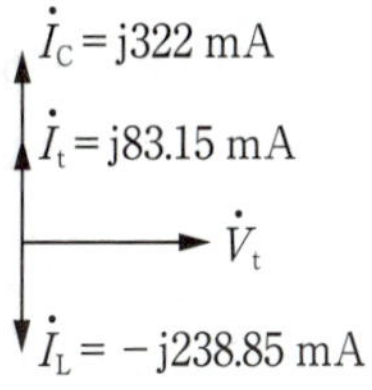

このときの試験用変圧器の容量P_t[kV・A]は，

$P_t = V_t I_t = 10350 \times 83.15 \times 10^{-3} \fallingdotseq 861$ V・A $= 0.861$ kV・A

P_tがこの絶縁耐力試験で必要な最小の試験用変圧器の容量となる。

問題文より，各試験器の損失は無視するので，試験用変圧器の容量と単相交流発電機の容量は等しくなる。

よって，最も近い値である(1)が正解。

解答… (a)(4)　(b)(1)

CH 04 電気設備技術基準（計算）

難易度 B

絶縁耐力試験(6)

教科書 SECTION 01

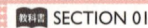

問題52 「電気設備技術基準の解釈」に基づいて，最大使用電圧23 kVの電線路に接続する受電用変圧器の絶縁耐力試験を，最大使用電圧に所定の係数を乗じた試験電圧を印加する方法により行う場合，試験電圧と試験時間に関する記述として，適切なのは次のうちどれか。

(1) 最大使用電圧の1.1倍である25 300 Vの電圧を連続して1分間加える。
(2) 最大使用電圧の1.25倍である28 750 Vの電圧を連続して1分間加える。
(3) 最大使用電圧の1.25倍である28 750 Vの電圧を連続して10分間加える。
(4) 最大使用電圧の1.5倍である34 500 Vの電圧を連続して1分間加える。
(5) 最大使用電圧の1.5倍である34 500 Vの電圧を連続して10分間加える。

H12-A4

	①	②	③	④	⑤
学習日					
理解度 (○/△/×)					

解説

電気設備技術基準の解釈第16条では，変圧器の絶縁耐力試験の方法を定めている。

変圧器の最大使用電圧が7000 Vを超え60000 V以下で，中性点接地式電路に接続するものではない場合，最大使用電圧の1.25倍の試験電圧（10500 V未満となる場合は10500 V）を10分間加える。

問題文より，最大使用電圧は23 kVであるので試験電圧は，

$23000 \times 1.25 = 28750$ V

よって，(3)が正解。

解答… (3)

難易度 B

絶縁耐力試験(7)

教科書 SECTION 01

問題53「電気設備技術基準の解釈」の記述に基づき，最大使用電圧6 900 Vの高圧受電設備の絶縁耐力試験を行う場合の方法として，誤っているのは次のうちどれか。

(1) 高圧電路部分に印加する試験電圧は，交流10 350 Vとした。

(2) 避雷器については，所定の規格に適合していることを確認したので高圧電路から分離し，試験電圧を印加しなかった。

(3) 高圧電路と低圧電路を結合する変圧器の高圧側に試験電圧を印加する際に，低圧側端子を短絡して大地から絶縁した。

(4) 引込用高圧ケーブルに印加する試験電圧は，直流20 700 Vとした。

(5) 引込用高圧トリプレックスケーブルの試験は，金属遮へい層を接地して三相一括で試験電圧を印加した。

H11-A9

	①	②	③	④	⑤
学習日					
理解度 (○/△/×)					

解説

(3) 電気設備技術基準の解釈第16条より，高圧電路と低圧電路を結合する変圧器の高圧側に試験電圧を印加する際，図のように，低圧側端子を短絡し，変圧器鉄心，変圧器外箱とともに**大地に接続**する。よって，誤り。

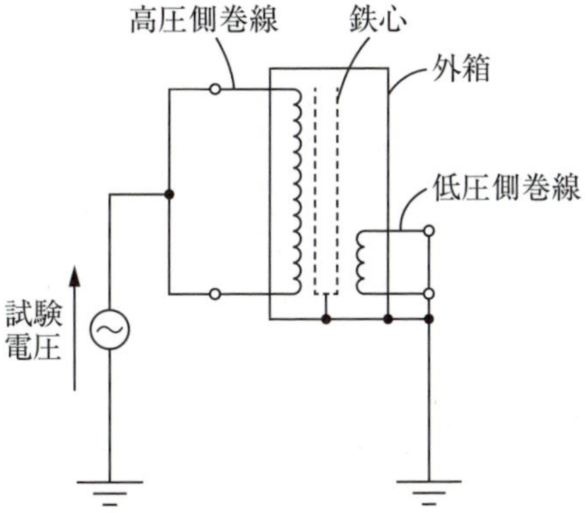

以上より，(3)が正解。

解答… (3)

難易度 B 絶縁耐力試験(8)

教科書 SECTION 01

問題54 次の文章は,「電気設備技術基準の解釈」に基づく太陽電池モジュールの絶縁耐力に関する記述の一部である。

太陽電池モジュールは,最大使用電圧の1.5倍の直流電圧又は[(ア)]倍の交流電圧([(イ)]V未満となる場合は,[(イ)]V)を充電部分と大地との間に連続して[(ウ)]分間加えたとき,これに耐える性能を有すること。

上記の記述中の空白箇所(ア),(イ)及び(ウ)に当てはまる数値として,正しいものを組み合わせたのは次のうちどれか。

	(ア)	(イ)	(ウ)
(1)	1	500	10
(2)	1	300	10
(3)	1.1	500	1
(4)	1.1	600	1
(5)	1.1	300	1

H18-A6(一部改題)

	①	②	③	④	⑤
学習日					
理解度(○/△/×)					

解説

電気設備技術基準の解釈第16条5項からの出題である。

太陽電池モジュールは，最大使用電圧の1.5倍の直流電圧又は(ア)1倍の交流電圧((イ)500 V未満となる場合は，(イ)500 V）を充電部分と大地との間に連続して(ウ)10分間加えたとき，これに耐える性能を有すること。

よって，(1)が正解。

解答… (1)

CHAPTER 05

発電用風力設備の技術基準

難易度 B

風力発電設備(1)

教科書 SECTION 01

問題55 次の文章は，「発電用風力設備に関する技術基準を定める省令」の風車に関する記述の一部である。

1．負荷を遮断したときの最大速度に対し，[(ア)]であること。

2．風圧に対して[(ア)]であること。

3．運転中に風車に損傷を与えるような[(イ)]がないように施設すること。

4．通常想定される最大風速においても取扱者の意図に反して風車が起動することのないように施設すること。

5．運転中に他の工作物，植物等に[(ウ)]しないように施設すること。

上記の記述中の空白箇所(ア)，(イ)及び(ウ)に当てはまる語句として，正しいものを組み合わせたのは次のうちどれか。

	(ア)	(イ)	(ウ)
(1)	安　定	変　形	影　響
(2)	構造上安全	変　形	接　触
(3)	安　定	振　動	影　響
(4)	構造上安全	振　動	接　触
(5)	安　定	変　形	接　触

H20-A6

	①	②	③	④	⑤
学習日					
理解度 (○/△/×)					

解説

発電用風力設備に関する技術基準を定める省令第4条からの出題である。

1．負荷を遮断したときの最大速度に対し，(ア)**構造上安全**であること。

2．風圧に対して，(ア)**構造上安全**であること。

3．運転中に風車に損傷を与えるような(イ)**振動**がないように施設すること。

4．通常想定される最大風速においても取扱者の意図に反して風車が起動することのないように施設すること。

5．運転中に他の工作物，植物等に(ウ)**接触**しないように施設すること。

よって，(4)が正解。

解答… (4)

難易度 B

風力発電設備(2)

教科書 SECTION 01

問題56 次の(ア), (イ), (ウ)及び(エ)は, 発電用風力設備の風車に異常が生じた場合について記述したものである。

(ア) 回転速度が著しく上昇した場合

(イ) 風車の制御装置の機能が著しく低下した場合

(ウ) 軸受の温度が著しく上昇した場合

(エ) 運転中に風車が著しく振動した場合

上記の(ア), (イ), (ウ)及び(エ)の現象のうち,「発電用風力設備技術基準」において,「風車が安全かつ自動的に停止するような措置を講じなければならないもの」として, 定められているものの組合わせは次のうちどれか。

(1) (イ) 及び (ウ)

(2) (ア) 及び (エ)

(3) (ア) 及び (イ)

(4) (イ) 及び (エ)

(5) (ウ) 及び (エ)

H16-A6(一部改題)

	①	②	③	④	⑤
学習日					
理解度 (○/△/×)					

解説

発電用風力設備に関する技術基準を定める省令第5条1項では，次のように規定されている。

風車は，次の各号の場合に安全かつ自動的に停止するような措置を講じなければならない。

一　回転速度が著しく上昇した場合

二　風車の制御装置の機能が著しく低下した場合

よって，(3)が正解。

解答… (3)

難易度 **B**

風力発電設備(3)

教科書 SECTION 01

問題57 次の文章は，「発電用風力設備に関する技術基準を定める省令」における，風車を支持する工作物に関する記述である。

a．風車を支持する工作物は，自重，積載荷重，［　(ア)　］及び風圧並びに地震その他の振動及び［　(イ)　］に対して構造上安全でなければならない。

b．発電用風力設備が一般用電気工作物である場合には，風車を支持する工作物に取扱者以外の者が容易に［　(ウ)　］ことができないように適切な措置を講じること。

上記の記述中の空白箇所(ア)，(イ)及び(ウ)に当てはまる組合せとして，正しいものを次の(1)～(5)のうちから一つ選べ。

	(ア)	(イ)	(ウ)
(1)	飛来物	衝　撃	登　る
(2)	積　雪	腐　食	接近する
(3)	飛来物	衝　撃	接近する
(4)	積　雪	衝　撃	登　る
(5)	飛来物	腐　食	接近する

H24-A4

	①	②	③	④	⑤
学習日					
理解度 (○/△/×)					

解説

発電用風力設備に関する技術基準を定める省令第7条からの出題である。

a．風車を支持する工作物は，自重，積載荷重，(ア)**積雪**及び風圧並びに地震その他の振動及び(イ)**衝撃**に対して構造上安全でなければならない。

b．発電用風力設備が一般用電気工作物である場合には，風車を支持する工作物に取扱者以外の者が容易に(ウ)**登る**ことができないように適切な措置を講じること。

よって，(4)が正解。

解答… (4)

CHAPTER 06

電気施設管理

難易度 A 需要率・不等率・負荷率(1)

教科書 SECTION 01

問題58 配電系統及び需要家設備における供給設備と負荷設備との関係を表す係数として，需要率，不等率，負荷率があり，

① $\dfrac{\text{最大需要電力}}{\boxed{\text{(ア)}}}$ を需要率

② $\dfrac{\text{各需要家ごとの最大需要電力の総和}}{\text{全需要家を総括したときの}\boxed{\text{(イ)}}}$ を不等率

③ ある期間中における負荷の $\dfrac{\boxed{\text{(ウ)}}}{\text{最大需要電力}}$ を負荷率

という。

上記の記述中の空白箇所(ア)，(イ)及び(ウ)に当てはまる語句として，正しいものを組み合わせたのは次のうちどれか。

	(ア)	(イ)	(ウ)
(1)	総負荷設備容量	合成最大需要電力	平均需要電力
(2)	合成最大需要電力	平均需要電力	総負荷設備容量
(3)	平均需要電力	総負荷設備容量	合成最大需要電力
(4)	総負荷設備容量	平均需要電力	合成最大需要電力
(5)	変圧器設備容量	総負荷設備容量	平均需要電力

H18-A10

	①	②	③	④	⑤
学習日					
理解度 (○/△/×)					

解説

$$需要率 = \frac{最大需要電力[kW]}{(ア)\textbf{総負荷設備容量}[kW]} \times 100[\%]$$

$$不等率 = \frac{各需要家ごとの最大需要電力の総和[kW]}{全需要家を総括したときの(イ)\textbf{合成最大需要電力}[kW]}$$

$$負荷率 = ある期間中における負荷の\frac{(ウ)\textbf{平均需要電力}[kW]}{最大需要電力[kW]} \times 100[\%]$$

よって，(1)が正解。

解答… (1)

難易度 **A**

需要率・不等率・負荷率(2)

教科書 SECTION 01

問題59 図のような負荷曲線を持つＡ工場及びＢ工場があるとき，次の(a)及び(b)に答えよ。

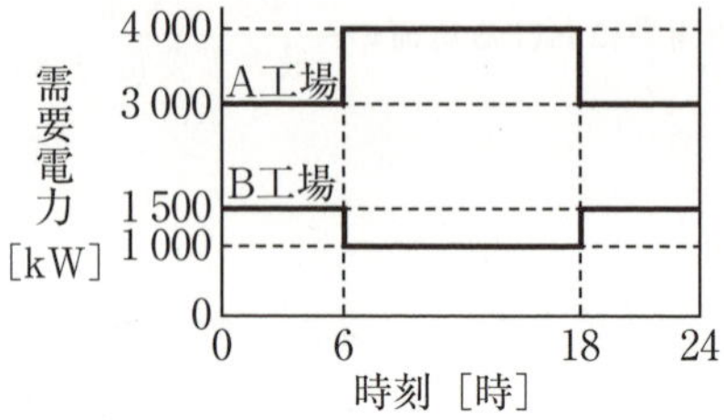

(a) Ａ及びＢ両工場の需要電力の不等率の値として，正しいのは次のうちどれか。

(1) 0.9 (2) 1.0 (3) 1.1 (4) 1.2 (5) 1.3

(b) Ａ及びＢ両工場の総合負荷率［%］の値として，正しいのは次のうちどれか。

(1) 91 (2) 92 (3) 93 (4) 94 (5) 95

H12-B11

	①	②	③	④	⑤
学習日					
理解度 (○/△/×)					

解説

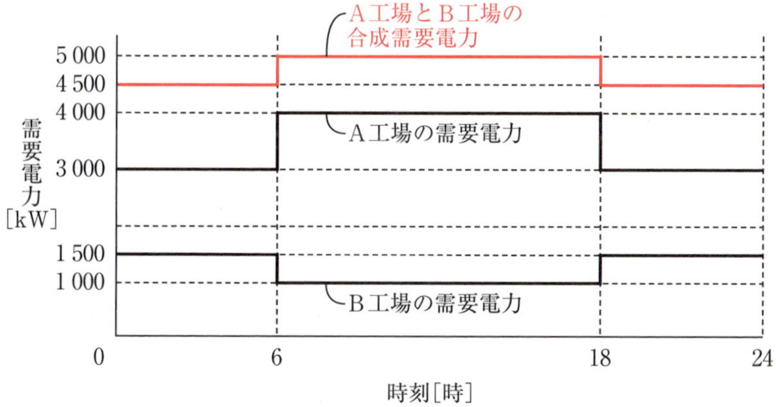

(a)　A工場の最大需要電力は6時から18時までの間の4000 kWで，B工場の最大需要電力は0時から6時までの間と，18時から24時までの間の1500 kWである。

A工場とB工場の最大需要電力の和は4000 kW + 1500 kW = 5500 kWとなる。

図より，A工場とB工場の合成最大需要電力は5000 kWとわかる。

不等率の定義式より，

$$\text{不等率} = \frac{5500\ \text{kW}}{5000\ \text{kW}} = 1.1$$

よって，(3)が正解。

(b)　A工場とB工場の合成平均需要電力は，(4500 kW × 6 h + 5000 kW × 12 h + 4500 kW × 6 h) ÷ 24 h = 4750 kWとなる。

総合負荷率の定義式より，

$$\text{総合負荷率} = \frac{4750}{5000} \times 100 = 95\ \%$$

よって，(5)が正解。

解答… (a)(3)　(b)(5)

ポイント

総合負荷率は，$\dfrac{\text{合成平均需要電力}}{\text{合成最大需要電力}} \times 100[\%]$です。

難易度 B

需要率・不等率・負荷率(3)

教科書 SECTION 01

問題60 AとBの二つの変電所を持つ工場がある。ある期間において，A変電所は負荷設備の定格容量の合計が500 kW，需要率90 %，負荷率60 %であり，B変電所は負荷設備の定格容量の合計が300 kW，需要率80 %，負荷率50 %であった。二つの変電所間の不等率が1.3であるとき，次の(a)及び(b)に答えよ。

(a) 工場の合成最大需要電力[kW]の値として，最も近いのは次のうちどれか。

(1) 346 (2) 450 (3) 531 (4) 615 (5) 690

(b) 工場を総合したこの期間の負荷率[%]の値として，最も近いのは次のうちどれか。

(1) 55.0 (2) 56.5 (3) 63.4 (4) 73.5 (5) 86.7

H16-B12

	①	②	③	④	⑤
学習日					
理解度 (○/△/×)					

解説

(a) 需要率の定義式より

$$最大需要電力 = \frac{設備容量 \times 需要率}{100} [kW]$$

A工場の最大需要電力 = 500 × 90 ÷ 100 = 450 kW

B工場の最大需要電力 = 300 × 80 ÷ 100 = 240 kW

A工場とB工場の最大需要電力の和 = 450 + 240 = 690 kW

不等率の定義式より，

$$合成最大需要電力 = \frac{690}{1.3} \fallingdotseq 531 \text{ kW}$$

よって，(3)が正解。

(b) 負荷率の定義式より，

$$平均需要電力 = \frac{最大需要電力 \times 負荷率}{100} [kW]$$

ある期間中のA工場の平均需要電力 = 450 × 60 ÷ 100 = 270 kW

ある期間中のB工場の平均需要電力 = 240 × 50 ÷ 100 = 120 kW

$$AおよびB両工場の総合負荷率 = \frac{270 + 120}{531} \times 100 \fallingdotseq 73.4 \%$$

よって，最も近い値である(4)が正解。

解答… (a)(3)　(b)(4)

難易度 A 需要率・不等率・負荷率(4)

教科書 SECTION 01

問題61 ある事業所内におけるA工場及びB工場の，それぞれのある日の負荷曲線は図のようであった。それぞれの工場の設備容量が，A工場では400 kW，B工場では700 kWであるとき，次の(a)及び(b)の問に答えよ。

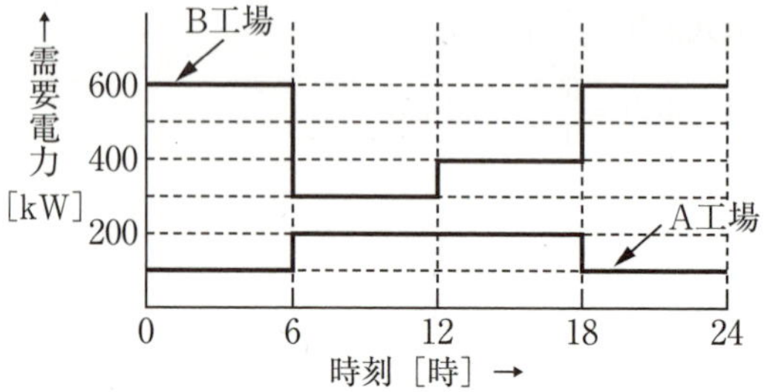

(a) A工場及びB工場を合わせた需要率の値[%]として，最も近いものを次の(1)〜(5)のうちから一つ選べ。

(1) 54.5　(2) 56.8　(3) 63.6　(4) 89.3　(5) 90.4

(b) A工場及びB工場を合わせた総合負荷率の値[%]として，最も近いものを次の(1)〜(5)のうちから一つ選べ。

(1) 56.8　(2) 63.6　(3) 78.1　(4) 89.3　(5) 91.6

H26-B12

	①	②	③	④	⑤
学習日					
理解度 (○/△/×)					

解説

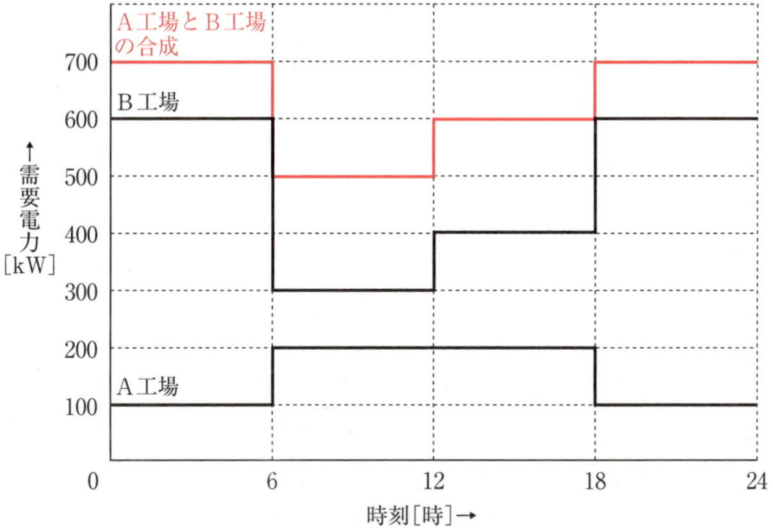

(a) A工場とB工場の設備容量の和は400 + 700 = 1100 kW
グラフより，A工場とB工場の合成最大需要電力は700 kW
需要率の定義式より，

$$需要率 = \frac{700}{1100} \times 100 \fallingdotseq 63.6\ \%$$

よって，(3)が正解。

(b) A工場とB工場の合成平均需要電力は，

$$\frac{(700\ \mathrm{kW} \times 6\ \mathrm{h}) + (500\ \mathrm{kW} \times 6\ \mathrm{h}) + (600\ \mathrm{kW} \times 6\ \mathrm{h}) + (700\ \mathrm{kW} \times 6\ \mathrm{h})}{24\ \mathrm{h}}$$

$$= \frac{700 + 500 + 600 + 700}{4} = 625\ \mathrm{kW}$$

グラフより，A工場とB工場の合成最大需要電力は700 kW
総合負荷率の定義式より，

$$総合負荷率 = \frac{625}{700} \times 100 \fallingdotseq 89.3\ \%$$

よって，(4)が正解。

解答… (a)(3) (b)(4)

難易度 B

需要率・不等率・負荷率(5)

教科書 SECTION 01

問題62 ある変電所から供給される下表に示す需要家A，B及びCがある。各需要家間の負荷の不等率を1.2とするとき，次の(a)及び(b)に答えよ。

需要家	負荷の設備容量［kV・A］	力率	需要率［%］	負荷率［%］
A	500	0.90	40	50
B	200	0.85	60	60
C	600	0.80	60	30

(a) 需要家Aの平均電力［kW］の値として，最も近いのは次のうちどれか。

(1) 61.2　(2) 86.4　(3) 90　(4) 180　(5) 225

(b) 変電所からみた合成最大需要電力［kW］の値として，最も近いのは次のうちどれか。

(1) 198　(2) 285　(3) 325　(4) 475　(5) 684

H20-B12

	①	②	③	④	⑤
学習日					
理解度 (○/△/×)					

解説

本問において，負荷の設備容量の単位が[kV・A]であることに注意して，各需要家の設備容量[kW]を求める。

$$\text{Aの設備容量} = 500 \times 0.9 = 450\ \text{kW}$$

$$\text{Bの設備容量} = 200 \times 0.85 = 170\ \text{kW}$$

$$\text{Cの設備容量} = 600 \times 0.8 = 480\ \text{kW}$$

(a) 需要率の定義式より，

$$\text{最大需要電力} = \frac{\text{設備容量} \times \text{需要率}}{100}[\text{kW}]$$

$$\text{Aの最大需要電力} = \frac{\text{Aの設備容量} \times \text{需要率}}{100} = \frac{450 \times 40}{100} = 180\ \text{kW}$$

負荷率の定義式より，

$$\text{Aの平均需要電力} = \frac{\text{最大需要電力} \times \text{負荷率}}{100} = \frac{180 \times 50}{100} = 90\ \text{kW}$$

よって，(3)が正解。

(b) 需要率の定義式より，

$$\text{Bの最大需要電力} = \frac{\text{Bの設備容量} \times \text{需要率}}{100} = \frac{170 \times 60}{100} = 102\ \text{kW}$$

$$\text{Cの最大需要電力} = \frac{\text{Cの設備容量} \times \text{需要率}}{100} = \frac{480 \times 60}{100} = 288\ \text{kW}$$

不等率の定義式より，

$$\text{合成最大需要電力} = \frac{\text{各需要家の最大需要電力の和}}{\text{不等率}}$$

$$= \frac{180 + 102 + 288}{1.2} = \frac{570}{1.2} = 475\ \text{kW}$$

よって，(4)が正解。

解答… (a)(3)　(b)(4)

ポイント

需要率・不等率・負荷率を求めるときは，単位を[kW]に揃えておくと，うっかりミスを減らせます。

ポイント

[V・A]，[W]，[var]，力率の関係に自信がない人は，理論の交流回路をしっかりと復習しておきましょう。

難易度 B 総合負荷率

教科書 SECTION 01

問題63 次の文章は，複数の需要家を総合した場合の負荷率（以下，「総合負荷率」という。）と各需要家の需要率及び需要家間の不等率との関係についての記述である。これらの記述のうち，正しいのは次のうちどれか。

ただし，この期間中の各需要家の需要率はすべて等しいものと仮定する。

(1) 総合負荷率は，需要率に反比例し，不等率に比例する。
(2) 総合負荷率は，需要率には関係なく，不等率に比例する。
(3) 総合負荷率は，需要率及び不等率の両方に比例する。
(4) 総合負荷率は，需要率に比例し，不等率に反比例する。
(5) 総合負荷率は，需要率に比例し，不等率には関係しない。

H15-A8

	①	②	③	④	⑤
学習日					
理解度 (○/△/×)					

解説

需要率の定義式より，

$$最大需要電力 = 設備容量 \times 需要率$$

本問文中の「各需要家の需要率はすべて等しい」より，

$$\begin{aligned}各需要家の最大需要電力の和 &= 各需要家の(設備容量 \times 需要率)の和\\ &= 各需要家の設備容量の和 \times 需要率\end{aligned}$$

これを不等率の定義式に当てはめると，

$$不等率 = \frac{各需要家の設備容量の和 \times 需要率}{合成最大需要電力}$$

$$合成最大需要電力 = \frac{各需要家の設備容量の和 \times 需要率}{不等率}$$

総合負荷率の定義式より，

$$総合負荷率 = \frac{合成平均需要電力}{合成最大需要電力} \times 100[\%]$$

$$\begin{aligned}総合負荷率 &= \frac{合成平均需要電力}{\dfrac{各需要家の設備容量の和 \times 需要率}{不等率}} \times 100[\%]\\ &= \frac{合成平均需要電力}{各需要家の設備容量の和} \times \frac{不等率}{需要率} \times 100[\%]\end{aligned}$$

以上より，**総合負荷率は，需要率に反比例し，不等率に比例**する。

よって，(1)が正解。

解答… (1)

CH 06 電気施設管理

難易度 B　負荷設備容量と変圧器容量の関係

教科書 SECTION 01

問題64 負荷設備の合計容量400 kW，最大負荷電力250 kW，遅れ力率0.8の三相平衡の動力負荷に対して，定格容量150 kV･Aの単相変圧器3台をΔ－Δ結線して供給している高圧自家用需要家がある。

この需要家について，次の(a)及び(b)に答えよ。

(a) 動力負荷の需要率[%]の値として，正しいのは次のうちどれか。

(1) 50.0　(2) 55.2　(3) 62.5　(4) 78.1　(5) 83.3

(b) いま，3台の変圧器のうち1台が故障したため，2台の変圧器をV結線して供給することとしたが，負荷を抑制しないで運転した場合，最大負荷時で変圧器は何パーセント[%]の過負荷となるか。正しい値を次のうちから選べ。

(1) 4.2　(2) 8.3　(3) 14.0　(4) 20.3　(5) 28.0

H13-B12

	①	②	③	④	⑤
学習日					
理解度 (○/△/×)					

解説

(a)　需要率の定義式より，

$$需要率 = \frac{250}{400} \times 100 = 62.5\ \%$$

よって，(3)が正解。

(b)　負荷設備の最大皮相電力S[kV·A]は，

$$S = \frac{250}{0.8} = 312.5\ \mathrm{kV \cdot A}$$

定格容量150 kV·Aの変圧器をV結線したときに供給可能な皮相電力は，

$$150 \times \sqrt{3} \fallingdotseq 259.8\ \mathrm{kV \cdot A}$$

負荷設備の最大皮相電力を供給可能な皮相電力で割ると，

$$\frac{312.5}{259.8} \times 100 \fallingdotseq 120.3\ \%$$

したがって，この変圧器は20.3 %の過負荷となる。

よって，(4)が正解。

解答… (a)(3)　(b)(4)

ポイント

V結線では，2台の変圧器を用いても，出力は2倍にならず，$\sqrt{3}$倍になり，定格容量S［kV·A］の変圧器1台あたりの出力は$\frac{\sqrt{3}}{2}S$［kV·A］です。

難易度 B

年間消費電力と負荷率・需要率の関係

教科書 SECTION 01

問題65 負荷設備（低圧のみ）の容量が600 kW，需要率が60 %の高圧需要家について，次の(a)及び(b)に答えよ。

(a) 下表に示す受電用変圧器バンク容量[kV･A]が選択できる。

変圧器のバンク容量[kV･A]				
375	400	500	550	600

この中から，この需要家に設置すべき必要最小限の変圧器バンク容量[kV･A]として選ぶとき，正しいのは次のうちどれか。

ただし，負荷設備の総合力率は0.8とする。

(1) 375　(2) 400　(3) 500　(4) 550　(5) 600

(b) 年負荷率を55 %とするとき，負荷の年間総消費電力量[MW･h]の値として，最も近いのは次のうちどれか。

ただし，1年間の日数は365日とする。

(1) 1 665　(2) 1 684　(3) 1 712　(4) 1 734　(5) 1 754

H19-B13

	①	②	③	④	⑤
学習日					
理解度 (○/△/×)					

解説

需要率の定義式より，

最大需要電力＝設備容量×需要率

$= 600 \times 0.6 = 360\ \mathrm{kW}$

(a) $P = S\cos\theta$ より，

$S = 360 \div 0.8 = 450\ \mathrm{kV \cdot A}$

したがって，選択肢のなかでこの需要家に設置すべき必要最小限の変圧器バンク容量は，直近上位の値である500 kV·Aとなる。

よって，(3)が正解。

(b) 負荷率の定義式より，

平均需要電力＝最大需要電力×負荷率

$= 360 \times 0.55 = 198\ \mathrm{kW}$

年間総消費電力量＝平均需要電力×24×365

$= 198\ \mathrm{kW} \times 24\ \mathrm{h} \times 365日 \fallingdotseq 1734\ \mathrm{MW \cdot h}$

よって，(4)が正解。

解答… (a)(3)　(b)(4)

難易度 B

総合力率

教科書 SECTION 01

問題66 ある変電所において，図のような日負荷特性を有する三つの負荷群A，B及びCに電力を供給している。この変電所に関して，次の(a)及び(b)の問に答えよ。

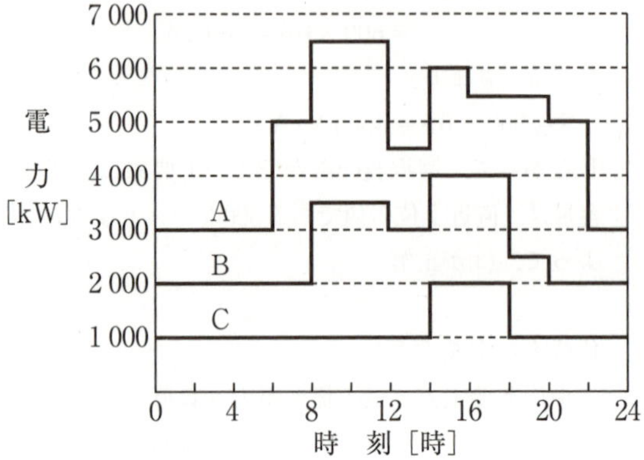

ただし，負荷群A，B及びCの最大電力は，それぞれ6 500 kW，4 000 kW及び2 000 kWとし，また，負荷群A，B及びCの力率は時間に関係なく一定で，それぞれ100 %，80 %及び60 %とする。

(a) 不等率の値として，最も近いものを次の(1)～(5)のうちから一つ選べ。

(1) 0.98　(2) 1.00　(3) 1.02　(4) 1.04　(5) 1.06

(b) 最大負荷時における総合力率［%］の値として，最も近いものを次の(1)～(5)のうちから一つ選べ。

(1) 86.9　(2) 87.7　(3) 90.4　(4) 91.1　(5) 94.1

H23-B12

	①	②	③	④	⑤
学習日					
理解度 (○/△/×)					

解説

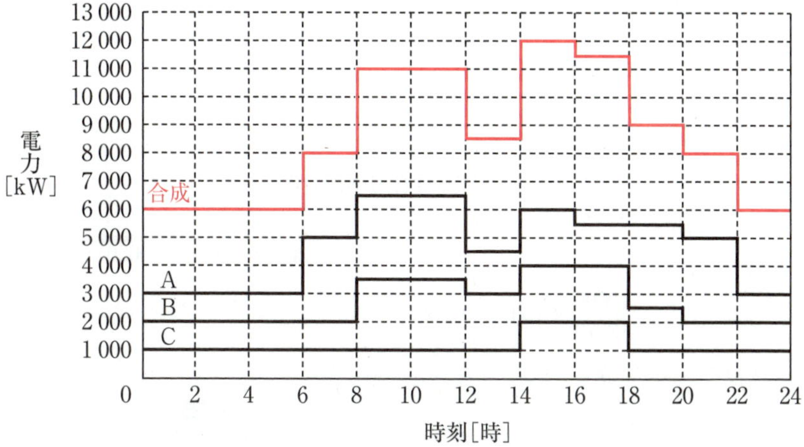

(a)　不等率の定義式より

$$不等率 = \frac{6500 + 4000 + 2000}{12000} = \frac{12500}{12000} \fallingdotseq 1.04$$

よって，(4)が正解。

(b)　最大負荷時は，上図より14〜16時の間になる。

最大負荷時の負荷群A，B，Cの有効電力をP_A［kW］，P_B［kW］，P_C［kW］，無効電力をQ_A［kvar］，Q_B［kvar］，Q_C［kvar］，合成有効電力をP［kW］，合成無効電力をQ［kvar］，合成皮相電力をS［kV·A］とすると，次のような電力ベクトル図を描くことができる。

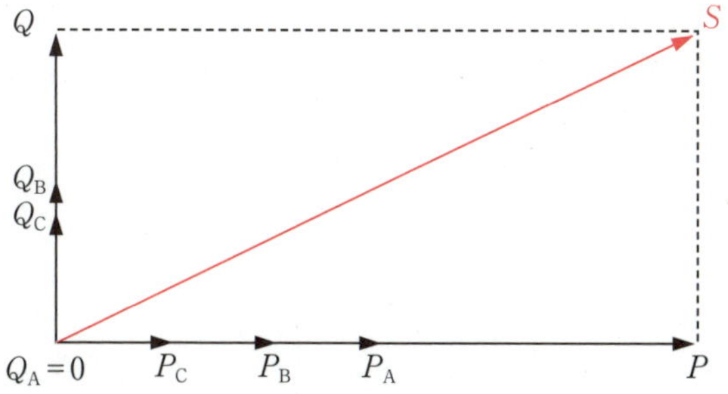

負荷群Aは力率100 %なので無効電力は0 kvar。

負荷群Cの無効電力 Q_C[kvar]は，

$$Q_C = \frac{2000}{0.6} \times 0.8 \fallingdotseq 2667 \text{ kvar}$$

負荷群Bの無効電力 Q_B[kvar]は，

$$Q_B = \frac{4000}{0.8} \times 0.6 = 3000 \text{ kvar}$$

したがって，最大負荷時における総合力率[%]は，

$$\text{総合力率} = \frac{P}{S} \times 100 = \frac{P}{\sqrt{P^2 + Q^2}} \times 100 = \frac{12000}{\sqrt{12000^2 + (2667 + 3000)^2}} \times 100$$

$$\fallingdotseq \frac{12000}{13270} \times 100 \fallingdotseq 90.4 \text{ \%}$$

よって，(3)が正解。

解答… (a)(4)　(b)(3)

難易度 **B**

流況曲線と発電電力量

教科書 SECTION 01

問題67 最大使用水量 15 m^3/s，有効落差 20 m の流込式水力発電所がある。この発電所が利用している河川の流量 Q が図のような年間流況曲線（日数 d が 100 日以上の部分は，$Q = -0.05d + 25$ [m^3/s] で表される。）であるとき，次の(a)及び(b)に答えよ。

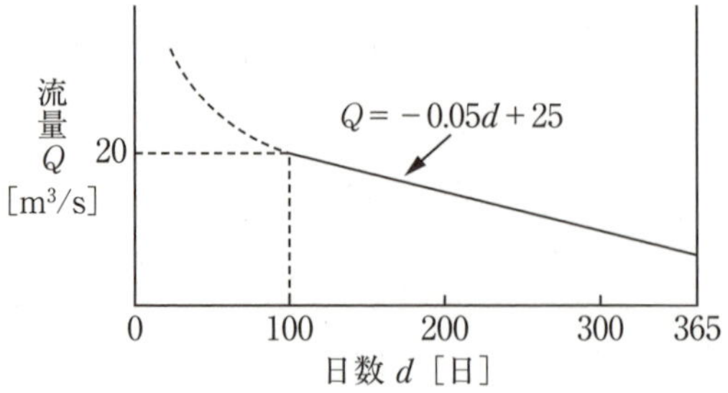

ただし，水車及び発電機の効率はそれぞれ 90 % 及び 95 % で，流量によって変化しないものとする。

(a) この発電所で年間に溢(いっ)水が発生する日数の合計として，最も近いのは次のうちどれか。

ただし，溢水とは河川流量を発電に利用しないで無効に放流することをいう。

(1) 180 (2) 190 (3) 200 (4) 210 (5) 220

(b) この発電所の年間可能発電電力量 [GW・h] の値として，最も近いのは次のうちどれか。

(1) 19.3 (2) 20.3 (3) 21.4 (4) 22.0 (5) 22.5

H15-B13

	①	②	③	④	⑤
学習日					
理解度 (○/△/×)					

解説

(a) この水力発電所の最大使用水量は15 m^3/sであるので，河川流量Qが15 m^3/sを超える場合に溢水が発生する。よって，河川流量Qの式より，溢水が発生する日数は，

$$-0.05d+25=15$$

$$\therefore d=\frac{-10}{-0.05}=200\text{日}$$

よって，(3)が正解。

(b) 下図の網掛部が発電に使用される年間合計水量となる。

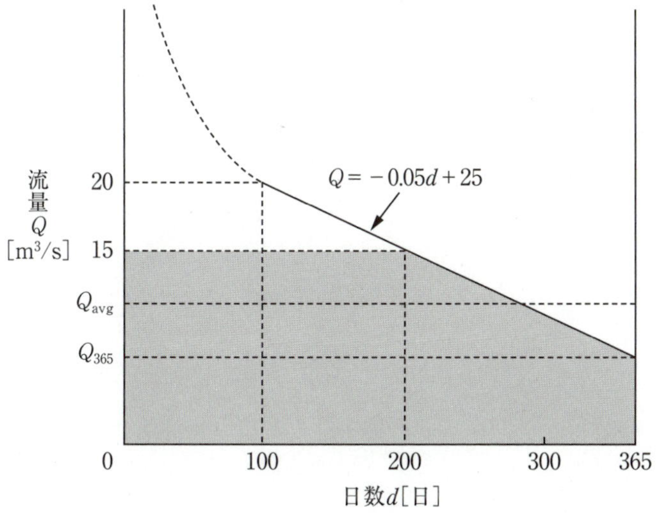

200日までの水力発電所の使用水量$Q_{200}=15\ m^3/s$なので，有効落差$H=20$ m，水車効率$\eta_W=0.9$，発電機効率$\eta_G=0.95$とすると，200日までの発電電力量W_{200}[GW·h]は，

$$W_{200}=9.8Q_{200}H\eta_W\eta_G\times24\times200$$
$$=9.8\times15_{[m^3/s]}\times20_{[m]}\times0.9\times0.95\times24_{[h]}\times200_{[d]}$$
$$\fallingdotseq 12.066\times10^6\ \text{kW·h}\fallingdotseq 12.066\ \text{GW·h}$$

水力発電所の最小使用水量Q_{min}[m^3/s]は，

$$Q_{min}=-0.05\times365+25=6.75\ m^3/s$$

よって，200日以降の水力発電所の平均使用水量Q_{avg}[m^3/s]は，

$$Q_{avg} = \frac{Q_{200} + Q_{min}}{2} = \frac{15 + 6.75}{2} = 10.875\ \mathrm{m^3/s}$$

したがって，200日以降の発電電力量 W_{365}[GW・h]は，

$$W_{365} = 9.8Q_{avg}H\eta_W\eta_G \times 24 \times 165$$

$$= 9.8 \times 10.875_{[\mathrm{m^3/s}]} \times 20_{[\mathrm{m}]} \times 0.9 \times 0.95 \times 24_{[\mathrm{h}]} \times 165_{[日]}$$

$$\fallingdotseq 7.217 \times 10^6\ \mathrm{kW \cdot h} \fallingdotseq 7.217\ \mathrm{GW \cdot h}$$

この発電所の年間可能発電電力量 W[GW・h]は，

$$W = W_{200} + W_{365} = 12.066 + 7.217 \fallingdotseq 19.3\ \mathrm{GW \cdot h}$$

よって，(1)が正解。

解答… (a)(3)　(b)(1)

難易度 A 調整池式水力発電

教科書 SECTION 01

問題68 有効落差80 mの調整池式水力発電所がある。河川の流量が12 m^3/sで一定で，図のように1日のうち18時間は発電せずに全流量を貯水し，6時間だけ自流分に加え貯水分を全量消費して発電を行うものとするとき，次の(a)及び(b)に答えよ。

ただし，水車及び発電機の総合効率は85 %，運転中の有効落差は一定とし，溢(いっ)水はないものとする。

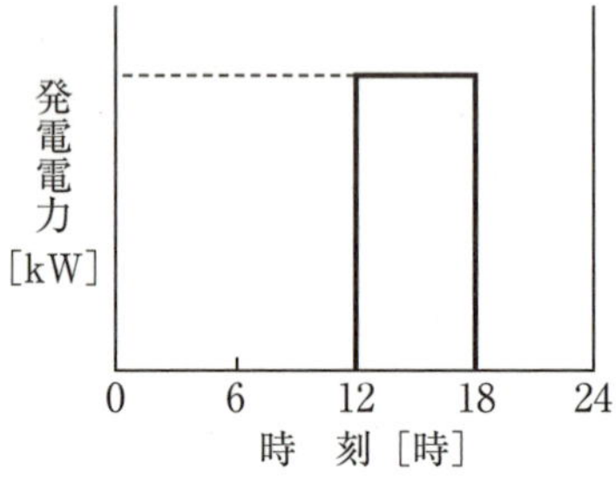

(a) 1日当たりの総流入量[m^3]の値として，最も近いのは次のうちどれか。

(1) 288×10^3　(2) 780×10^3　(3) 860×10^3

(4) $1\,040 \times 10^3$　(5) $1\,730 \times 10^3$

(b) 発電電力[kW]の値として，最も近いのは次のうちどれか。

(1) 20 000　(2) 27 000　(3) 28 000　(4) 32 000　(5) 37 000

H17-B13

	①	②	③	④	⑤
学習日					
理解度 (○/△/×)					

解説

(a) 河川の流量が12 m^3/sであるので，1日当たりの総流入量は，

$$12_{[m^3/s]} \times 60_{[s]} \times 60_{[min]} \times 24_{[h]} = 1036800 \fallingdotseq 1040 \times 10^3 \ m^3$$

よって，(4)が正解。

(b) 18時間は発電せずに全流量を貯水し，6時間だけ自流分に加え貯水分を全量消費して発電を行うので，発電機の使用水量Q[m^3/s]は，

$$Q = 12_{[m^3/s]} + \frac{12_{[m^3/s]} \times 18_{[h]}}{6_{[h]}} = 48 \ m^3/s$$

したがって，有効落差をH[m]，総合効率をηとすると，発電電力P[kW]は，

$$P = 9.8 \times Q \times H \times \eta$$
$$= 9.8 \times 48_{[m^3/s]} \times 80_{[m]} \times 0.85 = 31987.2 \fallingdotseq 32000 \ kW$$

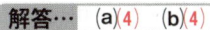

よって，(4)が正解。

解答… (a)(4)　(b)(4)

難易度 A

自家用水力発電所

問題69 自家用水力発電所を有し，電力系統（電力会社）と常時系統連系（逆潮流ができるものとする。）している工場がある。この工場のある一日の負荷は，図のように変化した。

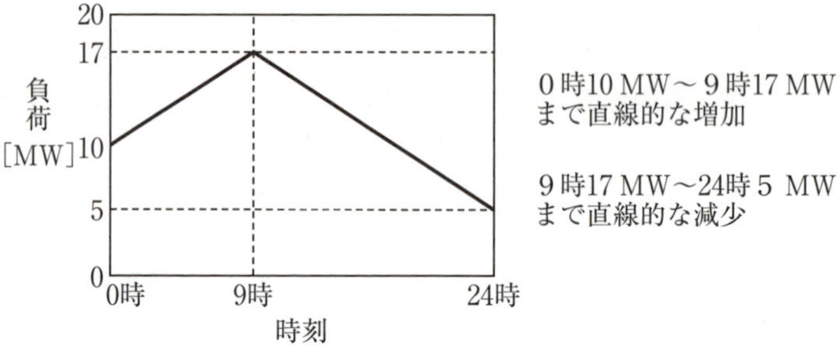

この日の水力発電所の出力は10 MW一定であった。次の(a)及び(b)に答えよ。

ただし，水力発電所の所内電力は無視できるものとする。

(a) この日の電力系統からの受電電力量[MW・h]の値として，最も近いのは次のうちどれか。

(1) 45.4　(2) 58.6　(3) 62.1　(4) 65.6　(5) 70.7

(b) この日の受電電力量[MW・h]（A）に対して送電電力量[MW・h]（B）の比率 $\left(\frac{B}{A}\right)$ として，最も近いのは次のうちどれか。

(1) 0.20　(2) 0.22　(3) 0.23　(4) 0.25　(5) 0.28

H20-B13

	①	②	③	④	⑤
学習日					
理解度 (○/△/×)					

解説

(a) 水力発電所の出力が10 MW一定であるので，負荷が10 MWを超える時間帯は電力系統から電力を受電し，負荷が10 MW未満の時間帯は電力系統へ電力を送電する。よって，下図の黒網掛部の面積が受電電力量 W_r[MW･h]，赤網掛部の面積が送電電力量 W_s[MW･h]となる。

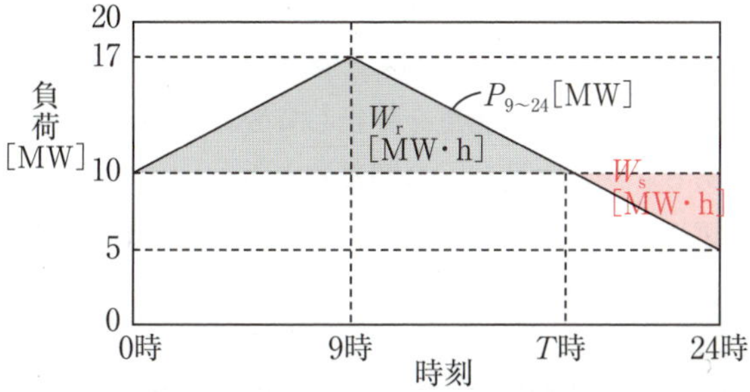

また，時刻を T[時]とすると，上図より，9時から24時の間の負荷 $P_{9\sim24}$[MW]は，

$$P_{9\sim24}=-\frac{(17-5)}{(24-9)}\times(T-9)+17=-\frac{4}{5}\times(T-9)+17\text{[MW]}（ただし T\geqq 9）\cdots①$$

負荷が10 MWのときに水力発電所の出力が負荷と等しくなるので，①式より，9時から24時の間で水力発電所の出力が負荷と等しくなる時刻 T[時]は，

$$10=-\frac{4}{5}\times(T-9)+17$$

$$\therefore T=17.75\text{時}$$

したがって，電力系統からの受電電力量 W_r[MW･h]は，

$$W_r=(17_{[MW]}-10_{[MW]})\times(17.75_{[時]}-0_{[時]})\times\frac{1}{2}=62.125\fallingdotseq 62.1\ \text{MW･h}$$

よって，(3)が正解。

(b) 電力系統への送電電力量 W_s[MW･h]は，

$$W_s=(10_{[MW]}-5_{[MW]})\times(24_{[時]}-17.75_{[時]})\times\frac{1}{2}=15.625\ \text{MW･h}$$

したがって，受電電力量に対する送電電力量の比率 $\frac{W_s}{W_r}$ は，

$$\frac{W_s}{W_r}=\frac{15.625}{62.125}\fallingdotseq 0.25$$

よって，(4)が正解。

解答… (a)(3) (b)(4)

難易度 B

水力発電所の出力と電力量

教科書 SECTION 01

問題70 発電所の最大出力が40 000 kWで最大使用水量が20 m^3/s，有効容量360 000 m^3の調整池を有する水力発電所がある。河川流量が10 m^3/s一定である時期に，河川の全流量を発電に利用して図のような発電を毎日行った。毎朝満水になる8時から発電を開始し，調整池の有効容量の水を使い切るx時まで発電を行い，その後は発電を停止して翌日に備えて貯水のみをする運転パターンである。次の(a)及び(b)の問に答えよ。

ただし，発電所出力[kW]は使用水量[m^3/s]のみに比例するものとし，その他の要素にはよらないものとする。

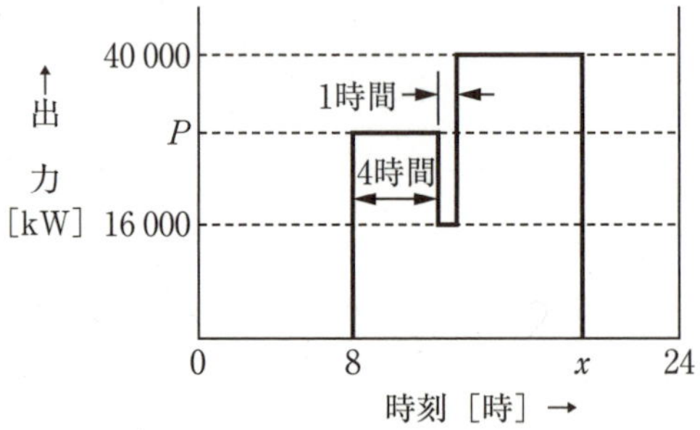

(a) 運転を終了する時刻xとして，最も近いものを次の(1)～(5)のうちから一つ選べ。

(1) 19時　(2) 20時　(3) 21時　(4) 22時　(5) 23時

(b) 図に示す出力P[kW]の値として，最も近いものを次の(1)～(5)のうちから一つ選べ。

(1) 20 000　(2) 22 000　(3) 24 000　(4) 26 000　(5) 28 000

H24-B13

	①	②	③	④	⑤
学習日					
理解度 (○/△/×)					

解説

(a) 問題文より，x時に調整池の有効容量の水を使い切り，x時から翌日の8時までに調整池を満水にするので，下式が成立する。

$$\{(24_{[時]}-x_{[時]})+(8_{[時]}-0_{[時]})\}\times 10_{[m^3/s]}\times 3600_{[s]}=360000\ \mathrm{m^3}$$

$\therefore x=22$時　よって，(4)が正解。

(b) 問題文より，最大使用水量20 m^3/sによる発電所の最大出力が40000 kWであり，発電所出力は使用水量のみに比例するので，河川流量10 m^3/sによる発電所出力P'[kW]は，

$$P'=40000_{[kW]}\times\frac{10_{[m^3/s]}}{20_{[m^3/s]}}=20000\ \mathrm{kW}$$

下図の太実線内の面積が，問題文の図のとおりに発電したときの発電電力量W[kW・h]，赤網掛部の面積が，貯水せずに河川流量のみを使用したときの発電電力量W'[kW・h]となり，両者は等しくなる。

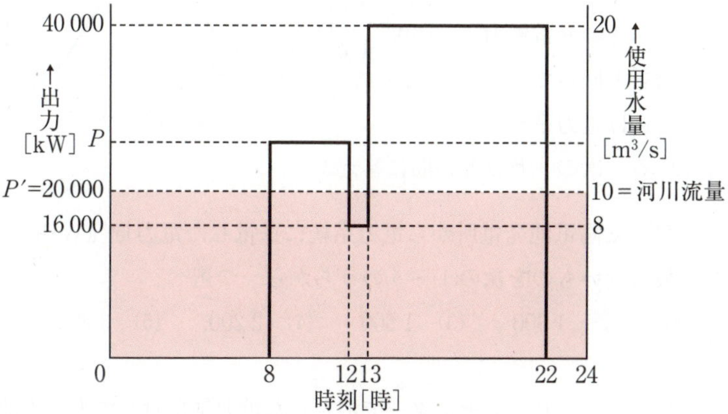

河川流量のみを使用したときの1日あたりの発電電力量W'は，

$$W'=20000_{[kW]}\times 24_{[h]}=480000\ \mathrm{kW\cdot h}$$

問題文の図のとおりに発電したときの1日あたりの発電電力量Wは，

$$W=P_{[kW]}\times(12_{[時]}-8_{[時]})+16000_{[kW]}\times(13_{[時]}-12_{[時]})+40000_{[kW]}\times(22_{[時]}-13_{[時]})$$
$$=4P+376000\ \mathrm{kW\cdot h}$$

WとW'は等しいので，下式が成り立つ。

$$4P+376000=480000$$

$$\therefore P=26000\ \mathrm{kW}$$

よって，(4)が正解。

解答…　(a)(4)　(b)(4)

難易度 A 太陽電池発電所の電力量と自給した比率

教科書 SECTION 01

問題71 出力600 kWの太陽電池発電所を設置したショッピングセンターがある。ある日の太陽電池発電所の発電の状況とこのショッピングセンターにおける電力消費は図に示すとおりであった。すなわち，発電所の出力は朝の6時から12時まで直線的に増大し，その後は夕方18時まで直線的に下降した。また，消費電力は深夜0時から朝の10時までは100 kW，10時から17時までは300 kW，17時から21時までは400 kW，21時から24時は100 kWであった。

このショッピングセンターは自然エネルギーの活用を推進しており太陽電池発電所の発電電力は自家消費しているが，その発電電力が消費電力を上回って余剰を生じたときは電力系統に送電している。次の(a)及び(b)の問に答えよ。

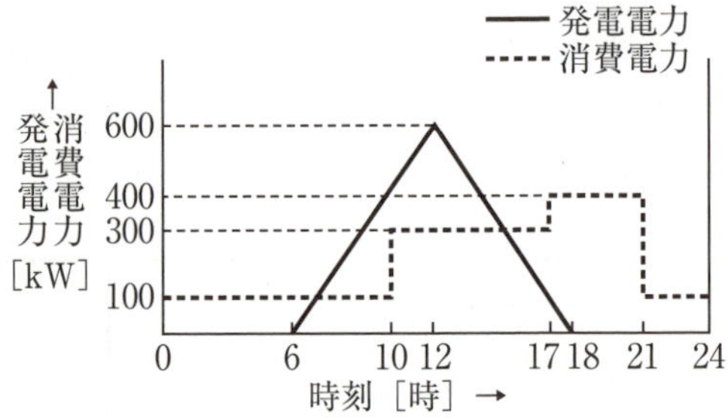

(a) この日，太陽電池発電所から電力系統に送電した電力量[kW·h]の値として，最も近いものを次の(1)～(5)のうちから一つ選べ。

(1) 900　(2) 1 300　(3) 1 500　(4) 2 200　(5) 3 600

(b) この日，ショッピングセンターで消費した電力量に対して太陽電池発電所が発電した電力量により自給した比率[%]として，最も近いものを次の(1)～(5)のうちから一つ選べ。

(1) 35　(2) 38　(3) 46　(4) 52　(5) 58

H25-B12

	①	②	③	④	⑤
学習日					
理解度 (○/△/×)					

解説

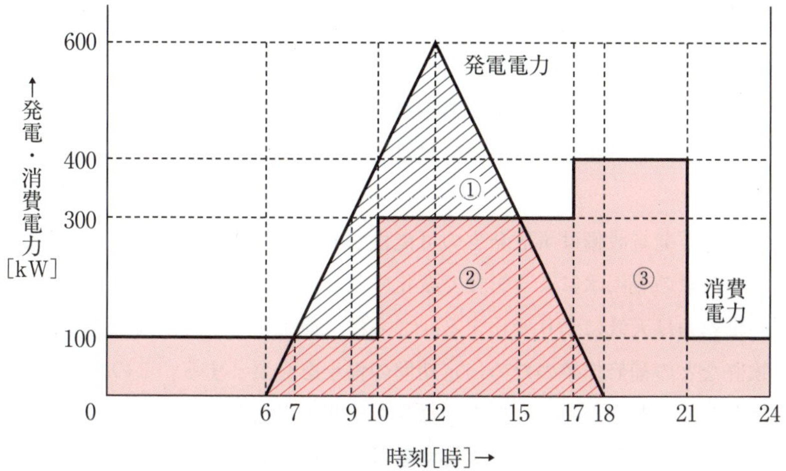

(a)　この日，発電電力が消費電力を上回り，電力系統に送電した電力量は，図の①（黒斜線部）になる。

①＝(15時－9時)×(600 kW－300 kW)÷2＋{(10時－9時)＋(10時－7時)}×(300 kW－100 kW)÷2＝900＋400＝1300 kW·h

よって，(2)が正解。

(b)　この日，太陽電池発電所で発電した電力のうち，自家消費（自給）した電力量が図の②（赤斜線部），ショッピングセンターで消費した電力量が図の③のピンクで色塗りされた面積となる。

②＝(7時－6時)×100 kW÷2＋(10時－7時)×100 kW＋(15時－10時)×300 kW＋(18時－15時)×300 kW÷2
＝50＋300＋1500＋450＝2300 kW·h

③＝(10時－0時)×100 kW＋(17時－10時)×300 kW＋(21時－17時)×400 kW＋(24時－21時)×100 kW
＝1000＋2100＋1600＋300＝5000 kW·h

$$\text{自給した比率} = \frac{\text{自給した電力量}}{\text{全消費電力量}} \times 100\ \%$$

$$= \frac{②}{③} \times 100 = \frac{2300}{5000} \times 100 = 46\ \%$$

よって，(3)が正解。

解答… (a)(2)　(b)(3)

難易度 C

電力の需給

教科書 SECTION 01

問題72 次の文章は，電力の需給に関する記述である。

電気は [(ア)] とが同時的であるため，不断の供給を使命とする電気事業においては，常に変動する需要に対処しうる供給力を準備しなければならない。

しかし，発電設備は事故発生の可能性があり，また，水力発電所の供給力は河川流量の豊渇水による影響で変化する。一方，太陽光発電，風力発電などの供給力は天候により変化する。さらに，原子力発電所や火力発電所も定期検査などの補修作業のため一定期間の停止を必要とする。このように供給力は変動する要因が多い。他方，需要も予想と異なるおそれもある。

したがって，不断の供給を維持するためには，想定される [(イ)] に見合う供給力を保有することに加え，常に適量の [(ウ)] を保持しなければならない。

電気事業法に基づき設立された電力広域的運営推進機関は毎年，各供給区域（エリア）及び全国の供給力について需給バランス評価を行い，この評価を踏まえてその後の需給の状況を監視し，対策の実施状況を確認する役割を担っている。

上記の記述中の空白箇所(ア)，(イ)及び(ウ)に当てはまる組合せとして，正しいものを次の(1)～(5)のうちから一つ選べ。

	(ア)	(イ)	(ウ)
(1)	発生と消費	最大電力	送電容量
(2)	発電と蓄電	使用電力量	送電容量
(3)	発生と消費	最大電力	供給予備力
(4)	発電と蓄電	使用電力量	供給予備力
(5)	発生と消費	使用電力量	供給予備力

R1-A10

解説

電気は(ア)**発生と消費**とが同時的であるため，不断の供給を使命とする電気事業においては，常に変動する需要に対処しうる供給力を準備しなければならない。

しかし，発電設備は事故発生の可能性があり，また，水力発電所の供給力は河川流量の豊渇水による影響で変化する。一方，太陽光発電，風力発電などの供給力は天候により変化する。さらに，原子力発電所や火力発電所も定期検査などの補修作業のため一定期間の停止を必要とする。このように供給力は変動する要因が多い。他方，需要も予想と異なるおそれもある。

したがって，不断の供給を維持するためには，想定される(イ)**最大電力**に見合う供給力を保有することに加え，常に適量の(ウ)**供給予備力**を保持しなければならない。

電気事業法に基づき設立された電力広域的運営推進機関は毎年，各供給区域（エリア）及び全国の供給力について需給バランス評価を行い，この評価を踏まえてその後の需給の状況を監視し，対策の実施状況を確認する役割を担っている。

よって，(3)が正解。

解答… (3)

	①	②	③	④	⑤
学習日					
理解度 (○/△/×)					

難易度 A

高圧受電設備の遮断形式

教科書 SECTION 02

問題73 キュービクル式高圧受電設備には主遮断装置の形式によってCB形とPF・S形がある。CB形は主遮断装置として［ (ア) ］が使用されているが，PF・S形は変圧器設備容量の小さなキュービクルの設備簡素化の目的から，主遮断装置は［ (イ) ］と［ (ウ) ］の組み合わせによっている。

高圧母線等の高圧側の短絡事故に対する保護は，CB形では［ (ア) ］と［ (エ) ］で行うのに対し，PF・S形は［ (イ) ］で行う仕組みとなっている。

上記の記述中の空白箇所(ア)，(イ)，(ウ)及び(エ)に当てはまる組合せとして，正しいものを次の(1)～(5)のうちから一つ選べ。

	(ア)	(イ)	(ウ)	(エ)
(1)	高圧限流ヒューズ	高圧交流遮断器	高圧交流負荷開閉器	過電流継電器
(2)	高圧交流負荷開閉器	高圧限流ヒューズ	高圧交流遮断器	過電圧継電器
(3)	高圧交流遮断器	高圧交流負荷開閉器	高圧限流ヒューズ	不足電圧継電器
(4)	高圧交流負荷開閉器	高圧交流遮断器	高圧限流ヒューズ	不足電圧継電器
(5)	高圧交流遮断器	高圧限流ヒューズ	高圧交流負荷開閉器	過電流継電器

H23-A10

	①	②	③	④	⑤
学習日					
理解度 (○/△/×)					

解説

キュービクル式高圧受電設備には主遮断装置の形式によってCB形とPF・S形がある。CB形は主遮断装置として(ア)**高圧交流遮断器**が使用されているが，PF・S形は変圧器設備容量の小さなキュービクルの設備簡素化の目的から，主遮断装置は(イ)**高圧限流ヒューズ**と(ウ)**高圧交流負荷開閉器**の組み合わせによっている。

高圧母線等の高圧側の短絡事故に対する保護は，CB形では(ア)**高圧交流遮断器**と(エ)**過電流継電器**で行うのに対し，PF・S形は(イ)**高圧限流ヒューズ**で行う仕組みとなっている。

よって，(5)が正解。

解答… (5)

難易度 A

高圧受電設備の単線結線図

教科書 SECTION 02

問題74 図は，高圧受電設備（受電電力500 kW）の単線結線図の一部である。

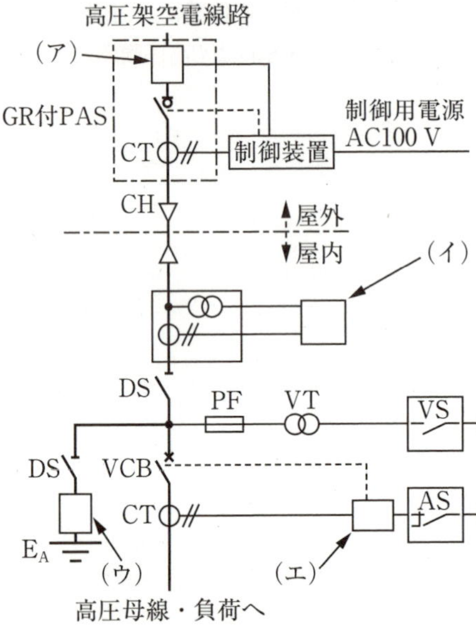

図の矢印で示す(ア)，(イ)，(ウ)及び(エ)に設置する機器及び計器の名称（略号を含む）の組合せとして，正しいものを次の(1)～(5)のうちから一つ選べ。

	(ア)	(イ)	(ウ)	(エ)
(1)	ZCT	電力量計	避雷器	過電流継電器
(2)	VCT	電力量計	避雷器	過負荷継電器
(3)	ZCT	電力量計	進相コンデンサ	過電流継電器
(4)	VCT	電力計	避雷器	過負荷継電器
(5)	ZCT	電力計	進相コンデンサ	過負荷継電器

H25-A10

解説

(ア)**ZCT**　(イ)**電力量計**　(ウ)**避雷器**　(エ)**過電流継電器**が入る。

よって，(1)が正解。

解答… (1)

ポイント

ZCTは零相変流器の略称です。

	①	②	③	④	⑤
学習日					
理解度 (○/△/×)					

難易度 B
年次点検の手順

教科書 SECTION 02

問題75 次の記述は，図に示す高圧受電設備の全停電作業を開始するときの操作手順を述べたものである。

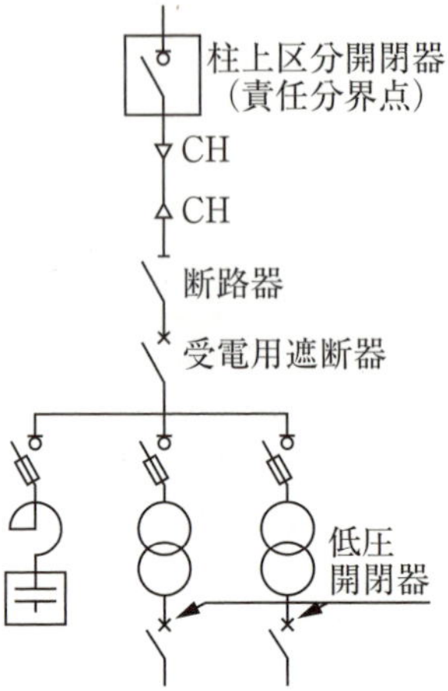

1．低圧配電盤の開閉器を開放する。

2．受電用遮断器を開放した後，その (ア) を検電して無電圧を確認する。

3．断路器を開放する。

4．柱上区分開閉器を開放した後，断路器の (イ) を検電して無電圧を確認する。

5．受電用ケーブルと電力用コンデンサの残留電荷を放電させた後，断路器の (ウ) を短絡して接地する。

上記の記述中の空白箇所(ア)，(イ)及び(ウ)に記入する字句として，正しいものを組み合わせたのは次のうちどれか。

	(ア)	(イ)	(ウ)
(1)	電源側	電源側	負荷側
(2)	電源側	負荷側	負荷側
(3)	負荷側	電源側	負荷側
(4)	負荷側	電源側	電源側
(5)	負荷側	負荷側	電源側

H11-A10（一部改題）

	①	②	③	④	⑤
学習日					
理解度 (○/△/×)					

解説

問題の図で示された高圧受電設備の全停電作業を開始するときの操作手順は，次の通り。

1．低圧配電盤の開閉器を開放する。

2．受電用遮断器を開放した後，その(ア)**負荷側**を検電して無電圧を確認する。

3．断路器を開放する。

4．柱上区分開閉器を開放した後，断路器の(イ)**電源側**を検電して無電圧を確認する。

5．受電用ケーブルと電力用コンデンサの残留電荷を放電させた後，断路器の(ウ)**電源側**を短絡して接地する。

よって，(4)が正解。

解答… (4)

難易度 **B**

接地抵抗の測定

教科書 SECTION 02

問題76 自家用電気工作物の竣工検査等における接地抵抗の測定において，電池内蔵直読式のアーステスタ（JIS C 1304「接地抵抗計」適合品）を用いて，被測定接地極と二つの補助接地極を一直線上に配列して測定する場合，各接地極の配列位置及び接地極間の距離として最も適切なものは，次のうちどれか。

ただし，各接地極の記号は以下のとおりとする。

E：被測定接地極　C：電流用補助接地極　P：電圧用補助接地極

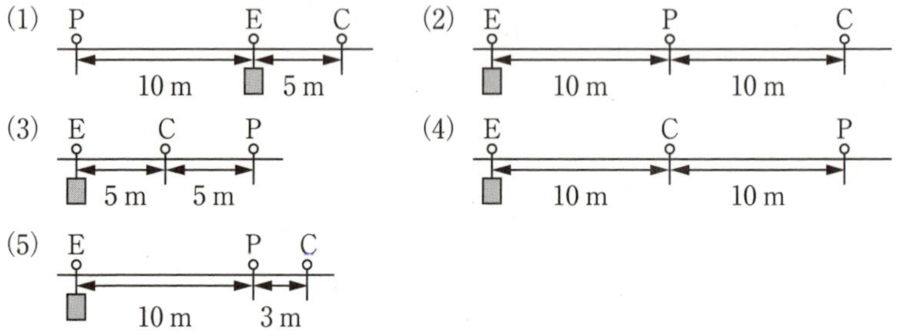

H12-A10

	①	②	③	④	⑤
学習日					
理解度 (○/△/×)					

解説

接地抵抗を接地抵抗計（アーステスタ）で測定する場合は，E，P，Cの順に一直線に配置する。この時点で，選択肢を(2)と(5)に絞ることができる。また，接地抵抗の影響は接地点から約5～10 m以上の範囲であり，補助極間は約5～10 m以上離す必要があるから，PとCの間が3 mしか離れていない(5)は不適切である。

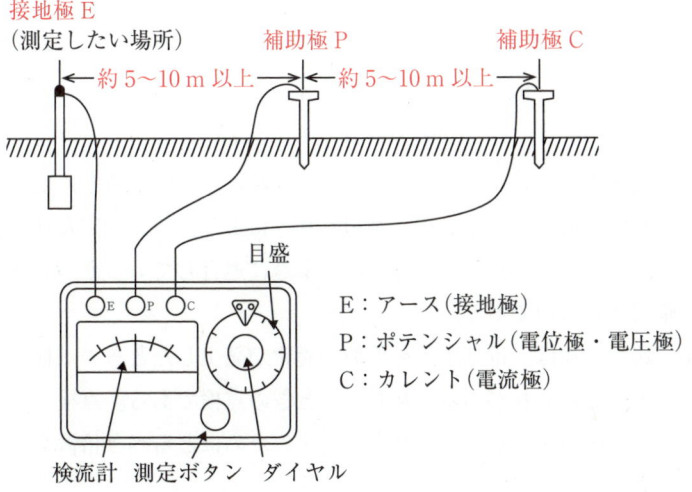

（接地抵抗の測定方法）

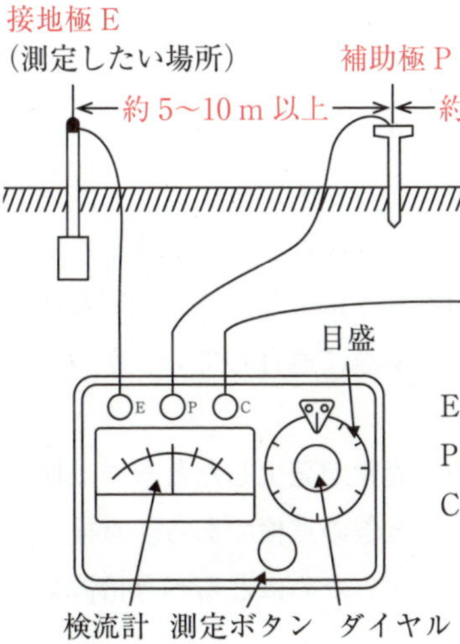

E：アース（接地極）
P：ポテンシャル（電位極・電圧極）
C：カレント（電流極）

よって，(2)が正解。

解答…(2)

難易度 B

高圧受電設備の点検・保守

教科書 SECTION 02

問題77 高圧受電設備の点検，保守に関する記述として，不適切なものは次のうちどれか。(高圧受電設備規程による。)

(1) 日常（巡視）点検は，主として運転中の電気設備を目視等により点検し，異常の有無を確認するものである。

(2) 定期点検は，比較的長期間（1年程度）の周期で，主として運転中の電気設備を目視，測定器具等により点検，測定及び試験を行うものである。

(3) 精密点検は，長期間（3年程度）の周期で電気設備を停止し，必要に応じて分解するなど目視，測定器具等により点検，測定及び試験を実施し，電気設備が電気設備の技術基準等に適合しているか，異常の有無を確認するものである。

(4) 臨時点検は，電気事故その他の異常が発生したときの点検と，異常が発生するおそれがあると判断したときの点検である。点検，試験によってその原因を探求し，再発を防止するためにとるべき措置を講じるものである。

(5) 保守は，

① 各種点検において異常があった場合

② 修理・改修の必要を認めた場合

③ 汚損による清掃の必要性がある場合

等に内容に応じた措置を講じるものである。

H17-A10

	①	②	③	④	⑤
学習日					
理解度 (○/△/×)					

解説

(2) 定期点検は，比較的長期間（1年程度）の周期で，主として**停止中**の電気設備を，目視，測定器具等により点検，測定及び試験を行うものである。

よって，(2)が誤り。

解答… (2)

難易度 A

絶縁油の劣化(1)

教科書 SECTION 02

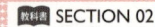

問題78 自家用需要家が絶縁油の保守，点検のため行う試験には，絶縁耐力試験及び［ (ア) ］試験が一般に実施されている。

絶縁油，特に変圧器油は，使用中に次第に劣化して酸価が上がり，［ (イ) ］や耐圧が下がるなどの諸性能が低下し，ついには泥状のスラッジができるようになる。変圧器油劣化の主原因は，油と接触する空気が油中に溶け込み，その中の酸素による酸化であって，この酸化反応は変圧器の運転による［ (ウ) ］の上昇によって特に促進される。

上記の記述中の空白箇所(ア)，(イ)及び(ウ)に当てはまる語句として，正しいものを組み合わせたのは次のうちどれか。

	(ア)	(イ)	(ウ)
(1)	酸価度	濃　度	湿　度
(2)	酸価度	抵抗率	湿　度
(3)	重合度	濃　度	湿　度
(4)	酸価度	抵抗率	温　度
(5)	重合度	抵抗率	温　度

H19-A10

	①	②	③	④	⑤
学習日					
理解度 (○/△/×)					

解説

自家用需要家が絶縁油の保守，点検のため行う試験には，絶縁耐力試験及び(ア)**酸価度**試験が一般に実施されている。

絶縁油，特に変圧器油は，使用中に次第に劣化して酸価が上がり，(イ)**抵抗率**や耐圧が下がるなどの諸性能が低下し，ついには泥状のスラッジができるようになる。変圧器油劣化の主原因は，油と接触する空気が油中に溶け込み，その中の酸素による酸化であって，この酸化反応は変圧器の運転による(ウ)**温度**の上昇によって特に促進される。

よって，(4)が正解。

解答… (4)

難易度 A

絶縁油の劣化(2)

教科書 SECTION 02

問題79 次の文章は，油入変圧器における絶縁油の劣化についての記述である。

a．自家用需要家が絶縁油の保守，点検のために行う試験には，[(ア)]試験及び酸価度試験が一般に実施されている。

b．絶縁油，特に変圧器油は，使用中に次第に劣化して酸価が上がり，[(イ)]や耐圧が下がるなどの諸性能が低下し，ついには泥状のスラッジができるようになる。

c．変圧器油劣化の主原因は，油と接触する[(ウ)]が油中に溶け込み，その中の酸素による酸化であって，この酸化反応は変圧器の運転による[(エ)]の上昇によって特に促進される。そのほか，金属，絶縁ワニス，光線なども酸化を促進し，劣化生成物のうちにも反応を促進するものが数多くある。

上記の記述中の空白箇所(ア)，(イ)，(ウ)及び(エ)に当てはまる組合せとして，正しいものを次の(1)～(5)のうちから一つ選べ。

	(ア)	(イ)	(ウ)	(エ)
(1)	絶縁耐力	抵抗率	空気	温度
(2)	濃度	熱伝導率	絶縁物	温度
(3)	絶縁耐力	熱伝導率	空気	湿度
(4)	絶縁抵抗	濃度	絶縁物	温度
(5)	濃度	抵抗率	空気	湿度

H26-A8

	①	②	③	④	⑤
学習日					
理解度 (○/△/×)					

解説

a．自家用需要家が絶縁油の保守，点検のために行う試験には，(ア)**絶縁耐力**試験及び酸価度試験が一般に実施されている。

b．絶縁油，特に変圧器油は，使用中に次第に劣化して酸価が上がり，(イ)**抵抗率**や耐圧が下がるなどの諸性能が低下し，ついには泥状のスラッジができるようになる。

c．変圧器油劣化の主原因は，油と接触する(ウ)**空気**が油中に溶け込み，その中の酸素による酸化であって，この酸化反応は変圧器の運転による(エ)**温度**の上昇によって特に促進される。そのほか，金属，絶縁ワニス，光線なども酸化を促進し，劣化生成物のうちにも反応を促進するものが数多くある。

よって，(1)が正解。

解答… (1)

難易度 B 高圧進相コンデンサの劣化診断 教科書 SECTION 02

問題80 高圧進相コンデンサの劣化診断について，次の(a)及び(b)の問に答えよ。

(a) 三相3線式50 Hz，使用電圧6.6 kVの高圧電路に接続された定格電圧6.6 kV，定格容量50 kvar（Y結線，一相2素子）の高圧進相コンデンサがある。その内部素子の劣化度合い点検のため，運転電流を高圧クランプメータで定期的に測定していた。

ある日の測定において，測定電流[A]の定格電流[A]に対する比は，図1のとおりであった。測定電流[A]に最も近い数値の組合せとして，正しいものを次の(1)～(5)のうちから一つ選べ。

ただし，直列リアクトルはないものとして計算せよ。

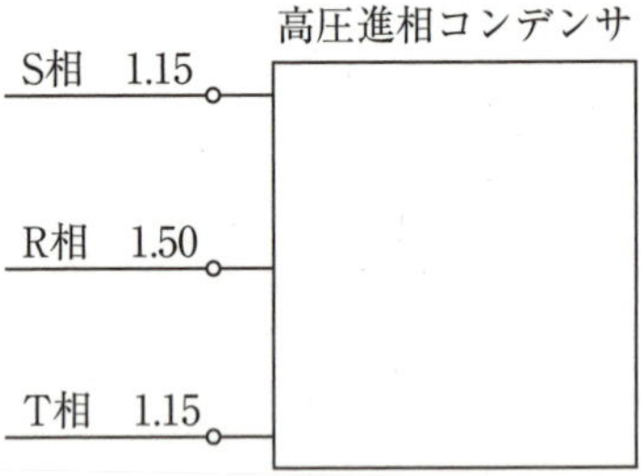

図1

	R相	S相	T相
(1)	6.6	5.0	5.0
(2)	7.5	5.7	5.7
(3)	3.8	2.9	2.9
(4)	11.3	8.6	8.6
(5)	7.2	5.5	5.5

(b) (a)の測定により，劣化による内部素子の破壊（短絡）が発生していると判断し，機器停止のうえ各相間の静電容量を2端子測定法（1端子開放で測定）で測定した。

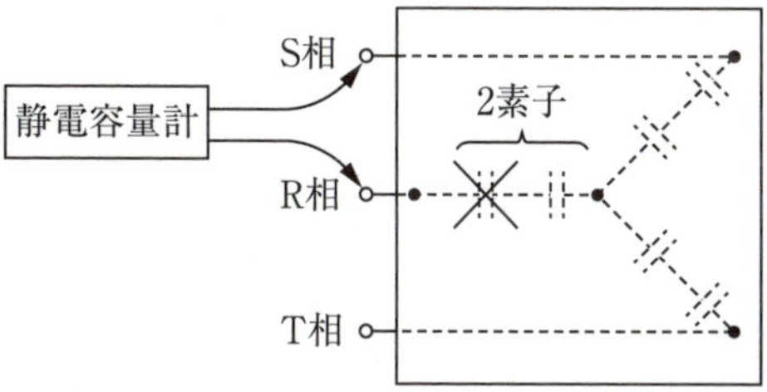

図2

図2のとおりの内部結線における素子破壊（素子極間短絡）が発生しているとすれば，静電容量測定結果の記述として，正しいものを次の(1)～(5)のうちから一つ選べ。ただし，図中×印は，破壊素子を表す。

(1) R－S相間の測定値は，最も小さい。
(2) S－T相間の測定値は，最も小さい。
(3) T－R相間は，測定不能である。
(4) R－S相間の測定値は，S－T相間の測定値の約75％である。
(5) R－S相間とS－T相間の測定値は，等しい。

H25-B11

	①	②	③	④	⑤
学習日					
理解度 (○/△/×)					

解説

(a)　定格電圧をV_n[V]，定格電流をI_n[A]とすると，高圧進相コンデンサの定格容量Q[var]は，

$$Q = \sqrt{3} V_n I_n \text{[var]}$$

よってI_nは，

$$I_n = \frac{Q}{\sqrt{3} V_n} \fallingdotseq \frac{50 \times 10^3}{1.73 \times 6.6 \times 10^3} \fallingdotseq 4.38 \text{ A}$$

I_nに測定電流の定格電流に対する比を乗じると，

R相の測定電流　$I_R = 4.38 \times 1.50 = 6.57$ A

S相の測定電流　$I_S = 4.38 \times 1.15 \fallingdotseq 5.04$ A

T相の測定電流　$I_T = 4.38 \times 1.15 \fallingdotseq 5.04$ A

それぞれ近いものを選ぶと，(1)が最も近い値の組合せになる。

よって，(1)が正解。

(b)　合成静電容量は，コンデンサの直列接続の場合，接続されるコンデンサの個数が多くなるほど小さくなる。S－T相間は最も多い4個のコンデンサが直列接続されるため，合成静電容量の値が最小となる。

よって，(2)が正解。

解答…　(a)(1)　(b)(2)

難易度 **A**

力率改善(1)

教科書 SECTION 02

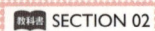

問題81 使用電力50 kW，遅れ力率0.8の平衡三相負荷がある。この負荷と並列に電力用コンデンサを接続して，力率を1.0にするために必要なコンデンサの容量[kvar]の値として，正しいのは次のうちどれか。

(1) 24.5　(2) 30.0　(3) 37.5　(4) 40.0　(5) 62.5

H14-A9

	①	②	③	④	⑤
学習日					
理解度 (○/△/×)					

解説

問題の平衡三相負荷の使用電力を$P = 50$ kW，遅れ力率を$\cos\theta = 0.8$，遅れ無効電力をQ[kvar]とすると，Qは，

$$Q = P\tan\theta = P\frac{\sin\theta}{\cos\theta} = P\frac{\sqrt{1-\cos^2\theta}}{\cos\theta} = 50 \times \frac{0.6}{0.8} = 37.5\ \text{kvar}$$

この負荷と並列に電力用コンデンサを接続して，力率を1.0にするために必要なコンデンサの容量は，合成無効電力を0となるようにすればよいので，Qと同じ容量のものを接続すればよい。したがって，答えは37.5 kvarとなる。

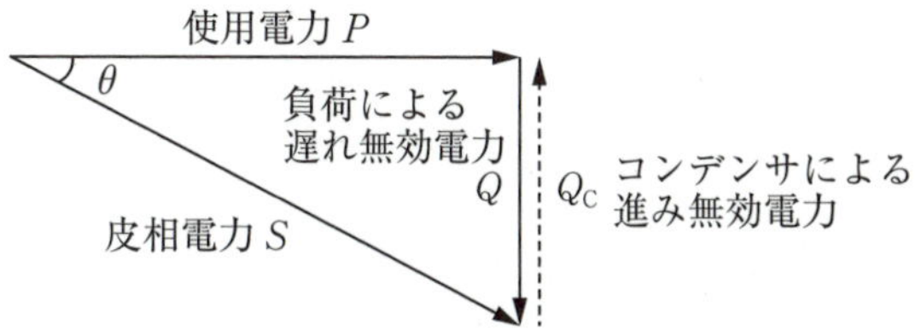

よって，(3)が正解。

解答…(3)

難易度 A

力率改善(2)

教科書 SECTION 02

問題82 使用電力600 kW，遅れ力率80 %の三相負荷に電力を供給している配電線路がある。負荷と並列に電力用コンデンサを接続して線路損失を最小とするために必要なコンデンサの容量[kvar]はいくらか。正しい値を次のうちから選べ。

(1) 350　(2) 400　(3) 450　(4) 500　(5) 550

H11-B12

	①	②	③	④	⑤
学習日					
理解度 (○/△/×)					

解説

問題の三相負荷の使用電力を$P = 600$ kW，遅れ力率を$\cos\theta = 0.8$，遅れ無効電力をQ[kvar]とすると，Qは，

$$Q = P\tan\theta$$
$$= P\frac{\sin\theta}{\cos\theta}$$
$$= P\frac{\sqrt{1-\cos^2\theta}}{\cos\theta}$$
$$= 600 \times \frac{0.6}{0.8} = 450 \text{ kvar}$$

線路損失は，線路の抵抗×（皮相電流の2乗）で表されるので，それが最小となるには，問題の三相負荷の皮相電力が最小となればよい。皮相電力を最小とするのに必要なコンデンサの容量は，合成無効電力を0となるようにすればよいので，Qと同じ容量のものを接続すればよい。したがって，答えは450 kvarとなる。

よって，(3)が正解。

解答… (3)

難易度 B 力率改善(3)

教科書 SECTION 02

問題83 10 000 kV・A，遅れ力率80 %の負荷に電力を供給している変電所がある。負荷と並列に2 000 kvarのコンデンサを設置した場合，次の(a)及び(b)に答えよ。

ただし，$\sqrt{2}=1.414$，$\sqrt{3}=1.732$，$\sqrt{5}=2.236$，$\sqrt{7}=2.646$として計算せよ。

(a) コンデンサ設置後の無効電力[kvar]の値として，正しいのは次のうちどれか。

(1) 1 000　(2) 2 000　(3) 3 000　(4) 4 000　(5) 5 000

(b) 変圧器にかかる負荷の力率[%]の値として，正しいのは次のうちどれか。

(1) 86.6　(2) 89.4　(3) 93.0　(4) 95.2　(5) 97.5

H13-B11

	①	②	③	④	⑤
学習日					
理解度 (○/△/×)					

解説

(a)　コンデンサ設置前の皮相電力を$S = 10000$ kV·A，力率を$\cos\theta = 0.8$（遅れ），有効電力をP[kW]，遅れ無効電力をQ[kvar]とすると，

$$P = S\cos\theta = 10000 \times 0.8 = 8000 \text{ kW}$$

$$Q = \sqrt{S^2 - P^2} = \sqrt{10000^2 - 8000^2} = 6000 \text{ kvar}$$

負荷と並列に2000 kvarのコンデンサを設置すると，遅れ無効電力が減少するので，コンデンサ設置後の遅れ無効電力Q'は，

$$Q' = Q - 2000 = 6000 - 2000 = 4000 \text{ kvar}$$

よって，(4)が正解。

(b)　コンデンサ設置後の皮相電力をS'[kV·A]，力率を$\cos\theta'$とし，コンデンサ設置後の有効電力はコンデンサ設置前と変わらないのでそのままP[kW]とすると，$\cos\theta'$は，

$$\cos\theta' = \frac{P}{S'} = \frac{8000}{\sqrt{8000^2 + 4000^2}} \fallingdotseq 0.894 \rightarrow 89.4\ \%$$

よって，(2)が正解。

解答… (a)(4)　(b)(2)

難易度 B 力率改善(4)

教科書 SECTION 02

問題84 定格容量500 kV·Aの三相変圧器に400 kW（遅れ力率0.8）の平衡三相負荷が接続されている。これに新たに60 kW（遅れ力率0.6）の平衡三相負荷を追加接続する場合について，次の(a)及び(b)に答えよ。

(a) コンデンサを設置していない状態で，新たに負荷を追加した場合の合成負荷の力率として，最も近いのは次のうちどれか。

(1) 0.65　(2) 0.71　(3) 0.73　(4) 0.75　(5) 0.77

(b) 新たに負荷を追加した場合，変圧器が過負荷運転とならないために設置するコンデンサ設備の必要最小の定格設備容量[kvar]の値として，最も適切なのは次のうちどれか。

(1) 50　(2) 100　(3) 150　(4) 200　(5) 300

H18-B12

	①	②	③	④	⑤
学習日					
理解度 (○/△/×)					

解説

(a)　元から接続されている平衡三相負荷の有効電力を $P_1 = 400$ kW，遅れ力率を $\cos\theta_1 = 0.8$，無効電力を Q_1[kvar]とすると，無効電力は皮相電力×$\sin\theta$で求められるので，

$$Q_1 = \frac{P_1}{\cos\theta_1} \times \sin\theta_1 = \frac{400}{0.8} \times \sqrt{1 - 0.8^2} = 300 \text{ kvar}$$

新たに接続する平衡三相負荷の有効電力を $P_2 = 60$ kW，遅れ力率を $\cos\theta_2 = 0.6$，無効電力を Q_2[kvar]とすると，Q_2は，

$$Q_2 = \frac{P_2}{\cos\theta_2} \times \sin\theta_2 = \frac{60}{0.6} \times \sqrt{1 - 0.6^2} = 80 \text{ kvar}$$

新たな負荷を追加した場合の合成負荷の有効電力P[kW]，無効電力Q[kvar]，皮相電力S[kV·A]とすると，電力ベクトル図は下図となる。

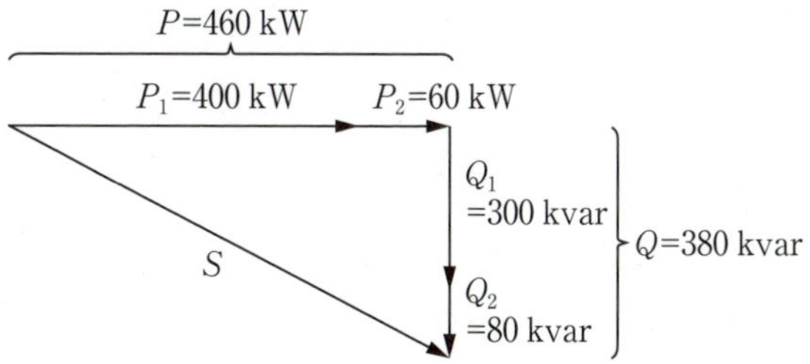

力率を$\cos\theta$とすると，力率は有効電力÷皮相電力で求められるので，

$$\cos\theta = \frac{P}{\sqrt{P^2 + Q^2}} = \frac{P_1 + P_2}{\sqrt{(P_1 + P_2)^2 + (Q_1 + Q_2)^2}} = \frac{400 + 60}{\sqrt{(400 + 60)^2 + (300 + 80)^2}}$$

$$= \frac{460}{\sqrt{460^2 + 380^2}} \fallingdotseq 0.77$$

よって，(5)が正解。

(b)　(a)より，新たに負荷を追加した場合の合成負荷の有効電力は，$P = P_1 + P_2 = 460$ kWであり，無効電力は，$Q = Q_1 + Q_2 = 380$ kvarである。ここにコンデンサQ_C[kvar]を設置した場合，無効電力は$Q' = Q - Q_C$となり，このとき，変圧器の定格容量$S_n = 500$ kV·Aを過負荷運転にしないためには，次の式が立てられる。

$$Q' = \sqrt{S_n^2 - P^2}$$

これを解いていくと，

$$Q - Q_C = \sqrt{S_n^2 - P^2}$$

$$380 - Q_C = \sqrt{500^2 - 460^2}$$

$$Q_C = 380 - \sqrt{500^2 - 460^2} \fallingdotseq 380 - 196 = 184\ \mathrm{kvar}$$

したがって，過負荷運転にならないために設置するコンデンサの最小容量は184 kvarであり，これを満たす最小の選択肢は200 kvarとなる。

よって，(4)が正解。

解答… (a)(5) (b)(4)

難易度 B

力率改善による線路損失の減少

教科書 SECTION 02

問題85 変電所から三相３線式１回線の専用配電線で受電している需要家がある。この配電線路の電線1条当たりの抵抗及びリアクタンスの値は，それぞれ3 Ω及び5 Ωである。この需要家の使用電力が8 000 kW，負荷の力率が0.8（遅れ）であるとき，次の(a)及び(b)に答えよ。

(a) 需要家の受電電圧が20 kVのとき，変電所引出口の電圧[kV]の値として，最も近いのは次のうちどれか。

(1) 21.6　(2) 22.2　(3) 22.7　(4) 22.9　(5) 23.1

(b) 需要家にコンデンサを設置して，負荷の力率を0.95（遅れ）に改善するとき，この配電線の電圧降下の値[V]の，コンデンサ設置前の電圧降下の値[V]に対する比率[%]の値として，最も近いのは次のうちどれか。

ただし，この需要家の受電電圧[kV]は，コンデンサ設置前と同一の20 kVとする。

(1) 66.6　(2) 68.8　(3) 75.5　(4) 81.7　(5) 97.0

H15-B12

	①	②	③	④	⑤
学習日					
理解度 (○/△/×)					

解説

(a)　問題において，需要家の受電電圧を$V = 20$ kV，負荷の力率を$\cos\theta = 0.8$（遅れ），需要家の使用電力を$P = 8000$ kWとおくと，三相3線式の使用電力は$P = \sqrt{3}VI\cos\theta$で求められるので，線電流I[A]は，

$$I = \frac{P}{\sqrt{3}V\cos\theta} = \frac{8000 \times 10^3}{\sqrt{3} \times 20 \times 10^3 \times 0.8} \fallingdotseq 288.68\ \text{A}$$

配電線の抵抗を$R = 3\,\Omega$，リアクタンスを$X = 5\,\Omega$，電圧降下をv[kV]とおくと，電圧降下の近似式より，vは，

$$v = \sqrt{3}I(R\cos\theta + X\sin\theta)$$
$$= \sqrt{3} \times 288.68 \times (3 \times 0.8 + 5 \times 0.6) \fallingdotseq 2700\ \text{V} = 2.7\ \text{kV}$$

変電所引出口の電圧（送電端電圧）V_s[kV]は，受電電圧と電圧降下を足したものとなるので，

$$V_s = V + v = 20 + 2.7 = 22.7\ \text{kV}$$

よって，(3)が正解。

(b)　需要家の受電電圧Vと使用電力Pは変わらないので，コンデンサ設置後の力率を$\cos\theta' = 0.95$（遅れ），線電流をI'とすると，$P = \sqrt{3}VI'\cos\theta'$より，$I'$は，

$$I' = \frac{P}{\sqrt{3}V\cos\theta'} = \frac{8000 \times 10^3}{\sqrt{3} \times 20 \times 10^3 \times 0.95} \fallingdotseq 243.09\ \text{A}$$

電圧降下の近似式より，コンデンサ設置後の電圧降下v'は，

$$v' = \sqrt{3}I'(R\cos\theta' + X\sin\theta') = \sqrt{3} \times 243.09 \times (3 \times 0.95 + 5 \times \sqrt{1 - 0.95^2})$$
$$\fallingdotseq 1857.3\ \text{V}$$

となるので，求める比率$\dfrac{v'}{v}$[%]は，

$$\frac{v'}{v} \times 100 = \frac{1857.3}{2700} \times 100 \fallingdotseq 68.8\ \%$$

よって，(2)が正解。

解答…　(a)(3)　(b)(2)

ポイント

1線あたりの抵抗，リアクタンスをそれぞれ，R[Ω]，X[Ω]，線路の線電流をI[A]，受電端の線間電圧，送電端の線間電圧をそれぞれ，V_r[V]，V_s[V]，負荷の力率を$\cos\theta$とおくと，三相3線式の電線路の電圧降下v[V]は，以下のような近似式で表すことができます。

$$v = V_s - V_r = \sqrt{3}I(R\cos\theta + X\sin\theta)\ \text{[V]}$$

難易度 C 力率改善による受電端電圧の上昇 教科書 SECTION 02

問題86 電気事業者から供給を受ける，ある需要家の自家用変電所を送電端とし，高圧三相３線式１回線の専用配電線路で受電している第２工場がある。第２工場の負荷は2 000 kW，受電電圧は6 000 Vであるとき，第２工場の力率改善及び受電端電圧の調整を図るため，第２工場に電力用コンデンサを設置する場合，次の(a)及び(b)の問に答えよ。

ただし，第２工場の負荷の消費電力及び負荷力率（遅れ）は，受電端電圧によらないものとする。

(a) 第２工場の力率改善のために電力用コンデンサを設置したときの受電端のベクトル図として，正しいものを次の(1)～(5)のうちから一つ選べ。ただし，ベクトル図の文字記号と用語との関係は次のとおりである。

P：有効電力[kW]

Q：電力用コンデンサ設置前の無効電力[kvar]

Q_C：電力用コンデンサの容量[kvar]

θ：電力用コンデンサ設置前の力率角[°]

θ'：電力用コンデンサ設置後の力率角[°]

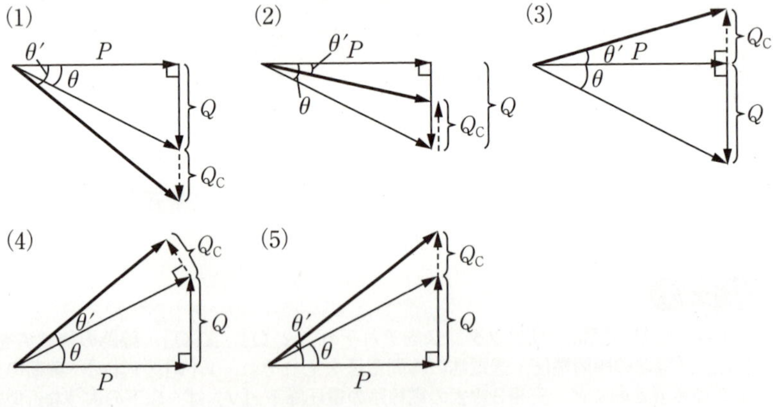

(b) 第２工場の受電端電圧を6 300 Vにするために設置する電力用コンデンサ容量[kvar]の値として，最も近いものを次の(1)～(5)のうちから一つ選べ。

ただし，自家用変電所の送電端電圧は6 600 V，専用配電線路の電線１線当たりの抵抗は0.5 Ω及びリアクタンスは１Ωとする。

また，電力用コンデンサ設置前の負荷力率は0.6（遅れ）とする。

なお，配電線の電圧降下式は，簡略式を用いて計算するものとする。

(1) 700　(2) 900　(3) 1 500　(4) 1 800　(5) 2 000

H24-B12

	①	②	③	④	⑤
学習日					
理解度 (○/△/×)					

解説

(a)　まず，電力用コンデンサ設置前のベクトル図を有効電力P[kW]，無効電力Q[kvar]，皮相電力S[kV·A]，遅れ力率角θで表す。そこに，電力用コンデンサQ_C[kvar]を設置し力率を改善するので，無効電力Qを$Q-Q_C$に減少させ，皮相電力SをS'に，遅れ力率角θをθ'に変化させることとなる。それをベクトル図に描くと下図のようになる。

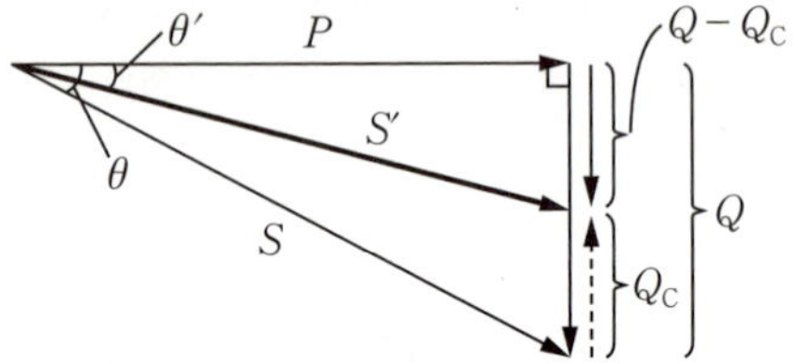

よって，(2)が正解。

(b)　問題文より，コンデンサ設置前の有効電力$P=2000$ kW，遅れ力率$\cos\theta=0.6$であるので，無効電力Q[kvar]は，

$$Q=P\tan\theta=P\frac{\sin\theta}{\cos\theta}=2000\times\frac{0.8}{0.6}\fallingdotseq 2667\ \text{kvar}$$

また，送電端電圧を$V_s=6600$ V，電力用コンデンサ設置後の受電端電圧を$V_r=6300$ V，配電線の線電流，抵抗，リアクタンスをそれぞれ，I[A]，$R=0.5\ \Omega$，$X=1\ \Omega$，受電端の遅れ力率を$\cos\theta'$とすると，配電線の電圧降下の簡略式より，この時の電圧降下V_s-V_r[V]は，

$$V_s-V_r=\sqrt{3}I(R\cos\theta'+X\sin\theta')\ [\text{V}]\cdots①$$

①式の両辺にV_rを掛けると②式が得られる。

$$V_r(V_s-V_r)=\sqrt{3}V_rIR\cos\theta'+\sqrt{3}V_rIX\sin\theta'\cdots②$$

②式の右辺に注目すると，$\sqrt{3}V_rI\cos\theta'$，$\sqrt{3}V_rI\sin\theta'$はそれぞれ，電力用コンデンサ設置後の受電端の有効電力$P'=P$[kW]，無効電力Q'[kvar]を表すので，②式は③式に変形できる。

$$V_r(V_s-V_r)=PR+Q'X\cdots③$$

③式を解くとQ'は，

$$Q'=\frac{V_r(V_s-V_r)-PR}{X}=\frac{6300(6600-6300)-2000\times10^3\times0.5}{1}=890\times10^3\ \text{var}$$

$$=890\ \text{kvar}$$

(a)のベクトル図をみると，$Q' = Q - Q_C$であることがわかるので，Q_Cは，

$$Q_C = Q - Q' = 2667 - 890 = 1777\ \text{kvar}$$

となり，この数値と最も近い選択肢は，1800 kvarである。

よって，(4)が正解。

解答… (a)(2)　(b)(4)

難易度 C

力率改善(5)

教科書 SECTION 02

問題87 三相3線式，受電電圧6.6 kV，周波数50 Hzの自家用電気設備を有する需要家が，直列リアクトルと進相コンデンサからなる定格設備容量100 kvarの進相設備を施設することを計画した。この計画におけるリアクトルには，当該需要家の遊休中の進相設備から直列リアクトルのみを流用することとした。施設する進相設備の進相コンデンサのインピーダンスを基準として，これを－j100 %と考えて，次の(a)及び(b)の問に答えよ。

なお，関係する機器の仕様は，次のとおりである。

・施設する進相コンデンサ：回路電圧6.6 kV，周波数50 Hz，定格容量三相106 kvar

・遊休中の進相設備：回路電圧6.6 kV，周波数50 Hz
進相コンデンサ
定格容量三相160 kvar
直列リアクトル
進相コンデンサのインピーダンスの6％

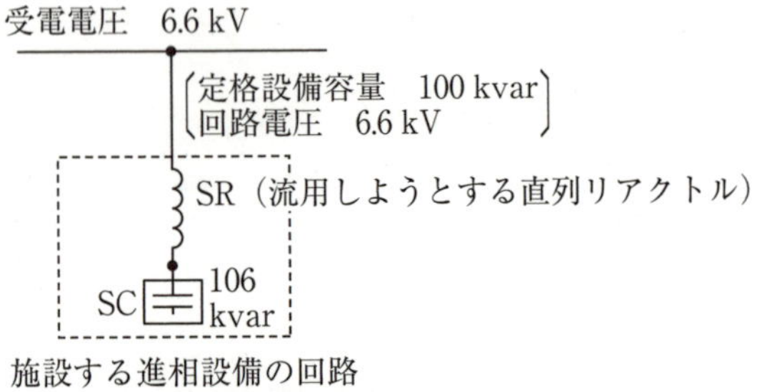

施設する進相設備の回路

(a) 回路電圧6.6 kVのとき，施設する進相設備のコンデンサの端子電圧の値[V]として，最も近いものを次の(1)～(5)のうちから一つ選べ。

(1) 6 600　(2) 6 875　(3) 7 020　(4) 7 170　(5) 7 590

(b) この計画における進相設備の，第5調波の影響に関する対応について，正しいものを次の(1)～(5)のうちから一つ選べ。

(1) インピーダンスが0％の共振状態に近くなり，過電流により流用しようとするリアクトルとコンデンサは共に焼損のおそれがあるため，本計画の機器流用は危険であり，流用してはならない。

(2) インピーダンスが約－j10％となり進み電流が多く流れ，流用しようとするリアクトルの高調波耐量が保証されている確認をしたうえで流用する必要がある。

(3) インピーダンスが約＋j10％となり遅れ電流が多く流れ，流用しようとするリアクトルの高調波耐量が保証されている確認をしたうえで流用する必要がある。

(4) インピーダンスが約－j25％となり進み電流が流れ，流用しようとするリアクトルの高調波耐量を確認したうえで流用する必要がある。

(5) インピーダンスが約＋j25％となり遅れ電流が流れ，流用しようとするリアクトルの高調波耐量を確認したうえで流用する必要がある。

H26-B13

	①	②	③	④	⑤
学習日					
理解度 (○/△/×)					

解説

(a)　流用する直列リアクトルの百分率インピーダンス$\%\dot{Z}_L$[%]は，定格容量160 kvarで$\%\dot{Z}_L$=j6 %であるので，これを施設する進相コンデンサの容量106 kvarに換算すると，

$$\%\dot{Z}_L{}' = j6 \times \frac{106}{160} = j3.975\ \%$$

よって，受電相電圧を$\dot{E}$[V]，流用する直列リアクトルに加わる相電圧を$\dot{E}_L$[V]，施設する進相コンデンサに加わる相電圧を$\dot{E}_C$[V]，施設する進相コンデンサの百分率インピーダンスを$\%\dot{Z}_C = -j100$ %とし，$\dot{E}$を基準とすると，施設する進相設備の1相分の等価回路とベクトル図は下図となる。

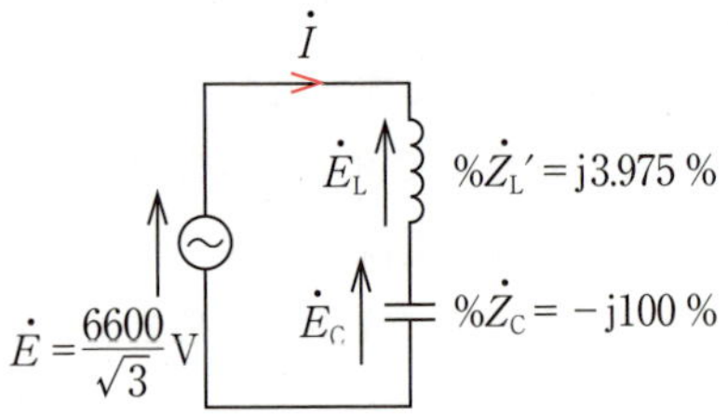

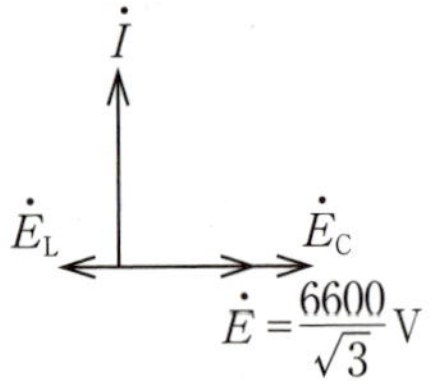

等価回路に分圧則を適用すると，$\dot{E}_C$は，

$$\dot{E}_C = \dot{E} \times \frac{\%\dot{Z}_C}{\%\dot{Z}_L{}' + \%\dot{Z}_C} = \frac{6600}{\sqrt{3}} \times \frac{-j100}{j3.975 - j100} = \frac{6600}{\sqrt{3}} \times \frac{-j100}{-j96.025} \fallingdotseq 3968.2\ \mathrm{V}$$

求める進相コンデンサの端子電圧は相電圧の$\sqrt{3}$倍だから，

$$3968.2 \times \sqrt{3} \fallingdotseq 6873.1\ \mathrm{V}$$

よって，最も近い値である(2)が正解。

(b)　第5調波における，進相コンデンサ，直列リアクトルそれぞれの百分率インピーダンスを，$\%\dot{Z}_{5C}$，$\%\dot{Z}_{5L}$とすると，

$$\%\dot{Z}_{5C} = \frac{1}{5}\%\dot{Z}_C = -\frac{j100}{5} = -j20\ \%$$

$$\%\dot{Z}_{5L} = 5\%\dot{Z}_L{}' = 5 \times j3.975 = j19.875\ \%$$

となり，この時の合成百分率インピーダンスを$\%\dot{Z}_5$とすると，

$$\%\dot{Z}_5 = \%\dot{Z}_{5C} + \%\dot{Z}_{5L} = -j20 + j19.875 = -j0.125\ \%$$

となり，これは，百分率インピーダンスが0 %の共振状態に近いといえる。

よって，(1)が正解。

解答… (a)(2)　(b)(1)

ポイント

容量P[V·A]のときの百分率インピーダンス%Z[%]を基準容量P' [V·A]に換算する場合，基準容量換算後の百分率インピーダンス%Z' [%]は下式で表されます。

$$P:\%Z=P':\%Z'$$

$$\%Z'=\%Z\times\frac{P'}{P}\ [\%]$$

ポイント

第5調波は基本波の5倍の周波数の正弦波です。

誘導性リアクタンス$X_L=\omega L=2\pi fL$[Ω]，容量性リアクタンス$X_C=\dfrac{1}{\omega C}=\dfrac{1}{2\pi fC}$ [Ω]なので，第5調波では誘導性リアクタンスは基本波の5倍，容量性リアクタンスは基本波の$\dfrac{1}{5}$となります。

難易度 A

高圧受電設備の保護協調(1)

教科書 SECTION 02

問題88 次の文章は，高圧受電設備の保護装置及び保護協調に関する記述である。

1．高圧の機械器具及び電線を保護し，かつ，過電流による火災及び波及事故を防止するため，必要な箇所には過電流遮断装置を施設しなければならない。その定格遮断電流は，その取付け場所を通過する［(ア)］を確実に遮断できるものを選定する必要がある。

2．高圧電路の地絡電流による感電，火災及び波及事故を防止するため，必要な箇所には自動的に電路を遮断する地絡遮断装置を施設しなければならない。また，受電用遮断器から負荷側の高圧電路における対地静電容量が大きい場合の保護継電器としては，［(イ)］を使用する必要がある。

3．上記1及び2のいずれの場合も，主遮断装置の動作電流，［(ウ)］の整定に当たっては，電気事業者の配電用変電所の保護装置との協調を図る必要がある。

上記の記述中の空白箇所(ア)，(イ)及び(ウ)に記入する語句として，正しいものを組み合わせたのは次のうちどれか。

	(ア)	(イ)	(ウ)
(1)	過負荷電流	地絡過電流継電器	動作電圧
(2)	過負荷電流	地絡過電流継電器	動作時限
(3)	短絡電流	地絡過電流継電器	動作時限
(4)	短絡電流	地絡方向継電器	動作時限
(5)	過負荷電流	地絡方向継電器	動作電圧

H12-A9

	①	②	③	④	⑤
学習日					
理解度 (○/△/×)					

解説

1．高圧の機械器具及び電線を保護し，かつ，過電流による火災及び波及事故を防止するため，必要な箇所には過電流遮断装置を施設しなければならない。その定格遮断電流は，その取付け場所を通過する(ア)**短絡電流**を確実に遮断できるものを選定する必要がある。

2．高圧電路の地絡電流による感電，火災及び波及事故を防止するため，必要な箇所には自動的に電路を遮断する地絡遮断装置を施設しなければならない。また，受電用遮断器から負荷側の高圧電路における対地静電容量が大きい場合の保護継電器としては，(イ)**地絡方向継電器**を使用する必要がある。

3．上記1及び2のいずれの場合も，主遮断装置の動作電流，(ウ)**動作時限**の整定に当たっては，電気事業者の配電用変電所の保護装置との協調を図る必要がある。

よって，(4)が正解。

解答… (4)

難易度 A

高圧受電設備の保護協調(2)

教科書 SECTION 02

問題89 次の文章は，高圧受電設備の地絡保護協調に関する記述である。(「高圧受電設備規程」による。)

a．高圧電路に地絡を生じたとき，［(ア)］に電路を遮断するため，必要な箇所に地絡遮断装置を施設すること。

b．地絡遮断装置は，電気事業者の配電用変電所の地絡保護装置との［(イ)］をはかること。

c．地絡遮断装置の［(ウ)］整定にあたっては，電気事業者の配電用変電所の地絡保護装置との［(イ)］をはかるため電気事業者と協議すること。

d．地絡遮断装置から［(エ)］の高圧電路における対地静電容量が大きい場合は，地絡方向継電装置を使用することが望ましい。

上記の記述中の空白箇所(ア)，(イ)，(ウ)及び(エ)に当てはまる語句として，正しいものを組み合わせたのは次のうちどれか。

	(ア)	(イ)	(ウ)	(エ)
(1)	機械的	動作協調	感　度	電源側
(2)	自動的	短絡強度協調	感　度	負荷側
(3)	自動的	動作協調	動作時限	負荷側
(4)	機械的	動作協調	動作時限	電源側
(5)	機械的	短絡強度協調	動作時限	負荷側

H18-A9

	①	②	③	④	⑤
学習日					
理解度 (○/△/×)					

解説

a．高圧電路に地絡を生じたとき，(ア)**自動的**に電路を遮断するため，必要な箇所に地絡遮断装置を施設すること。

b．地絡遮断装置は，電気事業者の配電用変電所の地絡保護装置との(イ)**動作協調**をはかること。

c．地絡遮断装置の(ウ)**動作時限**整定にあたっては，電気事業者の配電用変電所の地絡保護装置との(イ)**動作協調**をはかるため電気事業者と協議すること。

d．地絡遮断装置から(エ)**負荷側**の高圧電路における対地静電容量が大きい場合は，地絡方向継電装置を使用することが望ましい。

よって，(3)が正解。

解答…　(3)

難易度 **B**

高圧受電設備の保護協調(3)

教科書 SECTION 02

問題90 非接地式6.6 kV配電線路では，地絡事故を検出するため，配電用変電所に通常EVT（接地形計器用変圧器）が図のように設置されている。

このEVTの二次側回路の結線図として，正しいのは次のうちどれか。ただし，Rは制限抵抗，Ⓡyは地絡過電圧継電器とする。

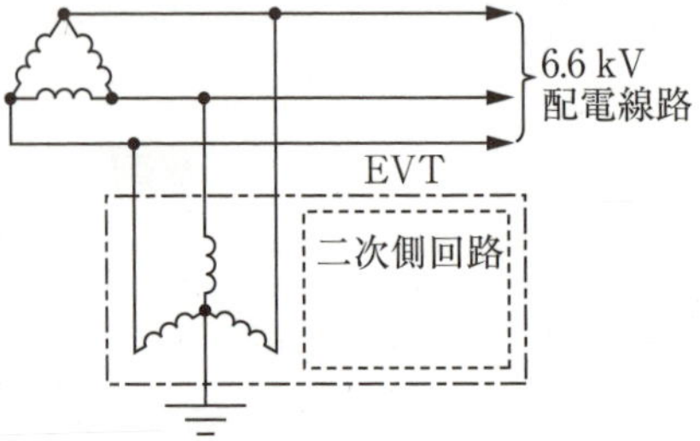

二次側回路の結線図

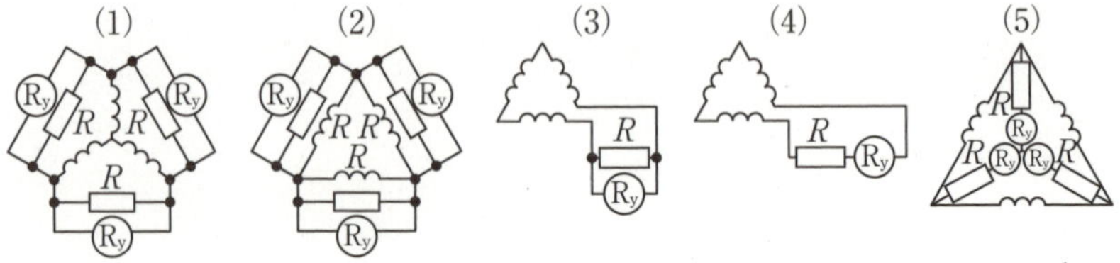

H13-A10

	①	②	③	④	⑤
学習日					
理解度 (○/△/×)					

解説

正常時は，各相の電圧の大きさが等しく，相互の位相差が$\frac{2}{3}\pi$ rad の対称三相交流であるため，各相の電圧の和は0Vである。しかし，地絡事故が発生して各相の電圧が不平衡になると，各相の電圧の和は0Vではなくなる。そのため，(3)(4)のように変圧器二次側巻線を直列に接続すると，地絡事故時のみ地絡過電圧継電器に電圧が加わる。

また，地絡過電圧継電器に大電流が流れることを防止するため，(3)のように制限抵抗を地絡過電圧継電器と並列に接続する。

よって，(3)が正解。

解答… (3)

難易度 B

地絡電流

問題91 図は，電圧6 600 V，周波数50 Hz，中性点非接地方式の三相3線式配電線路及び需要家Aの高圧地絡保護システムを簡易に表した単線図である。次の(a)及び(b)の問に答えよ。

ただし，図で使用している主要な文字記号は付表のとおりとし，$C_1 = 3.0\ \mu F$，$C_2 = 0.015\ \mu F$とする。なお，図示されていない線路定数及び配電用変電所の制限抵抗は無視するものとする。

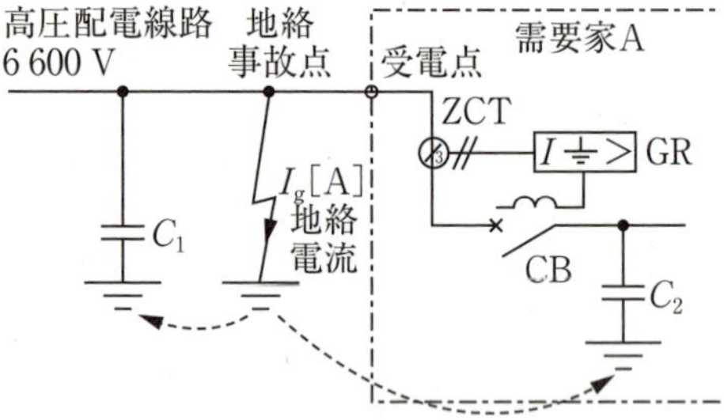

付　表

文字・記号	名称・内容
C_1	配電線路側一相の全対地静電容量
C_2	需要家側一相の全対地静電容量
ZCT	零相変流器
GR	地絡継電器
CB	遮断器

(a) 図の配電線路において，遮断器CBが「入」の状態で地絡事故点に一線完全地絡事故が発生した場合の地絡電流I_g[A]の値として，最も近いものを次の(1)～(5)のうちから一つ選べ。

ただし，間欠アークによる高調波の影響は無視できるものとする。

(1) 4　(2) 7　(3) 11　(4) 19　(5) 33

(b) 図のような高圧配電線路に接続される需要家が，需要家構内の地絡保護のために設置する継電器の保護協調に関する記述として，誤っているものを次の(1)〜(5)のうちから一つ選べ。

なお，記述中「不必要動作」とは，需要家の構外事故において継電器が動作することをいう。

(1) 需要家が設置する地絡継電器の動作電流及び動作時限整定値は，配電用変電所の整定値より小さくする必要がある。

(2) 需要家の構内高圧ケーブルが極めて短い場合，需要家が設置する継電器が無方向性地絡継電器でも，不必要動作の発生は少ない。

(3) 需要家が地絡方向継電器を設置すれば，構内高圧ケーブルが長い場合でも不必要動作は防げる。

(4) 需要家が地絡方向継電器を設置した場合，その整定値は配電用変電所との保護協調に関し動作時限のみ考慮すればよい。

(5) 地絡事故電流の大きさを考える場合，地絡事故が間欠アーク現象を伴うことを想定し，波形ひずみによる高調波の影響を考慮する必要がある。

H23-B13

	①	②	③	④	⑤
学習日					
理解度 (○/△/×)					

解説

(a) 地絡事故点から配電線路と需要家を見たときの全対地静電容量C[μF]は,

$$C = 3C_1 + 3C_2 = 3 \times 3.0 + 3 \times 0.015 = 9.045\ \mu\text{F}$$

よって,地絡事故点から配電線路と需要家を見たときの全容量性リアクタンスX_C[Ω]は,

$$X_\text{C} = \frac{1}{\omega C} = \frac{1}{2\pi f C} \fallingdotseq \frac{1}{2 \times 3.14 \times 50 \times 9.045 \times 10^{-6}} \fallingdotseq 352\ \Omega$$

また,地絡事故点と大地間が開放状態にある場合の地絡事故点と大地間の電圧V_g[V]は,配電線の対地電圧と等しいので,

$$V_\text{g} = \frac{6600}{\sqrt{3}}\ \text{V}$$

以上より,テブナンの定理を使って問題文の図を下記の等価回路に変形できる。

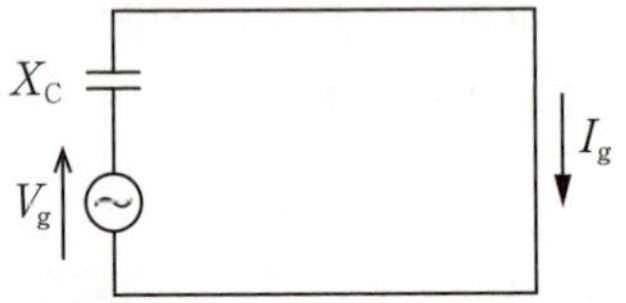

したがって,地絡電流I_g[A]は,

$$I_\text{g} = \frac{V_\text{g}}{X_\text{C}} = \frac{\frac{6600}{\sqrt{3}}}{352} \fallingdotseq 11\ \text{A}$$

よって,(3)が正解。

(b) 需要家が地絡方向継電器を設置した場合,その整定値は配電用変電所との保護協調に関し動作時限と動作感度の両方を考慮する。

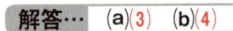

よって,(4)の記述が誤り。

解答… (a)(3) (b)(4)

TAC
出版
TAC PG